utb 6560

Eine Arbeitsgemeinschaft der Verlage

Brill | Schöningh – Fink · Paderborn
Brill | Vandenhoeck & Ruprecht · Göttingen – Böhlau · Wien · Köln
Verlag Barbara Budrich · Opladen · Toronto
facultas · Wien
Haupt Verlag · Bern
Verlag Julius Klinkhardt · Bad Heilbrunn
Mohr Siebeck · Tübingen
Narr Francke Attempto Verlag – expert verlag · Tübingen
Psychiatrie Verlag · Köln
Psychosozial-Verlag · Gießen
Ernst Reinhardt Verlag · München
transcript Verlag · Bielefeld
Verlag Eugen Ulmer · Stuttgart
UVK Verlag · München
Waxmann · Münster · New York
wbv Publikation · Bielefeld
Wochenschau Verlag · Frankfurt am Main

Dr. rer. nat. Dr. phil. Fritz Dieter Erbslöh arbeitete 10 Jahre im Bereich Luft- und Raumfahrttechnik (ERNO, Bremen und Dornier System, Friedrichshafen), war Technischer Leiter bei Hofmann Elektrotechnik (Erlangen, Röntgentechnik), Wissenschaftlicher Leiter beim Projekt ENERGON und 25 Jahre Bereichsleiter im Haus der Technik (Essen).

Fritz Dieter Erbslöh

Wege zum Ende der Verschwendung

Entsorgung, Recycling, Kreislaufwirtschaft, Nachhaltigkeit

expert

Umschlagabbildung: © Kempter – stock.adobe.com

Bibliografische Information der Deutschen Nationalbibliothek
Die Deutsche Nationalbibliothek verzeichnet diese Publikation in der Deutschen Nationalbibliografie; detaillierte bibliografische Daten sind im Internet über http://dnb.dnb.de abrufbar.

DOI: https://doi.org/10.36198/9783838565606

- Ein Unternehmen der Narr Francke Attempto Verlag GmbH + Co. KG
Dischingerweg 5 · D-72070 Tübingen

Internet: www.narr.de
eMail: info@narr.de

Einbandgestaltung: siegel konzeption | gestaltung
Druck: Elanders Waiblingen GmbH

utb-Nr. 6560
ISBN 978-3-8252-6560-1 (Print)
ISBN 978-3-8385-6560-6 (ePDF)
ISBN 978-3-8463-6560-1 (ePub)

MIX
Papier | Fördert gute Waldnutzung
FSC® C016368
FSC www.fsc.org

Inhalt

1 Vorwort

Das Anthropozän, in dem wir leben, galt noch bis in die 1970er Jahre als ein Zeitalter des Fortschritts, auf dem Weg zu einem sich beständig mehrenden Wohlstand. Die „Grenzen des Wachstums" des Club of Rome und die nachfolgende Rezeption eines notwendigen Schutzes der Umwelt veränderten dann die Perspektive nachhaltig, zumindest in den Industrieländern des Westens.

Seither leben wir im Bewusstsein, dass wir Menschen Verantwortung für unsere Welt tragen. Dies umso mehr, als sich die Folgen unserer Eingriffe in die Natur auch in einer nicht mehr zu leugnende Klimakrise bemerkbar machen, die auf die Anreicherung der menschengemachten Klimagase in der Atmosphäre zurückzuführen ist.

Was der Mensch in seinem Tun (und Lassen) hinterlässt, ist im weitesten Sinne „Abfall", beginnend mit seinen Fäkalien über das große Spektrum der Reste in Produktion und Verbrauch und endend mit den Verunreinigungen in Gewässern und Atmosphäre. Menschlicher Abfall in diesem breit angelegten Verständnis beschädigt nicht nur der Natur, er vernichtet sie auch vielfach und reduziert in der Folge die Zukunftserwartungen individueller Existenz wie auch die der Menschheit.

Diese Erkenntnis ist im Grund nicht neu, hat aber trotz früher Ansätze in der Antike erst in den modernen Gesellschaften ein Problembewusstsein wachsen lassen, das zu Folgen und Handlungen führte und inzwischen eigenständige Politikfelder, ein großes Spektrum technischer Lösungen und im Ansatz auch veränderte Lebensweisen hervorgebracht hat. In der Bilanz ist hier einiges erreicht, jedoch ist noch eine beträchtliche Strecke zum Ende der Verschwendung zurückzulegen.

Die Wege hierhin – sowohl die bereits erfolgreichen wie die noch zu beschreitenden – beschreibt dieses Buch. Geschrieben ist es aus der Perspektive eines entwickelten europäischen Landes, in dem Kreislaufwirtschaft schon zum gängigen Topos geworden ist. Jedoch besteht kein Zweifel, dass Probleme wie Lösungen die Welt betreffen und ein gutes Ende nur dann zu erwarten ist, wenn alle Länder mitwirken, unabhängig von ihrem Entwicklungsstand und ihrer politischen Verfasstheit.

Der entwickelten westlichen Welt kommt hier nicht nur die Aufgabe zu, erklärend, mustergebend und unterstützend einzuwirken, sondern auch die notwendigen (finanziellen) Mittel bereitzustellen. Entstandene Schäden zu beseitigen und Wege ohne Verschwendung zu entwickeln, kostet nicht wenig Geld, was unsere Gesellschaft besonders handfest am aktuellen Beispiel der unumgänglichen Vermeidung der Klimagase spürt.

Der Autor

2 Begriffliches: Was ist Müll? Was ist Abfall? Was ist Recycling?

Am Anfang muss eine Definition stehen. Unter dem historischen Begriff „Müll" werden naach klassischer Auffassung Güter verstanden, die beweglich sind, die der Besitzer nicht mehr braucht und von denen er sich deswegen trennt.[1] Synonym hierzu wird heute meist der Begriff Abfall verwendet. Gelegentlich findet sich jedoch eine Differenzierung in dem Sinn, dass mit Abfall nur der bei der Verwendung oder Verarbeitung verbleibende Rest bezeichnet wird.

Müll bzw. Abfall wird in heutigem Verständnis[2] unterteilt in

- Siedlungsabfälle, die in der Regel aus Privathaushalten stammen, wie beispielsweise Restmüll, Altglas und Altpapier,
- Sonderabfälle, von denen eine Gefahr für Mensch und Umwelt ausgeht und die überwiegend aus dem gewerblichen Bereich stammen,
- Gewerbeabfälle, welche ebenfalls gewerblichen Ursprungs sind, von denen aber keine Gefährdung ausgeht.

Behandlung, Transport und Entsorgung des Mülls/Abfalls sind für Deutschland im Abfallrecht geregelt. Das Abfallrecht ist ein Konvolut verschiedener Rechtsnormen, für die hier etwa die Verpackungsverordnung und das Kreislaufwirtschaftsgesetz als Beispiele stehen sollen.

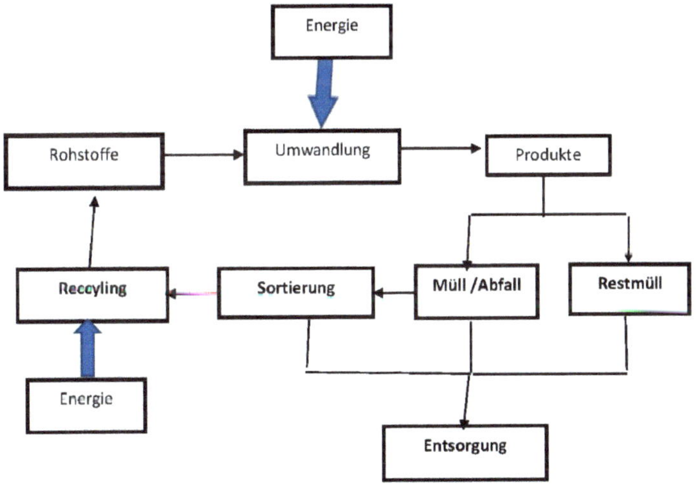

Abb. 2-1: Müll/Abfall und Recycling; Quelle: eigene Darstellung

Müll/Abfall ist eingebunden in eine wirtschaftliche Verwendungs- und Verwertungskette, deren Grundzüge Abb. 2-1 in bewusster Vereinfachung zeigt. Recycling, offiziell „Aufbe-

---

1 Lexikon Juraforum, zuletzt bearbeitet am 19. Februar 2022.
2 Nach Juraforum, https://www.juraforum.de.

reitung und Wiederverwendung bereits benutzter Rohstoffe"[3], gewinnt nur hierdurch seinen Inhalt. Im Deutschen kann der englische Begriff ohne Bedeutungsverlust durch „Wiederverwendung" ersetzt werden. Man unterscheidet Upcycling und Downcycling. Beim Upcycling werden Abfallprodukte in andere ggf. neue Produkte umgewandelt. Downcycling bedeutet Qualitätsverlust nach der Wiederverwertung, erhält jedoch (nach Expertenmeinung) die Biodiversität aufrecht und reduziert die Ausbeutung de Ressourcen. Im Beispiel: Eine Schwemmkanalisation mit nach-geschalteten Anlagen produziert in der Landwirtschaft nutzbaren Dünger und energetisch wertvolles Methan. Letzte Möglichkeit der Wiederverwendung, die als unterste Stufe gilt, ist die thermische Verwertung, also die Verbrennung. Hier dient Müll als alternative Energie und liefert so noch einen ökonomischen (und ökologischen) Beitrag.

Das Wort „Müll" und seine umlautlose Nebenform „Mull" haben mittelalterlichen Ursprung, dort „Zerriebenes, Zerbröckeltes", und gehören zum Wortstamm „mahlen" – daher auch der Begriff „Müller" als Berufsbezeichnung. 1885 hatten sie die Bedeutung „Staub, zerfallene Erde, Unrat". Gegen Ende des 19. Jh. trennten sie sich voneinander. Während „Mull" jetzt eine (terrestrische) Humusform bezeichnete, wurde der Begriff „Müll' zunehmend negativ verstanden und wird seither für alle Abfallgemische und für sonstig Unbrauchbares verwendet, auch in Literatur und Alltagssprache („Red' keinen Müll").[4]

Das Spektrum der Abfälle umfasst mehr als im üblichen Sprachgebrauch und im Abfallrecht verankert. Vergessen werden z. B. oft die gasförmigen Emissionen, die mit Produktion und Verbrauch einhergehen. Auch die anthropogenen Klimagase sind Abfall, eher sogar Sonderabfall nach der oben gegebenen Definition, und dürfen so in dieser Monografie nicht fehlen.

3 Duden, Stichwort Recycling.

4 Lexikon der Geowissenschaften und Lexikon der Biologie, Stichworte Mull bzw. Mull.

3 Müll und Recycling in der Antike und im Mittelalter

Müll wie Recycling sind im Verständnis dieser Veröffentlichung Produkte menschlicher Zivilisation. Fasst man den Horizont weiter, so kann man beides auch in der Natur auffinden, was schon ein einfaches Beispiel wie der Jahreszyklus eines europäischen Laubwaldes belegt, der im Herbst zunächst seine Blätter als Abfall abwirft, die dann als Laub verrotten und im Kreislauf dem Wald als Dung dienen. Solche natürlichen Prozesse werden hier nur dann berührt, wenn sie im Zusammenhang mit menschlicher Tätigkeit stehen.

Zivilisation beginnt dort, wo der Mensch erste kulturelle Spuren hinterlassen hat und findet ihr vorläufiges Ende in der Gegenwart. Zunächst richtet sich der Blick auf die Antike und das Mittelalter.

3.1 Müll in Antike und Mittelalter

Müll gibt es schon lange – er ist essenziell mit der menschlichen Existenz, vielleicht besser: Zivilisation verbunden. Auch die Steinzeit kennt schon den Abfall, z. B. in der Form von Fäkalien und Essensabfällen. Da unsere Vorfahren im Allgemeinen nicht sesshaft waren, ergab sich hieraus kein Problem. Die Abfälle wurden der Natur überlassen und so Teil einer frühen Kreislaufwirtschaft.

Da Werkzeuge und andere Gegenstände wertvoll waren wurden sie nur sehr selten entsorgt. Vielmehr entwickelten unsere Vorfahren eine Frühform des Recyclings, was sich aus archäologischen Funden ablesen lässt. Von Abfällen bearbeiteter Steine bis hin zu Werkzeugen aus Knochen wurde praktisch alles aufbewahrt und neuer Verwendung zugeführt.

Mit den ersten festen Siedlungen veränderte sich das. Dabei ging es zunächst darum, die Abfälle aus dem unmittelbaren Lebensbereich der Menschen zu entfernen. Abb. 3-1 zeigt Müllrutschen, über die im bronzezeitlichen Mohendscho-Daro (heute Pakistani) Abfälle aus den Gebäuden nach draußen verbracht wurden. Später, vermutlich um 2500 v. Chr., wurde der Abfall der dortigen etwa 50 000 Bewohner in großen Tonvasen, die jedem Haus und Handwerkerhof zugeordnet waren, gesammelt und sogar zentral entsorgt.[5]

Hier und in den Metropolen des Zweistromlandes tat man sich mit dem Unrat, für den es keien Wiederverwendbarkeit gab, einfach: man warf ihn auf die Straße. Giftmüll im heutigen Sinn war das zwar nicht, jedoch mussten sich die Bewohner sich an die Gerüche gewöhnen, sie gewissermaßen als notwendige Folge von Urbanisierung verstehen. Sie lernten, damit zu leben. Wenn man dies permanent fortsetzt, hat dies allerdings Folgen. Das Straßenniveau hebt sich, sodass man die Türschwellen der Häuser von Generation zu Generation anheben musste und die alten Häuser in dem von der Folge ihrer Bewohner hinterlassenen Abfall allmählich untergingen. Ein Beispiel hierfür ist das alte Babylon, das sich heute in vielen Schichten präsentiert. Im alten Ägypten war die Situation

5 BVZ Verkehrs-Zeitung, 16. Oktober2001.

anders: Die dort um die Pyramiden bei deren Bau entstandenen Großsiedlungen waren temporärer Art und wurden nach Abschluss der Arbeiten wieder verlassen – sie haben demensprechend keine Spuren hinterlassen. Mit den Abwässern ging man jedoch schon früh anders um: In Mohendscho-Daro z. B. existierten in größeren Bauten bereits Bäder und Abtritte und sogar Abwasserkanäle. Schmutzwasser und Regenwasser flossen zur Trennung von den groben Stoffen zunächst in ein Absetzbecken, bevor sie in die Straßengräben gelangten. Die Babylonier und die Assyrer hielten es ähnlich. Die Abortanlagen des Palastes von Knossos liefern eine Luxusvariante eines Wasserklosetts: sie wurden permanent von fließendem Wasser durchspült, das aus einem Wasserlauf abgeleitet war. En weiteren Hinweis zur Abwasserentsorgung liefert das AT. Dort wird berichtet, dass David zur Eroberung seiner Geburtsstadt Jerusalem Joab durch die schmutzigen Abwasserkanäle in die Stadt eindringen ließ und so die Wächter überraschen konnte. Der Kanal, den Joab benutzte, war im Übrigen derselbe, der auch das Blut der Opfertiere aufnahm und dieses zu den Klärteichen brachte.

Abb. 3-1: Müllrutschen aus dem antiken Mohendscho-Daro, 3. Jt. vor Chr.; Quelle: UBA, Sammlung Eberhard

Die Tempelanlagen der frühen Städte waren naturgemäß Stätten der örtlichen Fürsorge. Es erstaunt deshalb nicht, dass sie sowohl bei der Abfallbeseitigung wie beim Umgang mit dem Schmutzwasser besonders privilegiert wurden. Im alten Babylon wie auch anderenorts war der Tempel der Mittelpunkt des städtischen Lebens und der Stadtorganisation. Die priesterlichen Stadtherren waren zugleich auch die Wasserinspektoren und waren damit die Aufseher über das Bewässerungssystem des Landes sowie die Stadtreinigung. Öffentliche

Aufsicht gab es auch an anderen Orten, so in Theben den Telearchen, verantwortlich für die Straßenreinigung und Abfallbeseitigung.[6]

In der späteren Antike war es Rom, das den Versuch unternahm, seine Abfallbeseitigung technisch zu lösen. Der griechische Geograph Strabo berichtete über die Pflasterung der Straßen und de Wasserversorgung Roms und hob als städtebauliche Leistung besonders die Kloaken hervor.

Abb. 3-2: Die Cloaca Maxima war einer der wichtigen Abwasserkanäle des alten Roms, Foto zeitgenössisch; Quelle: DPA/ E. Bianc

In Rom hatte man schon früh an ein künstliches Ausscheidungsorgan gedacht. Im 6. Jahrhundert v. Chr. begann der Bau der Cloaca Maxima, die fortlaufend verbessert und ausgebaut wurde. Sie leitete die Abwässer aus der Stadt in den Tiber und tut noch heute Ihren Dienst. Damit ist sie das das älteste Bauwerk der Welt, das noch in Aktion ist, s. Abb. 3-2. Der ausgemauerte Kanal hatte beachtliche Ausmaße und erreichte in Teilen drei Meter Breite und vier Meter Höhe. Viele Häuser Roms verfügten über eine Anbindung an den Zentralkanal und entsorgten ihr gebrauchtes Wasser über ihre häuslichen Abwasserleitungen in die Cloaca Maxima. Auch die innerrömischen Toiletten und die Straßenentwässerung der Stadt wurden im Laufe der Zeit mit ihr verbunden.

Die Cloaca Maxima war zwar die größte, aber nicht die einzige Abwasserleitung Roms. Zur Kaiserzeit war ein mehr oder weniger geschlossenes System in Funktion, s. Abb. 3-3.

In späterer Zeit waren auch die elf Aquädukte, die Rom im 1. Jahrhundert n. Chr. mit Fischwasser aus den umliegenden Bergen versorgten, und von denen als erste die Aqua Appia gegen Ende des 4. Jh. v. Chr. errichtet worden war, mit der Cloaca Maxima verbunden, zumindest indirekt. Das frische Wasser versorgte die Thermen, Brunnen und Paläste und gelangte nach

6 Nach McMahon, A.: Trash and Toilets in Mesopotamia: Sanitation and Early Urbanism, April 2012.

Gebrauch in den Abwasserkanal. So wurde auch Müll weggespült, der mehr oder weniger absichtlich den Weg in die Cloaca gefunden hatte. Das schützte den Kanal vor Verstopfungen. Außerdem gab es die „canalicolae“, Sklaven, die den Abwasserkanal regelmäßig zu reinigen hatten. Die von der Cloaca entsorgte Wassermenge wird für 60 n. Chr. auf über 25 000 m^3/h geschätzt. Aber auch das reichte nicht aus. Im Rom gab es zur Kaiserzeit etwa 46 000 bis zu zehnstöckige Mietshäuser, in denen durchschnittlich 200 Menschen wohnten. Sie waren in großen Vierteln erbaut und organisiert, den sogenannten insulae. Wasserklosetts gab es für die Bevölkerung allerdings nur bis zum ersten Stock - für größere Höhen reichte der Druck in den Leitungen nicht aus.

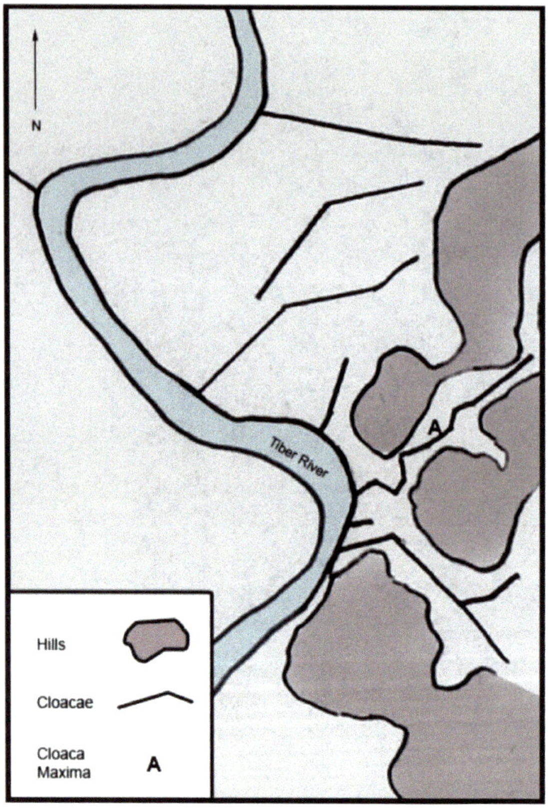

Abb. 3-3: Die Abwasserkanäle Roms zur Kaiserzeit; Quelle: John N. N. Hopkins: The Cloaca Maxima and the monumental Manipulation of Water in archaic Rome, Introduction

Der meiste Unrat wurde von den Römern in Eimern entsorgt, die sie auf die Straße stellten. Zwar gab es, 72 bis 80 n. Chr. parallel zum Bau des Kolosseums errichtet, erste öffentliche Toiletten und dazu einige hundert Überlaufbrunnen zur Durchspülung der Straßen, die vor allem von Agrippa angelegt worden waren. Aber es reichte nicht: der Müll wurde mehr und mehr. Die umliegenden Felder, begrenzt in der Kapazität, konnten seine Menge bald nicht mehr aufnehmen und so hob man offene Gruben aus, legte z. T. auch Gewölbe an, die den häuslichen Unrat zusammen mit Tierkadavern und sogar Menschenleichen (dem

„Abfall" der Spiele) aufnehmen mussten. Die Gruben entstanden zunächst vor der Stadt, wo auch die Toten der Bürger lagen, später dann auch in den Slums. Es waren regelrechte Bauwerke, dreieinhalb Meter im Quadrat und neun Meter tief.

In Indien, im Zweistromland, in Ägypten, im Nahen Osten, Griechenland oder Rom spielte die noch starke Religiosität der Regierenden wie der einfachen Bevölkerung auf dem Weg zur Kontrolle der Abfälle eine wichtige Rolle. Die Einhaltung der Sauberkeitsvorschriften war endoges Element des religiösen Lebens und Teil des Zusammenlebens. Die Entsorgung der Notdurft musste an vorgegebenen Orten erfolgen und die Teilnahme an Reinigungszeremonien war Pflicht. Ein Fernbleiben hatte Konsequenzen, in Rom z. B. konnte das Bürgerrecht entzogen werden.

Die Antike kannte auch die Abfallhalde. Das bekannteste Beispiel findet sich in Rom mit dem dortigen „Monte Testaccio" im Stadtteil gleichen Namens. Es ist dies ein künstlicher Hügel, dessen Bausubstanz aus Amphorenscherben besteht, die im Lauf der Jahre dort abgelagert wurden. Amphoren waren das bevorzugte Vorrats- und Transportmittel der Antike. Sie wurden für Oliven, Öl, Wein, Honig, Milch, Getreide und Südfrüchte wie Datteln und manches andere benutzt und vor Ort in den Erzeugerregionen hergestellt. Sie sind in verschiedenen Formen und Größen nachgewiesen, von 5 – 80 Liter variierend. Um ihre Klassifizierung har sich Ende des 19. Jh. der deutsche Archäologe H. Dressel verdient gemacht. Seine beliebte „D 20" fand sich in praktisch allen Provinzen des römischen Reiches, s. Beispiele in Abb. 3-4.

Abb. 3-4: Das bekannteste Amphoren-Modell für den Transport: Dressel 20; Foto: U Erlangen-Nürnberg, Inst. für klassische Archäologie

Händler packten nach der Anlieferung im alten Tiberhafen Emporia die in den Amphoren enthaltenen Waren in kleinere Behälter um und zerschlugen die Tongefäße – es waren für sie letztlich Einwegverpackungen. Nur wenige wurden anderen Verwendungen zugeführt – als Urne oder zur Abdeckung von Erdgräbern etwa.

Abb. 3-5: Der Monte Testaccio in Rom in der Gegenwart; Foto: Jesús León

Mit den Jahren entstand eine der größten Müllhalden der Antike mit zuletzt 20.000 m^2 Grundfläche und 35 m Höhe, wie sie zeitgenössisch Abb. 3-5 zeigt. Die Halde wurde bis 250 n. Chr. Genutzt.

Das Mittelalter brachte alte Zustände zurück: Der Abfall landete auf den Straßen, mit allen Konsequenzen für Geruchsbelästigung und Gesundheit, s. Abb. 3-6. Müll und Unrat bestandener vor allem aus Abfällen von Lebensmitteln, natürlichen Werkstoffabfällen, Lumpen, Ton, Exkrementen und dergleichen. All dies wurde über lange Zeiten privat entsorgt, in Städten entweder auf eigenem Grund oder in nahen Wasserläufen. Vom 12. Jahrhundert an gab es in den Städten Abzugsrinnen und -gräben, die zwischen den Grundstücken eingerichtet waren. Sie sollten Regenwasser und Abfälle aufnehmen, waren aber nicht für Fäkalien gedacht. Ihre Reinigung oblag anfangs den Anliegern, schließlich Angestellten der Städte.

Beispiele waren hier die städtischen Grabenmeister und Grabenfeger. In einige größeren Städten waren offene Gräben (Gossen) in den Straßen eingerichtet, um die Abwässer zu den nächsten Bächen und Flüssen zu befördern. Beispiele sind hier die Städte Goslar, Freiburg, Frankfurt, Köln und Hamburg. Die betroffenen Fließgewässer wurden dann allerdings bei niedrigem Wasserstand häufig zu Kloaken. In Wien kam man 1388 auf die Idee, die Straßengräben wegen des üblen Gestanks zu überwölben. Solche gedeckten Abwasserkanäle (zeitgenössisch „heimlich greben", „tole") sind für etwa die gleiche Zeit auch in Nürnberg, Zürich und Ulm aus den städtischen Akten nachzuweisen.

Abb. 3-6: Abfallentsorgung auf die Straße; Quelle: BBC History Magazine and BBC History Revealed

Gelegentlich war es eigenes Erleben der Herrschenden, das hier für Abhilfe sorgte – ein Beispiel ist hier der dokumentierte Ohnmachtsanfall, den Philipp II. im Jahr 1185 in Paris wegen der aufsteigenden Faulgase erlitt. Im Ergebnis begann in Paris die Pflasterung der Straßen. Dem Pariser Beispiel folgten 1269 Hamburg, 1331 Prag, 1368 Nürnberg und 1387 Basel. Durch den jetzt festen Belag wurde Reinigung möglich und auch organsiert. In Berlin sollten dies die Frauen der Hausbesitzer tun, ab 1587 dann der Scharfrichter mit seinen Leuten. In Wien griff man auf festgesetzte Dirnen zurück und zog sie zu Säuberungsarbeiten heran. Das bewährte sich jedoch so wenig wie die Sträflinge, die sie ablösten und die unter der Aufsicht pensionierter Soldaten arbeiten mussten.

Im Spätmittelalter wurde in den Städten die Beseitigung der gewerblichen Abfälle von Gerbereien, Färbereien, Seifensiedereien, Schmieden, Schlachthäusern u. a. geregelt; sie mussten in Wasserläufe eingeleitet werden. Für Tierkadaver, die lange ins nächste Fließgewässer entsorgt worden waren, entstanden besondere Plätze: die Schindanger.[7]

Die Münchener hatten in dieser Zeit mit ihren „Rennschweinen "eine sehr spezielle Idee, den Müll loszuwerden: Sie trieben zeitweise ihre Hausschweine auf und durch die Straßen und ließen sie den menschlichen Unrat fressen ...

7 Mittelalter-Lexikon, Stichwort Abfallbeseitigung.

Abb. 3-7: Straßenkehrer mit „Stöckelschuhen“, mit denen sich im Unrat sicherer arbeiten ließ, 1434; Quelle: Sonderausstellung Abfallberatung Unterfranken

Städte unterhielten im Spätmittelalter sog. Horbämter, die die Instand- und Sauberhaltung der Straßen und Plätze wahrnahmen. Sie beschäftigten Horbmeister, deren Amt es war, täglich und auch bei Nacht die Straßen zu begehen. In München z. B. ist ein Horbmeisteramt für das Jahr 1397 belegt. Die Horbmeister hatten darauf zu achten, dass die Hauseigentümer für ordentliche Abfuhr sorgten und Müll, Mist, Kehricht, Fäkalien, Gewerbeabfälle, Aas und anderen Abfall nicht nach altem Brauch auf die Straßen warfen. Unbotmäßigkeiten meldeten sie der Stadt, die dann den Unrat durch einen Müllfahrer entsorgen ließ und über ihre Gerichtsdiener Strafgeld kassierte. Beschlagnahmten Mist und Dung durften die Horbmeister an die Stadtbauern verkaufen, was ihnen ein geduldetes Nebeneinkommen verschaffte. In einigen Städten gab es auch schon den „Beruf“ des Straßenkehrers, s. Abb. 3-7.

In Preußen ging man das städtische Müllproblem mit recht konsequenten Maßnahmen an. 1666 wurden dort sogenannte Gassenmeister angestellt, deren Aufgabe jedoch auf den Abtransport beschränkt blieb, sodass die Hausbesitzer bei der Aufladung selbst tätig werden mussten. Eine kurfürstliche, später von Friedrich Wilhelm I. erneuerte Verordnung verfügte, dass bei Versäumnissen der Unrat wieder in die eigene Wohnung zu verschaffen war. Ähnliche Abtransporte wurden in Hamburg organisiert, jedoch waren es hier Sträflinge, die tätig werden mussten und naturgemäß ohne Lohn blieben. s. Abb. 3-8. Seit dem 17. Jahrhundert gab es hier und dort über und neben dem Dreck errichtete Bürgersteige, was deren bis heute übliche erhöhte Bauweise erklärt. Durchweg und trotz der beschriebenen

Ansätze blieben die Städte des Mittelalter Orte schlechter Gerüche, was zeitgenössisch geduldet und nur gelegentlich ironisiert wurde, s. Abb. 3-9.

Abb. 3-8: Anfang des 17. Jh. zogen in Hamburg Sträflinge die Abfallkarren; Quelle: Sammlung Eberhard, UBA

Was die Wasserversorgung anging, waren Brunnen die Hauptquellen. Mittelalterliche Städte sahen ihre Aufgabe vor allem in der Sicherung gegen Angriff und Eroberung, sodass die Verbesserung der Infrastruktur zurückstand und eine weiträumige Wasserversorgung im antiken Sinne, etwa wie in Rom durch Aquädukte, nicht existierte. Ihr Wasser bezogen die Haushalte überwiegend aus hauseigenen Brunnen, die bis ins Grundwasser hinab reichten. Alle anderen mussten sich aus öffentlichen Wasserstellen bedienen. Wenn die private Müllentsorgung auf eigenem Land zur Verunreinigung des Grundwassers führte, hatte man ein Problem. Dann musste die Unratgruben geräumt werden, die später ummauert wurden, was dann größere Räumungsintervalle möglich machte. Städtische Müllplätze (Deponien) entstanden erst, als im Spätmittelalter die Straßen hinreichend ausgebaut waren. Hier wurde dann der Unrat der Stadtviertel oder der ganzen Stadt gesammelt gelagert.

Abb. 3-9: Schlechte Gerüche im mttelalerlichen öffentlichen Raum; Quelle: Kerstin Öchsner, Wie hat es im MA gerochen?, BR 2020

Das Bild von einer dreckstarrenden, mittelalterlichen Stadt ist damit insgesamt nicht falsch, die Klagen über den Schmutz auf Straßen und Plätzen sind zahlreich und wurden mit dem Bevölkerungswachstum in den Städten immer häufiger. Erst mit dem Aufstieg des städtischen Bürgertums fand die Idee der Antike, dass die Müll- und Abfallbeseitigung eine zentrale Aufgabe der kommunalen Verwaltungen sei, neue Resonanz und mit ihr auch die Einsicht, dass Straßenreinigung als ehrbare Tätigkeit gelten müsse und konsequenterweise angemessen zu entlohnen sei.

Im Gegensatz zu den öffentlichen Räumen war es im Mittelalter um die private Reinlichkeit durchaus gut gestellt, nicht hur beim städtischen Bürgertum, sondern auch auf dem Land. Zuhause wurde in Wannen und Zubern gebadet, auch öffentliche Bäder gab es, oft nur andeutungsweise nach Geschlechtern getrennt.[8] Im 16. Jahrhundert sorgten Reformation und Gegenreformation ein neues öffentliches Verständnis von Nacktheit. Die anzustrebende Reinheit der Seele wurde nun unabhängig vom Körper verstanden. Öffentliche Nacktheit galt dagegen als Sünde. In der Folge wurden die kollektiven Tauchbäder geschlossen, die man nun als Sündenpfuhl zu erkennen glaubte.

Allerdings blieben separate, den Blicken der Mitwelt entzogene Orte zur Ausscheidung der Fäkalien in Gebrauch, wenn es auch keine eigentlichen Toiletten gab. Sanitäre Anlagen gab es nicht einmal im Versailler Schloss. Die Verrichtung der Notdurft blieb der Phantasie vorbehalten: Der nächste Vorhang oder die Hecke im Schlosspark reichten als individueller Schutz. Auch die Encyclopédie ou Dictionnaire raisonné des sciences, des arts et des métiers von I755 kannte die Begriffe „bain" (Bad) und „douche" (Dusche) nur im Zusammenhang mit der Chirurgie.

Ab dem 16. Jahrhundert schufen epidemische Krankheiten eine neue Sicht. Medizinische Hygienediskurse, eine öffentliche Veränderung der Schamgrenzen und ein Prozess der Verhäuslichung[9] sorgten für eine Neuorganisation der städtischen Entsorgungskultur. Reinlichkeit, Sauberkeit und Ordnung wurden jetzt die neuen Leitbilder, vor allem die des aufkommenden Bürgertums. Die Versorgung der Bürger in den Städten erhielt eine Mittelpunktsfunktion und die Abfallbeseitigung und die Umweltbelastung durch gewerbliche, später industrielle Tätigkeit wurden als öffentliches Anliegen wahrgenommen. Reinheit des Wassers und der Luft wurden Argumente in den Auseinandersetzungen um die Organisation dieser Problembereiche.

Von besonderem Einfluss war die Schwarze Pest. Ihr fielen in mehreren Pandemien bis heute etwa 100 Mio. Menschen zum Opfer. Die im Jahr 1347 in Europa auftretende Seuche zerstörte Familien, reduzierte die Bevölkerung und hatte u. a. auch den Untergang des Rittertums zur Folge. Bis heute ist unklar, warum sie verschwand. „Die Pest steht für eine geradezu apokalyptische Bedrohung, die in den vergangenen 1500 Jahren die Bevölkerung

8 Aries, Ph., Duby, G.(Hg), Geschichte des privaten Lebens Bd.2: Vom Feudalzeitalter zur Renaissance, Rituale der Reinigung, Frankfurt 1990, S. 556 ff.

9 Verhäuslichungsprozesse beziehen sich auf sämtliche Weisen, wie Menschen im Umgang mit ihrem eigenen Körper, dem Essen und Trinken, der Körperpflege und -wäsche, dem Ent- und Bekleiden, dem Sexualgeschehen und auch der gastlichen Geselligkeit agieren. Dieser Begriff beschreibt den allmählichen Prozess, bei dem das Leben der Menschen zunehmend in das Haus verlagert wird, sowohl zum Schutz vor der Natur als auch für einen immer zweckvolleren Gebrauch der sie umgebenden Natur. Dieser Trend erstreckt sich auf alle Naturkräfte und alle menschlichen Körperfunktionen.

Europas wiederholt um ein Drittel bis die Hälfte dahingerafft hat. Die Pest hat sich als Ur-Trauma in die Erinnerungskultur eingeprägt, obwohl andere Pandemien sie längst an Vernichtungspotenzial übertroffen haben. Welthistorisch lassen sich drei große Pest-Pandemien unterscheiden, die nach heutiger Kenntnis unzweifelhaft von dem Bakterium Yersinia Pestis hervorgerufen wurden. Im 6. Jahrhundert n. Chr. raffte die nach dem regierenden Kaiser Justinian benannte Pest etwa die Hälfte der Einwohner Ostroms und weiter Teile Europas und Asiens dahin. Von 1347 bis 1722 überfiel sie – zunächst „Schwarzer Tod" genannt – in unregelmäßigen Wellen alle Teile Europas. Und ab 1890 lieferte sie sich in Ost- und Südostasien mit der modernen Medizin einen tödlichen Wettlauf, bis dem Franzosen A. Yersin 1894 die Isolierung des Erregers gelang."[10]

Auch der Mensch hatte seinen Anteil an der Ausbreitung der Pest. Denn sie war ein „Kulturfolger". Heute weiß man, dass es sich bei ihr um eine bakterielle Infektionskrankheit handelt, die im Mittelalter vor allem durch Ratten und andere Nagetiere auf Flöhe und durch Flohbisse auf Menschen übertragen wurde. Die Ausbreitung der Pest wurde also durch die müllverdreckten Straßen, die die Ratten anzogen, zumindest begünstigt[11].

Auch wenn es makaber klingt: der Umgang mit den Toten war ebenfalls ein Abfallproblem, das schon früh erkannt wurde. In der Antike, also in Griechenland und Rom überwogen Körperbestattungen; Brandbestattungen waren seltener. Nur erstere hatten ein Hygieneproblem. Die Bestattung innerhalb der Stadt war in Rom seit 451 v. Chr. verboten (Zwölftafelgesetz). Ergebnis waren vor der Stadt angelegte Gräberstraßen. In der Degenerationsphase des römischen Reichs kam es zu Massenverfolgungen und -tötung von Nicht-Römern, sodass Massengräber auch innerhalb der Stadtmauern üblich wurden. „Zwischen dem ersten und dem fünften Jahrhundert wurden in Rom und seinen Provinzen Körper- und Brandbestattung parallel geübt, wobei während der früheren und mittleren Kaiserzeit in der Oberschicht die Brandbestattung bevorzugt wurde, dagegen mussten sich die unteren sozialen Schichten mit der weniger aufwändigen Erdbestattung zufriedengeben."[12]

Die mittelalterliche Stadt war in ihrem Umgang mit den Toten seit Karl dem Großen durch die Vorstellung geprägt, dass die Feuerbestattung heidnischer Brauch sei. Alle Toten mussten als ganze Leichname unter die Erde, wo sie der Verwesung anheimgegeben waren. Bevorzugte Orte waren die Böden der Kirchen oder Gelände in deren nächster Nähe. Auch heute ist in Deutschland noch der Begriff Kirchhof verbreitet.

Geruchsentwicklung und eine Gefährdung des Brunnenwassers konnten Folge einer solchen Erdbestattungsart sein. In den Pestzeiten im 14. Jahrhundert verfügten allerdings Städte wie Nürnberg, Straßburg und Braunschweig, die Begattung außerhalb der Stadt vorzunehmen. Nach der Reformation wanderten dann die Friedhöfe weiter von den Stadtzentren weg. Im 16. Jahrhundert wurde dann die Wiedereinführung der Feuerbestattung ein Thema, das diskutiert wurde. Bis zur allgemeinen Akzeptanz war es (in Deutschland) jedoch noch ein weiter Weg, der mehrere Jahrhunderte dauerte.

10 Zitiert aus Seewald, B., Schwarzer Tod, DIE WELT; 5. Oktober 2019.

11 Seewald, B., Schwarzer Tod, a.a.O.

12 Sörries, R.: Das römische Grabrecht, 2003.

3.2 Recycling in Antike und Mittelalter

Bei Feststoffen stellt sich die Entwicklung anders als bei den Abwässern dar: Man konnte noch etwas mit ihnen anfangen, sie reparieren und für Neues verwenden. Es gilt als nachgewiesen, dass die Antike die Sammlung und Wiederverwertung von Glas und Metall praktizierte – Ansätze zu einem Recycling also. In Rom war Altmetallsammlung sogar zum Geschäft geworden. Als Beweis für Wiederverwendung gilt auch der Umstand, dass in antiken Haushalten bzw. Werkstätten kaum Metall- und Glasrückstände gefunden werden konnten. Wertvolle Materialien wurden demnach aussortiert und wiederverwendet, indem man neue nutzbare Gegenstände aus ihnen fertigte. Vor allem aus der Spätantike hat man Lagerplätze für solche „recycelbaren" Objekte gefunden. Gerne wurden auch Statuen römischer Provenienz einschmolzen, um hieraus Gegenstände für den Alltagsgebrauch neu herzustellen.[13]

Doch Verwertung gab es jedoch nur für Materialien, die durch einen einfachen und kurzen Verarbeitungsprozess zu nützlichen Gegenständen umgewandelt werden konnten. Aus Wertlosem entstanden in der Nähe von Siedlungsgebieten große Abfallhaufen. In Ephesos gibt es beispielsweise ein riesiges Depot aus keramischem Bauschutt mit neun Meter Höhe.

Aufwändig gewonnene und als Ruinen nutzlos gewordenen Baumaterialien wurden allerdings schon in der Antike häufig wieder verwendet. Solche frühen Formen des Baustoffrecyclings sind belegt, denn bei vielen erhaltenen Bauwerken von der Antike bis zum Mittelalter konnte der Rückgriff auf das Material älterer Bauten nachgewiesen werden.[14]

Alle Baumaterialien mit großem Anteil an Produktions- und Transportkosten und seltenen Rohstoffen waren davon betroffen. Dazu gehörten bearbeiteter Naturstein wie Fußbodenplatten, Treppen-, Fenster- und Türgewände und Bossen, Holzbauteile wie Balken, Türen und Fenster, hölzerne Fußbodenbeläge, Ziegelprodukte wie Mauerziegel, Dachziegel und Ziegelböden und im verstärkten Maße alle Arten von Metallbauteilen, da in diesem Materialbereich in der Regel nicht auf eigene Ressourcen oder auf Ressourcen in unmittelbarer Nähe zugegriffen werden konnte.

So wird mehrfach berichtet, dass die Dorer auf Kreta um 600 v. Chr. Steine aus Ruinen alter minoischer Bauten herauslösten und sie für eigene neue Bauten nutzten. In Ägypten war es durchaus üblich, das Andenken an frühere Herrscher umzuwidmen: „Auf beiden Kolossal-Standstatuen erscheinen die Kartuschen mit den Namen Haemas über die gelöschten Namen von König Eje – wobei der ursprüngliche Name noch gelesen werden kann. Das Gesicht der beiden Stand-Statuen ist aber nicht das von König Eje, denn dieser war bei seinem Regierungsantritt schon ein alter Mann – sondern das des jugendlichen Tutanchamun, wenn man es mit den bekannten Merkmalen seiner Darstellungen vergleicht. So ist hier klar ersichtlich, dass die Statuen ursprünglich für Tutanchamun hergestellt wurden, später aber von König Eje übernommen, neu beschriftet und letztlich usurpiert

---

13 Unter Verwendung von Brumme, D.: Die Geschichte des Recyclings I + II, in Wertstoff-Blog, 26. 4. 2016, 19.5. 2016, Produkt der NTERENA GmbH, Berlin.

14 Müller A., Baustoffrecycling, Österreichische Wasser- und Abfallwirtschaft, Volume 63, pag. 224–230 (2011).

von Haremhab wurden."[15]In Karnak ist die Wiederverwendung von Säulentrommeln aus älteren Tempelanlagen nachgewiesen.

Nach dem Untergang Roms wurde es fast alltäglich, sich der Ruinen antiker römischer Bauten zu bedienen. Ein Beispiel hierfür ist das römische Colosseum, das von den Bewohnern Roms seit dem Mittelalter als Steinbruch benutzt wurde und so dem fortschreitenden Verfall preisgegeben war. Eine andere Art der Wiederverwendung bestand in der ursprungsfremden Umnutzung von noch gut erhaltenen Gebäuden. Beispiel ist hier das Pantheon in Rom, das schließlich als christliche Kirche und Kultstätte diente.

Viele Bauten wurden so bis zum Beginn der Neuzeit geschädigt oder ganz vernichtet Baustoffe wie Marmor, Travertin, Tuff waren so ohne besonderen Aufwand verfügbar. Auch die Ausstrahlung kunstvoller Reliefs oder Skulpturen, Friese und Architravsteine, Säulen- oder Kapitelreste, sogenannter Spolien , barg Anziehungskraft. So stammen die Säulen der Pfalzkapelle in Aachen aus Ravenna, und die Porphyr-Statuen der römischen Tetrarchen fanden in der Fassade des Markusdoms eine neue Heimat, s. Abb. 3 10.

Abb. 3-10: Die vier Tetrarchen am Markusdom, die einst das Reich gemeinsam regierten; Quelle: wikiwand

15 Zitat OIP 41 Chicago (Uvo Hölscher) nach Margret Pirzer (vormals Worthmann), https://nefershapiland.de/Bauten%20Haremhab%20Allgemein.htm.

Ein historisch gut aufgearbeitetes Beispiel ist die Stadt Neuss / Niederrhein. Dort bestimmten der Ausbau des Quirinusdoms und der Aufstieg zur Handelssiedlung die örtliche Entwicklung. Parallel ging damit die Transformation in der Bauweise einher. Zunehmend ersetzten Steingebäude die alten Holzhäuser – ein Trend, der mit dem 12. Jahrhundert einsetzte. Kontinuierlichen Bedarf an Bausteinen war die Folge. Als leicht verfügbare Beschaffungsquelle dienten die in Neuss zahlreich vorhandenen römischen Ruinen. Novaesium war ein zentrales römisches Legionslager des Rheinlandes und neben Vetera und Mogontiacum die wichtigste Aufmarschbasis der Römer bei ihrem Versuch gewesen, Germanien zu okkupieren, und es bildete anschließend einen wesentlichen Bestandteil des Niedergermanischen Limes.

Diese Art zu bauen zeigt auch der älteste Steinkeller, der heute noch auf der Brückstraße zu besichtigen ist: Die Tuff- und und Grauwackensteine der Kellermauern sind römischen Ursprungs (Abb. 3-11, links) ; ungewöhnlich ist darin ein großer Liedberger Quarzit, der ebenfalls von einer römischen Trümmerstätte stammt. Die mittelterlichen Bauherren gingen mit ihrem römischen Erbe sehr großzügig um: Als man beim Bau eines Kellers an der Brückstraße um 1400 eine römische Mauer vorfand, wurde der Mauerstumpf in das neue Mauerwerk nicht abgerissen, sondern in den Neubau integriert (Abb. 3-11 rechts).

Abb. 3-11: Neuss, Brückstr. 40, links Keller 12. Jh., erbaut aus wieder verwendeten römischen Bausteinen, rechts Kellermauer aus dem 15. Jh. mit integriertem römischen Mauerstumpf; Quelle: Vom Umgang mit römischen Ruinen in Neuss, Mitteilungsblatt DGAMN Nr. 26, 2014

Kürzlich erst wurde der Grabstein des Gaius O[...]ius Proculus, eines Soldaten der 6. Legion entziffert. Es ist dies ein Beispiel für den Umgang mit römischer Skulpturenresten im späten Mittelalter, denn dass Grabmonument wurde um 1600 Bestandteil des „Haus zum Himmelreich“, allerdings mit der Ergänzung eines neu eingemeißelten und bemalten ‚segnenden Christus‘ (Abb. 3-12). Bis zum 2. Weltkrieg war der Stein noch in der Straßenfront verbaut; er wurde danach in das damalige Städtische Museum übergeführt.

König Ludwig XIV. begann 1671 in Neuss dem Bau einer Stadtfestung, und ließ hierfür große Teile eines Stadtviertels abbrechen, in dessen Verfügung er durch Verpfändung der gesamten Stadt an ihn gelangt war, die der Kölner Erzbischof als Landesherr initiiert hatte. Das hatte naturgemäß großen Bedarf an Steinen und anderem Baumaterial zur Folge, sodass der Stadtrat 1686 beschloss, nach römischen Tuffsteinen suchen zu lassen[16]: „(Den) Herren Renthmeisteren ist auffgegeben worden die teuffstein im Muhlenbroch mit allem fleiß suchen vnd außarbeiten zulaßen."[17]

Abb. 3-12: Was aus dem Grabstein des Gaius O[...]ius Proculus wurde; Quelle: Vom Umgang mit römischen Ruinen in Neuss, Mitteilungsblatt DGAMN Nr. 26, 2014

Wiederverwendung war auch für andere Materialien offenbar an der Tagesordnung. Wie schon oben angesprochen, gab es Sammler auf der Suche nach alten Gegenständen, speziell Metallen. „Es gab Altmetallsammler, die von Haus zu Haus gegangen sind. Wir finden teilweise Altwarendepots, die voll waren mit Kupfer und Bronzebeständen, um irgendwann mal eingeschmolzen zu werden." (Ladstätter)[18] Als Beleg für das Recycling der Altmetalle und des Altglases wird häufig gesehen, dass in den Ausgrabungen antiker Haushalte kaum Metalle oder Gläser gefunden wurden. Alles Verwertbare sei zu Geld gemacht ... worden, vermutet Ladstätter.

Dass in der Antike Denkmäler wiederverwendet und damit recycelt wurden, ist unbestritten. „Kein Pharao besaß eine größere Fülle an Denkmälern als Ramses II. Nicht wenige Statuen hat Ramses II. dabei von seinen Vorgängern übernommen und ... an die Stelle der bereits vorhandenen Inschriften seine eigenen auf den Körper der Figuren gesetzt."[19] Ägyptologen nennen dies „Usurpation". Im späten Rom wurde es üblich, alten Statuen nur einen neuen Kopf aufzusetzen.

16 Auch um sie später in andere Städte verkaufen zu können; neben den Steinen fehlte zudem das Geld. Einem anderen Hinweis zufolge wurden römische Grabstein zu Mühlsteinen verarbeitet und in die Niederlande verkauft.

17 Zitiert aus Pause, C. & Sauer, S., Vom Umgang mit römischen Ruinen in Neuss. Mitteilungsblatt der Deutschen Gesellschaft für Archäologie des Mittelalters und der Neuzeit 26, 2014, S. 49.

18 Zitiert aus Ladstätter, S.: Knochen, Steine, Scherben. Abenteuer Archäologie", 2013 . S. Ladstädter ist die Leiterin des Österreichischen Archäologischen Instituts.

19 Zitiert aus Magen, B., Steinerne Palimpseste: Zur Wiederverwendung von Statuen durch Ramses II. und seine Nachfolger, 2011, Zusammenfassung.

Skulpturen aus Bronze wurden häufig wiederverwendet: „Die meisten frei stehenden griechischen Skulpturen aus dem fünften Jahrhundert vor unserer Zeitrechnung waren nicht aus Marmor, sondern aus Bronze gefertigt. Bronze war wertvoll, und nach dem Ende der antiken Olympischen Spiele wurden die Statuen eingeschmolzen … ."[20]

Aus dem alten Rom ist bekannt, dass dort viele Bronze- und Kupferstatuen im Zusammenhang mit dem Aufstieg des neuen Christentums zerstört, eingeschmolzen und neu verwertet wurden. Mit dem Ende des Römischen Reiches hatten die Grabräuber Konjunktur, die nach Wiederverwertbarem wie Glas oder Metall suchten. Die Grabräuberei erreichte solche Dimensionen, dass man den zwischen 500 und 900 n. Chr. geringer werdenden Abbau von Metallerzen auf sie zurückführt.

Nach einer Überlieferung, die wohl auf die verlorene Chronik des Theophilos von Edessa zurückgeht, sammelten um 654 n. Chr. die Araber das Bronze-Metall des zusammengestürzten Kolosses von Rhodos ein, als sie kurzfristig die Insel eroberten. Das Altmetall soll in den Orient verschifft worden sein, wo ein jüdischer Händler es gekauft und mit 980 Kamelfrachten abtransportiert habe.[21]

Abb. 3-13: Der Ratsherr und Kaufmann Ulman Stromer errichtete 1389/1390 an der Pregnitz die erste deutsche Papiermühle. Wegen des hohen Wasserbedarfs, aber auch wegen der Umweltbelastung wurde die Hadernmühle außerhalb der Stadtmauern Nürnbergs errichtet, Quelle: Verband Deutscher Papierfabriken e. V. (VDP)

20 Zitiert *aus ORF zum Thema Olympia, 7. 3. 2012, Judith M. Barringer, im Gespräch mit Günter Hack.*

21 Hoyland, R. G. (Hg): Theophilus of Edessa's Chronicle and the Circulation of Historical Knowledge in Late Antiquity and Early Islam (= Translated Texts for Historians. 57). Liverpool 2011, S. 139–140.

Ein augenfälliges Recycling-Beispiel des Mittelalters ist das Papier, dessen Erfindung auf China zurückgeht. In Europa entstanden erste Papiermanufakturen in Cordoba, Sevilla und Valencia im 12. Jahrhundert; die erste Papiermühle Europas wurde in Fabriano (Italien) Mitte des 13. Jahrhunderts erbaut, die erste deutsche in den Jahren 1389/1390 in Nürnberg, s. Abb. 3-13 . Die europäischen Papiermacher gingen ihren eigenen Weg: Das Ausgangsmaterial für die europäische Papierherstellung waren Lumpen, die aus Baumwolle, Hanf, Flachs oder Leinen bestanden, die „Hadern". Sie wurden von Lumpensammlern angeliefert, in der Papiermühle sortiert, von Fremdstoffen gereinigt, mechanisch zerrissen und anschließend „mazeriert"[22]. Hinzu kam als weiterer Schritt das Zerstoßen der Lumpen in den wasserradgetriebenen Stampfen, s. Abb. 3-14.

Die Schöpfformen waren jetzt Drahtsiebe, die den Vorteil hatten, dass das Wasser gut ablief. Auf den Sieben wurden textile Flecken aufgebracht, die sogenannten Wasserzeichen, die dann im Gegenlicht als hellerer Bereich auf dem geschöpften Papierbogen sichtbar wurden. Sie sind ein typisches Merkmal europäischer Papiere und waren noch bis in das 20. Jahrhundert hinein der Nachweis der Herstellung und des Produzenten. Das Papier wurde dann in Pressen, die nach dem Vorbild der antiken Kelter arbeiteten, durch Druck vom Wasser befreit, letztlich getrocknet, was auch eine Erfindung der europäischen Papiermacher war. In einem letzten Arbeitsschritt wurde die zunächst faserige Papieroberfläche mit Tierleim geschlossen und beschreibbar gemacht.[23]

Abb. 3-14: Altes Stampfwerk von 1609; Quelle: Basler Papiermühle

Dass Papier wiederum selbst Ausgangsstoff einer anschließenden Recycling-Stufe werden könnte, lag damals noch in weiter Ferne. Jedoch gab es erste Ansätze: Schon in der Ersten Zwischenzeit des Alten Ägypten wurden alte Papyri zur Herstellung von Totenmasken genutzt, wie der Archäologe F. Petrie 1907 herausfand. Möglicherweise geschah das systematisch, indem ganze Pakete nicht mehr genutzter alter Papyri aufgekauft wurden.

22 Mazerisation bezeichnet die Aufweichung eines Gewebes bei längerem Kontakt mit einer Flüssigkeit.
23 Unter Verwendung von Brockmann, A.: Die Geschichte des Papiers in Europa, Boesner Kunstportal o. J.

Das Papier des Mittelalters selbst zu weiterem Papiergebrauch zu recyclen, war erst lange nach seinem Ende möglich, als J. Claproth 1774 das erste Deinking-Verfahren für gebrauchtes Papier bekannt gemacht hatte[24].

Die Herstellung von Glas ist ein lande bekannter Prozess. Die Archäologie hat weit zurückreichende Nachweise gefunden. Erste Glasobjekte datieren auf das Jahr 3500 v. Chr. Archäologen fanden sie in Ägypten und dem östlichen Teil Mesopotamiens in der Form von Glasperlen. Hier wurde wohl auch im 3. Jahrhundert v. Chr. mit der technischen Herstellung von Glas begonnen. Die Entdeckung verbreitete sich über die Phönizier im gesamten Mittelmeerraum. Hohlglas brauchte etwas länger, erstmals für etwa 1500 v. Chr. in Ägypten machgewiesen. Das erste sicher zu datierende Glasgefäß ist ein Kelch, der den Namen von Pharaos Thutmosis III. trägt und um 1450 v. Chr. entstanden ist. Aus dem Jahr 658 v. Chr. stammt die erste überlieferte Rezeptur: „Nimm 60 Teile Sand, 180 Teile Asche aus Meerespflanzen und 5 Teile Kreide und du erhältst Glas."[25]

Die nächste Stufe, das Glasblasen mittels eines Rohres, ist um die Zeitenwende syrischen Handwerkern im Gebiet Sidon-Babylon gelungen. Die Römer bauten diese Technik weiter aus und schufen Glas in verschiedensten Formen. Sie trugen die Kunst nach Mittel- und Westeuropa und exportierten unter Kaiser Augustus ihre Glaskunstwerke bis nach China, wobei sie die Seidenstraße nutzen – obwohl die Chinesen schon länger selbst Glas produzierten.

Abb. 3-15: Antike Portland-Vase; Quelle: British Museum

24 in seiner Schrift: Eine Erfindung, aus gedrucktem Papier wiederum neues Papier zu machen.
25 aus der Bibliothek des assyrischen Königs Assurbanipal.

Bis zu dieser Zeit enthielt das Glas färbende Bestandteile, war also nicht klar. Farbloses und klar durchsichtiges Glas wurde erstmals um 100 n. Chr. in Alexandria hergestellt, indem man höhere Temperaturen und kontrollierte Erhitzung anwandte. Etwa zeitparallel finden sich in Rom erste als Fenster dienende Glasplatten, die im Guss hergestellt waren. Das setzte sich schnell bei den Villen der Reichen und Mächtigen durch. Die Glaswaren hatten ihre regionale Prägung: In Alexandria entstand der Luxus, z. B. aufwändige, für den Export bestimmte Glaswaren wie die bekannt gewordene „Portland Vase", s. Abb. 3-15. In Mittel- und Westeuropa waren es dagegen eher Ringe, Ringperlen und andere Schmuckstücke.

Mit dem Verfall des Römischen Reiches verfielen auch die Glaskunst und die aufwändige Fertigungstechnik. Manches ging verloren. Die Gläser bzw. Glasprodukte wurden wieder schlichter.

In römischer Zeit hatte es eine Arbeitsteilung gegeben: Rohgas wurde aus den Komponenten Sand und Natron hauptsächlich im Nahen Osten hergestellt (Primärglasproduktion). Die Glaswerkstätten im Westen importierten das Rohglas und schmolzen es in kleineren Öfen wieder ein und verarbeiteten es (Sekundärproduktion). Der Schmelze konnte dabei bis zu gewissen Grenzen Glasbruch aus zerbrochenen Gefäßen oder aus Abfällen der Herstellung zugesetzt werden. Das hatte Vorteile: Die benötigte Energie verringerte sich, denn Glasbruch reduzierte die Schmelztemperatur und erleichterte die Reaktion der Grundkomponenten bzw. das Aufschmelzen der Rohglasstücke.

Vollständiges Glas-Recycling zu betreiben und die Schmelze nur aus Altglas zu gewinnen war zwar möglich, brachte jedoch schlechtere Resultate: Die Glasqualität sank. Die beste Rezeptur war: Rohglas plus kleine Anteile Alt- oder Bruchglas. Schon in der Römerzeit gewann Glasrecycling zunehmend an Bedeutung, stärker noch in der Spätantike, als die Beschaffung von Rohglas aus dem Osten schwieriger wurde.

Früh sammelte man Glas nach Farben, um die Schmelze homogen und das Ergebnis farbrein zu halten. Außer dem Zusatz von Altglas verwendete man als Beigabe auch den Abfall der Gefäßherstellung. Wie das ablief, war noch in jüngster Zeit in ägyptischen und syrischen Glaswerkstätten zu sehen, wo sich alte Traditionen erhalten hatten.[26]

Archäologische Nachweise von Recycling sind aus den verschiedensten Regionen des Römischen Reiches bekannt. Beispiele liegen vor etwa aus Frankreich, Großbritannien, Norditalien, Österreich und der Schweiz sowie dem Nahen Osten. Zudem ist gemeinhin bekannt, dass einzelne Scherben Altglas z. B. als Teil von Mosaiken, Augeneinlagen von Bronzestatuen oder als integrierter Bestandteil von neuen Gefäßen wiederverwendet wurden. Eher selbstverständlich unterzog man auch ganze Glasgefäße einer ständigen Wiederverwertung. Hier seien beispielhaft nur Transportgefäße genannt, die ursprünglich als Graburne dienten.

Plinius erwähnt in „naturalis historia", Glasbruchstücke könnten nicht mehr zusammenge-schmolzen werden. Dies wurde als Indiz dafür gewertet, dass Glasrecycling in frühflavischer Zeit noch nicht bekannt war und erst in den nachfolgenden Jahren entdeckt wurde. Da zwischenzeitlich ältere archäologische Hinweise auf Recycling vorliegen, dürfte sich die Stelle bei Plinius nur auf die Unmöglichkeit einer Reparatur von Glasgefäßen beziehen und nicht auf die Unkenntnis der Wiederverwendung von Altglas durch Ein-

26 Nach Fünfschilling. S.: Glasrecycling bei den Römern, NIKE-Bulletin 6 | 2011.

schmelzen. Das Sammeln von Altglas lässt sich auf Basis der literarischen Überlieferung ab flavischer Zeit erschließen. So werden u. a. von Martial (epigrammata 1,41) Straßenhändler von der anderen – d. h. rechten – Tiberseite in Rom erwähnt, die Bruchglas gegen weißen Schwefel tauschen. Martial vergleicht spottend den Poeten Caecilius sowohl mit Altglashändlern als auch weiteren niederen Berufen wie jenen des Schlangenhalters, um zu dessen Abwertung beizutragen. Caecilius war in Rom als überaus erfolgreicher Komödiendichter tätig, hatte jedoch auch Kritiker. Casius Dio (LX 17,6) erwähnt, das römische Bürgerrecht sei unter Claudius so leicht zu erstehen gewesen wie ein Stück zerbrochenes Glas.

Altglassammler hatten nach diesen metaphorischen Erwähnungen des geringen Wertes von Bruchglas in der Antike offenbar nur niedrige Verdienstmöglichkeiten und waren wenig angesehen. Vielleicht ist die Situation dieser unteren Gesellschaftsschichten im antiken Rom mit derjenigen in heutigen Entwicklungsländern vergleichbar, in denen das Sammeln wiederverwertbarer Abfallstoffe einen eigenen, gleichwohl wenig einträglichen Wirtschaftszweig bildet. Auch wenn vor unbedarften modernen Vergleichen zu warnen ist, könnten hier beispielhaft die Mülltrenner in Ägypten genannt werden, die den Abfall aus Privathaushalten abholen und der unteren sozialen Schicht angehören. Gregor von Tours berichtet im 6. Jahrhundert in „De gloria martyrum" von einem Kirchendieb, der Fensterscheiben aus einer Kirche in Yzeures (F) stahl. Seine ursprüngliche Absicht, das Kircheninventar zu rauben, schlug fehl, woraufhin er dann zumindest das Fensterglas inklusive Metallverbindung mitnahm. Die „Notlösung" des Glasraubes deutet darauf hin, dass Altglas zu dieser Zeit keinen allzu hohen Wert besaß. Glas im Frühmittelalter war aber wohl keineswegs wertlos: Der Dieb soll sich nach der von Gregor geschilderten Episode drei Tage lang bemüht haben, es vor dem geplanten Verkauf umzuschmelzen. Es zeigt sich somit, dass antikes und speziell römisches Glasrecycling im ersten Jahrtausend neuer Zeitrechnung auch literarisch belegt ist: In der flavischen Zeit, für die mittlere Kaiserzeit und schließlich für das 6. Jahrhundert n. Chr.[27]

Auch in Mitteleuropa und speziell Deutschland liegen archäologische Hinweisen auf eine Wiederverwertung von Glas vor und belegen ein Recycling bereits in den ersten Jahrhunderten n. Chr. „Das Sammeln von Altglas ist vor allem durch archäologische Befunde aus dem militärischen und urbanen Umfeld bekannt und dort auch plausibel.

Eine differenzierte archäologische Aufarbeitung, im Besonderen von Glaswerkstätten und ihren Überresten – wie beim Fundplatz Hambach bereits erfolgt –, steht für weite Teile Deutschlands noch aus und ist erforderlich, um die hier geäußerten Thesen zum Glasrecycling zu überprüfen. Die chemische Zusammensetzung der Gläser aus eng datierten Mayener Grabkontexten erlaubt Rückschlüsse auf eine Zunahme von Recycling in Krisenzeiten, so z. B. nach 260 n. Chr. sowie in den letzten beiden Dritteln des 5. und zu Beginn des 6. Jahrhunderts n. Chr. ..."[28]

---

27 Grünewald, M. und Hartmann; S.: Überlegungen zum Glasrecycling der Antike im Bereich des heutigen Deutschlands, P. Henrich / Chr. Miks / J. Obmann / M. Wieland (Hrsg.). NON SOLUM ... SED ETIAM. Festschrift für Thomas Fischer zum 65. Geburtstag (Rahden/Westf. 2015) S. 153–164, Einleitung.

28 Zitiert aus Grünewald, M. und Hartmann; S.: Überlegungen, Zusammenfassung

Archäologen haben in Italien auf der Insel Torcello Gläser gefunden, die sich auf das späte 7. und frühen 8. Jahrhundert datieren lassen Die Funde lassen den Wechsel in der Herstellungstechnik erkennen. Im Mittelalter wurde Venedig zum Zentrum der europäischen Glaskunst. Noch heute ist Murano-Glas eine bekannte Marke, benannt nach der Inselgruppe in der Lagune von Venedig, die bekannt für ihre Glaskunst ist.[29]

Um 1000 n. Chr. wurden die Glasgefäße immer größer, vor allem die der Glasmacher im östlichen Mittelmeerraum. Etwa zur selben Zeit kam es zu Lieferschwierigkeiten bei der Versorgung mit Rohmaterialien aus dem Osten, u. a. bei Soda. Hier wusste man sich zu helfen, indem man es durch Pottasche ersetzte.

Dem Benediktinermönch Th. Presbyter verdanken wir genauere Kenntnis der Technik der Glasherstellung am Beginn des 12. Jahrhunderts.[30] Sein Prozess startete mit einer Mischung aus Asche von getrocknetem Buchenholz und gesiebtem Sand. Nächster Schritt war die Ofentrocknung bei ständigem Rühren über einen ganzen Tag. Anschließend folgte die Umfüllung in einen Tiegel und danach dessen Aufheizung bis zur Schmelze unter starker Hitze. Das so gewonnene Glas wurde wohl auch in den gotischen Kirchenfenstern verwendet, was allerdings Presbyter nicht beschreibt.

Altglas kam im Mittelalter zu neuen Ehren: Die Wiederverwendung römischen Glases endet nicht in der Antike, wie auch Presbyter in seinem Werk überliefert. Nach seinem Bericht sammelten die Franken Glasmosaiksteine aus römischen Ruinen, aber auch kleine Gefäße, da diese gut zur Produktion von Fensterscheiben geeignet seien.

Venedig war im 11. Jahrhundert schon eine große Handelsmetropole, als sich die Stadt nun auch zum Zentrum der europäischen Glasmacherkunst entwickelte (wie oben mit dem Beispiel Murano erläutert). Aber auch die deutschen Glasmacher wurden kreativ und erarbeiteten eine spezielle Technik für die Herstellung von Flachglas. Sie stellten zuwächst ein hohles Glas her und hielten dies senkrecht geschmolzen. Aufgrund der Gravitation dehnte sich das Glas aus und bildete einen Zylinder. Anschließend konnte man das heiße Glas der Länge nach aufschneiden und danach in eine Fläche drücken – eine Technik, die von Venedig übernommen und im 13. Jahrhundert verbessert wurde.

Im Mittelalter gab es vielfach verglaste Fenster. Sie waren jedoch ein Luxusgut und wurden zum Statussymbol. Verglaste Fenster finden sich entsprechend in Kirchen, Schlössern und privaten Villen der Kaufleute. Glasmalere ist erst ab dem 15. Jahrhundert nachweisbar. Sie finden sich in Kirchen und öffentlichen Gebäuden und orientierten sich inhaltlich an den Erzählungen der Bibel oder stellten die Wappen der Herrschaft dar.

In den Abfällen mittelalterlicher Städte, Burgen und Adelshöfe sind kaum Glasscherben gefunden worden. Dabei war Glas im hohen Mittelalter durchaus nicht selten. Eine Erklärung dürfte sein, dass die Glassammler sehr intensiv tätig waren und nichts übrigließen. Erst ab dem 15. Jahrhundert gibt es eine auffallende Veränderung: jetzt werden plötzlich viele Scherben gefunden, die meisten allerdings aus minderen Glassorten bestehend. Die Interpretation, dass nur noch wertvolles Glas aus importiertem Soda wiederverwendet, sprich eingeschmolzen, wurde, liegt nahe.

---

29 Dieser und folgende Absätze nach PrintPlanet GmbH (Hg) : Woher kommt das Glas? Ein Einblick in die Glas-Geschichte, https://www.printplanet.de › wissenswertes.

30 Beschrieben in seinem Werk „De diversis artibus“.

Ähnliches wird für Metalle unterstellt: Auch sie finden die Archäologen selten in Ausgrabungen mittelalterlicher Abfallgruben. Sie schließen daraus, dass metallische Gegenstände, die defekt oder ausrangiert wurden, ähnlich wie in der Antike auch im Mittelalter wieder zur Schmiede rückgeführt und dort eingeschmolzen wurden.

4 Der Beginn einer Müllwirtschaft

Im zentralisierten Frankreich des 18. Jahrhundert entstand eine von der Verwaltung, von Ingenieuren und von Ärzten getragenen Politik der öffentlichen Gesundheitspflege, deren Ziele Volkshygiene und Krankheitsvorbeugung waren. Der Kampf um gute Luft und gegen schlechte Gerüche und schädliche Ausdünstungen stand im Vordergrund. Die neu aufkommende Miasmenlehre assoziierte Schlechte Luft mit Tod.[31] Als Verursacher schlechter Luft identifizierte man schnell Fäkalien, Abfälle und Bestattungen.[32] Die öffentliche Sauberkeitspolitik griff da etwas weiter und stellte den Kampf gegen die Vernachlässigung der Körperpflege, den Gestank der Städte und ungeregelte Massenansammlungen in den Mittelpunkt.

Auch in England war es die Sorge um öffentliche Gesundheit, die zu Maßnahmen und Reformen durch die Verwaltung der Städte führte. Ein Beispiel ist London, dessen Bevölkerung ungebremst auf 2,5 Mio. wuchs und deren Abwässer direkt in die Themse geleitet wurden, die zugleich die Stadt mit Trinkwasser versorgte. In der Stadt kann es seit den 1840er Jahren immer wieder zu Cholera-Epidemien. Zunächst glaubte man noch an die durch die Luft übertragenen Miasmen. Nachdem jedoch allein im Jahr 1854 über 10 000 Menschen gestorben waren, fand der Arzt J. Snow die eigentliche Ursache: es war das verschmutzte Wasser.

Abb. 4-1: Die Ingenieure des 19 Jh. waren nicht nur Meister der Technik, sondern kümmerten sich auch um die Ästhetik ihrer Schöpfungen wie hier im Inneren der Crossness Pumpstation; Quelle: Dan Kitwood

31 Unter „Miasma" versteht man „übler Dunst, Verunreinigung, Befleckung, Ansteckung". Die giftigen Ausdünstungen und üblen Gerüche des Bodens sah man früher und speziell seit Hahnemann als Ursache von Krankheiten an. Heute erinnert die Bezeichnung Malaria (von lateinisch mala aria: schlechte Luft) noch an diese Vorstellung.

32 Keller, R., Müll – Die gesellschaftliche Konstruktion des Wertvollen, Verlag für Sozialwissenschaften | GWV Fachverlage GmbH, Wiesbaden 2009.

Im Jahr 1858 kulminerte die Situation. Der Sommer war mit 34 Grad ungewöhnlich heiß. Die hohen Temperaturen forcierten die Fäulnis und der daraus resultierende Gestank wurde so unerträglich, dass er sogar die Arbeit der Abgeordneten im House of Commons beeinträchtigte und die Regierung gar Umzugspläne erwog. Kräftige Regenfälle beseitigten schließlich das akute Problem, jedoch blieb der „Great Sink“ in den Köpfen hängen: Das Parlament beauftragte den Chefingenieur der Londoner Metropolitan Board, J. Bazalgette, ein umfassendes unterirdisches Kanalisationssystem einzurichten. Es wurde das größte Londoner Bauprojekt des gesamten 19. Jahrhunderts, mit insgesamt 135 km langen Hauptabwassersammlern und 1750 km Abwasserkanälen. Das System brauchte 8 Jahre Bauzeit und zusätzlich noch eine von Bazalgette veranlasste Filteranlage – dann aber hatten alle Bewohner Londons endlich sauberes Trinkwasser und vor allem: Die Sterberate sank. Heute ist London mit fast 10 Mio. Einwohnern die größte Stadt Europas und stützt sich in der City immer noch auf Kanäle aus dem 19. Jh., wie sie Bazalgette angelegt hatte. Abb. 4-1 vermittelt eine ungewöhnliche Einzelheit, die zugleich den Aufwand sichtbar werden lässt, den man seinerzeit betrieben hatte. Andere Großstädte nahmen sich Londons Abwassersystem zum Vorbild und modifizierten Bazalgettes Konzept für ihre Verhältnisse.

Auch beim Abfallmanagement ging London voran, getrieben von der Beulenpest, die 1665 ein Viertel der Bevölkerung dahingerafft hatte. In der Folge wurden sog. „rakers“, Schlammräumer also, öffentlich angestellt, die den gröbsten Unrat fortschafften und vor der City deponierten, allerdings in relativer Nähe. Viele Jahre blieb es dabei, bis 1752 C. Morris angesichts der angewachsenen Bevölkerung erneut das Abfallproblem beim Namen nannte. Morris glaubte, dass die Gesundheit der Bevölkerung von „großer Bedeutung“ sei und dass eine öffentliche Verwaltung eingeführt werden sollte, um die Stadt London zu reinigen. Einige Jahre später entwickelte sich in der Tat ein erstes Abfallsystem, das auf privat geführten Abfallhöfen basierte, die in der Stadt eingerichtet wurden. Die „dust yards“ sammelten die häuslichen Abfälle ein, darunter einen Großteil wieder verwendbarer Kohleasche aus den Kohleheizungen der Gebäude. Die weitere Nutzung war das antreibende wirtschaftliche Motiv, wobei die Ziegelherstellung und die Bodenverbesserung mithilfe von (aussortiertem) Müll als Rohmaterial die primären Nutzungsziele waren. „The dust-yard system is therefore an early example of organized, municipal-wide solid waste management, and also of public-private sector participation.“[33] Dass diese Vorform des Recycling ihre eigenen Probleme hatte, zeigt die Karikatur Abb. 4-2.

Parallel hierzu entstand der Beruf der selbständigen Lumpen- und Knochensammler („grubbers“), die 2 bis 3 Pence pro Pfund erlösen und sich damit ein (schmales) Einkommen sichern konnten.

Das kombinierte System aus Dust Yards und Grubbers funktionierte etwa 50 Jahre, bis gegen Mitte des 19. Jh. ein massiver Preisverfall der Müllrohstoffe die wirtschaftliche Grundlage des Systems in Frage stellte.

33 Zitiert aus Velis, C. A., Wilson, D. C., Cheeseman. Chr. R .: 19th century London dust-yards: A case study in closed-loop resource efficiency, Summary, Z. Waste Management, Accepted 25 October 2008, Available online 1 January 2009.

OUR STREET CLEANING SYSTEM.

It Cleans the Streets—so it does—but who is to Clean the Unfortunate Wayfarers?

Abb. 4-2: Was die Öffentlichkeit von den Dust Yards hielt; Quelle: World History Archive

Etwa zur gleichen Zeit erregte der Bericht des Sozialreformers E. Chadwick Aufsehen in London, der unter dem Titel „The Sanitary Condition of the Labouring Population" einen engen Zusammenhang zwischen sozialem Status und Krankheitsfällen nachwies, und dies nicht nur für London, sondern für das ganze Land.

Chadwick, den Abb. 4-3 im Bild zeigt, legte der Regierung ein ganzes Programm nahe:

- Verbesserung des Trinkwassers,
- Etablierung eines Abwassersystems,
- Einführung öffentlicher Müll-Entsorgung

und versprach sich und den Adressaten des Berichtes, dass die so verbesserten Gesundheits- und Lebensstandards zu höherer Produktivität und Effizienz führen würden. Nach einigen Irritationen konnte Chadwick, der mehr auf Fachkenntnis und Zentralisierung als auf lokale Repräsentanz und Ehren setzte, 1855 die Verabschiedung der „Nuisance Removal and Disease Prevention Act" erreichen, die letztlich eine allgemeine Blaupause für Gesundheits- und Müllmanagement in England darstellte.

Abb. 4-3: Sir Edwin Chadwick (24 January 1800 – 6 July 1890) gilt in England als Reformer, „der das britische Gesundheitswesen aus dem dunklen Mittelalter in die moderne Neuzeit führte“: Quelle: London School of Hygiene & Tropical Medicine.

In unmittelbarer Folge entstand für London die Behörde „The Metropolitan Board of Works (MBW)“, zuständig nicht nur für das Abfallmanagement, sondern auch für andere öffentliche Dienste wie Straßenbeleuchtung, Abwasserentsorgung und städtische Feuerwehr. 20 Jahre später brachte die „Public Health Act“ den Übergang zu noch heute gültigen Normen der Entsorgung. Das allgemein verbindliche und breit angelegte Gesetz richtete sich auf sauberes Wasser, regelmäßige Abfuhr des Mülls, die Einführung eines Behältersystems (Mülltonnen), die Einrichtung öffentlicher Toiletten, die Beseitigung der Abwässer durch Rohrsysteme und Kanalisation und sah auch die Bestellung von „Health & Sanitary Inspectors“ sowie „Medical Health Officers“ vor. Hinzu kam die Einrichtung einer Müllverbrennung, erstmals 1870 durch die Firma Meak u. Co. im Londoner Stadtteil Paddington. So entsteht das Bild eines in den 1870er Jahren in England erreichten hohen Standards der kommunalen Fürsorge.

Allerdings waren die neuen Verbrennungsanlagen anfangs nicht ausgereift und es gab viel Ärger durch Gestank, giftige Abgase und Ascheregen, sodass Verbesserungen notwendig wurden, z. B. im Jahr 1875 durch die Firma Fryer. Das änderte (fast) nichts am Erfolg der neuen Technik: Im Jahr 1900 gab es in England bereits 121 Müllverbrennungsanlagen.[34]

34 Park, Jinhee, M. A., Von der Müllkippe zur Abfallwirtschaft – Die Entwicklung der Hausmüllentsorgung in Berlin (West) von 1945 bis 1990, Diss. Berlin 2005, S. 20.

In Deutschland kam es erst nach der Mitte es Jahrhunderts zu vergleichbaren Entwicklungen. Hier waren es jedoch Ärzte und Wissenschaftler, die der entstehenden Abfallwirtschaft wichtige Impulse gaben. Einer der ersten war E. Cordes, Arzt in Lübeck und München. In Lübeck erkannte er, wie wichtig die Verbesserung der hygienischen Verhältnisse in der Stadt war. Lübeck hatte seit 1832 unter regelmäßigen Wellen der Cholera zu leiden.. Cordes nahm sich Grundwasser und Trinkwasserversorgung der Stadt vor und konnte als Ergebnis seiner Untersuchungen Verbesserungen der Abwasserentsorgung und der Trinkwasserversorgung erreichen. Seine Analysen bewährten sich: nach Umsetzung der Maßnahmen brach die Cholera in Lübeck ab 1866 nicht mehr aus.[35]

1846 trat I. Semmelweiss seine Stelle an der ersten Gebärklinik in Wien an und war gleich mit der hohen Müttersterblichkeit konfrontiert, die zu dieser Zeit ihren Höhepunkt in Europa erreichte – ausgelöst durch das „Kindbettfieber". Semmelweiss erkannte früh, weshalb die Mütter wirklich starben: an der mangelnden Hygiene. Die Ärzte, Hebammen und Schwestern infizierten die Frauen mit Keimen bei der Geburt. Sie wuschen sich die Hände nur selten, weshalb viele Keime übertragen wurden. 1847 wurde das Händewaschen mit Chlorkalk zur Pflicht erhoben mit dem Ergebnis, dass sich danach die Müttersterblichkeit deutlich verringerte senken.

In England war die Gesundheitspolitik in erster Linie auf Abwehr der Folgen ausgerichtet, in Deutschland zielte die Strategie dagegen in erster Linie auf Vorsorge und öffentliche Gesundheitspflege. Gestützt wurde das von einer übergreifenden bürgerlichen Hygienebewegung von Ärzten, Gemeindebeamten, Ingenieuren und Bürgern. Die Bewegung für „vorbeugende Krankheitsbekämpfung" führte im Jahr 1873 auf Initiative des Münchner Mediziners M. vo Pettenkofer zur Gründung des „Deutschen Vereins für öffentliche Gesundheitspflege (DVföG)", der auf eine praktische Umsetzung des hygienischen Fachwissens hinausging.

„Städteasanierung" wurde zum neuen Ziel bei der Vorbeugung gegen die Ausbettung von Krankheiten. Mediziner, Architekten und die Verwaltung arbeiteten gemeinsam an Verbesserungen.

In München war es der Straßen und Wasserbauingenieur K. Probst, der nach Zustimmung von König Maximilian I. Joseph im Jahre 1809 zum Bauinspektor der Haupt- und Residenzstadt München ernannt wurde. Nach erhaltener Baugenehmigung konnte er im Jahre 1811 den ersten Abwasserkanal Münchens errichten. Der Kanal erstreckte sich vom Promenadenplatz über die Windenmacherstraße bis hin zum Hofgarten. Da die Stadt keine weiteren Mittel zu Verfügung stellte, wurde ein weiterer Ausbau des Kanalnetzes eingestellt. Um weitere Bauten finanzieren zu können, stellte Baurat Probst im Jahre 1820 den Antrag, die Hausbesitzer zu Kanalbaubeiträgen heranzuziehen. Auf Basis dieses Antrags wurde beschlossen, nach und nach alle Kanäle unterirdisch zu verlegen und den Unterhalt sowie die Reinigung der Stadt München zu übergeben. Außerdem wurden die Bürger dazu verpflichtet, ihre Anliegen mittels Hausanschlussleitung an die Kanäle anzubinden. Nach und nach wurden weitere Kanäle gebaut, jedoch wurden diese ohne

35 Cordes, E., Die Cholera in Lübeck: einige Worte an den Patriotismus und die Behörden; nebst einem Plan der Stadt, enthaltend die Todesfälle in den einzelnen Straßen. Aschenfeldt, Lübeck 1861., ders., Die Cholera in Lübeck, München 1868.

System, ausreichende Bemessung und mit starken Mängeln errichtet. So mündeten diese meist in der Isar oder städtischen Bächen, wobei Gefälle, Selbstspüleffekt und Dichtigkeit unzureichend waren. Da die Stadt schneller wuchs als ihr Entwässerungssystem, gab es sehr bald wieder ähnliche Zustände wie in den Jahren zuvor. Das Abwasser konnte ins Grundwasser gelangen, die Leitungen verschlammten, was eine starke Geruchsbelästigung zur Folge hatte.[36]

Abb. 4-4: Max von Pettenkofers Denkmal in München am Maximiliansplatz; Quelle: Stadt München

Danach war es der schon zitierte Von Pettenkofer, der auf Hygienemangel als Ursache der Seuchen und speziell der Cholera setzte. Seiner Initiative war es zu danken, dass München sauber wurde, eine der saubersten Städte Europas gar. Den Anstoß hatte 1854 der Ausbruch der Cholera gegeben: Von Pettenkofer erhielt als bekannter Wissenschaftler den Auftrag, die Ansteckungswege zu finden. Seine Untersuchungen identifizierten vor allem die mangelnde Hygiene der Stadtbewohner als Ursache für die Ausbrüche. Es seien die menschlichen Ausscheidungen, die den Boden verseuchten und die Bürger rückwirkend dann infizierten. Für ihn war die Konsequenz, München möglichst sauber zu bekommen.

Sein Ziel geht in der Rückschau in Ordnung, auch wenn sich seine Theorie der Ausscheidungen und Transformationen nach der Entdeckung des Cholera-Erregers 1884 durch R. Koch als nicht mehr haltbar erwies.

In München gab nach den Vorarbeiten Probsts nur vereinzelt Abwasserkanäle, die nicht gezielt angelegt waren. Abfälle und Fäkalien wurden wie schon immer in Abortgruben oder

36 Rudolf. M., in: Planungsbüro für Abwassertechnik, Homepage.

auf der Straße entsorgt. Von Pettenkofer, sah dies Abwasserproblem und schlug vor, die gesamte Stadt mit unterirdischen Kanälen zu versehen, die Abwässer aus der Stadt zu leiten und eine zentrale Trinkwasserversorgung aufzubauen. Das war ein riesiges Bauprojekt, das viel kosten würde und bei der Bevölkerung keineswegs einhellig auf Zustimmung stieß. Doch Von Pettenkofer setzte sich durch und konnte sein geplantes Kanalnetz umsetzen. Heute noch stammt ein kleiner Teil der rd. 2.500 km umfassenden Münchner Kanäle noch aus seiner Zeit – vielleicht auch dank des speziellen hierfür entwickelten Zements. Viele würdigten Von Pettenkofers Weitblick wie Ben Tax, der 40 Jahre als Bauingenieur bei der Münchner Stadtentwässerung gearbeitet hatte und lebenslang begeistert blieb: „Es ist unglaublich, wie weit er gedacht hat. Er hat alles etwas größer angelegt, weil er wusste, dass München wachsen wird."[37] Von Pettenkofers Denkmal in München zeigt Abb. 4-4.

Die eigentlich sanitäre Revolution fand jedoch in den USA statt. Bis zum Bürgerkrieg (1861-65) waren die waren die Verhältnisse mit Europa vergleichbar. In den Feldlazaretten des Bürgerkriegs lernte man jedoch,wie Wasser und Seife zur Genesung Verwundeter beitrugen. In den USA gewannen solche Hygienevorstellungen allmählich an Boden, auch unter dem Einfluss der Massenimmigration aus Europa von Mitte des 19. Jahrhunderts an. Täglich mussten sich 8 000 Einwanderer nach ihrer Anlandung auf Ellis Island unter eine Dusche begeben – für viele war das ein erstes Mal in ihrem Leben. Das Bad, so äußerte sich ein Chicagoer Stadtpolitiker, ist die „einzige zivilisierende Macht, die etwas gegen die unzivilisierten Europäer, die sich in unseren Städten drängen, ausrichten kann". Bis heute hat die Hygiene in den USA einen oft belächelten besonderen Stellenwert. Der erste in den USA gesendete TV-Spot überhaupt war Werbung für Seife, schreibt V. Smith in ihrem Buchwerk „Clean", einer Geschichte der Hygiene. Die täglichen „soap operas" prägten das Fernsehen und die Amerikaner über Jahrzehnte – ihren Namen erhielten sie von den ständigen Werbeunterbrechungen für Waschmittel. Sauberkeit wurde zur Zwangsvorstellung – noch heute öffnen US-Amerikaner eine Türklinke lieber mit dem Ellbogen statt mit der Hand.

Ähnlich wie in München standen die Wasserversorgung und die Abwässer-Entsorgung auf dem ganzen Kontinent im Mittelpunkt wachsender öffentlicher Fürsorge. In Deutschland waren es, wie überall, die großen Städte, die sich des Problems annahmen. Die Wasserversorgung erfolgte in Berlin anfangs durch ein privates Unternehmen, das 1856 auch das erste Berliner Wasserwerk am Stralauer Tor errichtete. 1873 kam es dann im Stadtrat zu einem Kanalisationsplan, woran der Stadtverordnete R. Virchow als Chirurg, sowie Stadtrat J. Hobrecht als Mitglied des oben zitierten DVföG maßgeblich beteiligt waren. Das Wasserwerk wurde in der Folge 1874 städtisch. Bis zum Jahr 1900 entstand eine das Stadtinnere deckende Grundversorgung mit Trinkwasser. Die Abwässer wurden außerhalb der damaligen Stadt verrieselt, wofür man die stadteigenen Güter nutzte. Der Auf- und Ausbau eines leistungsfähigen Kanalisationssystems begann jedoch erst später.

37 Zitiert aus Interview mit B. Tax, ehemaliger Bauingenieur bei der Münchner Stadtentwässerung.

Abb. 4-5: . Die Fahrt durch die Hamburger Unterwelt war bei Technikern aus aller Welt nachgefragt. 1895 ließ sich sogar Kronprinz Friedrich Wilhelm von Preußen durch die Kanalisation schippern; Quelle: Staatsarchiv Hamburg

Für Hamburg bedeute der große Brand von 1842 zwar eine Katastrophe, zugleich aber die Chance für einen neuen Anfang. Nachdem weite Teile der Stadt zerstört waren, schlug die Stunde der Stadtplaner: Der Senat vergab den Auftrag zum Bau eines Abwasser-Systems an den Engländer W. Lindley. Der Bau ging rasch voran. Bereits im Jahr 1848 waren 48 km Siel fertiggestellt. 1913 umfasste das Hamburger Kanalsystem dann schon 555 km.[38] In manchen der Kanäle konnten sogar Bootsfahrten organisiert werden, s. Abb. 4-5.

Lindley, ursprünglich mit dem Eisenbahnbau befasst, war mit dem erfolgreich gelösten Hamburger Auftrag ein gefragter Spezialist für Abwassersysteme geworden. 1863 begann er ein Kanalsystem für Frankfurt am Main, dessen positive Wirkung sich umgehend zeigte: zwischen 1868 and 1883 fiel die Typhus-Sterberate von 80 auf 10 pro 100 000 Einwohner und Jahr. Lindley wurde in ganz Europa bekannt und arbeitete auch in St. Petersburg, Budapest, Prag and Moskau.

1907 waren in Deutschland insgesamt 626 Orte an eine (lokale) Abwasserkanalisation angeschlossen. Die sogenannte Schwemmkanalisation, bei der das Abwasser gemeinsam mit dem Regenwasser in die Kanäle eingeleitet wird und mit dessen Hilfe weggeschwemmt wird, erlaubte den schnellen Abtransport von Fäkalien und Abwasser und hatte damit einen wichtigen Pfad für die Überträger von Krankheiten versperrt. Erst war es die zitierte Miasma-Lehre, die die Maßnahmen begründete. Auch wenn sie eigentlich ein Irrweg war – die Maßnahmen waren es nicht. Später war es die neu entstandene Bakteriologie, die der Hygienebewegung eine wissenschaftlich korrekte und zukunftssichere Basis gab.[39] Dass die Schwemmkanalisation in der Gegenwart nicht mehr als zukunftsfähig gilt, ändert nichts an ihrer Bedeutung für das 19. Jahrhundert.

Das Fäkalienproblem war damit Ende des 19. Jahrhunderts weitgehend gelöst Die von den Fäkalien befreiten städtischen Abfälle wurden dagegen erst mit Verspätung als Problem

38 Staatsarchiv Hamburg.

39 Park, Jinhee, M. A., Von der Müllkippe zur Abfallwirtschaft – Die Entwicklung der Hausmüllentsorgung in Berlin (West) von 1945 bis 1990, Diss. Berlin 2005, S. 15.

erkannt, erst ab Ende des 19. Jahrhunderts. Sie hießen jetzt auch „Müll“ und bestanden aus Kehricht, Asche, Scherben, Lumpen, und vor allem Speiseresten.

Seine Bedeutung als Dünger, die er zunächst hatte, verlor er in den letzten Jahrzehnten des 19. Jahrhunderts, als die landwirtschaftliche Nutzung des Abfalls zunehmend weniger lohnend wurde. Hinzu kam, dass solcher Abfall bzw. Müll immer mehr unter dem Aspekt Hygiene gesehen wurde. So gerieten die bis dahin verwendeten Müllgruben für häusliche Abfälle zunehmend in die Kritik, ebenso der oft nachlässige Abtransport durch die im Auftrag der Hausbesitzer tätigen Unternehmen bzw. Personen. Offizielle Müllablageplätze wie in Berlin waren in deutschen Großstädten bis 1887 eher selten.

Leipzig war ein Vorreiter: „Im Nordwesten des Rosentals befindet sich eine künstliche Anhöhe. In den Jahren 1887 bis 1896 wurden hier 120 000 m^3 (60 000 Pferdefuhren) Hausmüll zum 20 m hohen Rosentalhügel („Scherbelberg“) aufgeschüttet. Der Berg wurde ab 1895 begrünt und 1896 mit einem 15 m hohen, hölzernen Aussichtsturm ... bebaut.“[40]

Meyers Konversation-Lexikon brachte es 1893 auf den Punkt: „Die gefahrlose Beseitigung (der häuslichen Abfälle) ist eine dringende hygienische Forderung. Wo tägliche Abfuhr nicht möglich ist, muss der Müll zunächst in steinernen oder eisernen Behältern aufbewahrt werden. Auch sollten Vorkehrungen getroffen werden, um den Staub bei der Entleerung der Behälter in den verschließbaren Kastenwagen zu vermeiden. Die Beseitigung des Mülls stößt namentlich für große Städte auf erhebliche Schwierigkeiten[...]“[41]

Vom hygienischen Standpunkt aus waren die Abladeplätze des städtischen Mülls ein Problem, das auch erkannt wurde: „Die Aufhäufung des Mülls auf sogenannten Ablageplätzen kann als eine Methode zur Beseitigung des Mülls selbstverständlich nicht bezeichnet werden. Ein Ablageplatz ist vielmehr eigentlich nichts anderes als ein behördlich konzessionierter Fäulnisherd.“[42] Mediziner und Hygieniker forderten rigorose Maßnahmen, die jedoch erst im 20 Jahrhundert tatsächlich verwirklicht werden konnten. Der DVföG ging 1888 auf einen Kompromiss aus: Müllablageplätze seien so anzulegen, „dass eine Verunreinigung des Untergrundes, beziehungsweise des Grundwassers und etwaiger Brunnen, ausgeschlossen ist“[43]. Ebenso schien die Verwendung des Mülls als Bauschutt problematisch. Wegen der Schwierigkeiten bei der Deponierung des Abfalls kam jetzt auch die bereits in England bewährte Müllverbrennung ins Gespräch, auch wenn dieses Verfahren in Hamburg wie in ganz Deutschland noch einige Zeit bis zur Umsetzung brauchte.

Bis dahin waren zunächst die Probleme des Transportes zu regeln, wenigstens also eine „Müllabfuhr“ einzurichten. Man brauchte sie, wenn die Deponierung oder andere Müllbehandlung nicht mehr verbrauchsnah geschehen konnte / durfte. Die hier eingeschlagenen Wege wie auch der zeitliche Ablauf unterschieden sich in den deutschen Städten. Das ist nicht weiter verwunderlich: Müllentsorgung war und ist bis heute wie die Kanalisation eine kommunale Aufgabe.

40 Zitiert aus: Touren entdecken, Stichwort Rosenhügel, https://support.komoot.com
41 Meyers Konversations-Lexikon, Ausgabe 1893, Artikel Abfall.
42 Zitiert aus Weyl, Th., Bemerkungen über den Stand der Müllbeseitigung, in: Fortschritt der Straßenhygiene, H. 1, S. 25.
43 Zitat aus Protokollen der 14. Versammlung der DvföG., in: V.ö.G. (1889), S. 23.

Als Beispiele sollen drei große deutsche Städte sowie eine kleinere gelten: Berlin (Königreich Preußen), Hamburg (Freie und Hansestadt), München (Königreich Bayern), Kiel (Preußische Provinz Schleswig-Holstein) – eine Auswahl, die zugleich für vier verschiedene Länder bzw. Provinzen des Reiches steht.

Die deutschen Städte waren allerdings europaweit nicht die ersten, die eine systematische Müllentsorgung eirichteten: In Paris war man schon 10 Jahre weiter. E. R. Pubelle, der Präfekt des Départements Seine (zu dem auch Paris gehörte) hatte schon am 7. März 1884 ein Dekret erlassen, das Hauseigentümer dazu verpflichtete, drei (!) Mülltonnen vor ihren Häusern aufzustellen: Eine erste für Lumpen und Papier, eine zweite für kompostierbare Abfälle und eine dritte für Glas, Porzellan und Austernschalen (!). Etwas überraschend: Die ersten (Pariser) Mülltonnen waren so schon gleich die Wegbereiter der Mülltrennung.

4.1 Müllentsorgung Berlin

Die Maßnahmen der preußischen Behörde im Jahr 1895 gingen zum Teil auf die hygienischen Forderungen ein, die von Ärzten wie einfachen Bürgern erhoben worden waren. Der Berliner Polizeipräsident erließ eine Polizeiverordnung zur Müllabfuhr, die eine grundlegende Veränderung bedeutete: „Haus- und Wirtschaftsabgänge, insbesondere Müll, Asche, Schlacken, Abraum, Schutt, Kehricht, Modder, Küchen- und Fleischabfälle, Knochen, Lumpen usw. dürfen auf der Straße nur in völlig undurchlässigen, geschlossenen Behältern transportiert werden."[44]

Die Zulassung von den Anforderungen entsprechenden Abfuhrsystemen behielt sich der Polizeipräsident vor. Obwohl der Begriff nicht fiel, lief das Handling auf die spätere sogenannte „Staubfreie Müllabfuhr" hinaus. Hierfür wurde die Bereitstellung des Mülls in geschlossenen Gefäßen und Abfuhrwagen mit dicht schließenden Deckeln gefordert.

Seit den 1890er Jahren wurden in Berlin einheitliche Müllgefäße verwendet – die Mülltonne war entstanden. Es waren in Berlin zunächst nicht eigentlich Tonnen, vielmehr viereckige Müllkästen mit Nutzinhalt von 200 l aus Eisenblech, die vom Charlottenburger Stadtbaurat Kinsbruner vorgegeben worden waren. Bis in die 1950 er Jahre war der 200-Liter-„Müllkasten" aus Blech der Abb. 4-6 in Berlin der Standard.

Ab 1904 schrieb eine Verordnung des preußischen Bundesrates zusätzlich einen Staubschutz bei Müllfuhren per Eisenbahn vor, wenn dies notwendig wurde. Im Ergebnis gab es dann vier moderne Umladestationen für Müll an den 4 Bahnlinien in Berlin – an der Schlesischen Bahn (Mühlenstraße, Friedrichshain), der Anhalter Bahn (Monumentenbrücke, Schöneberg), der Lehrter Bahn (Beusselbrücke, Moabit) und an der Nordbahn (Behmbrücke, Prenzlauer Berg).

44 Zitiert aus VO. Sie blendete die indirekten Gefahren des Mülls (Fäulnis und Krankheitserreger etc). noch aus.

Abb. 4-6: Müllkästen Berliner Art; Quelle: Berliner Stadtreinigung BSR

Der Müll wurde vor den Häusern abgehholt, wie wir das heute noch kennen. Die „Sammelwagen“ hatten die Aufgabe, die ausgestellten Sammelkästen bzw. deren Inhalt „einzusammeln“. Sie bestanden aus verzinktem Eisen und waren nach außen dicht verschlossen. Durch die Verwendung von Eisenblech konnte den Forderungen nach „Vermeidung der Selbstzündung, des Auslaufens feuchter und faulender Teile und des Verstaubens krankheitserregenden Mülls“ entsprochen werden. Den Berliner Sammelwagen zeigt Abb. 4-7.

Abb. 4-7: Der „Staubschutzwagen” entstand Anfang des 20. Jahrhunderts nach einer Anweisung des Berliner Polizeipräsidenten; Quelle: Berliner Stadtreinigung BSR

Das Aus- bzw. Umleeren des Sammelkastens geschah durch Einhängen in eine Vorrichtung, die dafür sorgte, dass beim Umkippen des Müllkastens der Schiebedeckel des Müllkastens sowie der Schieber der Einschüttöffnung des Wagens gleichzeitig und selbsttätig geöffnet wurden. Mit dem Verdecken der Schüttöffnung durch den Kasten war der Schüttbereich verschlossen, sodass kein Staub entweichen konnte. Nach dem Entleeren wurde der Kasten durch eine Zugvorrichtung wieder in seine senkrechte Lage gebracht.[45] Die Bedienung war nicht einfach und erforderte zwei Mann, s. Abb. 4-8.

Abb. 4-8: Die Entleerung der Müllkästen in die Sammelwagen war nicht ganz einfach; Quelle: Berliner Stadtreinigung BSR

Der Müll wurde noch lange deponiert. Die Stadt ließ hierfür 1887 Abladeplätze einrichten: einen am Stralauer Anger (heute Osthafen), einen zweiten an der Landsberger Allee (Friedrichshain) und einen dritten an der Müllerstraße (heute Schillerpark). Das konnte aus Kapazitätsgründen keine Dauerlösung sein, und so kam 1894 ein größeres und etwas außerhalb gelegenes Gelände in Spreenhagen am Oder-Spree-Kanal hinzu, das fortan die Aufgabe der Deponie erfüllte.[46]

In Berlin waren rd. 60 private Unternehmen in der Müllabfuhr tätig. Viele überlebten die Umstellung auf die staubfreie Müllabfuhr nicht und mussten aufgeben – sie konnten sich die Investitionen nicht leisten. Um 1901 waren nach dieser Konzentration noch vier Unternehmen am Berliner Markt. Auch sie hatten Schwierigkeiten, sodass 1914 90 % der Berliner

45 Zitiert nach Park, J. M. A., Von der Müllkippe zur Abfallwirtschaft, S. 19.

46 Trukal, MieterMagazin (Hg), Sethmann, J., Berlins Müllabfuhr – Vom Gassenmeister zum Recycling, o. Datum und Jahr.

Haushalte Kunden der „Wirtschaftsgenossenschaft Berliner Grundbesitzer" waren, einer ebenfalls privaten Gesellschaft. Nach dem 1. Weltkrieg geriet auch diese Genossenschaft in Schwierigkeiten. 1922 übernahm die „Berliner Müllabfuhr-Aktiengesellschaft" (BEMAG) das Geschäft, an der die Stadt ab 1927 schließlich 85,8 % der Aktien hielt– die Müllabfuhr war praktisch städtisch geworden.

Der Hausmüll wurde auf Eisenbahnwaggons geschüttet. Hierfür nutzte die BEMAG vier Verladestationen, s. oben. Fast 25.000 Waggons fanden im Jahr 1927 den Weg zu den Kippen in Blankenfelde/Schildow, Vor Ketzin, Schöneicher Plan, Bergerdamm und Caputh.

Der Transport über die Bahn war zu Beginn günstiger als per Schiff. Kähne fassten zwar größere Mengen, jedoch war das Entladen sehr aufwändig. Eine Veränderung brachte ein neuer Spülbagger, der den Müll zunächst aufschwemmte und dann aus den Schuten herausgespülte. Durch sein 60 cm starkes Rohr passte sogar Sperrmüll. Für die Schuten wurde in der Gemeinde Golm bei Potsdam ein neuer Platz zur Abladung gefunden. Dort gab es innerhalb der Haveldeiche im sogenannten Golmer Luch rund 2500 Morgen Ödland. Es gehörte überwiegend den Golmer Bauern, zum Teil auch einem Verband für Vogelschutz und einem Naturschutzverein. Das Müllabladen in einem Naturschutzgebiet wäre heute kaum mehr vorstellbar – um 1930 sah man das wegen der Düngeranteile im Müll, die man als willkommene Bodenverbesserung verstand, noch anders.

1936 wurde an der Mündung des Charlottenburger Verbindungskanals in die Spree eine Müllverladeanlage eröffnet, die es erlaubte, die Abfälle direkt von den Fuhrwerken auf die Binnenschiffe zu schütten. Die Anlage, von P. Baumgarten entworfen, war seinerzeit einmalig. Die Müllwagen fuhren zweireihig in eine Halle und verklappten den Inhalt dort in die darunter ankernden Schiffe. Die Kapazität lag bei beachtlichen 250 Fahrzeugen am Tag. Die Anlage existiert noch und steht heute unter Denkmalschutz.

Zu dem unhandlichen Müllkastensystem gab es eine Alternative: Das Wechseltonnensystem, angeboten vom Berliner Unternehmer Rohdecke. Er tauschte einfach volle gegen leere Mülltonnen aus. Einfache Anhängerwagen transportierten die Müllgefäße. Das System wurde in Moabit erfolgreich getestet und dann breit verwendet. Im Ergebnis gab es in Berlin danach zwei unterschiedliche Abfuhrsysteme: das neue Wechseltonnensystem und das schon länger existierende Umleersystem mit Staubschutzwagen.

Die politische Teilung Berlins in den 1950er Jahren schuf neue große Probleme. Die Müllverschiffung musste aufgegeben und es wurde nötig, eher kleinteilige Abladeplätze im Stadtgebiet zu suchen. Bis 1958 wurden 33 Müllkippen eröffnet. Die vier größten lagen in den Stadtteilen Wannsee, Lübars, Marienfelde und Rudow und waren teilweise bis in die 80er Jahre hinein in Betrieb. Eine wichtige Entlastung brachten die 1972 und 1974 abgeschlossenen Abkommen mit der DDR, auf die später in Kap. 5.3.1 noch einzugehen ist. Sie erlaubten schließlich eine Ablagerung West-Berliner Mülls auf Deponien im weiteren Umland. Zwischen der Gropiusstadt und Groß-Ziethen entstand hierfür ein eigener, nur für Mülltransporte reservierter Grenzübergang.

Der Weg zur Müllverbrennung nach englischem Muster schien in Berlin angesichts der großen Volumina und des Mangels an für eine Deponierung verfügbaren Flächen schon früh vorgezeichnet. Die Realität war jedoch komplexer und nahm z. T. groteske Züge an: Am 16. Juni 1893 bewilligte die Stadtverordnetenversammlung 100 000 Mark „zur Vornahme von Versuchen zur Verbrennung des Hausmülls".[47] Es wurde eine Subkommission bei der Straßenreinigungs-Deputation gebildet, eine Exkursion nach London gestartet. Nachdem ihr Bericht vorlag und das Vorhaben genehmigt war, konnten zwei verschiedene englische Öfen installiert und ab Ende November 1894 betrieben werden.

Die Baulichkeiten wurden ausgeführt auf dem Grundstück der im Jahre 1893 außer Betrieb gesetzten Wasserwerke, vor dem Stralauer Thor. „Es steht hier ein hoher Schornstein zur Verfügung ... und in deren unmittelbarer Nähe wenige bewohnte Gebäude liegen, ein Umstand, welcher für den Fall mit zu berücksichtigen war, dass vielleicht durch die Versuche zeitweilige Belästigungen der Nachbarschaft hervorgerufen werden sollten. Außerdem liegt das gewählte Grundstück an einer Straße, durch welche die zu dem städtischen Ab- bzw. Einladeplatz gehenden Müllwagen fahren, so daß hier ... jede erforderliche Menge Müll aus den verschiedensten Stadtgegenden nach Wunsch beschafft werden konnte."

Mit Beginn des Jahres 1895 musste der Betrieb wegen Reparatur des Schornsteins unterbrochen werden. Erst ab 8. Februar 1895 brannten die „Müllöfen" wieder. Welche Resultate erbrachten nun die Versuche? „Wir haben ... angestrebt, das Müll nach englischer Art, d. h. so wie es aus den Häusern kommt zu verbrennen. Diese Versuche ... ergaben aber kein positives Resultat. In beiden Ofen-Systemen erlosch das Feuer, trotzdem die Zellen vor Ausschüttung des Mülls zur Weiß- bzw. Rotglut angeheizt wurden, meist kurze Zeit, nachdem die Brennstoffe sich verzehrt hatten. Wenn auch ... die später angewandte Schüttelung der Roste ... die Brenndauer verlängert hat, so ist es doch nicht gelungen, das Feuer andauernd in gutem Zustande zu halten. Es wurde darnach der Versuch gemacht, das Müll dadurch brennbar zu machen, dass es vor der Einschüttung in den Ofen mit Brennstoffen gemischt wurde. Ein nennenswerter Vortheil hat sich daraus nicht ergeben."

Im März und April 1895 erfolgten eingehende mechanische und chemische Analysen. In der Asche fanden sich noch organische Stoffe – die Verbrennung war nicht vollständig. Von den bewilligten 100 000 Mark waren im Mai 67 000 Mark verbraucht. Nach dem Zwischenbericht stimmten die Stadtverordneten zu, für das verbliebene Geld die Versuche weiterzuführen. Am Ende kosteten sie insgesamt etwa 130 000 Mark und bedeuteten ein völliges Fiasko.

Denn Londoner und Berliner Müll erwiesen sich als ganz verschieden. Ersterer brannte leicht und fast ohne Zusätze, da er eine Menge unverbrannter Kohleteilchen besaß. Berliner Rückstände waren jedoch Braunkohlenasche – ganz Berlin befeuerte die Stubenöfen fast nur mit Briketts, und deren Asche war nahezu unverbrennbar. Im Juni 1899 aber wird vermeldet, dass „der neue Berliner Müll-Schmelzofen" am 8. März des Jahres in Betrieb gegangen sei. Inzwischen hatte sich auf private Initiative die Gesellschaft „Müllschmelze", Inhaberin eines Patents des Ingenieurs Wegner, gegründet, Versuche nach einem mit diesem Patent erbauten Ofen angestellt und angeblich befriedigende Resultate erzielt. „Der Ofen arbeitet bis jetzt geruch-, rauch- und staub los, völlig tadelfrei. Augenblicklich werden bei Tag- und Nachtbetrieb 1 000 Centner Müll täglich geschmolzen. Die überschüssige Wärme ... ist leicht auszunutzen und würde bei Schmelzung des Berliner Gesamtmülls

47 Hier und ff. Absätze aus Curter, M., Wie Berlins Müllverbrennung entstand, Edition Luisenstadt, Berlinische Monatsschrift, Heft 2 / 1996.

eine sehr erhebliche Anzahl von Pferdestärken ergeben. Die Schlacke hat man versucht zu zerstampfen und als Schmirgelmaterial zu verwenden. Dem Asphalt zugesetzt, soll sie diesem die Glätte nehmen."[48]

Die Behörde begleiteten die Versuche dieser privaten Gesellschaft kritisch und kamen zu dem Schluss, dass „die Schmelzung in hygienischer Beziehung die beste Art der Beseitigung des Mülls" sei, die Kosten mit 17 Mark je Tonne aber zu hoch seien und „das Mauerwerk des Ofens voraussichtlich einer häufigen Reparatur" bedürfe.

Nun, ein halbes Jahr später wurde es still um die erste Müllverbrennungsanlage Berlins, die sich in der Gitschiner Straße 15 befand. Die Müllschmelze« GmbH hatte die Versuche mit einem Kostenaufwand von 600 000 Mark durchgeführt und gehofft, eine Konzession zur alleinigen Beseitigung des Mülls für 30 Jahre sowie einen Zuschuss von der Stadt zu erhalten, bis entsprechende Abnehmer der anfallenden Energie gefunden wären. Dazu war die Stadt entweder nicht bereit oder auch nicht in der Lage – die Sache verlief im Sande.

In den 1920er Jahren versuchte man einen neuen Anlauf zur Müllverbrennung - diesmal in Schöneberg. Die Anlage wurde 1921 gebaut und war die erste industrielle Müllverbrennungsanlage der Stadt - die sich aber wiederum „... nicht rechnete". Innerhalb der drei Betriebsjahre stand die Anlage fast zwei Jahre wegen ständig anfallender Reparaturen am Ofen still. Und so gelangte der Berliner Müll weiterhin auf „behördlich konzessionierte Fäulnisherde" wie Wannsee, Schwanebeck, Schildow und ins weitere Umland.

Das ließen sich aber die Naturschützer nicht gefallen. So warnten sie im Juni 1926, „daß wiederholt reizvolle und für den Wanderverkehr unentbehrliche märkische Landschaften durch massenhafte Anhäufung des reichshauptstädtischen Mülls in rücksichtsloser Weise zerstört und verpestet worden sind".

Mit aller Entschiedenheit forderten sie, „daß Berlin Mittel und Wege finde, um seinen Müll in hygienisch und ästhetisch völlig einwandfreier Weise zu beseitigen", und, „daß die Frage, ob nicht verlassene Braunkohlentagebaue mit Müll zugeschüttet, hernach mit Erde bedeckt und aufgeforstet werden könnten, geprüft werde".

Dr. H. KloseE, Geschäftsführer der brandenburgischen Kommission für Naturdenkmalpflege, ergänzte: „Müllverbrennung bewährt sich wohl nur dort, wo infolge Steinkohlenfeuerung der Müll einen bestimmten Prozentsatz an Kohlenstoff noch enthält. Dieses Vorteils entbehrt aber der Berliner Müll, weil der Hausbrand mit Braunkohle unterhalten wird, deren Verbrennung kaum Kohlenstoff hinterläßt. Es würde daher zwecklos sein, hier die kostspielige Müllverbrennung vorzuschlagen, vielmehr handelt es sich um die Frage, wohin der Müll gebracht werden könnte, ohne größeren Schaden anzurichten. Die Beseitigung des reichshauptstädtischen Mülls, dessen tägliche Gesamtmenge im Sommer über 2500, im Winter über 3000 cbm beträgt, obliegt der >Berliner Müllabfuhr Aktiengesellschaft<. Da die Stadt jedoch über die Hälfte der Aktien dieses Unternehmens besitzt, kann man sie, bzw. den Magistrat, von der Verantwortung für die Maßnahmen besagter Gesellschaft nicht entbinden."

Und weiter: „Der Schildower Müllberg wird einmal sein Ende erreichen", führt er in einem Aufsatz aus. „Dann wird man ihn oben und an den Flanken mit Erde zu bedecken und mit passenden Bäumen aufzuforsten versuchen ... Was aber nie wieder gutgemacht werden

48 Zitate aus Bredow, W., Der neue Berliner Müllschmelzofen. Z. DIE GARTENLAUBE, 1899.

kann, ist der Verlust der Landschaft. Und hierüber werden Oberbürgermeister, Magistrat und Stadtverordnete des Jahres 1960 oder 2000 ein Urteil fällen, bei dem ihre Vorgänger sich im Grabe herumdrehen werden."[49]

Nun, die Verantwortlichen der Stadt taten in den 1960er Jahren nach dem Mauerbau etwas anderes: Sie nahmen in Ruhleben die erste rentabel arbeitende Müllverbrennungsanlage Berlins in Betrieb, s. Abb. 4-9. Die erste Müllaufgabe erfolgte 1967. Berlin war damit der große Nachzügler unter den deutschen Großstädten.[50] Die früheren Berliner Mängel der Verbrennung waren inzwischen behoben. In Berlin wurde weit weniger mit Braunkohle geheizt als um die Jahrhundertwende und, was das Entscheidende war, der Heizwert des Berliner Mülls stieg um ein Vielfaches – dank des zunehmenden Anteils von Verpackungen (!). Aber das enthebt, wie M. Curter schreibt, die Verantwortlichen der Stadt nicht der Verpflichtung, weiterhin nach Lösungen zu suchen, den Müll umweltfreundlich zu entsorgen oder ihn gar nicht erst entstehen zu lassen.[51]

Abb. 4-9: MVA Ruhleben im Bau, 1966: Quelle; Berliner Stadtreinigungsbetriebe.

4.2 Müllentsorgung Hamburg

Die Müllabfuhr in Hamburg hatte einige Eigentümlichkeiten. Chef oder besser Eigentümer der ersten Müllabfuhr war der entlassene Sträfling Michael Schot. Die zweirädrigen Holzgefährte, mit denen seine Leute die stinkende Fracht außer Riechweite und auf das Umland brachten, wurden noch lange Schot'sche Karren genannt.

49 Zitate Klose aus Curter, M., Wie Berlins Müllverbrennung entstand, Edition Luisenstadt, Berlinische Monatsschrift Heft 2/1996.

50 Bis 1998 wurden in Deutschland 53 Müllverbrennungsanlagen errichtet, mit dann schwach steigender Tendenz: Ihre Zahl stieg bis 2003 auf 61 an. Das Umweltbundesamt publizierte auf seiner Homepage eine Liste der MVA. Diese nennt mit Stand April 2016 68 deutsche MVAs, die überwiegend Siedlungsabfälle verbrennen.

51 Curter, M., a. a. O., Wie Berlins Müllverbrennung entstand, Schlusskapitel.

Abb. 4-10: Schot'sche Karre, am „Sand" in Harburg 1897; Quelle: Hamburger Stadtarchiv

Die Bauern auf dem Land waren damit durchaus einverstanden, denn der Abfall aus der Stadt war brauchbarer Dung für ihre Felder. Zu ergänzen ist, dass Schot'sche Karren später allgemeine Transportgeräte wurden, s. Abb. 4-10.

Die weitere Entwicklung hat mit der großen Choleraepedemie 1892 zu tun: Die preußischen Bauern, die bisherigen Abnehmer des Hamburger Mülls mit immerhin täglich 300 m³, verweigerten die Abnahme des ihrer Ansicht nach verseuchten Hamburger „Schiet". Vor dem Hintergrund dieser Situation kam es 1893 zum Beschluss der Hamburger Baudeputation, einen Müllverbrennungsofen für Hamburg nach englischem Vorbild zu errichten. Das geschah dann auch, wie weiter unten in Einzelheiten berichtet.

Abb. 4-11: In solchen Wagen wurde anfangs der Müll der Hamburger in die Verbrennungsanlage gebracht. Abfälle aus dem Hafen konnten mit Schuten direkt auf das Gelände gebracht werden, denn die MVA hatte einen direkten Zugang zum Fluss. Quelle: Hamburger Stadtreinigung.

Mit einer Müllverbrennungsanlage musste auch die Abfuhr neu geregelt werden, s. Abb. 4-11. Anfang der1920er Jahre wurde in Hamburg mit dem Eimerumleersystem die sog. staubfreie Müllabfuhr eingeführt – anfangs mit Pferdegespannen (Abb. 4-12), bis Ende der 1920er Jahre dann die „Interessengemeinschaft Hamburger Fuhrunternehmer GmbH" zunächst fünf motorisierte Spezialwagen und gut 6 000 geschlossene Mülltonnen anschaffte. Das System wurde in den Stadtteilen Harvestehude und Rotherbaum getestet und anschließend für ganz Hamburg übernommen (Abb. 4-13).

Abb. 4-12: Mit solchen pferdebespannten Abfuhrwagen mit Eimerumleersystem wurde in Hamburg die staubfreie Müllabfuhr begonnen. Quelle: Hamburger Stadtreinigung.

In Hamburg lief die Müllverbrennung, etwas anders und vor allem reibungslos an - viel schneller als an anderen deutschen Orten. Ein Teil des Mülls wurde bereits seit 1896 verbrannt. Auch hier lernte man vom Beispiel Londons – schon Ende 1892 war der Bau der Verbrennungsanstalt in Auftrag gegeben worden. Dort sollte der Müll von 330 000 Einwohnern der Stadtteile St. Georg, St. Pauli, Neu- und Altstadt und dem Freihafen entsorgt, i. e. verbrannt werden. Sie wurde Am 1. Januar 1896 am Bullerdeich eröffnet, s. Abb. 4-14.

Abb. 4-13: 1925 startete Hamburg die motorisierte „staubfreie Systemmüllabfuhr". Quelle: Hamburger Stadtreinigung

Abb. 4-14: Die Müllverbrennungsanlage Hamburg kurz nach der Eröffnung 1896; Quelle: Hamburger Staatsarchiv

Die Kosten beliefen sich auf rd. eine halbe Mio. Reichsmark. Die Verbrennungshalle bestand aus zwei Ebenen. Auf der oberen Ebene, der sog. Ofenplattform, waren die „Stopfer" tätig. Wie auch in Abb. 4-15 zu erkennen, schaufelten sie den Müll von den Müllbergen in die Ofenöffnungen, nachdem die Ofenarbeiter in der unteren Ebene die Schlacke, Restprodukt der vorher verbrannten Müllmenge, entfernt hatten. Vieles war in der Anlage am Bullderdeich eben noch Handarbeit.

Die Verbrennungskapazität reichte für den Hausmüll von einigen hunderttausend Einwohnern. Die bei der Verbrennung zurückbleibende Schlacke konnte man für den Straßenbau verwenden, die freiwerdende Energie zur Stromversorgung der Anlage. Mit 36 Ofenzellen war sie die erste große MVA auf dem europäischen Festland.

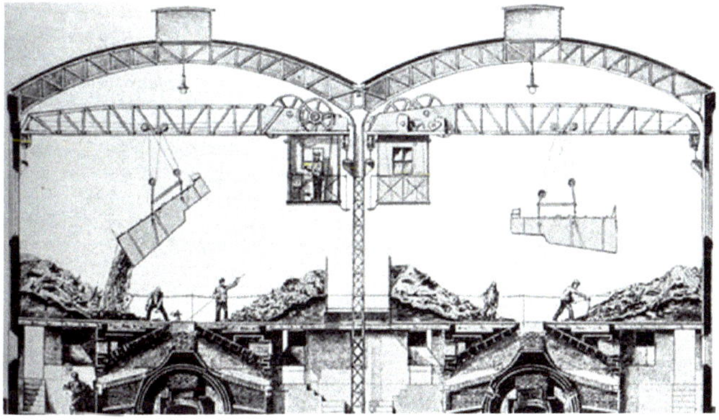

Abb. 4-15: Zeichnung von 1896: Vieles war in der Anlage am Bullderdeich noch Handarbeit. Die Öfen wurden von sogenannten „Stopfern" beschickt; Quelle: Stadtreinigung Hamburg

Aus den Schornsteinen der Anlage stieg wie auch andern anderen Orten mit vergleichbaren Installationen dunkler Rauch auf; Ascheregen auf die Umgebung und oft beißender Gestank waren besonders für die Anwohner äußerst unangenehm. Über die Schornsteine der Verbrennungsanlage gelangten Schadstoffe lange ungefiltert in die Luft. Vor den Folgen für Mensch und Umwelt warnten zwar die Experten. Man sah, dass Fortschritt seine Nebenwirkungen hatte und hoffte darauf, sie im weiteren Prozess mildern oder eliminieren zu können.

Hamburg setzte auch zukünftig auf die Verbrennung, mit weiteren Anlagen. 1910 erfolgte die Inbetriebnahme der MVA am Alten Teichweg. Sie verbrannte den Abfall aus den nördlichen Stadtteilen und war technisch schon weiterentwickelt. 1913 folgte dann die Inbetriebnahme der MVA in der Ruhrstraße im benachbarten Altona, das seinerzeit noch selbständig war.[52]

1924 wurde die technisch überholte Anlage am Bullerdeich stillgelegt. Als Ersatz wurde dann 1931 die deutlich verbesserte MVA in der Borsigstraße eröffnet. 1972 erfolgte die Inbetriebnahme der zusätzlichen Sondermüllverbrennungsanlage in der Borsigstraße. Wachsende Mengen an gefährlichen Chemikalien und Gemischen im Restmüll und in Produktionsabfällen machten es notwendig, eine solche Spezial-Verbrennungsanlage einzurichten. 1973 ging die MVA in der Schnackenburgallee in Betrieb. Sie war bis 2015 in Funktion und wurde mehrmals technisch verbessert, zuletzt 1997.

1988 wurde die Stadtreinigung Landesbetrieb. Dies war der erste Schritt zu einem kaufmännisch geführten Unternehmen. 1991 kam die Stadtreinigung schließlich unter neue Zuständigkeit. Die bisher für die Aufsicht zuständige Baubehörde übergab die Anstalt SRH und die Verantwortung an die 1978 gegründete Umweltbehörde. 1994 wurde die Stadtreinigung Anstalt des öffentlichen Rechts. Die Umwandlung machte die Stadtreinigung Hamburg zur selbständigen Rechtsperson.

1994 erfolgte die Inbetriebnahme der integrierten Müllverwertungsanlage Borsigstraße nach neuem Konzept (MVB, B für Borsig), einer MVA mit direkter Einkopplung in das Fernwärmenetz. Dies war ein großer Schritt auf dem Weg zum gänzlichen Verzicht auf Deponierung und zum Ausstieg aus der Deponie Ihlenberg (Schönberg). Die Inbetriebnahme der Müllverwertungsanlage Rugenberger Damm (MVR, R für Rugenberg) im Jahr 1999 unter der Köhlbrandbrücke machte Hamburg dann komplett unabhängig vom Umland.

4.3 Müllentsorgung München

In den Jahren 1870 bis 1900 gab es in München ein außergewöhnliches Bevölkerungswachstum mit zusätzlichen 330 000 Menschen. Die Müllentsorgung hielt damit kaum Schritt. Das durch Pettenkofer besonders geförderte wachsende Hygienebewusstsein führte am 14. April 1891 zum Erlass der ersten Münchner Abfallsatzung: Die „Ortspolizeiliche Vorschrift über Lagerung und Wegschaffung des Hausunrats“ trat in Kraft. Im gleichen Jahr startete die Münchner Müllabfuhr das auch heute noch gebräuchliche System, wonach jeder Verursacher von Müll zahlungspflichtig wurde. Auch in München gab es dann die

52 Die MVA in der Ruhrstraße war für Hamburg erst ab 1937 durch die Eingemeindung Altonas nutzbar.

sogenannte staubfreie Müllabfuhr: Es wurden Systeme verpflichtend, die beim Handling ohne zusätzliche Belastung der Bewohner auskamen.

Hierfür hatte der Schmiedemeister Fischer aus dem Stadtteil Giesing schon 1891 den sogenannten „Harritschwagen" entwickelt, einen von Pferden gezogenen Müllwagen zur staubfreien Entsorgung. Es handelte sich dabei um einen zweirädrigen Karren, der oben und unten mit Luken versehen war, über die der Müll eingefüllt und auch wieder ausgeleert werden konnte. Für die nächsten 50 Jahre blieben die Harritschwagen die Basis der Müllabfuhr, s. Abb. 4-16.

Abb. 4-16: Harritschwagen vor der Münchener Sachsenstraße um 1910; Quelle: Chronologie der Münchener Abfallwirtschaft

Erst nach dem Zweiten Weltkrieg wurden die Harritschwagen von Motorwagen abgelöst. Für Münchens Hausmüllabfuhr waren 1927 101 700 Einspänner-Sammelwagen im Einsatz, die 289 845 m^3 Unrat mit einem Gewicht von 173 907 t transportierten. „Auf eine Bevölkerungszahl von 697 000 Menschen verteilt, ergibt sich eine pro Kopf-Belastung von 249 Kilo im Jahre [...]. Die Kosten der Unratbeseitigung auf die Bevölkerung des Abfuhrgebietes verteilt, betrugen im Jahr 1927 pro Kopf [...] 2,01 RM. Bei 300 Arbeitstagen im Jahr wurden im täglichen Durchschnitt verwendet 1 809 Mannschichten und 1 081 Pferdeschichten [...]."[53]

Ab 15. Januar 1898 waren als Mülltonnen viereckige, 110 Liter fassende standardisierte Sammelbehälter in Gebrauch und bis 1938 im Einsatz. Nachdem in München das Mülltonnensystem vorgesehen war, stellte sich auch das Problem der weiteren Entsorgung. Der Abfall wurde bis in die 1890er Jahre am Stadtrand abgeladen, zum Ärger der Anwohner wegen des Gestanks. Das führte zu einem neuen Ansatz, der schon den Übergang zum Recycling mankierte:

Am 27. April 1897 hatte die Stadtverwaltung München mit der Hausmüllverwertung München, einem Privatunternehmen also, einen Vertrag geschlossen. Damit wurde dieser Firma der „gesamte Hausunrat ohne Ausnahme" zur Verwertung überlassen. Das Unternehmen errichtete in der Gemeinde Puchheim, also außerhalb von München, auf eigene Kosten eine Müllsortieranlage, während die Stadt zuständig für den Transport des Mülls

53 Zitiert aus: Münchner Stadtchronik, Bemerkenswertes, Kurioses und Alltägliches, *1928.*

nach Puchheim war und blieb. Die vollen Harritschwagen gelangten mit der Bahn zur Sortieranlage. Dieses System bestand lange und blieb nahezu unverändert bis zum Ende des Zweiten Weltkriegs erhalten und in Funktion. Das Innere der Sortieranlage zeigt Abb. 4-17.

Abb. 4-17: Arbeiter in der Sortierhalle der Hausmüll-Fabrik; Quelle: Münchener Merkur, Andreas Schwarzbauer: So ließ Münchner Abfall die Industrie in Puchheim wachsen, 2021, Foto© Privat.

Die unbrauchbaren Reste wurden nebenan zur endgültigen Ablagerung gefahren, also deponiert. Die im Lauf der Jahrzehnte entstehende „Planie“, wie die Deponie genannt wurde, zeigt Abb. 4-18 im Vorgang des Schüttens. Während des Zweiten Weltkriegs war der Transport nach Puchheim häufiger gestört, nach 1942 kam dann der Betrieb in der Fabrik wegen fehlender Ersatzteile zum Stillstand.

Abb. 4-18: Entleerung eines Müllzugs mit Restmüll auf der Planie; Quelle: Münchener Merkur, Andreas Schwarzbauer, So ließ Münchner Abfall die Industrie in Puchheim wachsen, 2021: Quelle: Foto© Privat

München baute nach dem Krieg eine neue jetzt stadteigene Müllverwertungsanlage in Großlappen. Mit einer deutlich vergrößerten Jahreskapazität von 500 000 m^3 nahm sie 1954 ihren Betrieb auf. Das im Müll enthaltene Eisen wurde jetzt mit Magneten entnommen. Andere verwertbare Materialien wie Buntmetalle, Papier, Textilien, Bettfedern, Glas oder Schweinefutter wurden, wie schon vorher, von Hand aussortiert. Der nicht verwertbare Rest kam wie früher auf die Deponie.

Da die Müllmenge immer mehr anstieg, geriet die Kapazität der Müllverwertungsanlage in Großlappen an ihre Grenzen, sodass der Stadtrat beschloss, zukünftig auf Müllverbrennung zu setzen. Die erste Münchener Müllverbrennungsanlage, das Kraftwerk München Nord, nahm am 16. Juni 1964 seinen Betrieb auf. Die Verbrennungskapazitäten wurden mit dem steigenden Müllaufkommen weiter ausgebaut. 1966 ging der zweite Verbrennungsblock im Heizkraftwerk Nord in Betrieb. Eine zweite Müllverbrennungsanlage wurde 1970 in Trägerschaft des Amtes für Abfallwirtschaft im Kraftwerk Süd errichtet. 1971 setzte man dort noch auf einen zweiten Block, legte diesen jedoch 1997 wegen sinkender Müllmengen wieder still. Die jetzt vorhandenen Kapazitäten reichen aus, sowohl die Verbrennung des gesamten Münchner Mülls als auch die des Mülls der Landkreisgemeinden abzudecken.

Heute ist der Abfallwirtschaftsbetrieb München (AWM) der für München zuständige Entsorgungsbetrieb mit Sitz im Stadtteil Moosach. Er ist Eigenbetrieb der Stadt und der größte kommunale Entsorgungsbetrieb in Deutschland.

4.4 Müllentsorgung Kiel

Am Beispiel Kiel lässt sich zeigen, dass auch in kleineren Städten – Kiel hatte 1885 nur 52 000 Einwohner – der Weg zur modernen Entsorgung im Grunde ähnlich war.[54]

Die erste nachweisliche Säuberungsvorschrift für die Stadt Kiel stammt von 1563. Eine öffentliche Bekanntmachung ordnete bei 60 Schilling Strafe an, „dat eine jeder vor Singer Döre de Straten Reinholds und alle Sonnavende den Dreck heranwuchs up den Wall bringe . . .“[55]

Herzog von Holstein-Gottorf ordnete 1728 den Erlass einer „hochfurstlichen Straßenordnung“ an. Sie gab eine geregelte Straßenreinigung vor, überwacht von einem sogenannten Gossenherren. Unrat durfte nicht mehr auf die Straße geworfen werden., sondern war „in hölzernen Balgen zu sammeln und zu lagern, bis die ... zur Reinigung der Gassen bestellten und wenigstens ein – und wann es nötig ist, zweimal in der Woche alle Gassen durchgehende Wagen oder Karren es zugleich mit, auf- und wegnehmen können.“[56]

Das ging einige Zeit gut. Angesichts des starken Bevölkerungszuwachses erwies sich diese Form der Straßenreinigung jedoch als nicht mehr ausreichend. Am 3. Juli 1891 beschloss die Stadt die Gründung einer eigenen Anstalt für die Straßenreinigung. Das ließ sich die Stadt beachtliche 162 000 Mark kosten. Sie entstand an der Ecke Eckernförder

54 Nach Brumme. D., Wertstoff Blog, 8. Juni 2016.
55 Zitiert aus Geschichte der Kieler Stadtreinigung, https://www.abki.de/flyer.
56 Ebenda.

Chaussee und Gutenbergstraße und begann ihren Betrieb am 1. April 1892 mit 70 Arbeitern. Das Aufgabenspektrum war:[57]

- die Reinigung der Straßen,
- die Abfuhr des Haus- und Straßenkehrichts,
- die Reinigung der sog. Schlammkisten
- sowie die Bespannung der Feuerlöschwagen, des Desinfektionswagens und des Transportwagens für Gefangene (!).

Hinzu kamen 1899:

- die Straßenbesprengung,
- die Reinigung der öffentlichen Bedürfnisanstalten,
- die Reinigung der Kanalisation und der Regenwassereinläufe,
- die Abdeckereien,
- die Räumung von Schnee und Eis
- sowie die Fäkalabfuhr.

In den 1880er Jahre begann Kiel mit der Einrichtung einer öffentlichen Entsorgung der Abwässer. Die Einleitung in die Ostsee lag auf der Hand und wurde 1906 sanktioniert. Die Anschlüsse der Haushalte brauchten jedoch viel Zeit; 1925 nutzte jeder dritte Kieler Haushalt diesen Weg der Entsorgung – spät im Vergleich zu anderen deutschen Großstädten. Die Abfuhr der Fäkalien blieb deshalb noch längere Zeit notwendig.

Die Fäkalentsorgung lief anfangs über Privatunternehmer, nicht immer zuverlässig. Sie wurde deshalb 1899 in städtische Hand übergeführt. Bis in die Mitte der 1920er Jahre liefen die Transporte ausschließlich über Pferdefuhrwerke. Gestrichen wurde dagegen die Bespannung der 1892 genannten Fahrzeuge.

Fäkalien waren in der Landwirtschaft verwertbar. Im September 1901 siedelte sich deshalb im danach benannten Stinkviertel eine Fäkaldüngerfabrik an. Dort wurden die angelieferten Fäkalien mit Schwefelsäure und Dampf zu hochwertigem und transportfähigem Dung verarbeitet, der in der Tat nachgefragt war.

Die Fäkaldüngerfabrik musste jedoch im August 1919 wieder geschlossen werden, weil infolge der schlechten Ernährungslage nach dem Weltkrieg die Fäkalien kaum noch Pflanzennährstoffe enthielten und so als Dünger praktisch nicht mehr brauchbar waren. Die Gebäude wurden danach in eine Müllsortier- und Verwertungsanstalt umgebaut, die dann 1923 fertiggestellt war und in Betrieb gehen konnte.[58]

Die Hauptreinigung der Straßen fand 1905 nachts statt, in der Altstadt sowie den verkehrsreichen Straßen sechsmal wöchentlich, in anderen Vierteln nur zweimal wöchentlich. Die Mitarbeiter übernahmen auf ihren Touren zugleich auch die Reinigung der öffentlichen Bedürfnisanstalten, von denen die Stadt 38 im Jahr 1905 zählte.

Die Müllbeseitigung verursachte mit dem weiteren starken Bevölkerungszuwachs steigende Hygieneprobleme. Im März 1905 beschloss die Stadt deshalb den Bau einer Müllverbrennungsanstalt im Grasweg, die schon 1906 ihren Betrieb aufnehmen konnte.

57 Geschichte der Kieler Stadtreinigung, https://www.abki.de/flyer.

58 Sie wurde 1924 an eine Aktiengesellschaft verpachtet.

Parallel damit wurde in Kiel das als fortschrittlich und besonders hygienisch geltende Wechseltonnensystem eingeführt.[59] Das System der nächtlichen Müllabfuhr wurde aufgegeben.

Das Wechseltonnensystem wurde in verschiedenen Städten Deutschlands genutzt, z. B. in Berlin (s. Kapitel 4.1, Müllentsorgung Berlin), auch in Dortmund und Krefeld. Abb. 4-19 demonstriert den Aufwand, der hier zu betreiben war – die nicht eigentümerbezogenen Tonnen mussten schließlich vor der anonymen Rückgabe gereinigt werden. Dies war einer der Gründe, weshalb das System sich nicht dauerhaft etablierte: es war einfach zu teuer. Auch die Müllverbrennungsanlage war nur bis 1922 in Betrieb; sie musste aus wirtschaftlichen Gründen aufgegeben werden.

Abb. 4-19: Bürstenwaschmaschine für Tonnenwechselsystem, Krefeld 1913; Quelle: Sammlung Eberhard, UBA

In den Fuhrpark hielt 1925 die Motorisierung mit einem ersten benzinbetriebenen Müllwagen Einzug. Bis 1927 kamen zwei motorisierte Kehrmaschinen und zwei umrüstbare Motorsprengwagen hinzu. Mit der weiteren Motorisierung standen 1938 nur noch 30 Pferde in den Stallungen.[60] Die Neuzeit der Müllentsorgung war angebrochen, und dies nicht nur in Lübeck.

4.5 Organisation und Kosten der Entsorgung

Ohne zu sehr auf Details individueller bzw. örtlicher Lösungen einzugehen, kann man für die Organisation der Ver- und Entsorgung folgende Entwicklung beschreiben:

- Ver- und Entsorgung durch die Bürger
- Ver- und Entsorgung durch private Auftragnehmer

59 Beim Wechseltonnensystem werden die befüllten Mülltonnen gegen leere getauscht; die vollen Mülltonnen wurden abgefahren und am Bestimmungsort, zum Beispiel in der Verbrennungsanlage, entleert.

60 Geschichte der Kieler Stadtreinigung, https://www.abki.de/flyer.

- Eigenbetrieb durch Kommune:
  - Verträge mit Unternehmen /Selbständigen
  - Städtische Gesellschaften

Wasserver- und Entsorgung wurden früh als originäre kommunale Aufgaben begriffen, siehe die Beispiele Berlin, Hamburg und München. Anders verhält es sich bei Müll und Abfall. Spätestens mit der Einschaltung privater Gesellschaften wurde sichtbar, dass Entsorgung kostet.

Im Fall privater Betreiber war die Gebühr an den Betrieb zu entrichten. Ein Tarifbeispiel aus Berlin für die „staubfreie Müllabfuhr" zeigt Abb. 4-20.

Dass der später unvermeidliche Übergang in städtische Hand nicht immer einfach war, zeigt das Beispiel der in der Abbildung genannten „Wirtschaftsgenossenschaft Berliner Grundbesitzer". Die schwierige wirtschaftliche Lage nach dem ersten Weltkrieg war für die Städte der Auslöser, die Kommunalisierung der Müllabfuhr in Angriff zu nehmen. Ursache waren die steigenden Abfuhrgebühren und die häufigen Streiks der privaten Entsorger. In Berlin z. B. hatten sich die Abfuhrgebühren von Oktober 1915 bis 1917 bereits um 100 % erhöht. Trotz besserer Preise ließen die Leistungen der Wirtschaftsgenossenschaft Berliner Grundbesitzer, die 90 % aller Berliner Haushalte entsorgte, zu wünschen übrig. Vor diesem Hintergrund fand eine Kommunalisierung immer mehr Freunde.

Die Berliner Genossenschaft brach im nationalen Krisenjahr 1922 schließlich zusammen. Die Stadt Berlin hätte jetzt gern zugegriffen, befand sich jedoch selbst in finanziell angespannte Lage und konnte den Kaufpreis nicht erbringen, zumindest nicht allein. Das Problem wurde in öffentlich-privater Partnerschaft gelöst, indem sich im selben Jahr zwei Berliner Fuhrunternehmer bereitfanden, in die neue „Berliner Müllabfuhr-Aktiengesellschaft" (BEMAG) als Gesellschafter einzutreten und mit Sachkunde den Müllabfuhrbetrieb zu übernehmen. Die Stadt Berlin beteiligte sich mit 25 % des Aktienkapitals, war aber trotz des geringen Kapitalanteils im Aufsichtsrat vertreten, was bedeutete, dass die Gesellschaft zumindest formal unter städtische Aufsicht gebracht war.

Nach einem Finanzskandal in der BEMAG schlug Stadtrat E. Reuter im Jahr 1926 vor, den Aktienanteil zu erhöhen und somit auch die Kontrolle im Aufsichtsrat zu erwerben. Die Stadt folgte dem Vorschlag und übernahm im Jahr 1927 85,8 % des Aktienkapitals. Mit der Übernahme der Mehrheit und dem folglich verstärken Einfluss der Stadt auf die Geschäfte der BEMAG war die Kommunalisierung der Müllabfuhr praktisch erreicht. Noch Selbständige gebliebene Bezirksmüllbetriebe wurden sukzessive in die BEMAG eingegliedert, zuletzt am 1. April 1931 die Müllbetriebe in Spandau, Wilmersdorf und Schöneberg. Damit war dieser Prozess der Integration abgeschlossen.

Die Müllabfuhr von Groß-Berlin hatte jetzt eine klare Struktur mit städtischer Verwaltung und Organisation. Mit der Machtübernahme der Nationalsozialisten wurde die BEMAG am 1. April 1935 zur kommunalen Dienststelle „Städtische Müllbeseitigung" umgewandelt. Nach Kriegsende wurde hieraus im Jahr 1945 die „Groß-Berliner Straßenreinigung und Müllabfuhr" mit zentraler Verwaltung.

Abb. 4-20: Die Tarife der Wirtschaftsgenossenschaft Berliner Grundbesitzer für die „Staubfreie Müllabfuhr"; Quelle: Home – WGBG Wirtschafts-Genossenschaft Berliner Grundbesitzer

Historisch war das Preußische Kommunalabgabengesetz vom 14. Juli 1893, das zum 1. Januar 1895 wirksam wurde, die Basis für die Abgabengesetze der Länder des Deutschen Reiches (heute: der Bundesländer). Mit diesem Gesetz wurden die Gemeindefinanzen neu geordnet, den Kommunen die Gewerbesteuer und Grundsteuer als Haupteinnahmequellen zugewiesen sowie das Recht, Gebühren zu erheben:

> **§ 4.** Die Gemeinden können für die Benutzung der von ihnen im öffentlichen Interesse unterhaltenen Veranstaltungen (Anlagen, Anstalten und Einrichtungen) besondere Vergütungen (Gebühren) erheben.

Das heutige Verständnis der „Abgaben“ und ihre definitorische Zusammensetzung zeigt Abb. 4-21.

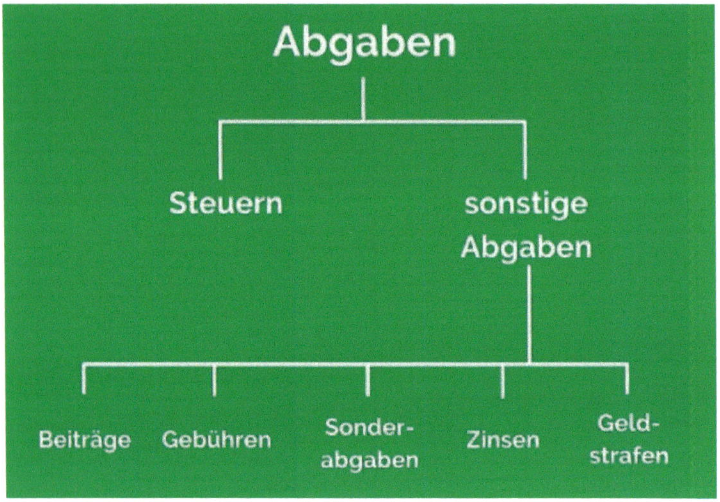

Abb. 4-21: Gebühren als Teil der öffentlichen Lasten; Quelle: GDF GmbH, Nürnberg

Kommunale Gebühren sind Gelder, die für eine konkrete Gegenleistung gezahlt werden. Sie bestehen im Einzelnen aus:

- Verwaltungsgebühren für Amtshandlungen,
- sonstigen Tätigkeiten der Verwaltung,
- Benutzungsgebühren für die Inanspruchnahme öffentlicher Einrichtungen (vgl. § 4 KAG NW).

Benutzungsgebühren sind etwa: Frischwassergebühren, Abwassergebühren, Abfallentsorgungsgebühren und sind rechtlich Teil der öffentlichen Lasten, s. auch Abb. 4-21.

Die Gebühren für Ver- und Entsorgung werden bis heute von den Kommunen in eigener Rechtskompetenz festlegt und unterscheiden sich lokal nach Maßgabe der örtlichen Bedingungen und Organisationsformen. Die Unterschiede sind beträchtlich, um nicht zu sagen extrem, wie Abb. 4-22 etwa mit den Gebühren der Abfallentsorgung der Stadt Leverkusen demonstriert, die ihre Bürger mit einem Spitzenwert von fast 771 €/a belastet.

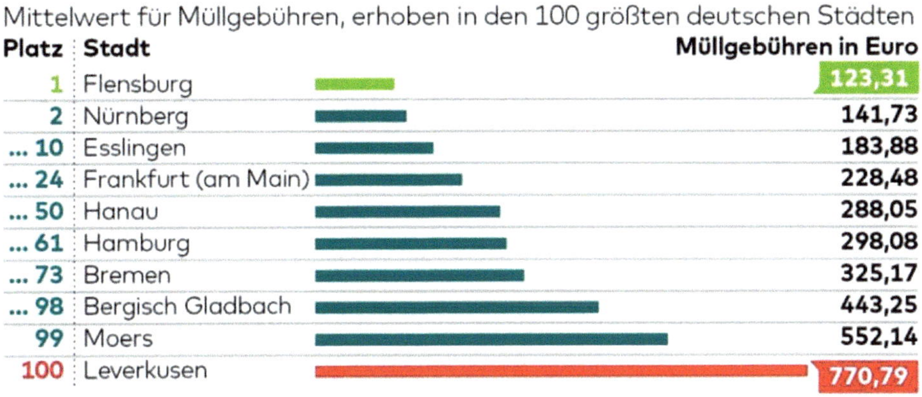

Abb. 4-22: Gebühren für Abfallentsorgung 2019: extreme Spreizung; Quelle: IWC Consult, Haus und Grund

5 Anfänge eines modernen Recyclings

Das 19. Jahrhundert war der Beginn des modernen Recyclings. Oft nur in einzelnen lokalen Ansätzen – mit einer Ausnahme: der Nutzung von Fäkalien. Ein Beispiel hierfür ist die Stadt Wien. Dort wurden in der zweiten Hälfte des Jahrhunderts immer wieder Anträge diskutiert, die städtischen Fäkalien für wirtschaftliche Zwecke zu nutzen. Fäkalien enthalten viele Stoffe, die das Pflanzenwachstum fördern und eignen sich, ggf. nach Verarbeitung, als Dünger bzw. zur Herstellung von Düngemitteln. Vom Wiener A. Al. Fürst stammt eine Denkschrift aus dem Jahr 1863, in der die Verwendung der Fäkalien seiner Stadt als Dünger diskutiert und propagiert wird. Auch entstanden Projekte, nach denen die Abwässer der gesamten Stadt zur Berieselung des Marchfelds dienen sollten, das der Stadt Wien als Gemüselieferant diente (und noch heute dient). Auch bei der Planung der Abwasser-Sammelkanäle entlang des Donaukanals kam die Diskussion über eine zukünftige Verwertung der Abwässer zur Verbesserung der „Bodenkultur" als sinnvoll und möglich auf. Ein weiteres Projekt in diese Richtung entwickelte der Wiener Bauingenieur W. Wodicka. Allen Vorschlägen und Projekten gelang jedoch nicht der Weg in die Umsetzung. Es blieb für Wien zunächst ein theoretischer Ansatz.

Abb. 5-1: Ein „SchietKerl" bei der Arbeit; Quelle: HanseWasser

In anderen Städten wurde man konkreter, wie in Kap. 4.1 für Berlin beschrieben. Auch vor den Häusern der Stadt Bremen standen die in Töpfen oder Eimern gesammelten Fäkalien am Straßenrand und warteten auf die Bauern, die sich ihrer als Dünger für ihre Felder bedienten. Zwar plante man ein Kanalsystem mit (damals) moderner Schwemmkanalisation, jedoch war diese noch im Bau und brauchte lange Jahre bis zur Fertigstellung. Doch da sprang der Fuhrunternehmer H. Alfes mit seiner Geschäftsidee für eine Gesamtlösung des Abfallproblems ein. Er erhielt 1893 den schon umfangreichen Auftrag für Straßenreinigung, Hausmüllabfuhr und Fäkalienentsorgung, einschließlich der Verfügbarmachung von „Abtrittstonnen" aus Eichenholz, die 25 l fassten und für den Transport mit eisernen, auf Gummidichtungen liegenden Deckeln verschlossen wurden-

Die „Schiet-Kerle“ genannten Arbeiter holten die gefüllten Tonnen vor den Häusern ab und schafften sie per Hand zum Tonnenwagen, s. Abb. 5-1. Die Bürger, die im Vertrag waren, erhielten im Tausch eine leere Tonne zurück.

1899 waren es in der ganzen Stadt 30 200 Abtrittstonnen, darunter 10 000 Wechseltonnen, die ihre Nutzer gefunden hatten. Alfes verdiente mit 340 000 Mark jährlich gutes Geld. Und was machte Alfes anschließend mit dem Mist? Er richtete 1893 am Arsterdamm eine Fabrik ein und produzierte dort die lager- und transportfähigen „Poudrettes“[61]. Dazu verwendete er Schwefelsäure als Aufschlussmittel für die gesammelten Fäkalien und ein Rührwerk und trocknete und formte die Masse anschließend. Die Poudrettes wurden aufs Land verkauft und Alfes wurde ein reicher Mann. Im Jahr 1900 war er Millionär.[62]

In Konkurrenz hierzu ließ jedoch die Stadt die Kanalisation ausbauen. 1900 wurde es Vorschrift, die Neubauten an die Kanalisation anzubinden, 1903 folgten dann auch die Altbauten. Die Bremer konnten jetzt mit Spülklosetts, kurz WC's, ihre Fäkalien komfortabel entsorgen. 1903, als die gesamte Abfallentsorgung als „Bremer Straßenreinigung“ kommunalisiert wurde, waren jedoch immer nach etwa 26 000 Abtrittstonnen in Gebrauch. Und in einigen entlegenen Bremer Stadtteilen war das Eimersystem noch viel länger, zum Teil bis in die 1950er Jahre, die Basis der Fäkalentsorgung.

Beispiele für ein solches Recycling gegen Ende des 19. Jahrhunderts gibt es viele, auch Hamburg und Kiel machten hiervon Gebrauch, s. Kap. 4.2 und Kap. 4.4. Selbst in kleineren Orten gab es ähnliche Ansätze, die allerdings nicht immer erfolgreich verliefen, wie etwa in Guben, einer Kleinstadt an der Neiße, das hier als Beispiel dienen soll:

„Noch im 19. Jahrhundert stank das Gubener Abwasser zum Himmel. Die Fäkalien einer ganzen Stadt wurden in der Regel hinter den Häusern entsorgt. Krankheiten und Seuchen waren die Folgen. Aus hygienischen Gründen führte der Magistrat der Stadt Guben 1875 ein Tonnensystem zur zentralen Fäkalienentsorgung ein. Der vorgesehene Anschlusszwang konnte jedoch nicht durchgesetzt werden. Die Bürgerschaft leistete erfolgreich Widerstand, weil ihr das anfallende Entgelt zu hoch war. Nachdem in der Stadt ab 1896 eine zentrale Wasserversorgung errichtet wurde, folgte 1905 der Bau und 1906 die Inbetriebnahme einer zentralen Abwasserentsorgung mit Kanalisation und Klärwerk. Sie befand sich am Ort der heutigen Abwasserbehandlungsanlage Gubin/ Guben. Damals wurde das Abwasser mechanisch in 64 Imhoffbrunnen[63] gereinigt, worauf eine biologische Reinigungsstufe in 4 Koksfestbettreaktoren folgte. Nach dem Zweiten Weltkrieg wurden die Abwassernetze von Guben und dem jetzt polnischen, östlich der Neiße gelegenen Stadtteil getrennt. Auf dem Gelände der ehemaligen Pappenfabrik bauten die Gubener eine eigene Kläranlage, deren Schlamm weiter genutzt werden sollte. Sie nahm Mitte der 1950er Jahre ihren Betrieb auf und hatte nur eine mechanische

61 Poudrette - Fäkaldünger, zu Streudünger verarbeitete menschliche Exkremente, die bei der Verarbeitung oft einen Zusatz von Asche, Schwefelsäure, Kalisalzen, Superphosphat, allerlei Abfällen, Erde, Torf etc. erhalten; zitiert aus: Meyers Großes Konservationslexikon.

62 Nach Strotmann P., Wen es zum Himmel stinkt, in: WK- Geschichte

63 Die Idee, den Absetz- und Faulprozess in einem Bauwerk zu trennen, stammt ursprünglich vom US- Chemiker Clark. Travis entwickelte diese Idee weiter und verwirklichte erstmals 1903 eine solche Anlage. Imhoff schaffte es schließlich, beide Prozesse wirklich getrennt in einem Bauwerk zu realisieren und patentierte 1906 dieses Verfahren (Imhoff-Brunnen).

Reinigungsstufe. Der Umbau zu einer biologischen Kläranlage war zu SDDR-Zeiten zwar angedacht, aber nicht realisiert worden“[64].

Klärschlamm, der in Klärwerken bei der Klärung unserer Abwässer anfällt, ist nicht notwendig als ein Abfallprodukt im Sinne von Restmüll einzustufen. Er kann weiter von Nutzen sein – wenn auch eingeschränkt nach dem Urteil des Biomediziners Joakim Larsson von der Universität Göteborg, der feststellte: Klärschlamm enthält Nährstoffe. Man kann ihn in der Landwirtschaft als Dünger verwenden und sollte ihn nicht einfach entsorgen.[65] Damit gehört die Abwasserreinigung mit nachgeschaltetem mehrstufigem Klärwerk, allgemeiner die Schwemmkanalisation, in die Kategorie des Recyclings. Auch die energiegewinnende Verbrennung des Klärschlamms weist in diese Richtung, hier dem Downcycling zuzuordnen. 1998 ging z B. eine Klärschlammverbrennungsanlage am Münchener Klärwerk Gut Großlappen in Betrieb. Für das Jahr 2025 ist eine Erweiterung vorgesehen, die dann 900 kW_{el} Leistung liefern wird.

Das insgesamt in Deutschland anfallende Volumen an Klärschlamm ist beträchtlich. Den Klärschlammanfall aus 10 188 kommunalen Abwasserreinigungsanlagen Deutschlands hat das Statistische Bundesamt für 2001 zu etwa 2,43 Mio. t Trockensubstanz (TS) ermittelt. Ca. 57,6 % davon wurden konstruktiv verwertet (Landwirtschaft, sonst. landbauliche Verwertung, Kompostierung), ca. 22,8 % verbrannt, ca. 9,6 % in andere Abwasserbehandlungsanlagen übergeführt, ca. 6,6 % deponiert und 3,3 % zwischengelagert.[66] Die Verwertung überwiegt also.

Die in Kap. 4.3 vorgestellte Hausmüllverwertung München war jedoch von anderer Art. 1891 war in München das Mülltonnensystem eingeführt worden. Um den daraus regelmäßig anfallenden Müll zuverlässig deponieren zu können, wurde am 27. Juli 1897 die Hausmüllverwertung München GmbH gegründet. Sie war bis 1949 in Betrieb und mit ihrem Gründungsdatum 1897 eines der ersten Unternehmen zur industriellen Mülltrennung und Wiederverwertung überhaupt. Ähnlichen vergleichbare Anlagen gab es seinerzeit nur in Budapest und Chicago.

Sie hatte den Müll aufzunehmen, zu sortieren und zu deponieren. Am Standort Puchheim Bahnhof entstanden eine in Abb. 4-17 bereits vorgestellte Sortierhalle, ein Verwaltungsgebäude, Unterkünfte für die Mitarbeiter, eine Einrichtung zum Trocknen (Darre), eine für Textilabfall und Lumpen gedachte Wäscherei, eine Düngerfabrik und ein Lagerhaus. 1902 wurde die Anlage erweitert, eine Leimsiederei und eine Phosphatfabrik kamen hinzu. Die Hausmüllverwertung hatte 1899 schon 80 Mitarbeiter, zwei Jahre später beachtliche ca. 200. Die Inhaber legten Wert darauf, dass Absaugvorrichtungen vorhanden waren und Arbeitskleidung und Handschuhe gestellt und getragen wurden, sodass nach eigener Angabe „selbst weitgehende hygienische Anforderungen“ erfüllt seien. Sie betonten, dass die Beschäftigten verpflichtet seien, mindestens zweimal wöchentlich ein Bad zu nehmen.

64 Zitiert aus Gubener Wasser- und Abwasserzweckverband, Geschichte der Abwasserentsorgung – von der Fäkalientonne zur europäischen Kläranlage, ohne Autor und Jahr.

65 Haas, Lucian | Klärschlamm als Düngemittel, Deutschlandfunk 27.02.2020.

66 UBA (Hg), Daten zur Anlagentechnik und zu den Standorten der thermischen Klärschlammentsorgung in der Bundesrepublik, Deutschland, 3. überarbeitete Auflage (08/2004).

Im ersten Schritt des Arbeitsprozesses wurden Asche, Staub und anderes feinkörnige Material aus dem Müll, der immerhin in Mengen von rund 1100 m^3 pro Tag anfiel, ausgesiebt. Das verbliebene Material wurde über ein Fließband in die Arbeitshalle transportiert. Die wiederverwertbaren Teile wie Glas, Lumpen, Papier, Eisen und auch Speisereste wurden dort händisch aussortiert. Lumpen wurden mittels heißen Dampfs desinfiziert, dann gewaschen und getrocknet. Papierabfälle wurden gereinigt, dann zu Ballen gepresst und an Abnehmer verkauft, die sie zur Herstellung von Pappe verwendeten. Aus Speiseresten wurde Schweinefutter. Das aussortierte Material wurde per Bahn nach außerhalb zur Wiederverwendung verschickt.

Der Erlös aus der Verwertung deckte nicht die vollen Kosten des Betriebs. Den Rest in Höhe von ca. 25 % trug die Stadt München durch einen Zuschuss an den Betreiber.[67]

- Nach heutigen Maßstäben müsste die Hausmüllverwertung München als Recyclinghof eingestuft werden. Sie steht neben der schon häufigen Nutzung der Fäkalien aus dem Abwasser mit dem Datum 1897 am Beginn der modernen Recycling-Ära für Deutschland. Das deckt sich praktisch mit der Eröffnung der ersten Müllverbrennungsanlage in Hamburg, die für schon fortgeschrittenes Downcycling steht und eine ganze Generation von MVA begründete.[68]

Einen Schub erhielt das Recycling mit dem ersten Weltkrieg. Eisenmetalle wurden dringend für die Kriegsproduktion gebraucht, ebenso viele Buntmetalle wie Kupfer, Messing, Zinn und Zink – alles Importrohstoffe, die im Krieg wegen unterbrochener Handelswege und Devisenmangel fehlten.

Also griff man auf inländische „Rohstoffreserven" zurück und forderte das Volk zu Materialspenden auf. Zunächst war es Gold, das unter dem Motto „Gold gab ich für Eisen" auf zunächst freiwilliger Basis gespendet und gesammelt wurde. Das Gold diente vor allem dem Devisenerwerb, deshalb war auch die Reichsbank unmittelbar in den Tauschprozess eingebunden. Bis zum Kriegsjahr 1916 war es vor allem der private Schmuck, der von der Industrie eingeschmolzen und an die Reichsbank transferiert wurde. An den Sammelstellen bekamen die Spender – meist Frauen – als Anerkennung einen eisernen Ring mit dem oben zitierten Motto. Ab 1916 ging es auch um historische Goldmünzen aus privaten Sammlungen, zu deren Abgabe aufgefordert wurde. Der patriotische Druck war hoch: „Jeder gute Deutsche würde sich schämen, noch Gold mit sich herumzutragen." Selbst Amtsträger wie Bürgermeister tauschten ihre goldenen Amtsketten gegen solche aus Eisen, wie die Zeitungen berichteten.

Das war jedoch nur der Anfang. Den zweiten Anlauf machte das Reich mit reichsweiten Sammlungen bei den Bürgern, ihr Hausgerät aus Kupfer, Messing, Bronze und Zinn zu spenden. Seit Januar 1917 bestimmte eine Verordnung, dass Gastwirte wie private Haushalte Zinnkrüge bzw. zinnerne Deckel samt Beschlägen abzuliefern seien. In Süddeutschland wurde über sukzessives Beschlagnahmen in Brauereien berichtet: Die Sudpfannen waren aus edlem Kupfer. Im Jahr 1917 begann man schließlich noch mit der Registrierung

67 Die Informationen basieren teilweise auf dem Artikel Hausmüllverwertung München aus der freien Enzyklopädie Wikipedia und stehen unter der GNU-Lizenz für freie Dokumentation.

68 Diese Form der Weiterverwendung wird oft auch unter dem Begriff Thermisches Recycling geführt.

aller Kirchenglocken des Landes nach ihrem historischen Wert. Vor allem neuere Glocken waren die ersten, die eingeschmolzen wurden.

Metalle waren nicht die einzige Kriegs-Mangelware: Ein Ausschuss für Öle und Fette organisierte das Sammeln von „Fett“ mithilfe der Schulen, auf die man guten Zugriff hatte. Für die Ernährung wurden Obstkerne, Bucheckern und ähnliche fettliefernde Früchte propagiert und auch öffentlich gesammelt. Tiere sollten nur mit Maikäfern, Wurzeln, Pilzen und Beeren gefüttert werden. Es waren dies zunächst private Initiativen: Der Staat ist erst 1916 mit der Reichsgesellschaft für deutsches Milchkraftfutter für die Wiederverwertung der Abfälle in der Tierwirtschaft aktiv tätig geworden.

Es waren insbesondere die Frauen, die während des Ersten Weltkrieges selbst die Initiative ergriffen und die Organisation der Wiederverwertung übernahmen. Die dem Krieg zugewandte Einstellung der deutschen Frauen wundert etwas: „Betrachtet man die Aufsätze Gertrud Bäumers (Amm. des Autors: der damaligen Vorsitzenden des Bundes Deutscher Frauenvereine) dieser Zeit, wird ein schwülstig-pathetischer, eindeutig kriegsverklärender, nationalistischer Ton augenfällig, gleichwohl sie die Leiden des Krieges nicht verdrängt – allerdings werden diese auf eine halbreligiöse Ebene gehoben und mythisch verklärt. In Frage gestellt wird dieser Krieg weder von Bäumer noch vom restlichen Vorstand des BDF, vielmehr wird er als Schicksal betrachtet – ein aufgezwungenes, unausweichliches, in seiner Folge „weihendes“ wohlgemerkt, wenn alle Deutsche in einer Art „heiliger Stunde“ zusammenrücken und sich die Verbundenheit des Volksganzen verwirklicht.“[69]

Eine wichtige Voraussetzung für effektives Recyclen von Müll ist die Trennung der Bestandteile. Hier gibt es einen klar zu benennenden „Erfinder“: E. R. Poubelle, der Präfekt des Départements Seine (zu dem auch Paris gehörte) hatte schon am 7. März 1884 ein Dekret erlassen, das Hauseigentümer dazu verpflichtete, drei (!) Mülltonnen vor ihren Häusern aufzustellen, wie schon oben in Kap. 4, Der Beginn einer Müllwirtschaft, berichtet. Als eine historische Reverenz an Poubelles Dekret ist heute der 7. März in jedem Jahr das Datum des Mülltrennungstags.

1907 wurde im damals noch selbständigen Charlottenburg ein sog. Dreiteilungssystem eingeführt, das Speisereste, Abfälle mit Verkaufswert und Feuerungsrückstände bei der Entsorgung in Wohnung und Haus nach amerikanischem Vorbild voneinander trennen sollte, s. Abb. 5-2. Es scheiterte jedoch und wurde 1917 wieder eingestellt. Die Gründe des Scheiterns waren offenbar vielfältig und reichten von der mangelnden Disziplin des Personals über die nicht durchgreifende Polizei bis zu nicht erfüllten wirtschaftlichen Erwartungen des Betreibers. Dass mitten im Weltkrieg andere Prioritäten gesetzt wurden, hat wohl auch eine Rolle gespielt.[70]

Trennungssysteme gerieten dann lange in Vergessenheit. Müll wurde meist einfach ohne Sortierung deponiert. Die Mülltonne selbst änderte sich jedoch. Am Anfang standen viereckige oder runde Stahlblechtonnen, meist in den Größen 35, 50 und 110 Liter. 1961 wurde erstmals die Kunststofftonne in Ausstellungen gezeigt. Der Vorteil lag auf der Hand:

---

69 Zitiert aus Respondek, Anne S.: Über die sozialen und Fürsorgetätigkeiten Marianne Webers im Ersten Weltkrieg im Kontext des Nationalen Frauendienstes des Bundes Deutscher Frauenvereine, 2007.

70 Trieloff, Sab., Warum scheiterte das Dreiteilungssystem zur Mülltrennung in Berlin-Charlottenburg? Masterarbeit, 2017.

Die bislang üblichen Mülltonnen aus Stahlblech wogen in der Standardgröße von 110 l leer 25 kg, die gleich große Kunststofftonne dagegen nur sechs.

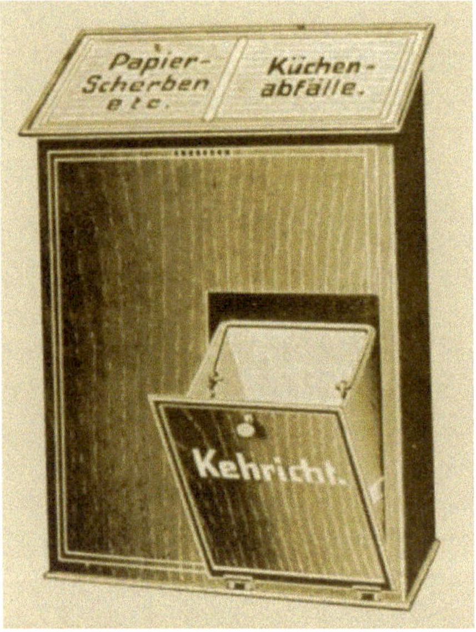

Abb. 5-2: Dreiteilungssystem in Charlottenburg; Quelle: Sammlung Eberhard, UBA

Ab den 1960er-Jahren wuchsen die pro Haushalt anfallenden Müllmengen. Mit ihnen mussten auch die Müllbehälter wachsen. So entstand der MGB 240, ein Großbehälter für 240 Liter Müll. Er war nicht mehr rund, sondern eckig, was seinen Grund hatte: Schuld hatten die zunehmend sperrigeren Verpackungen, die immer häufiger im Müll landeten. Der MGB 240 war größer und mit Inhalt schwerer, deshalb bekam er zur Erleichterung des Transports zwei Räder. Er war aus beständigem Polyäthylen gefertigt und hielt Hitze, Frost und Chemikalien gut aus. Behälter dieser Bauweise sind noch heute in Gebrauch.

5.1 Die 1970er Jahre

Seit Ende der 1960er Jahre begann in Deutschland das Nachdenken über die Folgen des industriellen Fortschritts, speziell auch über die Belastung der Umwelt durch das menschliche Handeln. Eine Reihe von Büchern über verheerende Wirkungen des Einsatzes von Chemikalien, die Vergiftung des Bodens wie und die allgemeine Landschaftszerstörung gewannen ein breites Publikum[71] und erregten Aufsehen – und riefen politische Resonanz hervor: Umweltschutz wurde zum Schlagwort, mit dem man Wählerstimmen gewinnen konnte. Im Bundestagswahlkampf 1961 hatte W. Brandt „den blauen Himmel über der Ruhr“ versprochen. 1969 wurde dann dieser Konsequenz unter Brandts eigener Kanzlerschaft die Abteilung Umweltschutz im Bundesministerium des Innern gegründet. Erste

71 Z. B. Carlson, R., Silent Spring, 1962.

Regierungsverantwortung für den Umweltschutz in Deutschland übernahm im Herbst 1969 Innenminister Genscher[72]. Er erkannte, welche Gestaltungsmöglichkeiten ihm der Themenstrauß in der neu übernommenen Abteilung „Gewässerschutz, Luftreinhaltung und Lärmbekämpfung" bot. Er suchte als erstes nach einer Alternative zum sperrigen Namen der Abteilung und entschied sich für „Abteilung U", mit U für den in Deutschland noch kaum bekannten Begriff „Umweltschutz" (wohl vom englischen environmental protection). Bald stellte Genscher ein „Sofortprogramm zum Umweltschutz" vor, 1971 folgte das erste Umweltprogramm einer deutschen Bundesregierung.[73] . Wenn man so will, war das die Erfindung der Umweltpolitik. Deutschland galt forthin als Vorreiter des Umweltschutzes.

Bis zu seinem Wechsel an die Spitze des Auswärtigen Amts im Jahr 1974 setzte Genscher ein ambitioniertes Reformprogramm um, für das es nicht nur in Deutschland kein Vorbild gab. Er legte u. a. das Gesetz zum Schutz gegen Fluglärm, das Benzinbleigesetz, das Abfallbeseitigungsgesetz und das Bundesimmissionsschutzgesetz vor, schuf den Sachverständigenrat für Umweltfragen und gründete das Umweltbundesamt in Berlin, abgekürzt UBA. Zum Naturschutzbeauftragen der Bundesregierung machte er den international anerkannten Frankfurter Tierarzt und Verhaltensforscher B. Grzimek.

Nur wenige Jahre danach war auch die internationale Szene so weit. Auch die UNO stellte sich diesem Thema und berief eine Weltkonferenz über die menschliche Umwelt mit dem Ziel einer Bestandsaufnahme aller Umweltgefahren ein (5.-16.1972 in Stockholm). 1972 war der Bericht an den Club of Rome fertig, erstellt von Forschern am Massachusetts Institute of Technology unter der Leitung von D. Meadows, die die Simulierungen J. Forresters nutzten. Die Veröffentlichung „The Limits to Growth" gilt heute als Klassiker der Nachhaltigkeitsbewegung und war die erste Studie, die das Dogma eines anhaltenden Wachstums vor dem Hintergrund des menschlichen ökologischen „Fußabdrucks" in Frage stellte (auch dieser Ausdruck war neu).

Vor dem Hintergrund ständig wachsender Müllberge, von denen das meiste immer noch auf öffentlichen oder wilden Deponien gelagert wurde, wurde als eines der ersten Umweltgesetze im Jahr 1972 das Abfallbeseitigungsgesetz (AbfG) erlassen, in dem zum ersten Mal einheitliche Regelungen zur Einsammlung, Beförderung, Behandlung, Lagerung und Ablagerung von Abfällen gebündelt wurden. Die Beseitigung von Abfall wurde als öffentliche Aufgabe definiert, die Länder wurden nach dem AbfG zuständig für die Erstellung der überregionalen Abfallbeseitigungspläne. Abfälle mussten nach dem Gesetz ohne schädliche Umwelteinwirkung beseitigt werden; die Beseitigung selbst durfte nur in zugelassenen Anlagen vorgenommen werden. Die Anlagen wurden einer behördlichen Überprüfung unterzogen, beginnend bei der Errichtung und endend mit der Schließung. Das Gesetz schrieb jetzt die sogenannte Planfeststellung für die Errichtung und den Betrieb von Anlagen und die Überwachung der Anlagen während des Betriebs vor. Sinn des Planfeststellungsverfahrens war der Nachweis der Unschädlichkeit der Anlage. Neu war die Einspruchsmöglichkeit von Betroffenen und ein öffentliches Anhörungsverfahren. Das Gesetz gab den Ländern wichtige Steuerungsinstrumente an die Hand, die Abfallbeseiti-

72 Dieser Abschnitt nach Z. DIE WELT: Art. Die Erfindung der Umweltpolitik, 31. Juli 2019.

73 Genscher im Bundestag: Es gelte, vom nur punktuell reagierenden Umweltschutz zu einer umfassenden Umweltpolitik zu kommen und die drohende Umweltkrise an der Wurzel zu packen.

gung im Sinne des Umweltschutzes unter Kontrolle zu bringen. Das Gesetz wurde zu einer soliden Grundlage, um gemeinsam mit den Ländern eine durchgreifende Neuordnung und Planung dieses Umweltschutzbereichs vorzunehmen.

Die Beseitigung von Abfall war durch das Gesetz nun ein wichtiger Teil der Umweltvorsorge und des Umweltschutzes. geworden. Wie das Gesetz unterstellte, war nicht nur der Abfall als solcher problembehaftet, sondern erst recht die Beseitigung und die damit verbundenen Einrichtungen. Aus den Anlagen emittierte Abgase, freigesetzte Abwässer und verbliebene Rückstände wurden jetzt als (potenzielle) Schadstoffe eingeordnet.

Die Entwicklung des Umweltbewusstseins in der Bevölkerung brachte Misstrauen gegenüber diesen Anlagen hervor, führte auch zu Protesten. Die Bundesregierung versuchte dies durch Regulierung aufzufangen und schuf hierfür administrative Instrumente, insbesondere die sogenannten zu den Verwaltungsvorschriften gehörenden Technischen Anleitungen (TA).

1974 wurde die TA-Luft (Technische Anleitung zur Reinhaltung der Luft) erlassen. Die hier formulierten Vorschriften und Vorgaben bildeten jetzt die Grundlage behördlicher Entscheidungen, insbesondere die dort explizite formulierten Grenzwerte. Mit der Datenbasis der TA konnte die Umweltverträglichkeit einer Anlage nachprüfbar beurteilt werden. Die Grenzwerte entsprachen dem Stand Technik bei Erlass der Verordnung, waren jedoch so formuliert, dass sie mit Beteiligung der Fachexperten dem neuesten Stand von Technik und Wissenschaft angepasst werden konnten, sogar mussten. Ihre Einhaltung und Aktualisierung sah man als eine Maßnahme vorsorgenden Umweltschutzes und der vorsorgenden Vermeidung von Umweltschäden. Nicht immer gelang dies in der Praxis, wo Maßnahmen oft ergänzend oder nachträglich veranlasst wurden.[74]

Es wurde erforderlich, neue Ausrüstung, neue Messtechnik und neue Verfahren zu entwickeln, um die hier formulierten Vorschriften und Vorgaben zu erfüllen und Schadstoffe aus den Industriellen Anlagen zu beseitigen. Die neue Disziplin Umweltmesstechnik entstand, Die Entwicklungen waren meist „End-of-Pipe-Technologien“[75], weil die Vorschriften der TA auf Zahlenwerte hinausliefen und keine technischen Methoden vorgaben. TAen waren und sind technologieoffen.

Die eingeleitete Umweltpolitik gab nur die Rahmenbedingungen vor, was als vorbildlich galt. Das galt auch für die Abfallpolitik. Im Umweltprogramm von 1971 folgte man dem gleichen Prinzip des beständigen Fortschritts, der nicht Angelegenheit der Legislative sein konnte: Der Gesetzestext sollte demnach ständig fortgeschrieben, und bei allen umweltrelevanten Entscheidungen der Gesetzgebung, Verwaltung und Rechtsprechung sollte ein neuester Stand von Wissenschaft und Technik berücksichtigt werden.

Im Felde der Politik gewann angesichts der Ressourcenkritik z. B. des Club of Rome die sparsame Verwendung von Rohstoffen wachsende Bedeutung. Sie galt als Maßnahme zum Umweltschutz. Die ohnehin einsetzende Rohstoffverteuerung wirkte mit, sodass

---

74 Ein Beispiel: Für sogenannte geordnete Deponien wurden Drainagen für Sickerwasser erst nachträglich eingerichtet.

75 „End-of-the-Pipe-Technologien sind additive ökologieorientierte Verfahrensinnovationen. EOP-Technologien sind dem eigentlichen Leistungserstellungsprozess nachgeschaltet. Häufige Einsatzbereiche sind z. B. bei der Luftreinhaltung, der Abwasserbehandlung, der Abfallbeseitigung und dem Lärmschutz zu finden“, Gabler Wirtschaftlsexikon.

der Altstoffmarkt beachtlichen Aufschwung nahm und die Privatwirtschaft eine neue Marktchance in Abfallstoffsammlungen entdeckte.

In Fachdiskussionen zum Abfall tauchte zunehmend der Begriff „Recycling“ auf, zu verstehen im Sinne von Wiederverwendung, Weiterverwendung und Verwertung von Abfällen. Der Begriff kam aus den USA, wo er schon 1970 mit dem Ressource Recovery Act Eingang in Gesetzestexte gefunden hatte.

Unter umfangreicher Beteiligung von Fachleuten aus Wirtschaft und Industrie, von Hochschulen und Forschungsinstituten und des Bundesministers für Forschung und Technik (BMFT) fand im Jahr 1973 ein Symposium über das Abfallrecycling statt, mit dem schlichten und eher banalen Ergebnis: „Verfahren zur Wiedergewinnung von Rohstoffen aus Abfällen werden mit Sicherheit die Umweltverschmutzung durch diese Abfälle und toxische Metalle verringern“.

Von diesen Diskussionen getrieben, befasste sich die Bundesregierung mit dem Thema und legte im Jahr 1975 das neue umfangreiche Abfallwirtschaftsprogramm vor, das nicht nur auf Überwachung und Kontrolle der Abfallbeseitigung, sondern auf die Verwertung von Abfällen ausgerichtet wurde. Das Programm konzentrierte sich auf:

„Reduzierung der Abfälle auf Produktions- und Verbraucherebene unter folgenden Gesichtspunkten:

- Verringerung der Produktionsabfälle,
- Anwendung umweltfreundlicher Produktionsverfahren,
- Überprüfung des Materialeinsatzes hinsichtlich der Zweckbestimmung von Erzeugnissen, Erhöhung der Haltbarkeit von Produkten,
- Steigerung der Mehrfachverwendung von Produkten.

Steigerung der Nutzbarmachung von Abfällen durch

- Verwertung als Rohstoff im Produktionsprozess,
- Ausnutzung des Energieinhaltes,
- Rückführung in biologische Kreisläufe.

Schadlose Beseitigung von Abfällen

Zurechnung der Kosten nach dem Verursacherprinzip“[76]

Als Voraussetzung für die Durchsetzung des Recyclings wurde ökonomische Vertretbarkeit genannt. Das Programm hatte 1976 die Novellierung des Abfallgesetzes zum Ergebnis. Dort wurde ein Betriebsbeauftragter für Abfall zur Pflicht, dessen Aufgabe es war, auf die Einführung von Verfahren zur Reduzierung und Wiederverwendung von Abfall hinzuwirken.

Der neue Begriff Abfallwirtschaft wurde in fachlichen und politischen Diskussionen bekannt. Die praktische Umsetzung war jedoch bis Ende der 1970er Jahre eine andere Frage und eher selten. Mit einer Ausnahme gab es in den Landesplänen keine Sortieranlagen zur Materialrückgewinnung und Brennstoffherstellung. Technische Versuche zum Recycling

76 Abfallwirtschaftsprogramm ’75 der Bundesregierung, Bundestags-Drucksache 7/4826: Auf Grund des Beschlusses des Deutschen Bundestages vom 12. Februar 1976 – Drucksache 7/4699 zugeleitet mit Schreiben des Bundesministers des Innern vom 24. Februar 1976.

dagegen wurden im Rahmen von Projekten des Umweltforschungsplans intensiv betrieben. Dazu zählten vor allem Aufbereitungsverfahren zur Rohstoffgewinnung und Aufbereitungsverfahren zur Brennstoffgewinnung. Für die Verwertung der Bestandteile von Hausmüll wurde das „Bundesmodell Wiederverwertung" gestartet, das die Entwicklung und Erprobung einer Modellanlage beinhaltete. Ziel war die Erstellung eines für die Praxis brauchbaren Systems. Bei diesen Untersuchungen zeigte sich, dass die getrennte Sammlung der Altstoffe auf eine hohe Bereitschaft der Bürger traf. Die positive Entwicklung des Umweltbewusstseins in der Bevölkerung war der Grund, diesem Modell der Mülltrennung, das zudem preiswert war, dem Vorzug vor der Einrichtung von mechanischen Sortieranlagen zu geben, die im Übrigen auch eine typische End-of-the-Pipe-Technik war, wie man sie eigentlich nicht haben wollte. In der Tat fasste später in der Umsetzung die getrennte Einsammlung besonders in kleinstädtischen Gebieten und Landkreisen schnell Fuß.

5.2 Bürger machen mobil

Das Thema „Abfall und seine Folgen" war publikumswirksam und brachte in den sechzig/siebziger Jahren als neues Phänomen das hervor, was wir heute Bürgerinitiative nennen.

Ende der sechziger Jahre formierten sich erste Bürgerproteste, die unter großer Beteiligung gegen behördliche Politik wie zum Beispiel die Wohnungspolitik und Stadtplanung mobil machten. Entscheidungen, die Grünflächen reduzierten, menschenunwürdige Wohnungen förderten oder Industrieansiedlung in Naherholungsgebieten ermöglichten, führten zu Straßenprotesten. Einige von solchen Planungen betroffene Bürger organisierten sich zu Initiativen, die die eigenen persönlichen Interessen gegen die Macht der Kommunen durchsetzen wollten. Es war eine neue basisdemokratische Form der Selbstorganisation, um Einfluss auf politische Willensbildungsprozesse zu gewinnen. Das Phänomen Bürgerbewegung hatte Zulauf: 1973 hatten schon ca. 3 % der Bevölkerung in einer Bürgerinitiative mitgearbeitet oder waren dort tätig.[77] Ihre Aktionsfelder lagen hauptsächlich in Bereichen wie Wohnen, Stadtplanung und Stadtsanierung, Erziehung und Sozialwesen, Regionalplanung und auch Verkehrsplanung – insgesamt waren es kommunale Themen. Die große Politik blieb in dieser Zeit (noch) außen vor.[78]

Die Aktionen zielten meist auf vereinzelte spezifische Maßnahmen ab, waren nur lokal und schon deshalb wenig wirksam. Um dem entgegenzuwirken, setzten Organisationsprozesse ein, im Jahr 1972 zunächst in der Form loser Zusammenschlüsse von Initiativen mit organisatorischer Verflechtung nach dem jeweiligen Inhalt, dann auf regionaler und nationaler Ebene mit schon mehr grundsätzlicher Ausrichtung. Eine gewisse Prominenz erreichte der Bundesverband Bürgerinitiativen Umweltschutz (BBU), der sich in der Folge professionalisierte und zur kämpferischen Organisation wurde.

Den Bürgern wuchs durch die Bürgerinitiativbewegungen eine neue Rolle zu . Sie wurden zu Gegenspielern, aber auch Partnern der Staatsverwaltung. Bis 1973 war Umweltschutz eine Angelegenheit von Parteien und Parlamenten, danach wurden die „Bürgerinitiativen" Mitträger

77 nach Untersuchungen des Instituts für angewandte Sozialwissenschaft (Infas).

78 Kap. angelehnt an die Darstellung bei Park, Janhee, Von der Müllkippe zur Abfallwirtschaft (Diss), Kap. 1.3. Abfall und Bürgerbewegung, S. 78f.

politischer Entscheidungen, indem sie über die Straße Druck auf die Entscheidungsträger erzeugten. Gegen die an ökonomisch-politischen Interessen orientierte Entscheidungsfindung vertraten sie die privaten bürgerlichen Ziele, die oft populistisch auf hehre und leicht vermittelbare Ziele wie saubere Luft, bessere Gesundheit und höhere Lebensqualität hinausgingen. Sie erreichten immerhin Eines: Das Umweltbewusstsein in der Bevölkerung stieg und wurde zu einer inhärenten politischen Kratt, die man nicht mehr negieren konnte.

5.3 Abfallbeseitigung als Experimentierfeld

Während sich die Bundespolitik im Grundsätzlichen bewegte und Ansätze zum Umgang mit Müll und allgemeiner zum Schutz der Umwelt in Gesetzen und Technischen Anweisungen (TA) formulierte, sahen sich die Kommunen im Alltag mit drängenden und weiter wachsenden Problemen konfrontiert. Die Zahl der Deponien hatte deutlich auf über 50 000 zugenommen, und vor allem: die Struktur des Mülls änderte sich. Wenn wir Berlin als Beispiel nehmen, so zeigen sich die Probleme wie unter einem Brennglas: Die Statistik der in Berlin (West) anfallenden Müllmenge zeigte hinreichend, wie alarmierend die Lage war: 1971 produzierte jeder West-Berliner 1,6 m³ Hausmüll. Die der Müllabfuhr zugeführte Abfallmenge war von 2 009 800 m³ im Jahr 1965 auf 2 763 800 m³ in 1970 gestiegen, in fünf Jahren also um 37 %. 1970 schätzten die Berliner Stadtreinigungs-Betriebe (BSR) den weiter zu erwartenden jährlichen Zuwachs in der Abfallmenge auf 5 bis 6 Volumenprozent. 1971 war die eingesammelte Abfallmenge bereits so umfangreich, dass man das Berliner Olympiastadium damit viermal bis zum Rand hätte füllen können. Angesichts solcher Zuwächse war davon auszugehen, dass die in Berlin (West) vorhandenen Deponien bald erschöpft sein würden. Nach einer Schätzung der BSR würden 50 % der Berliner Abfälle mit den vorhandenen Anlagen in den Jahren 1977/78 unbeseitigt bleiben. Müllnotstand kannte man zwar schon länger und hatte immer Lösungen gefunden, aber jetzt war es anders: Der Müll selbst hatte seine Struktur geändert, der Zuwachs war durch den außerordentlichen Anstieg des Verpackungsmaterials und speziell der Einwegbehälter verursacht. Über 70 % des Mülls waren jetzt alte Verpackungen aus Papier, Glas, Metall und vor allem Kunststoff. Früher gar nicht gekannte Abfälle wie Autowracks, Altreifen, Altöl und Schrott erschwerten die Beseitigung zusätzlich. Der Müll, so lässt es sich kurzfassen, war zum Spiegel des gestiegenen Wohlstands geworden.

Berlin-West hatte also einen Notstand, der nicht zuletzt mit der Insellage zusammenhing. Dem Berliner Senat lag bereits seit Ende 1970 ein Bericht mit Prognosen zum künftig anfallenden Müllvolumen vor, der zugleich auch als Lösung den Bau einer zweiten Müllverbrennungsanlage (MVA) und die Erweiterung vorhandener Deponien vorschlug. Der zweiten MVA wurde im Bericht wegen des geringen Platzbedarfes und starker Volumenreduzierung des Mülls der Vorzug gegeben. Die Alternative Kompostierung wurde verworfen – in Westberlin gab es wegen Fehlens einer Landwirtschaft keine Absatzmöglichkeiten. Eine Senatskommission übernahm diese Vorschläge. Die Durchführung des Plans scheiterte jedoch, weil die Alliierten, die eine Gefahr für die Flugsicherheit sahen, Einspruch gegen den vorgesehenen Standort erhoben. Der Senat musste neu suchen und präsentierte dann Berlin-Buckow als den „am ehesten geeigneten" Standort. Umgehend regte sich Protest, angeführt von einer sich hierzu bildenden Bürgerinitiative (BIG Müll), die u. a. darauf abhob, dass die Verbrennung von

Kunststoffen (vor allem PVC) mit der Emission von Schwefeldioxyd, Chlorwasserstoff und Feinruss verbunden sei und die Schlacken giftige Salze enthielten. Die Berliner Stadtreinigung reagierte mit vertiefter Information und zwei Gutachten.

Der Streit wurde obsolet, als der Berliner Senat im Februar 1972 seine „langfristigen Pläne über Abfallbeseitigung bis 1980"vorlegte. Für den Hausmüll waren hier zwei alternative Maßnahmen aufgeführt: Die Unterbringung des Mülls außerhalb von Berlin und die Erweiterung der vorhandene Deponien Wannsee und Lübars. Als spezieller Vorschlag zur auswärtigen Unterbringung fand sich auch die Lieferung von Abfall in die DDR. Damit ließ der Senat erstmals erkennen, dass Verhandlungen mit der DDR über die Müllverbringung begonnen hätten. Als offizielle Begründung wurde die offensichtliche Wirtschaftlichkeit einer Großdeponie außerhalb Berlins nahe der Stadtgrenze genannt. Viele Proteste aus der Bevölkerung gegen die „langfristigen Pläne" waren die Folge; sie richteten sich jedoch gegen Einzelheiten, wie z. B. die Erweiterung der innerstädtischen Deponien und nicht gegen den eigentlichen Hauptpunkt, den Müllexport in die DDR. Die lautstarken Einwände gegen die Pläne versiegten vielmehr, als sich die Lieferung des Abfalls in die DDR konkreter abzeichnete.

Im April 1972 wurde dann vom Senat bekannt gegeben, dass die DDR zur Abnahme des Abfalls bereit sei. Die Bürgerinitiativen waren einverstanden, machten aber zugleich deutlich, dass Maßnahmen zur Reduzierung des Müllaufkommens und die Wiederverwertung von Abfallstoffen für sie zu den Voraussetzungen dieser Exportmaßnahme gehörten. Dem konnte man zustimmen, und so fanden der Senat und die Bürgergruppen in einem Kompromiss wieder zusammen.

5.3.1 Beispiel Müllexport: Berliner Müllverbringungsvertrag mit der DDR

Der Berliner Senat stand unter nicht geringem Zeitdruck, nicht zuletzt auch wegen der Bürgerproteste und sah in der Verbringung de Mülls nach außerhalb eine realisierbare Möglichkeit, die Probleme zu lösen. Die Senatoren für Bau- und Wohnungswesen, für Finanzen, für Wirtschaft, die Treuhandstelle für den Interzonenhandel und die BSR führten die Verhandlungen. Grundsätzlich gab es mehrere Möglichkeiten für einen Export: Andere Bundesländer, Polen, die DDR (die schon früher westlichen Trümmerschutt übernommen hatte). Alle Anfragen verliefen zunächst negativ, auch die an die DDR. Die Lage änderte sich jedoch im April 1972, als sich die DDR etwas unerwartet doch zur Abnahme von Abfällen bereit erklärte. Der Berliner Senat wollte sich das Angebot nicht entgehen lassen, das seinen Hintergrund wohl in den damit in Aussicht stehenden westlichen Devisen hatte. Als Verhandlungspartner traten dann BC Berlin-Consort GmbH (BC) und die Bergbau-Handel-GmbH (BBH) auf.

Die DDR-Regierung hatte wenig Erfahrung mit dem zu verhandelnden Gegenstand und bemühte sich bei mehreren Stellen der DDR um Gutachten zu den Abfallarten. Das kostete zwar Zeit, aber am Ende stand die grundsätzliche Einigung zu einem Vertrag über die Beseitigung der in Berlin (West) anfallenden Abfallstoffe auf dem Gebiet der DDR für einen Zeitraum von mindestens zwanzig Jahren.

Ein sofortiger Abschluss des Vertrags kam zwar unmittelbar nicht zustande, jedoch wurde eine vorläufige Regelung für die Beseitigung von Bodenaushub, Bauschutt und Siedlungsabfällen möglich. Der am 27. 10. 1972 mit realisierbaren Bedingungen abgeschlossene sogenannten „Kurzfristvertrag" sah vor, bis zum Ende 1973 2,5 Mio. m^3 feste Abfälle mit Lastwagen in die DDR zu verbringen.[79]

Im Oktober des Jahres 1973 begannen die Verhandlungen über den auf zwanzig Jahre angelegten Hauptvertrag. Die Vereinbarungen liefen nicht ganz reibungslos. Es waren technische Fragen wie Transportmittel und Transportmodi sowie die endgültige Preisfindung, die Schwierigkeiten machten.

Die DDR hatte als Deponiestandorte Schöneiche (Kreis Zossen), Vor Ketzin und Deetz (Kreis Brandenburg) vorgesehen, die immerhin 30 bis 40 km von der Zonengrenze entfernt lagen, Das bedeutete Müllferntransport, ein Neuland für beide Seiten. Am Ende einigte man sich für den Transport fester Siedlungsabfälle auf ein Containersystem.

Für Grenzübergang und Trassenführung waren Abstimmungen mit dem Verteidigungsministerium der DDR und der Staatssicherheit notwendig. Diese Koordinierung brachte für die Verhandlungen einige Verzögerung. Eine weitere Schwierigkeit bestand in der nähren Spezifikation der zu verbringenden Abfälle. Die Beseitigung flüssiger, schlammiger, bedenklicher und toxischer Abfallstoffe war zwar von der DDR wegen des für sie zu erreichenden ökonomischen Vorteils grundsätzlich akzeptiert worden. Jedoch brachten die Details Schwierigkeiten. Am Ende kamen die folgenden Vereinbarungen zustande: Alle in Westberlin anfallenden Abfälle – soweit sie nicht in der MVA Ruhleben beseitigt werden konnten oder zur Verfüllung benötigt wurden – sollten in die DDR verbracht werden. Das für die Jahre 1979 bis 1983 festgelegte Abnahmesoll für Siedlungsabfälle sah eine jährliche Steigerung von 100 000 t vor. Die flüssigen Abfälle sollten entwässert sein, die Beseitigung giftiger Abfallstoffe sollte sukzessive vereinbart werden, sobald in der DDR entsprechende Möglichkeiten verfügbar wären. Das Abfallspektrum blieb umfassend, denn letztlich waren nur Abfallstoffe von höchster Toxizität ausgeschlossen.

Bei den Preisverhandlungen brachten noch einmal Gegensätze auf. Aus taktischen Gründen entschieden sich die Vertreter der DDR zu Beginn für eine hohe Preisforderung: Abnahme fester Siedlungsabfälle (inklusive Sonderabfälle) zum Preis von 41,00 DM West/t. Westberlin wollte nur 20 DM West/t zahlen. Am Ende stand mit 25,70 DM West/t ein Kompromiss, mit allerdings gewichtigen Zusatzklauseln: Bindung an die Teuerungsrate West, eine jährliche Vorkasse von 90 % und die Gestellung der gesamten Deponie-Technik durch Westberlin.

Schließlich wurde der Vertrag am 11. Dezember 1974 rechtsgültig geschlossen, gestützt auf das Interzonenhandelsabkommen von 1951. Seine Laufzeit wurde für den Zeitraum 1. Januar 1975 bis 31. Dezember 1994 vereinbart, also für die anvisierten 20 Jahre. Mit dem Vertrag wurde bis 1994 der Export von 18 Mio. m^3 Bodenaushub, 38 Mio. m^3 Bauschutt und 35 Mio. t fester Siedlungsabfälle in die DDR rechtssicher vereinbart. Das Liefersoll für Siedlungsabfälle schrieb sah einen jährlichen Anstieg um 100 000 t vor. Abzurechnen war in Dreijahresabschnitten; dann war entweder ein Ausgleich durch Überschreitung im vierten Jahr oder eine Ausgleichszahlung im fünften Jahr bei Unterschreitung um mehr als 10 % vereinbart.

Durch den Vertrag kam die DDR zu Valutaeinahmen in Höhe von insgesamt 1,25 Milliarden Valutamark (Westmark), verteilt über zwanzig Jahre. Aus Westberliner Perspektive bedeutete es die Lösung des Müllproblems, sodass man insgesamt von einer Win-Win-Situation sprechen konnte.

79 Restschutt und Bodenaushub zum Teil auch per Schiff und Bahn.

Dass es sich um große Mengen handelte, beweisen die Zahlen: Im vorlaufenden Ein-Jahresvertrag waren insgesamt 1,8 Mio. m^3 Abfälle und 0,7 Mio. m^3 Bauschutt auf die DDR-Deponie Groß-Ziethen verbracht worden. 1974 war die Müllabfuhrmenge in Berlin (West) auf etwa etwa.3,9 Mio. m^3angestiegen. So wurde also schon zu Beginn des Vertrages fast die Hälfte der gesammelten Abfälle auf die DDR-Deponien verbracht. Das Verhältnis verbesserte sich in den Folgejahren zugunsten des Senats weiter: Im Jahr 1978 wurden 46,7 % des Gesamtabfallaufkommens West-Berlins in der DDR entsorgt, 1979 schon 53,4 % 1981 dann 78,1 %.

Mit dem Vertrag setzte West-Berlin im Grunde die alte Praxis der Abfallbeseitigung in der Form kritikloser Deponierung um, die zwar bis 1948 in Berlin üblich war, aber nicht mehr den inzwischen fortentwickelten Standards des Umweltschutzes entsprach. Gestaltende Abfallpolitik war für Westberlin jetzt weitgehend überflüssig geworden – die Sicherung des Mülltransits war da Einzige, was man tun musste. Und natürlich zahlen, was bekanntlich viele Probleme regelt.

5.3.2 Das SERO-System der DDR

Für das spätere SERO-System existierte seit den späten 1950er Jahren bereits ein Vorläufer: In den Anfangsjahren der DDR war das „Rumpelmännchen“ das Aushängeschild der Altstoffsammlung.

Doch wann ging „RM“, wie es abgekürzt genannt wurde, erstmals viral? Übereinstimmend nach allen Quellen schlug seine Geburtsstunde im Jahre 1954. Vom Namen her könnte das Rumpelstilzchen der Grimm'sche Märchen assoziiert sein; auch Begriffe wie „Rumpelkammer“ oder „Gerümpel“ liegen nahe.

Abb. 5-3: Das Rumpelmännchen (mit Feder am Hut) sucht Mitmacher; Quelle: https://wsdberlin.files.wordpress.com/2020/04/rumpel-hannes-hegen.png

Viele Zeichner bemühten sich während der ersten Jahre des „sozialistischen Aufbaus" um die Illustration des „ RM". Es gilt als sicher, dass H. Hegen Schöpfer des bärtigen Zwerges aus der Abfallbranche war, der das Bildmotiv RM kreierte. Hegen hielt jedoch kein Patent auf das Motiv und übertrug seine Bildrechte gegen eine geringe Summe von hundert DM Ost auf den Staat, also die DDR; so konnten sich auch andere Grafiker des Motivs bedienen, was zu einigen Veränderungen am Entwurf führte. Hegens Urrumpel soll der mit der dekorativen Feder am Hutes sein, s. Abb. 5-3.

Motivation der Aktion war die anhaltende Rohstoffknappheit in der DDR, denn ein Einkauf am Weltmarkt kostete Devisen. Umfängliche Wiederverwendung ohne Materialumwandlung war deshalb ökonomisch und diente auch der Müllvermeidung, wie man später erkannte.

In der staatlichen Planwirtschaft entwickelte sich daher ein Ankaufsystem für Gebrauchtes sowie die Normung von Verpackungen. Zur Standardisierung wurde das sogenannte TGL-System eingeführt, mit dem es gelang, die Materialvielfalt einzugrenzen. TGL war das Kürzel für Technische Normen, Gütevorschriften und Lieferbedingungen. Die Verbesserung und Berechnung der Haltbarkeit war Teil der TGL, einer der Gründe, die DDR-Produkten den Ruf einbrachten, ewig haltbar zu sein. Anders als die DIN-Normen, die nur Empfehlungen sind, waren TL-Vorschriften zwingend: Sie hatten Gesetzeskraft. Der Staat schrieb also die Haltbarkeitsdauer vor, an die sich Hersteller halten mussten. Entwurf und Herstellung mussten so ausgelegt werden, dass sie die vorgeschriebene Lebensdauer von oft zehn Jahren erreichten.

Ein flächendeckendes System der Sekundärrohstoff-Erfassung und -Aufbereitung wurde seit den 1950er Jahren angestrebt und sukzessive verwirklicht. 1972 entstand die Vereinigung Volkseigener Betriebe (VVB) Altrohstoffe, die Keimzelle des Kombinat SERO (**Se**kundär-**Ro**hstoffe) der 1980er Jahre. Seine Aufgabe war eine möglichst lückenlose Erfassung nichtmetallischer Sekundärrohstoffe aus Haushalt und Gewerbe. Parallel entstand das Kombinat MAB, das sich der Erfassung metallischer Wertstoffe aus Industrie und Haushalten widmete, letzteres in Zusammenarbeit mit SERO.

Die Aufgaben von SERO waren seit 1980 durch die „Verordnung zur umfassenden Nutzung von Sekundärrohstoffen" festgelegt. Die Verordnung definierte hierzu grundlegend:

„Das VE Kombinat Sekundärrohstofferfassung ist für die Sicherung der maximalen Erfassung von Sekundärrohstoffen aus Haushalten der Bevölkerung im Zusammenwirken mit den örtlichen Staatsorganen und den gesellschaftlichen Kräften sowie aus dem Anfall nichtmetallischer Sekundärrohstoffe in der Volkswirtschaft im Rahmen des bestätigten Erfassungsprogramms verantwortlich. Auf der Grundlage einer planmäßigen und bedarfsgerechten Entwicklung des Erfassungsnetzes und einer rationellen Erfassungsorganisation sowie durch effektive Technologien sind die Sekundärrohstoffe für die stabile und kontinuierliche Versorgung der Kooperationspartner in der Volkswirtschaft bereitzustellen. Das Kombinat schafft alle Voraussetzungen dafür, dass die Sammel- und Abgabebereitschaft der Bevölkerung und der gesellschaftlichen Organisationen zur maximalen Stärkung der Rohstoffbasis der Volkswirtschaft voll genutzt und weiter gefördert wird."[80]

Im Grunde war SERO keine schlechte Idee, nur hatte die Mehrfachnutzung verfahrensbedingt ihre Grenzen (was auch noch heute gilt). Am Beispiel Papierproduktion zeigt sich das: Das Papier wurde immer grauer. Wenn es als Schreib- oder schließlich Packpapier unbrauchbar geworden war, erreichte es am Ende die Stufe Toilettenpapier, auf dem man noch Buchstaben entziffern konnte.

Abb. 5-4: Emmy, der kleine Elefant, war das bei Kindern beliebte Sammelsymbol von SERO; Quelle:dpa

Ein Erfolg von SERO war, dass damals nicht viel Müll auf den Deponien landete. Verpackungen waren ohnehin kein Standard: Milch holte man mit der Kanne, die Butter am Stück, Sauerkraut im Topf (später im „Plastebeutel", der im Westen Plastik-Beutel hieß). Bald schon übernahm der Staat das strategisch bedeutsame Monopol für Abfall und Reste aller Art gänzlich und gründete in 1980 f landesweit Volkseigene Betriebe (VEB Sekundärrohstofferfassung, liebevoll SERO genannt), die insgesamt das o.a. Kombinat bildeten.

SERO wurde rasch publik gemacht, wozu die putzige Emmy mit Erfolg beitrug, s. Abb. 5-4. Landesweit gab es schließlich 17 000 „Aufkaufstellen" – denn für die Einlieferungen wurde gezahlt, s. Abb. 5-5.

Das Kombinat für Sekundärrohstofferfassung, kurz SERO, überzog die DDR mit einem flächendeckenden Netz von Annahmestellen. Rohstoffe und Devisen waren knapp, Wiederverwertung eine Überlebensstrategie für die Volkswirtschaft. Und das Sammeln lohnte sich volkswirtschaftlich. Die intensive Wiederverwertung sparte bis zu 14 % der Rohstoffe ein, die sonst teuer im Ausland hätten gekauft werden müssen. Es war eigentlich ein kluges Konzept, das aufging und dazu Ressourcen und Umwelt schonte. Dass das Recyclingsystem in der DDR erfolgreich war, musste nach der Wende auch der Westen anerkennen. Dort war man immer noch wie überall auf der Suche nach Lösungen für die wachsenden Müllberge. Die Bundesregierung sah dies richtig und beauftragte Recycling-Expertin Prof. S. Hartard von der Technischen Universität Darmstadt, das SERO-System näher zu untersuchen.

80 Verordnung vom 11. Dezember 1980 zur umfassenden Nutzung von Sekundärrohstoffen (GBl. 11981 Nr. 2 S. 23), § 9 (Absatz 2).

Noch war zu diesem Zeitpunkt denkbar, das SERO als gesamtdeutsche Lösung zu übernehmen. Frau Hartard beurteilte SERO denkbar positiv und als ausgesprochen effizient.[81] Immerhin wurde fast die Hälfte des Hausmülls in den 17 000 Annahmestellen erfasst und dort vorsortiert, mit der Hand und ohne aufwendige Technik. Auch der damalige Umweltminister K. Töpfer war beeindruckt.

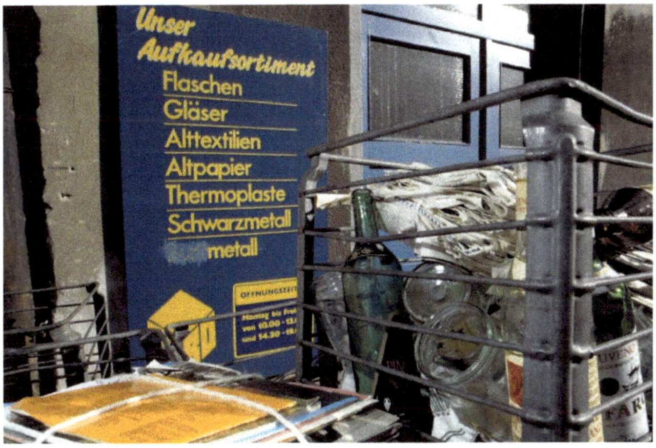

Abb. 5-5: Mit solchen Aufkaufslellen sammelte SERO flächendeckend Papier, Pappe, Textilien, Glas, Plaste und Metalle ein. Quelle: IMAGO

Das System im Osten brach jedoch langsam zusammen. Die Annahmelager waren überfüllt. Die Recyclingbetriebe erhielten ihre Einlieferungen jetzt viel billiger aus dem Westen und nahmen den Ankaufstellen in der Ex-DDR nichts mehr ab. Immer mehr von ihnen mussten schließen.

SERO wurde dann von der Treuhand privatisiert und ging sogar an die Börse. Der zunächst berichtete Erfolg der westdeutschen Manager war jedoch ein Luftschloss und beruhte auf einem Kreditbetrug in dreistelliger Millionenhöhe. Die Akte SERO endete 1998 mit Anklage und Verhaftung der Geschäftsführung.

5.3.3 Der Grüne Punkt

Anfang der 1990er-Jahre drohte Deutschland der Müllnotstand. Ohnehin lagen und liegen Deutschland und die Schweiz mit ihren Müllaufkommen weltweit an der Spitze, s. Abb. 5-6. Die verfügbaren Deponien waren übervoll und die Kapazitäten der MVAn reichten längst nicht mehr. Verpackungsabfälle waren zur größten Abfallart des Hausmülls geworden und wurden zum Kern des Problems. Der jährliche Verpackungsverbrauch betrug in Deutschland zu diesem Zeitpunkt rund 15,3 Mio. t – davon allein etwa 13,1 Mio. t Einwegverpackungen. Dass die herkömmliche Beseitigung der Abfälle nicht mehr ausreichte,

81 Hartard, S., Strukturanalyse des SERO-Systems der DDR im Hinblick auf Effizienz und Eignung unter marktwirtschaftlichen Bedingungen, Gesamthochschule Kassel (Universität), Fachgebiet Abfallwirtschaft und Recycling, 1992.

wurde immer sichtbarer. Eine zusätzliche Ressourcennutzung durch Verwertung wurde dringender, ebenso die vorsorgende Abfallvermeidung. So oder ähnlich charakterisieren die Dualen Systeme in ihrer Internetpräsenz die damalige Müll- und Recyclinglage im sich gerade vereinigenden Deutschland.

Auslöser für die Schaffung eines neuen Systems war der zum damaligen Zeitpunkt bereits vorliegende Entwurf der Verpackungsverordnung (VerpackV), die 1991 verabschiedet wurde und deren Kernpunkt die Produktverantwortung war.

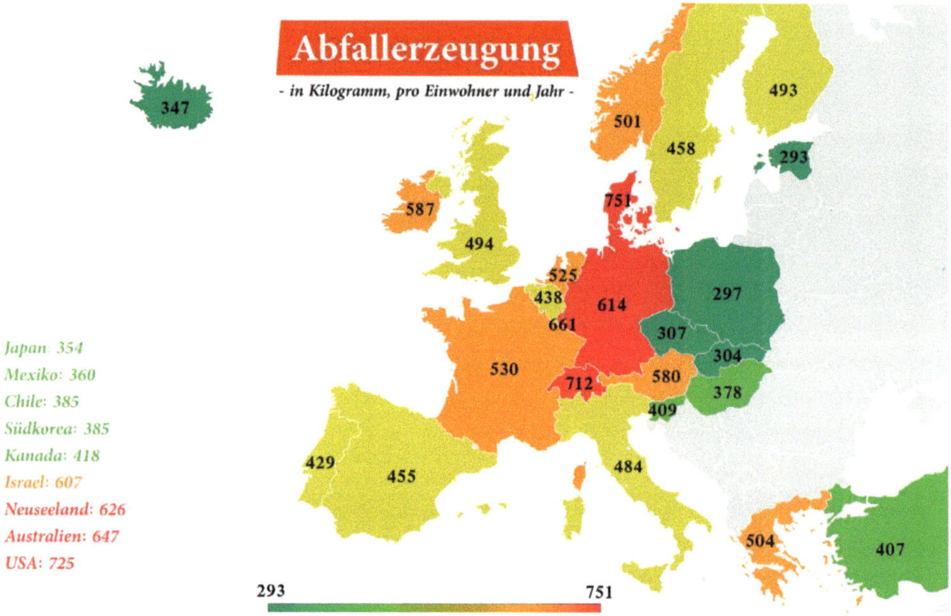

Abb. 5-6: Abfallerzeugung europa- und weltweit 2013; Quelle: Katapult-Magazin, Bertelsmann Stiftung

Am 28. September 1990 wurde in Bonn „Der Grüne Punkt – Duales System Deutschland (DSD), Gesellschaft für Abfallvermeidung und Sekundärrohstoffgewinnung mbH“ als privates Unternehmen ins Leben gerufen, noch bevor Deutschland wiedervereinigt war. Es lief auf ein zweites System neben der bereits bestehenden öffentlichen Entsorgung hinaus, worauf sich der etwas missverständliche Zusatz „dual“ bezog.[82] Gründer der DSD war ein Verbund von 95 Unternehmen der Lebensmittel- und Verpackungsbranche. Ziel und Zweck der Neugründung war die Durchführung der neuen Verpackungsverordnung durch Vermeiden und Vermindern von (Verpackungs-)Abfällen. Ende 1991 waren es bereits 400 Unternehmen, die sich an der DSD GmbH beteiligten. Finanziert wurde die DSD durch Lizenzgebühren, die Unternehmen bezahlten, um die Leistungen der DSD zu erhalten. Der „Grüne Punkt“ der Abb. 5-7 machte die Mitgliedschaft deutlich und zierte fortan die

82 Korrekt: Die Entsorgung erfolgt seither dual, nämlich über die Öffentliche Entsorgung **und** den Grünen Punkt.

Produkte der Hersteller. Die Lizenzgebühren wurden über höhere Preise weitergereicht, also letztlich vom Verbraucher gezahlt. Das Gesamtsystem zeigt Abb. 5-8.

Abb. 5-7: Der Grüne Punkt; Quelle: DSD, Duales System Deutschland GmbH

Abb. 5-8: Das Gesamtsystem Grüner Punkt mit seinen Partnern, Mai 2009; Quelle: Duales System Deutschland GmbH

Die DSD GmbH war zuständig für die Erfassung, den Transport, die Sortierung und die Verwertung des Verpackungsabfalls, überließ jedoch die praktische Umsetzung den Entsorgungs- und Verwertungsunternehmen, die über Verträge eingebunden wurden, während die Kommunen Container und Stellplätze zur Verfügung stellen mussten. Die Verträge kamen über Ausschreibungen zustande, die allerdings über die Kommunen gesteuert wurden und häufig auf die oder den lokalen Entsorger zugeschnitten waren (was immerhin die schnelle Umsetzung ermöglichte).

Die Geschichte des Dualen Systems ist bunt und bis heute durchaus spannend. Bereits kurz nach Einführung des Systems wurden Einwände formuliert und Probleme deutlich: So wurde befürchtet, dass Firmen mit eigenen Entsorgungskonzepten nicht ins System passten, dass der Wettbewerb um neue Entsorgungstechnik ver- oder behindert würde und dass ausländische Hersteller diskriminiert wären. 1992 schien es. dass die Vorgaben zur Wiederverwertung von Plastik nicht erfüllt werden könnten. 1993 wurde sichtbar, dass den Verwertern der Verpackungen rund 500 Mio. Mark fehlten, angeblich aufgrund falscher Prognosen der DSD hinsichtlich der entstehenden Volumina. Fakt blieb, dass an vielen Ortens doppelt soviel Abfall anfiel, wie erwartet. Vor allem der Plastikmüll staute sich in den Zwischenlagern – der Eindruck verfestigte sich, die DSD sei überfordert. Einzelne Bundesländer drohten, der DSD das Geschäft der Plastikentsorgung und -verwertung zu entziehen. Kritisiert wurde auch, dass nur ein Teil des tatsächlichen Verpackungsabfalls über den gelben Sack oder die gelbe Tonne zurückfand, da für die häufigen Verbundverpackungen andere Regeln galten. Und auch für den Fall, dass solche Verpackungen einbezogen würden, wäre eine Wiederverwertung aufgrund ihres Materialmixes nicht möglich und ein Downcycling die einzig verbleibende Lösung.

Trotz aller Kritik von der ökologischen Seite entschlossen sich 1993 die Gesellschafter der DSD zur finanziellen Sanierung; ihre Forderungen an die DSD wurden zu Darlehen. Die Angst bestand, dass im Falle eines Scheiterns der DSD die Verpackungsverordnung griff und sie ihre Becher, Tüten, Dosen und sonstige Verpackungen selbst zurücknehmen und verarbeiten müssten, was einen enormen Aufwand bedeutet hätte. Für sie war das Duale System das kleinere Übel.[83] Das war die Rettung für die DSD GmbH sowie den Grünen Punkt. DIE ZEIT kommentierte: „Die Rettung des Dualen Systems hat demnach einen hohen Preis: Fortan sind die Verbraucher dem Treiben der Bonner Müllfirma noch schutzloser ausgeliefert." Das scheint im Rückblick jedoch eher ungerecht.[84] Allerdings bestand zeitweise auch der Verdacht, dass DSD-Partnerfirmen die Sekundärrohstoffe in Wahrheit einfach irgendwie ins Ausland verbrachten, statt sie zu verwerten.

Die Verpackungsverordnung schreibt Selbstentsorgern und dualen Systemen einen festen Verwertungsanteil der von ihnen verwendeten bzw. lizenzierten Verpackungen vor. Die Quoten richten sich nach dem Material:

- Glas: 75 %
- Weißblech: 70 %
- Papier, Pappe, Karton: 70 %
- Aluminium: 60 %
- Verbundverpackungen: 60 %
- Kunststoffverpackungen: 60 %

36 % aller in Verkehr gebrachten Verpackungen müssen stofflich verwertet werden, die restlichen 64 % können anderweitig verwertet werden. In der letzten Novelle vom Dezember 2005 wurden die Werte etwas strenger gefasst und anders geordnet. Seit 2009 sind von allen Verpackungsabfällen mindestens 65 % (statt 60 %) zu verwerten und davon mindestens 55 % (statt 36 %) stofflich.

83 Kloiber, B., Duales System Deutschland – Die Neunziger-Jahre im Monopol, in: Wertstoff-Blog 16. Oktober 2015.

84 Die Zeit, DSD, 10. September 1993.

Die Mindestziele werden für alle Materialien in Deutschland seit 2005 erfüllt; für Verpackungen betrug die Gesamtverwertungsquote 2002 bereits 77,9 %.

Inzwischen beteiligen sich die meisten Hersteller an dem einen oder anderen dualen System. Neben der DSD, dem ersten und bekanntesten, gibt es heute auch Interseroh, Landbell, BellandVision, EKO-Punkt, Vfw, Zentek, Veolia Umweltservice Dual GmbH und Redual, alle bundesweit tätig.

„Der Grüne Punkt" zählt heute zu den international bekanntesten Markenzeichen und wird weithin als Signet für das Verpackungsrecycling genutzt. Viele andere Länder folgten dem Beispiel Deutschlands und gründeten duale Systeme. Die Marke „Der Grüne Punkt" gibt es inzwischen in 26 europäischen Ländern. Dass seit 1994 eine EU-Richtlinie mit dem Hauptziel der Vermeidung und Verringerung von Umweltauswirkungen durch Verpackungen und Verpackungsabfälle existiert, hängt ebenfalls mit dem Vorbild Deutschlands zusammen.

5.3.4 Kreislaufwirtschaft

Die Kreislaufwirtschaft ist ein Modell für Produktion, Nutzung und Verbrauch, das speziell auf die Optimierung der Ressourcen unter Berücksichtigung des Umweltschutzes hinausläuft. Arbeitsweise ist, dass Materialien und Produkte so lange wie möglich genutzt, wiederverwendet, repariert, aufgearbeitet und schließlich recycelt werden, um sie neuer Nutzung zuzuführen. So wird der Lebenszyklus der Produkte verlängert und der Kreislauf nach Gebrauch geschlossen, s. Abb. 5-9.

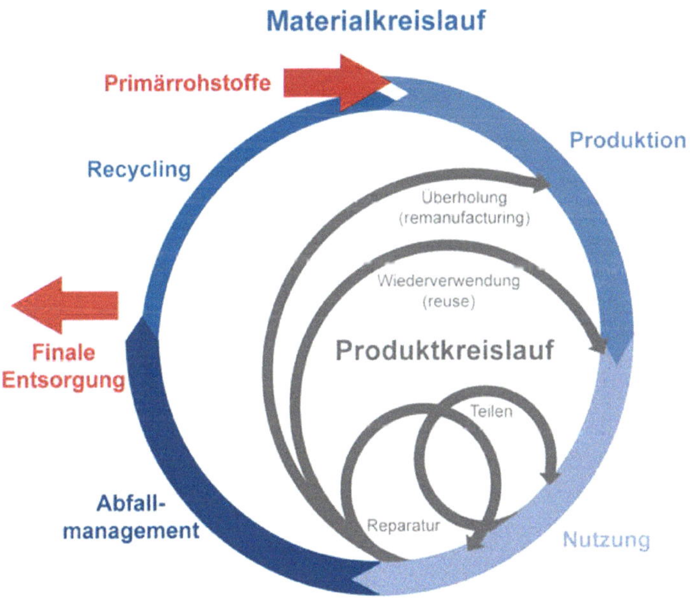

Abb. 5-9: Ökonomische Kreisläufe; Quelle: Swissmem, Zürich

Die Abbildung macht deutlich, dass es sich je nach Art der Nutzung um verschiedene Kreise handelt, engere und weitere. Hier interessiert naturgemäß der äußere Kreis, bei dem es um Abfallmanagement, Recycling und finale Entsorgung (durch Deponien oder auf thermischem Wege) handelt.

Die Idee des Kreislaufs ist so neu nicht. Sie war vielmehr die ursprüngliche Grundlage menschlicher Lebensweise und findet sich noch in den nicht entwickelten Ländern. Arbeitskraft der Tiere und Menschen, Ackerbau und Ernte, Stroh, Küchenabfälle und tierische wie menschliche Ausscheidungen sind dort Teil eines Systems, das sich selbst erhält – nachhaltig ist. Die Industrialisierung, die Landflucht und der Übergang zur städtischen Lebensform drängten diese nachhaltige Wirtschaftsweise zurück. Es entstand ein lineares Wirtschaftsmodell, das auf große Mengen billiger, leicht zugänglicher Materialien und Energie setzte, die Ressourcen als unendlich betrachtete und auf „geplante Obsoleszenz" abzielte. Das wurde seit dem 19. Jahrhundert die neue Tradition. „Geplante Obsoleszenz" bedeutete dabei in der Praxis begrenzte Haltbarkeit und Reparaturvermeidung und den Anreiz zum Neukauf. Mit „Wegwerfwirtschaft" ist das Modell durchaus zutreffend beschrieben.

Die Berichte des Club of Rome in den 1970ern unter dem Schlagwort „Grenzen des Wachstums" und die sichtbar werdenden Wirkungen wie Klimawandel, Umweltverschmutzung und Wasserknappheit zeigten jedoch, dass dies kein langfristig haltbares Modell sein kann.

Die britischen Wirtschaftswissenschaftler D. W. Pearce und R. K. Turner formulierten in den 1990er Jahren eine moderne Idee der Kreislaufwirtschaft.[85] Sie basierte auf dem Konzept einer industriellen Ökologie als Spielart des natürlichen Kapitalismus, der darauf abzielt, Einsatz von Ressourcen zu minimieren, Abfälle zu reduzieren und nach Möglichkeit ganz zu vermeiden und saubere Technologien zu stärken.[86]

Das Prinzip „Cradle to Cradle"– wörtlich „von Wiege zu Wiege" – schreibt diese Gedanken fort. Es wurde Ende der 1990er-Jahre von dem deutschen Chemiker M. Baumgart und dem US-amerikanischen Architekten W. Mcdonough entworfen. Der perfekte Kreislauf – das war die Vision. Das Prinzip stützt sich auf die Natur, denn biologische Kreisläufe lassen keinen Abfall zurück. Dabei ist klar, dass in der realen Welt nicht alles auf natürlichem Wege verrotten kann. So muss man zwei Kreisläufe unterscheiden:

- einen biologischen Kreislauf für Verbrauchsprodukte und
- einen technischen Kreislauf für Gebrauchsprodukte.

Für letzteren ist Recycling das wesentliche Element. Lückenloses Recycling ist heute noch nicht umsetzbar. Zum Beispiel lassen sich Kunststoffverpackungen nur teilweise bzw. aufwändig wiederverwerten.

Es ist auch richtig, dass bislang viele gebrauchte Materialien zwar zerlegt, neu strukturiert und wiederverwertet werden, aus ihnen jedoch oft minderwertigere Produkte entstehen. Die mehrfachen Durchläufe gehen so lange gut, bis die verbleibenden Reste

85 Pearce, D. W., Turner, R. K., Economics of natural resources and the environment, Baltimore: Johns Hopkins University Press, 1990.

86 Balzan, R., Universität St. Gallen. o. Jahr.

nicht mehr zu gebrauchen sind – und das kann bereits nach wenigen Verwendungen der Fall sein.

Unser Abfallkreislauf ist also nicht perfekt geschlossen (closed loop), sondern offen (open-loop). Es scheiden immer wieder Materialien aus ihm aus, die zu neuem Müll werden, wo sie dann bestenfalls ein Downcycling erleben, bei dem das recycelte Material von geringerer Qualität und Funktionalität als das Originalmaterial ist. Genau das versucht Abb. 5-9 zu suggerieren.

Diesem Trend eine andere Richtung zu geben, ist das Anliegen vieler Forscher und Entwickler. So wird intensiv an neuen Kunststoffarten gearbeitet, die nicht nur langlebig sind, sondern auch möglichst häufig wiederverwendbar. Mit ihrer Arbeit tragen sie dazu bei, den Kreislauf zu schließen (closed loop).

In der Praxis bedeutet dies zunächst, dass die Menge der Abfälle eines Prozesses auf ein Minimum reduziert wird. Es bedeutet weiter, dass die verwendeten Ressourcen und Materialien so weit und so lange wie möglich in der Wirtschaft verbleiben, nachdem ein Produkt das Ende seiner Lebensdauer erreicht hat. Sie generieren damit weiterhin Wertschöpfung.

Begriff und Konzept fanden in Deutschland Resonanz: Im September 1994 wurde das „Gesetz zur Förderung der Kreislaufwirtschaft und Sicherung der umweltverträglichen Beseitigung von Abfällen, abgekürzt Kreislaufwirtschafts- und Abfallgesetz (KrW-/AbfG),[87] verabschiedet, das die Kreislaufwirtschaft ausdrücklich anstrebte und im Text die Grundsätze formulierte: „Abfälle sind in erster Linie zu vermeiden, insbesondere durch die Verminderung ihrer Menge und Schädlichkeit, in zweiter Linie stofflich zu verwerten oder zur Gewinnung von Energie zu nutzen (energetische Verwertung)". Ziel und Zweck der Kreislaufwirtschaft ist demnach die Schonung natürlicher Ressourcen (§1 KrWG). Das Kreislaufwirtschafts- und Abfallgesetz wurde dann zum 1. Juni 2012 durch das begrifflich kürzere Kreislaufwirtschaftsgesetz KrW-G abgelöst.

Das Gesetz ist damals Vorreiter gewesen und reichte weiter als die noch wenig ambitionierten Vorhaben der Europäischen Union. Vor allem die noch konkreter als in der Verpackungsverordnung herausgestellte Verantwortung der Produzenten und speziell die Rücknahmeverpflichtung wurden später zu Essentials der europäische Umweltgesetzgebung.

Das Kreislaufwirtschaftsgesetz und seine nachfolgenden Verordnungen enthalten konkrete Vorschriften. Nicht Kapazitätsfragen von Deponien waren das Thema, sondern Grundsatzfragen vor dem Hintergrund der Vermeidung von Müll und seiner Verwertung im nicht vermeidbaren Fall, wobei die Verbrennung an letzter Stelle steht, wenn Vermeidung und Verwertung ausgeschöpft sind, vgl. den Gesetzestext:

„Grundsätze der Kreislaufwirtschaft[88]

(1) Abfälle sind

1. In erster Linie zu vermeiden, insbesondere durch die Verminderung ihrer Menge

87 Kreislaufwirtschafts- und Abfallgesetz (Gesetz zur Förderung der Kreislaufwirtschaft und Sicherung der umweltverträglichen Beseitigung von Abfällen. Außer Kraft getreten aufgrund Gesetzes vom 24. 02. 2012 (KrWG).

88 § 4 Kreislaufwirtschafts- und Abfallgesetz.

und Schädlichkeit,
2. in zweiter Linie
a) stofflich zu verwerten oder
b) zur Gewinnung von Energie zu nutzen (energetische Verwertung)"

Europäische Vorgabe wurde die 2008 aktualisierte EU-Abfallrahmenrichtlinie. Ihre nationale Umsetzung führte schließlich zum erwähnten deutschen Kreislaufwirtschaftsgesetz (KrWG) von 2012.

Ziel dieses Gesetzes war es, die Kreislaufwirtschaft zu etablieren und damit die Schonung der natürlichen Ressourcen und den Schutz von Menschen und Umwelt bei der Erzeugung und Bewirtschaftung von Abfällen zu erreichen. Einer der Kernpunkte war die Einführung einer „Abfallhierarchie" in 5 Stufen, wie in oben angeführtem Zitat unmittelbar ablesbar.

Das Kreislaufwirtschaftsgesetz von 2012 wurde bald wieder als Folge geänderter EU-Vorgaben geändert, wobei jetzt an die Stelle der früheren Abfallrahmenrichtlinie 2008/98/EG die neue Richtlinie 2018/851/EU trat. Die Vorgaben der umfassend erneuerten Richtlinie 2018/851/EU waren bis zum 5. Juli 2020 in deutsches Recht umzusetzen.

Die Umsetzung wurde schon im Titel deutlich, das jetzt ziemlich nichtssagend „Gesetz zur Umsetzung der Abfallrahmenrichtlinie der Europäischen Union (AbfRRL-UG)" hieß und lediglich einleitend in „item 1" den Zusammenhang mit dem Kreislaufwirtschaftsgesetz herstellte.[89] Es war in der Tat dessen Novelle, die dann am 29. Oktober 2020 in Kraft trat. Ziel der Novellierung war eine verstärkte Förderung der Kreislaufwirtschaft durch Vermeidung und vor allem durch ausgedehnteres Recycling von Abfällen.

Neben den Vorgaben der EU-Richtlinie, die europarechtlich zu übernehmen waren, sind zusätzliche und recht konkrete Maßnahmen in die deutsche Fassung aufgenommen worden: Um die Vermeidung von Abfällen zu verstärken, wurde das System der Produktverantwortung um die sogenannte Obhutspflicht ergänzt und erweitert. Obhutspflicht bedeutet hier die Erhaltung der Gebrauchsfähigkeit von Materialien und Produkten und erlaubt deren Entsorgung nur als letzte Möglichkeit. Weiter bedeutet Obhutspflicht auch Transparenz, die auf Grundlage einer Rechtsverordnung durchgesetzt werden kann. Auf dieser Grundlage können von den Unternehmen Berichte eingefordert werden über den Umgang mit Überhängen an Waren, mit Retouren oder auch über Maßnahmen zur Produkt-Gebrauchserhaltung.

Zur Verbesserung der Recyclingquoten sollte vor allem die Pflicht zur Getrenntsammlung von Abfällen strenger gefasst werden. Auch müssen deutsche Ämter und Institutionen des Bundes zukünftig beim Einkauf Produkte bevorzugen, die rohstoffschonend, abfallarm, reparierbar, schadstoffarm und recyclingfähig sind (sofern nicht unzumutbare Mehrkosten entstehen).

Das Konzept der Kreislaufwirtschaft und seine politische wie rechtliche Begleitung haben zweifellos wichtige Impulse für die Abfallwirtschaft und speziell für das Recycling geliefert und werden dies mit steigender Verbreitung der Instrumente und Methoden auch weiter tun.

89 Artikel 1 Änderung des Kreislaufwirtschaftsgesetzes.

Ein eigener Wirtschaftszweig hat sich für Entsorgung und Recycling etabliert, der etwas kühn unter der Flagge und dem Namen Kreislaufwirtschaft läuft und der sich so versteht: „Investitionen in Personal und, Technik verbessern kontinuierlich die Standards, mehr als 310 000 qualifizierte und motivierte Beschäftigte arbeiten in fast 11 000 kommunalen und privaten Unternehmen auf allen Stufen der Wertschöpfung und erwirtschaften dabei einen Umsatz von rund 85 Mrd. € sowie eine Bruttowertschöpfung von rund 28 Mrd. €. Die Kreislaufwirtschaft wird somit in den kommenden Jahren zwangsläufig zu einem zunehmend wichtigeren Akteur des wirtschaftlichen Wandels werden, dieser Herausforderung wird sich die Branche aber mit dem Anspruch stellen, den Wandel auch mitgestalten zu wollen.“[90]

Die Bilanz, gemessenen in Recyclingquoten, ist gemischt, was hier am Beispiel Kunststoff erläutert sei:[91] So fielen 2019 in Deutschland 6,28 Mio. t Kunststoffabfälle an. Etwa 85,2 % dieser Abfälle waren Post-Consumer-Abfälle, die restlichen 14,8 % fielen bei der Herstellung und vor allem bei der Verarbeitung von Kunststoffen an. Wie aus dem 2019 von der Heinrich-Böll-Stiftung veröffentlichten Plastikatlas zu entnehmen, wurden 60 % dieses Plastikmülls „energetisch verwertet“, also verbrannt. Nur die restlichen knapp 40 % wurden recycelt.

Bezieht man sich allein auf den Teilbereich Verpackungen, so sieht die Bilanz besser aus: Nach Industrievereinigung Kunststoffverpackungen e. V. haben sich seit In-Kraft-Treten des deutschen Verpackungsgesetzes die Recyclingquoten von Kunststoffverpackungen deutlich verbessert. Im Jahr 2019 lagen Kunststoffverpackungen bei Quoten von real 55,2 %, bezogen auf den Gesamtmarkt. So konnte die sehr ambitionierte gesetzlich vorgeschriebene Recyclingquote von 58,5 % fast erreicht werden, s. Abb. 5-10.

VERPACKUNGSMATERIAL	RECYCLINGQUOTE	
	SEIT 2019	AB 2022
GLAS, ALUMINIUM & METALLE	80 %	90 %
PAPIER / PAPPE / KARTON	85 %	90 %
GETRÄNKEVERPACKUNGEN	75 %	80 %
SONSTIGE VERBUNDVERPACKUNGEN	55 %	70 %
KUNSTSTOFF	58,5 %	63 %

Abb. 5-10: Die Grafik zeigt die vorgeschriebenen Recyclingquoten, die durch das Verpackungsgesetz (Verpack) bereits angehoben wurden und alle drei Jahre durch die Bundesregierung überprüft werden; Quelle: BMU

90 Zitiert aus Statusbericht der deutschen Kreislaufwirtschaft 2020, Vorwort.
91 Angaben von Sesotec GmbH, 28. April 2021.

6 Techniken der Entsorgung

Das Kapitel ist der Technik gewidmet, die hier nach den heute gängigen Verfahren und Bauweisen beschrieben ist. Stichworte sind hier: Entsorgung, Trennung, Sortierung, Deponierung, Kompostierung, Verbrennung.

6.1 Abwasser: Entsorgung und Aufbereitung

Unter den Begriff Abwasser fällt Verbrauchswasser oder Regenwasser (Niederschlagswasser). Die Quelle kann häuslich oder gewerblich sein. Verbrauchwasser besteht grundsätzlich aus sämtlichen Abfallprodukten, die aus Privathaushalten und Industrieanlagen in die Kanalisation gelangen. Regenwasser zählt üblicherweise nicht als Abwasser, wird jedoch ebenfalls in die Kanalisation abgeführt und ist hier mitbehandelt.

Häusliches Abwasser, das also im Haushalt entsteht, ist verunreinigtes Wasser und damit Schmutzwasser unterschiedlicher Art: Grauwasser enthält keine Fäkalien und stammt aus Waschvorgängen (Händewaschen, Waschgänge von Wasch- und Spülmaschinen). Diese Art von Abwasser kann später zu Brauch- oder Betriebswasser aufbereitet werden. Schwarzwasser hingegen transportiert Fäkalien; es wird in Gelbwasser und Braunwasser unterschieden. Gelbwasser ist in Spülwasser gelöster Urin, Braunwasser enthält dagegen eine Mischung von Kot und (Toiletten-)Papier. Im Haushalt verunreinigtes Wasser kann sich gelegentlich mit sogenanntem Fremdwasser vermischen, das z. B. durch Leitungsschäden im Rohrnetz in die Kanalisation gelangt. Haushalte bedürfen für die Einleitung keiner besonderen Genehmigung, sondern nur des fachgerechten Anschlusses.

Haushalte erzeugen erhebliche chemische und auch schwer abbaubare organische Abfallstoffe. Dazu gehören diverse Giftstoffe, wie etwa Öle, Metallverbindungen, Alkohole, bestimmte Reinigungsmittel, Halogene wie Chlor sowie Fette und Kühlwasser. Diese Stoffe verunreinigen Gewässer nicht nur, sondern können auch deren Temperatur verändern, z. B. erhöhen.

Auch Betriebe können die öffentliche Kanalisation nutzen, aber ihr Abwasser auch direkt in Oberflächengewässer und Grundwasser einbringen. Für letztere Art der Entsorgung ist verständlicherweise eine wasserrechtliche Erlaubnis zur Abwasserbeseitigung notwendig. Auch die Einleitung von Abwässern, die aus bestimmten gewerblichen Betrieben, Krankenhäusern, Arztpraxen, Instituten, Laboren, Energieerzeugungsanlagen, Schwimmbädern usw. in die öffentliche Kanalisation erfolgen soll, ist ggf. genehmigungspflichtig. Die Prüfung auf die Notwendigkeit einer behördlichen Genehmigung übernimmt das zuständige Umwelt- und Naturschutzamt. Geprüft werden die Herkunft des Abwassers, die Abwassermenge und die Art und Menge der Schadstoffe im Abwasser. Der ggf. notwendige Antrag auf Genehmigung ist dann über die genannte Behörde einzureichen.

Die Herkunftsbereiche, deren Nutzung der öffentlichen Kanalisation genehmigungsbedürftig sein kann, sind in der Abwasserverordnung (AbwV) und ihren 57 (!) Anhängen gelistet. Nachfolgend sind am Beispiel Berlin die am häufigsten vorkommenden genehmigungspflichtigen Einleitungen zusammengestellt:

- Chemische Industrie – Anhang 22 der AbwV
- Chemische Reinigung – Anhang 52 der AbwV
- Druckformen, Druckerzeugnisse und grafischen Erzeugnisse – Anhang 56 der AbwV
- Fotografische Prozesse – Anhang 53 der AbwV
- Halbleiterbauelemente – Anhang 54 der AbwV
- Metallbearbeitung, Metallverarbeitung – Anhang 40 der AbwV
- Mineralölhaltiges Abwasser – Anhang 49 der AbwV
- Wasseraufbereitung, Kühlsysteme, Dampferzeugung – Anhang 31 der AbwV
- Wäschereien – Anhang 55 der AbwV
- Zahnbehandlung (Amalgamabscheider) – Anhang 50 der AbwV[92]

Für Kanalisationsanlagen gibt es zwei Bauweisen: das Trennsystem und das Mischsystem. In ersterem werden Schmutz- und Niederschlagswasser voneinander unabhängig erfasst und jeweils in einer eigenen Leitung abgeführt, s. Abb. 6-1.

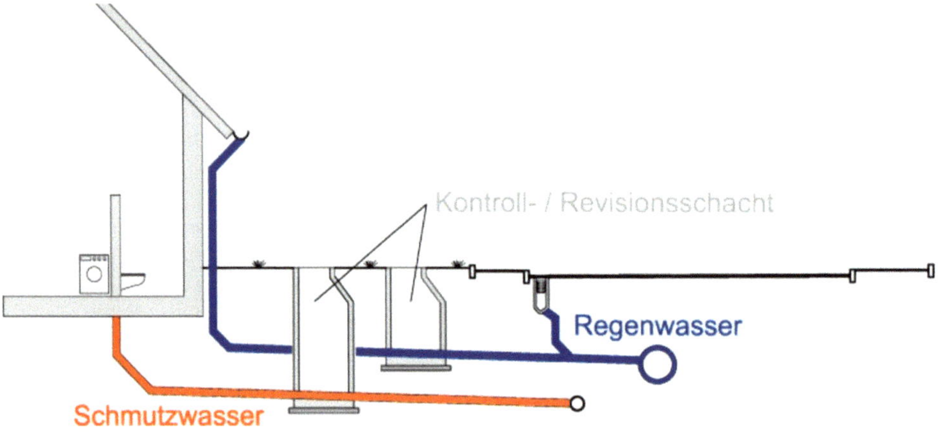

Abb. 6-1: Trennsystem; Quelle: Bayerisches Landesamt für Umwelt

Im Mischsystem wird eine gemeinsame Leitung genutzt, wobei meist und regional verschieden das Niederschlagswasser den Großteil der Menge ausmacht, s. Abb. 6-2 .Hinsichtlich der Kosten sind beide Systeme vergleichbar. Während beim Mischsystem die Leitungen und Anschlüsse günstig sind, müssen größere und damit teurere Kläranlagen errichtet werden. Beim Trennsystem fallen die Leitungen doppelt ins Gewicht und auch die Anschlüsse sind kostenintensiver. Die Kläranlagen hingegen können hier wesentlich kleiner dimensioniert werden und sind daher günstiger als beim Mischsystem.[93]

92 Zitiert aus Abwasserverordnung (AbwV).

93 S. Stichwort Abwasserkanal in: Bauprofessor.de, Onlinedienst der f:data GmbH.

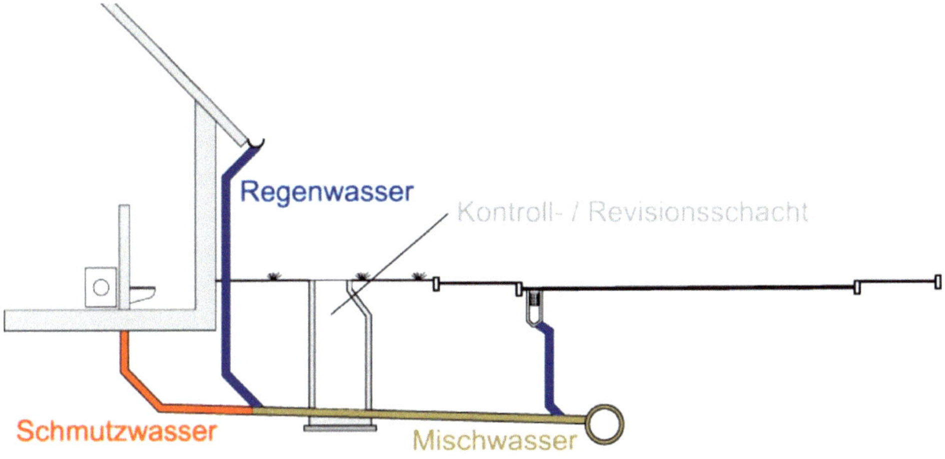

Abb. 6-2: Mischsystem; Quelle: Bayerisches Landesamt für Umwelt

Die Hausverteilung für die Abwässer und die Anschlüsse an die Kanalisation müssen sorgfältig geplant werden. Abb. 6-3 zeigt ein Beispiel für ein Mehrfamilienhaus. Die Planung geschieht schon des Längeren über CAD-Programme, die 2D- und 3D-Ansichten liefern und Stücklisten automatisch erstellen.

Im Abwasserkanal (=Kanalisation) werden Schmutz- und Niederschlagswasser gesammelt und durch unterirdische Kanäle zu Kläranlagen gebracht, wo es aufbereitet und gereinigt wird, oder es wird direkt über Vorfluter in die Gewässer eingeleitet.

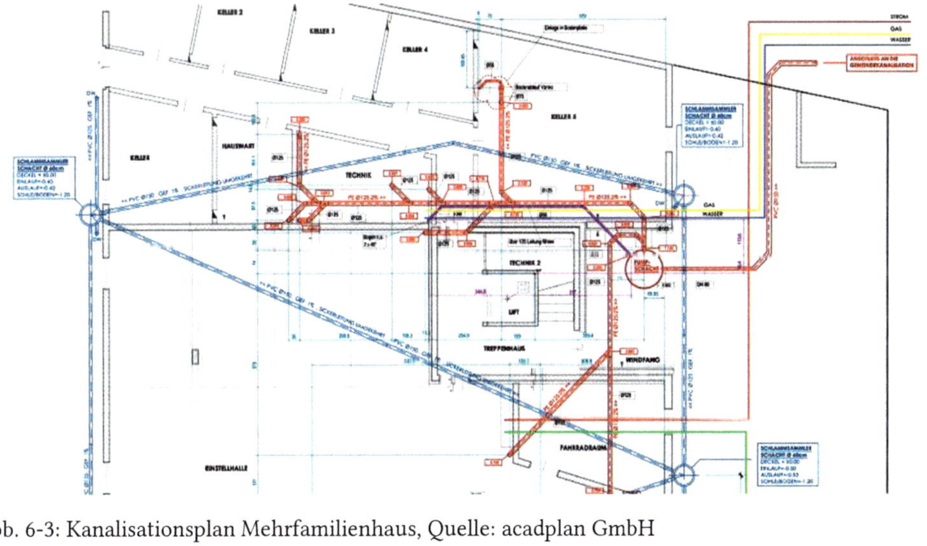

Abb. 6-3: Kanalisationsplan Mehrfamilienhaus, Quelle: acadplan GmbH

Nach Aufbereitung in den Kläranlagen wird das Abwasser wieder dem Wasserkreislauf zugeführt, häufig über Versickerung oder Verrieselung, aber auch durch Einleitung in Fließgewässer. Langfristig landet Abwasser damit im Grundwasser.

Die Netze der Kanalisation erreichen beträchtliche Ausmaße. Das Leipziger Mischwassernetz z. B. hat eine Länge von mehr als 2 700 km. In ganz Deutschland erreichen mit Stand 2020 die Kanalisationsrohrsysteme zusammen genommen eine Länge von insgesamt etwa 600 000 km. Ein schon eher historisches, aber deshalb noch gerade überschaubares Beispiel liefert mit Abb. 6-4 das Netz von Charlottenburg aus dem Jahr 1900. Charlottenburg war zu dieser Zeit noch selbständige Stadt.

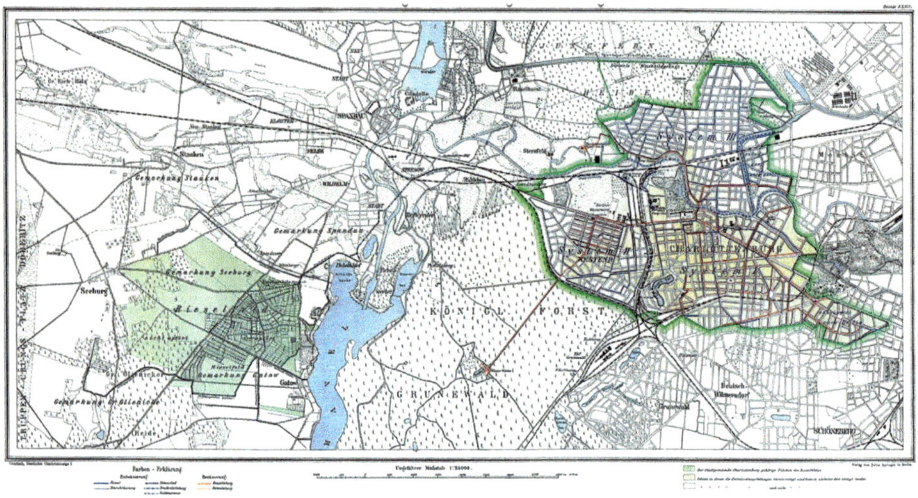

Abb. 6-4: Die Kanalisation von Berlin-Charlottenburg um 1900 einschließlich der Rieselfelder in Gatow; Quelle: Berlin Stadtarchiv.

Anschluss- und Benutzungszwang für öffentliche Einrichtungen sind im Gemeinderecht geregelt. Ein Anschluss- und Benutzungszwang besteht z. B. in der Abfallentsorgung, der Abwasserentsorgung, der Straßenreinigung und der Wasserversorgung. Bei Vorhandensein einer öffentlichen Kanalisation ist es für Grundeigentümer Pflicht, ihre Grundstücke an die öffentlichen Leitungen und Einrichtungen anzuschließen – und hierfür auch die Kosten zu tragen.

Einen Überblick verschafft sich der Eigentümer bzw. bei Neubauten der Bauherr am besten, indem er den Weg des Abwassers verfolgt, s. auch Abb. 6-5.

- Die Anschlussleitungen entsorgen das Wasser aus der Toilette, vom Waschbecken, von der Dusche und an allen anderen wasserverssorgten Stellen.
- Die Anschlussleitungen sind zu Sammelanschlussleitungen zusammengeführt, wenn mehrere Anschlussleitungen nahe beieinander liegen. Das ist häufig der Fall – in fast jedem Badezimmer gibt es 2 oder 3 Anschlüsse.
- Die Sammelanschlussleitungen führen zu Fallrohren, die senkrecht nach unten durch alle Stockwerke laufen. Sie sollen ohne Knicke und enge Radien verlegt sein.
- Die Sammelleitung verbindet mehrere Fallrohre, sofern es solche gibt.
- Die Grundleitung leitet das Abwasser aus dem Haus heraus in die meist in Straße oder Bürgersteig verlegte öffentliche Kanalisation.

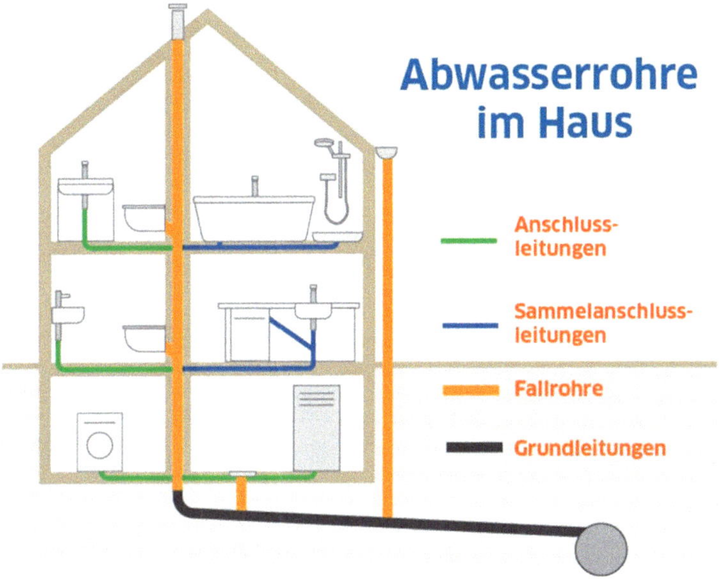

Abb. 6-5: Abwasserrohre im Haus, Übersicht; Quelle: Anondi GmbH, Ulm, 2022.

Für jede dieser Leitungen gibt es Bauvorschriften, wie sie installiert werden müssen; zu beachten sind: Abstände, Einmündungswinkel, Querschnitt, Gefälle. Planer und Sanitärhandwerker (Installateure) kennen die Einzelheiten.

Was in jedem Fall zu beachten ist, ist die Trennung von Niederschlags- und Schmutzwasserleitungen im Gebäude. Beides darf nur außerhalb des Gebäudes verbunden werden und auch nur dann, wenn die Kanalisation als Mischsystem verlegt ist. Ob die Kommune ein Trennsystem oder ein Mischsystem in der Straße angelegt hat, erfährt man im Bauamt. Bei Arbeiten im Gebäude ist das jedoch ohne Belang, denn dort ist ohnehin die Trennung vorgeschrieben.

Im Haus selbst werden zumeist sogenannte HT-Rohre verlegt. Sie sind hitzebeständig, was in der Küche wichtig ist, wo mit heißen Flüssigkeiten hantiert wird. HT-Rohre sind grau, oder in schallgedämmter Version blau. Letztere sind etwas teurer, ihre Verwendung empfiehlt sich vor allem bei Leichtbau, wenn etwa nur eine Gipskartonverkleidung die Wohnräume trennt.

Orangefarbenen KG-Rohre sind nicht für höhere Temperaturen gedacht. Sie werden im Außenbereich verlegt, wo das Wasser schon deutlich abgekühlt ist. Sie sind robuster als HT-Rohre. Sie sollten dennoch nicht freiliegend verlegt werden; dafür gibt es die grüne Ausführung, die noch haltbarer ist. PE-Rohre sind schwarz und ebenfalls aus Kunststoff, der jedoch dickwandiger als der von HT- oder KG-Rohren ist. Sie werden für Grundleitungen verwendet, auch in Nebengebäuden oder Gartenhütten, wenn Regenwasser abzuleiten ist.

Alle anderen Rohre sind heute eher Exoten. Früher wurde für die öffentliche Kanalisation Steinzeug verwendet– sehr haltbar, aber deutlich teurer; ein heutiger private Bauherr wird auch bei Grundleitungen kaum mehr darauf zurückgreifen. Eine moderne Cloaca Maxima, die 2000 Jahre übersteht, liegt heute außerhalb des Vorstellungsvermögens der Stadtplaner. Eine preiswertere Variante für diesen Einsatzbereich sind jedoch Betonrohre. Edelstahl-

oder Kupferrohre verbaut man zum Zweck besonderer Haltbarkeit oder bei frei liegenden Rohren wegen der attraktiveren Optik. GFK-Rohre benutzt man, wenn das Abwasser Chemikalien oder aggressive Stoffe enthält.

Für die richtigen Dimensionierung gibt es Faustregeln, die man bei kleineren Projekten anwenden kann. Rohrdurchmesser werden mit der Buchstaben-Zahlen-Kombination DN XX gekennzeichnet; DN 10 z. B. steht für einem Durchmesser von 10 mm. Folgende Größen sind in der Regel geeignet

- Bidets und Waschbecken: DN 40
- Dusche, Badewanne, Urinal, Spüle, Geschirrspüler, Waschmaschinen bis 6 kg Fassungsvermögen: DN 50
- Waschmaschinen bis 12 kg Fassungsvermögen: DN 70
- Sammelanschlussleitungen: DN 70
- Toilette mit Spülkästen mit bis zu 6 l Fassungsvermögen: DN 80
- Fallrohre: ≥ DN 80
- Toilette mit Spülkästen mit mehr als 6 l Fassungsvermögen: DN 100
- Grundleitungen: ≥ DN 100

Anschlussleitungen dürfen nur eine Länge bis 4 m und nicht mehr als drei 90- Grad-Bögen haben. Auf einen Meter ist ein Gefälle von 1 cm einzuhalten. Für eine belüftete Leitung reicht ein Gefälle von 5 mm/m; ein solches Rohr darf dann eine Länge von 10 m haben.

Abb. 6-6: Die Entlüftung der Abwasserrohre; Quelle: Anondi GmbH, Ulm, 2022

Für das Gefälle bei Grund- und Sammelleitungen sind die örtlichen Verhältnisse zu berücksichtigen, insbesondere die Straßenlage der Kanalisation. Das Gefälle darf jedoch 5 % nicht überschreiten. Bei stärkerem Gefälle fließt das Wasser zu schnell und Feststoffe werden ggf. nicht vollständig weggeschwemmt. Das kann an schwer zugänglichen Stellen zu erheblichen Verstopfungen führen.

Das Thema Belüftung bedarf besonderer Beachtung. Bei starkem Wasseranfall können auch erhebliche Mengen Luft mitgerissen werden. Das führt ggf. dazu, dass Wasser aus den Siphons gesaugt wird, sodass dann die Dichtung fehlt und Gerüche aus den Leitungen in die Räume dringen. Dem kann man nur mit konsequenter Entlüftung durch den Einbau von Lüftungsrohren begegnen, die die Luft nach außen abführen, s. Abb. 6-6.

Im Außenraum müssen Abwasserrohre in unsren Gegenden mindestens 80 cm unter der Oberfläche verlegt sein, um im Winter das Einfrieren zu vermeiden. Durchführungen durch eine Hauswand an müssen wasser- und gasdicht sein. Bei Gefahr von Bodensetzungen, z. B. in früheren Bergbauregionen, muss hier eine flexible Dämmung eingebaut werden, um einer möglichen Beschädigung der Rohre vorzubeugen. Die Dichtigkeit der Grundleitungen wir nach den Vorschriften des Bundeslandes regelmäßig überprüft.

Neben Kläranlagen und Überlastungsvorkehrungen wie Regenüberlauf- und Regenrückhaltebecken enthält das Kanalnetz auch

- Pumpstationen zur Überwindung von Höhendifferenzen,
- Abwasserschächte für Kontroll- und Reinigungszwecke,
- Gullys für den Regeneinlauf auf öffentlichen Verkehrswegen,
- Anschlussleitungen bis zu den Grundstücksgrenzen,
- Kurvenbauwerke,
- Auslässe zur Entlassung der geklärten Abwässer in Vorfluter oder direkt in die Gewässer.

Um die Funktionsfähigkeit der öffentlichen Kanalisation jederzeit wiederherzustellen bzw. zu erhalten, werden Revisionsschächte (Kontrollschächte) in die Kanäle eingebaut. Diese in der Regel begehbaren Bauteile sind Einstieg für nötige Wartungsarbeiten, ermöglichen Kamera-Befahrungen, Reinigung und Spülungen. Kontrollschächte können sowohl aus Steinzeug, Kunststoff oder Beton gefertigt sein. Abb. 6-7 zeigt den Wiederaufbau eines Schachters im Rahmen von Sanierungsarbeiten.

Wird ein Betonschacht verwendet, kommt meistens ein Fertigelement zum Einsatz. Solche Normschächte besitzen eine Durchlaufrinne und bis zu zwei Seiteneinläufe. Die Durchmesser variieren je nach Bedarf. Über die Kontrollschächte wird festgestellt, welche Abwasserleitungen fehlerhaft sind und repariert bzw. saniert werden müssen, da sie sonst ihrer Funktion nicht mehr nachkommen können. Dazu werden Deformationsmessungen in den Kanälen durchgeführt und Fehlanschlüsse oder Leitungsverläufe genau geortet. Die Reinigungen und Inspektionen werden in Protokollen dokumentiert und sind Grundlage für nachfolgende Renovierungs-, Reparatur- und Sanierungsarbeiten.

Die Renovierung von Entwässerungskanälen/-leitungen erfolgt zum größten Teil im Liningverfahren. Dabei wird ein Rohr mit geringerem Durchmesser oder ein flexibler, mit einem Harz imprägnierter Schlauch in das zu sanierende Rohr eingebracht. Der mit Harz imprägnierte Schlauch härtet nach Einbringen aus.

Bei der Reparatur von Entwässerungskanälen kommen verschiedene Verfahren wie das Injektionsverfahren, Partielle Liner, Roboterverfahren oder das Flutungsverfahren zum Einsatz. Müssen Schächte renoviert werden, so betrifft das die Erneuerung der Schachtwandauskleidung, der Schachtsohle oder der Schachtunterteile z. B. mit Materialien, wie Polyethylen hoher Dichte (PE-HD), Steinzeugelementen oder polyesterglasfaserverstärktem Material (UP-GF). Reparaturarbeiten an Schächten können z. B. die Steigeinrichtungen oder die Schachtregulierung betreffen. Es müssen Schadstellen ausgebessert und abgedichtet oder die Beschichtungen repariert werden.

Abb. 6-7: Abwasserkanalsanierung. Mauerarbeiten für einen neuen Schacht; Quelle: Bauprofessor.de, Onlinedienst der f:data GmbH

Oftmals sind de Rohrnetze mit einem Pumpwerk verbunden, das dem Abwasser eine geregelte Fließgeschwindigkeit sichert und ggf. die weitere Verteilung übernimmt. Wenn Regenwasser den Kanälen zugeführt wird, ist ggf. auch eine sogenannte Regenentlastung notwendig. Hintergrund ist, dass das Volumen des Regenwassers den Trockenwetterabfluss oft so deutlich übersteigt, dass nur ein Teil des Regens vom existierenden Kanalnetz aufgenommen und in der Kläranlage behandelt werden kann. Was darüber hinausgeht, wird entweder direkt oder teilgeklärt in den Vorfluter eingeleitet. Der sogenannte Regenüberlauf besteht aus einer Streichwehr, das bei Erreichen der kritischen Menge überströmt wird. Regenrückhaltebecken oder Hochwasserrückhaltebecken haben die Aufgabe, bei Starkregen die nicht abführbaren Mengen vorübergehend zu speichern.

Das Rohrnetz endet heute fast regelmäßig mit der Übergabe des Schmutzwassers an eine Kläranlage – die direkte Einleitung in Flüsse oder Gewässer ist selten geworden. Kläranlage ist dabei ein Oberbegriff für die notwendigen technischen Anlagen, die über mechanische, biologische und chemische Prozesse zur Reinigung des Abwassers beitragen.

1882 wurde in Frankfurt-Niederrad die für Deutschland erste Kläranlage in Betrieb genommen; sie war zugleich die erste in Europa.[94] In den vergangenen 140 Jahren hat es sukzessive Entwicklungsschritte gegeben, die insgesamt darauf hinausliefen, dem Ablauf Trinkwasserqualität zu geben und die Abfälle aus der Klärung weitestgehend zu verwerten. Die deutsche Abwasserwirtschaft ist mit knapp 10 000 Abwasserbehandlungsanlagen, vulgo Kläranlagen, und entsprechend vielen kommunalen Abwasserentsorgungsunternehmen i. A. lokal, seltener regional, und damit kleinteilig organisiert. Abb. 6-8 gibt die Prozesse in einer Kläranlage nach Art eines Flussdiagramms wieder, was das Funktionsverständnis erleichtert:

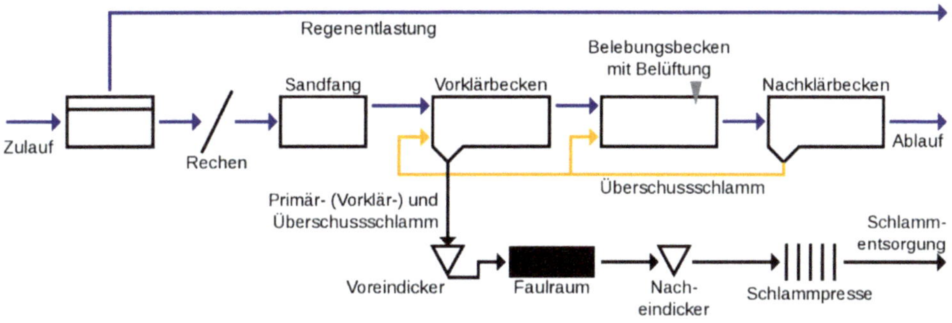

Abb. 6-8: Fließschema einer Kläranlage; Quelle: Academic, 2000-2022.

Eine erste Säuberung nach dem Einlauf erfolgt mit dem sog. Rechen, in dem grobe Verschmutzungen herausfiltert werden. Dazu zählen vor allem nicht sachgemäß entsorgte Artikel wie Tampons, auch Kondome, dazu auch mitgerissene Steine, Zweige und gelegentlich tote Tiere. Dass es gelegentlich auch menschliche Leichen sein können, behaupten nur die TV-Krimis.

Kleinere Partikel werden im direkt angeschlossenen Sandfang herausgeholt, der die zweite Station bildet und Sand, kleine Steinchen und Splitter herausholt.

Die dritte Station ist das Vorklärbecken ist. Hier wird die Fließgeschwindigkeit verringert, um zu erreichen, dass sich nicht gelöste Stoffe wie Papier und besonders Fäkalien absetzen. Am Boden der Becken bildet sich so ein Schlamm, der dann als „Klärschlamm" abgesaugt wird.

Die übrige flüssige Partion wird anschließend einer biologischen Reinigung unterzogen. Sie geschieht in sog. Belebungsbecken, wo Mikroorganismen die verbleibenden Verschmutzungen abbauen. Meist wird hier das Abwasser belüftet, um den anaerob ablaufenden Vorgang zu unterstützen. Bakterien und Mikroorganismen transformieren die organischen Bestandteile zu CO_2 und Biomasse. Das CO_2 entweicht als Gas, die Biomasse sinkt ab und kann dort abgesaugt werden. Abb. 6-9 zeigt ein solches Belebungsbecken des Wupperverbandes.

94 England folgte 1889, als die erste Londoner Kläranlage als Beckton Sewage Treatment Works auf der Nordseite der Themse in Betrieb ging.

Abb. 6-9: Die biologische Reinigung im Belebungsbecken; Quelle: Wupperverband.

Häufig handelt es sich hier um kontinuierlichen Fluss, der direkt in das Nachklärbecken fuhrt. Hier wird der sogenannte Belebtschlamm, bestehend aus Mikroorganismen und Bakterien, vom Fluss des Abwassers getrennt. Der Belebtschlamm wird zum Teil den Belebungsbecken wieder zugeführt, sodass die Organismen erneut tätig werden können.

Die chemische Reinigung als letzte Stufe hat oft kein eigenes Becken, ist aber ein gesonderter Vorgang. Chemische Reinigung dient in erster Linie der Entfernung des Phosphors. Dazu wird er in eine Form übergeführt, in der er als Schlamm ausfällt. Ein Teil des Phosphors wird in die Biomasse eingebaut, der andere Teil bedarf dafür chemischer Reaktionen, die durch Zugabe von Eisen- oder Aluminiumsalzen erreicht werden. „Phosphorfällung" hat große Bedeutung, da eine Eutrophierung der Gewässer verhindert werden muss. Keinesfalls darf ein Übermaß an Nährstoffen die Anlage verlassen.

In einigen Kläranlagen muss auch der pH-Wert des Abwassers neutralisiert werden; das ist zum Beispiel der Fall, wenn Baustellenabwässer mitgeführt werden, die häufig alkalisch sind. Der pH-Wert wird dann durch Zugabe von Säuren oder Basen neu eingestellt.

In besonderen Fällen lassen sich organische Verbindungen nur schwer abbauen oder es sind viele Bakterien im Wasser enthalten. Dann wird ozoniert oder mit UV-Licht bestrahlt. Zur Desinfektion wird chloriert.

Das meist aus der Landwirtschaft stammende Nitrat hingegen ist ein sehr wünschenswerter Begleiter. Oft dient das aus dem Vorfluter ausfließende Wasser der Bewässerung landwirtschaftlicher Flächen der Umgebung. Hier tut Nitrat dann seinen Dienst als Mineraldünger. Zu hohe Nitratkonzentrationen müssen allerdings vermieden werden, da dies einer Überdüngung gleichkäme.

Industriekläranlagen entfernen in der chemischen Reinigungsstufe noch weitere unerwünschte Stoffe, wie etwa Schwermetalle oder Salze.

Der in der biologischen Stufe anfallende Überschussschlamm wird mit dem Primärschlamm in die sog. Faultürme gepumpt Ein Beispiel für solche landschaftsprägenden Anlagen zeigt Abb. 6-10. Der Faulturm wird über regenerativ erzeugte Wärme aufgeheizt, um für die Mikroorganismen optimale Temperaturen einzustellen. Bei der anaeroben biologischen Umsetzung im Faulturm entsteht das sgenannte Klärgas, das in einen Gasspeicher gepumpt wird.

Abb. 6-10: Die Faultürme des Klärwerks Dinslaken; Quelle: Emschergenossenschaft

Die Nutzung von Klärgas aus der Klärschlammfaulung ist schon lange bekannt. In den Kriegsjahren und danach war aufbereitetes Biogas als Kfz-Treibstoff begehrt. Seit einiger Zeit dient Biogas von Klärwerken dem Betrieb von Gasmotoren mit nachgeschalteten Generatoren. Hier entsteht nicht nur Strom, sondern auch nutzbare Wärme, die etwa zum Heizen genutzt werden kann. Heute sind für Biogas (das nicht aus den Faultürmen, sondern aus unterschiedlichen Arten von Biogasanlagen stammt) moderne Blockheizkraftwerke (BHKW) im Einsatz, die Strom und Wärme in breitem Leistungsspektrum erzeugen. Die Biogasnutzung ist für die Versorgung aus erneuerbaren Energien auch quantitativ unverzichtbar geworden.

Der Strom und die Wärme aus Biogas können unmittelbar für den Betrieb des jeweiligen Klärwerks eingesetzt werden. Einige Klärwerke benötigen so keine fossilen Energieträger zur Wärmeerzeugung mehr, auch die Stromautarkie scheint sich von der Vision zu einem Ziel zu entwickeln, d. h. mit bestimmten Voraussetzungen kann ein Klärwerk ganz ohne fremdbezogene Energie auskommen.

Die aus den Kläranlagen stammenden Klärschlämme können, sofern ihre Schadstoffbelastung nicht allzu hoch ist, wegen ihres hohen Stickstoff- und Phosphorgehalts auf landwirtschaftlichen Flächen oder im Gartenbau als Dünger eingesetzt werden[95] und setzen damit alte Traditionen fort, s. Kap. 4, Der Beginn einer Müllwirtschaft. 2019 wurde jedoch nur noch knapp ein Fünftel der circa 1,7 Mio. t Klärschlämme[96] zu Düngezwecken verwendet. Der größere Teil dient als Zusatzbrennstoff in Kraftwerken und Zementwerken oder wird auf Deponien gelagert. Wertvolle Inhaltsstoffe wie z. B. Phosphor gehen dabei leider verloren. Die Deponierung von Klärschlämmen bedarf seit dem 1. Juni 2005 der Vorbehandlung durch Verbrennung oder einer mechanisch-biologischen Behandlung. Auch die bodenbezogene Verwertung ist geregelt und unterliegt der Klärschlammverordnung (AbfKlärV), siehe unten.

Phosphor und Phosphorverbindungen, wie sie im Abwasser enthalten sind, gelten als lebenswichtige Rohstoffe. Menschen wie Tiere benötigen Phosphor für ihre DNA, aber auch für Knochen und Zähne. Auch das von der Bundesregierung 2012 beschlossene Deutsche Ressourceneffizienzprogramm (ProgRess) betont das Erfordernis einer nachhaltigen Bewirtschaftung dieses ressourcenschutzrelevanten Stoffstroms. Auch seitens der EU wird Phosphor seit dem 26. Mai 2014 als „kritischer Rohstoff" eingestuft.

„Um die wertgebenden Bestandteile des Klärschlamms (Phosphor), umfassender als bisher mit der bodenbezogenen Klärschlammverwertung praktiziert, wieder in den Wirtschaftskreislauf zurückzuführen und gleichzeitig die herkömmliche bodenbezogene Klärschlammverwertung zum Zweck einer weiteren Verringerung des Schadstoffeintrags in den Boden deutlich einzuschränken, wurde die AbfKlärV von 1992 novelliert. Die Verordnung zur Neuordnung der Klärschlammverwertung vom 27. September 2017 ist am 3. Oktober 2017 in Kraft getreten."[97]

Diese Regelungen sowie die Novellierungen des Wasserrechts und des Chemikalienrechts haben erreicht, dass der Schadstoffgehalt in Klärschlämmen seit 1980 bei Schwermetallen um über 90 % zurückgegangen ist. Neuere Zahlen belegen die Fortsetzung dieses Trends für die untersuchten Schwermetalle wie auch für eine Reihe organischer Schadstoffe. Bei einzelnen organischen Schadstoffen allerdings hat es nur zu einer Stagnation der Belastung gereicht und bedarf weiterer Verbesserung.

Neben ihrer eigentlichen Aufgabe der Reinigung und des Umweltschutzes kann die Abwasserentsorgung auch herangezogen werden, Energie bereitzustellen. Die Technik herfür ist die sogenannte Abwasserwärmerückgewinnung mithilfe von Wärmepumpen. Sie werden in einem Abwasserkanal oder auch im Ausfluss eines Klärwerks eingebaut und über Wärmetauscher angeschlossen. Die auf höheres Temperaturniveau gebrachte Wärmeenergie wird anschließend an ein Wärmenetz oder einen Verbraucher abgeführt. Da Abwasser ganzjährig Temperaturen zwischen 10 bis 20 °C aufweist, ist es fast eine ideale Wärmequelle für solche „Abwasserwärmepumpen", die wegen der vergleichsweise hohen Eingangstemperatur mit hohem Wirkungsgrad und folglich kostengünstig arbeiten können. Dass die Durchflussmengen gut vorhersagbar sind, vereinfacht die Standortwahl sowie die Auslegung von Abwasserwärmepumpen.

95 Aus BMU-Homepage, Klärschlamm.
96 Gemeint ist immer die Trockenmasse.
97 Zitiert aus BMU, Stichwort Klärschlamm.

Abb. 6-11: Luftbild der Kläranlage Gümmerwald; Quelle: Stadt Hannover

Klärwerke sind kommunale oder industrielle Investitionen, bei denen es sich oft um sehr große und millionenteure Anlagen handelt.[98] Als Beispiel zeigt die Abb. 6-11 eine Gesamtansicht der Hannover versorgenden Kläranlage Gümmerwald in Seelze bei Hannover. Um die Geruchsbelästigung gering zu halten, sind die biologischen Becken abgedeckt, was die Abbildung gut erkennen lässt.

Neuere Entwicklungen ziehen in den Klärwerken Künstliche Intelligenz (KI) heran, um die Abläufe weitestgehend zu optimieren.[99]

6.2 Müll: Trennung, Abfuhr und -sortierung

Voraussetzung für ein effektives Recycling des Mülls ist die Mitwirkung der Verbraucher am Anfang jeder Kette durch den ordnungsgemäßen Umgang mit den festen Abfällen in Haushalt oder Betrieb, was heute auf die Trennung des Mülls hinausläuft. Nach gegenwärtigem Stand ist in Deutschland zu trennen in:

- Verpackungen (Gelbe Tonne / Gelber Sack)
- Glas (Weiß, Braun, Grün)
- Papier
- Biomüll
- Restmüll
- Sondermüll
- Kleidung
- Sperrmüll

98 Eine Anlage für eine Kleinstadt liegt z. B. bei mindestens 25 Mio. €.
99 Smarte Kläranlagen vor der Automatisierung durch KI, in: Aufbruch, 13. Oktober 2024.

Abfallwirtschaft ist i. A. bürgernah organisiert. Die örtlichen Verwaltungen klären in unterschiedlicher Form und Intensität zur Trennung der Abfälle auf, s. das Beispiel der Kreiswirtschaftsbetriebe Goslar in Abb. 6-12 für den Haushaltsabfall.

Eine einheitliche bundes- oder auch nur länderspezifische Vorgabe gibt es nicht. Das mag man bedauern, zumal eine Ortsveränderung durch Umzug fast immer einen neuen Anlauf zur Beachtung der Trennmodalitäten bedeutet. Andererseits ist das eine Folge unserer ansonsten bewährten föderalen Struktur, die örtliche Besonderheiten berücksichtigen soll.

Abb. 6-12: Bürger-Infoblatt Abfalltrennung der Kreiswirtschaftsbetriebe Goslar; Quelle: Kreiswirtschaftssbetriebe Goslar.

Betriebe, insbesondere größere, haben meist gesonderte Abteilungen für die Entsorgung. Auch sie müssen ihre Abfälle trennen.

Der in der Abfalllogik folgende Schritt ist der Abtransport, normalerweise Müllabfuhr genannt. Gemeint ist damit die Abholung von Abfall durch Spezialfahrzeuge, die entweder in kommunaler oder städtischer Regie beziehungsweise in deren Auftrag betrieben werden.

Für die Müllabfuhr benutze Fahrzeuge (Müllwagen) tragen in Deutschland das Kennzeichen „A“. Die Fahrzeuge der Müllabfuhrsind Spezialfahrzeuge mit unterschiedlichen Auslegungsvarianten, wie sie Abb. 6 12 – Abb. 6 17 zeigen. Heute bereitet man den Einsatz von mikroprozessorunterstützten Müllabholverfahren vor, um die Leerungen bedarfsabhängig vornehmen zu können, so Kosten zu sparen und zugleich Kontrollen vorzunehmen. Dazu wird eine kleine Box am Heck des Lasters zugefügt. Die in ihr verbaute Software liest die elektronischen Chips aus, mit denen bald alle Mülltonnen kodiert werden sollen (Identsystem). Es wird so gespeichert, welche Tonne wann geleert wurde. Eine Weiterentwicklung würde den Müllwerkern anzeigen, welche Tonnen überfüllt waren oder ob jemand Hausmüll mit Altpapier verwechselt hat.

Abb. 6-12: Ein vollwertiger Pressmüllwagen, passend für Fahrgestelle ab 7,5 t, ideal für Stadtzentren. schmale Zufahrtswege oder für Sammeltouren mit geringer Behälterdichte. Das Fahrzeug ist für den 1 Mann-Betrieb ausgelegt, kann aber auch mit Tritten für das die Müllwerker ausgerüstet werden. Es können Behälter bis zu 1,1 m^3 über integrierte Liftersysteme entleert werden. Quelle: Stummer

Abb. 6-13: Medium X4, der klassische Abfallsammelaufbau für alle 2- und 3-Achs-Fahrgestelle. Gedacht für Stadt und Land und ausgerüstet für alle Abfallsorten. Geeignet für Gefäße von 60 l bis 7 m^3; Quelle: Stummer

Abb. 6-14: Modell Magnum: Einsätze bei der Gewerbe-, Papier- und Sperrmüllentsorgung. Offene oder geschlossene Schüttungen für das Behälterspektrum von 60 l bis 10 m^3. Quelle: Stummer

Abb. 6-15: Der SLF XL ist ein sogenannter Seitenlader für den Nur-Fahrer-Betrieb mit mehreren Hubvarianten und einem sogenanntem Pendelpressenverdichter. Die Beladung erfolgt vom Fahrerhaus über einen Joystick oder halbautomatisch über einen Bedienstand neben der Hubeinheit. Der kurze Fahrgestell-Radstand und die 28 m^3 Volumen erlauben große Wendigkeit. Quelle: Stummer

Abb. 6-16: BLUEPOWER ist das ressourcenschonende Batterie-/Wasserstoff-Fahrzeug für eine klimaneutrale Entsorgung. Träger ist ein Mercedes Benz Econic-Fahrgestell, dem der konventionelle Antriebsstrang, d. h. Verbrennungsmotor und Auspuffanlage, fehlen. Statt dieser wird eine regenerative Antriebseinheit montiert. Quelle: Stummer

Abb. 6-17: Kranlösungen in Verbindung mit einem Abfallsammelfahrzeug; Quelle: Stummer

Eine zukünftige Anwendung sind die Schmutzroboter (engl. Dustbots). Die autonomen Roboter navigieren per GPS und können mittels Anrufs oder SMS jederzeit vom Kunden geordert werden. Sie bewegen sich selbständig, laden den Müll auf und fahren automatisch zur Mülldeponie oder wieder zurück in ihre Zentrale. Dies bedarf allerdings einer „Intelligenten Umgebung“, die erst zu schaffen ist.

Für die Behälter hat es in den letzten Jahrzehnen eine immer weiter gehende Differenzierung gegeben:

- Ende der 1970er Jahre erste Altglascontainer,
- Mitte der 1980er Jahre Altpapiercontainer,
- ab den 1990er Jahren Mülltonnen für gekennzeichneten Verpackungsabfall (Grünen Punkt),
- und schließlich die Biotonne für kompostierbaren Abfall.

Die Differenzierung des Mülls beim und durch den Verursacher war eine Konsequenz des immer stärker betonten und auch gesetzlich vorgegebenen Recyclings. Eine weitere Ausdifferenzierung vor allem im Bereich Verpackungsabfall wäre wünschenswert („Plastik ist nicht gleich Plastik“), jedoch ist das (zu) anspruchsvoll für den Verbraucher. Daher gibt es einerseits die Vorstellung, in der Weiterverarbeitung des Mülls die verschiedenen Kunststoffsorten vollautomatisch voneinander zu trennen, und anderseits andere Pfandsysteme, die sehr reine Stoffströme erzeugen und damit für das Recycling bessere Voraussetzungen schaffen als unkontrollierte Mischungen. Einwegflaschen, die meist aus Polyethylen (PE) bzw. Polyethylenterephthalat (PET) bestehen, können einfacher recycelt werden, wenn für sie die Rückgabeautomaten der Supermärkte genutzt werden anstelle einer Entsorgung über den Hausmüll. Automaten können über Strichcodes oder RFID-Chips schneller und zuverlässiger die verschiedenen Materialien unterscheiden, als es über manuelle Auslese möglich wäre. Weiterentwicklungen gibt es inzwischen auch für Speisereste. Dabei wird ein ganz normaler Abfalleimer mit einer Präzisionswaage und einer Kamera ausgestattet. Diese macht jedes Mal ein Foto, sobald Speisereste in der Tonne landen – egal ob Apfelreste, Pommes oder Müsli. Die Fotos werden anschließend mit dem dazugehörigen Gewicht von einer Software per Bildanalyse und Deep Learning ausgewertet. Das Verfahren wurde von Hofmann und MacKenzie 2017 im Alleingang in ihrem Startup entwickelt.

Allgemeiner Standard für die Behälter ist die Sortierung nach

- Verpackungen, die nicht aus Papier, Pappe, Karton oder Glas sind. Das sind zum Beispiel Leichtverpackungen aus Kunststoff wie Joghurtbecher oder leere Shampooflaschen.
- Altpapier,
- Biomüll,
- Restmüll,

s. Abb. 6-18, wobei Art, Form und Aussehen der Müllgefäße von Ort zu Ort wechseln kann. Für Verpackungen gilt meist die Vorgabe: Gelbe Tonne **oder** Gelber Deckel **oder** Gelber Sack.

Abb. 6-18: Haushaltsübliche Mülltrennung in Deutschland; Quelle: dpa.

Mülllogistik ist ein besonderes Kapitel. Das gesamte abzufahrende Areal ist in Bezirke eingeteilt, die nach Abfuhrplan aufgesucht werden. An den angekündigten Tagen deponieren die Haushalte ihren Hausmüll, in Müllsäcke oder Mülltonnen sortiert, vor dem Haus oder an einem festen Abholpunkt. Die Leerung kann nach Bedarf zweiwöchentlich, wöchentlich oder auch häufiger zu jeweils unterschiedlichen Gebühren erfolgen. Träger der Abfuhr ist meist die öffentliche Stadtreinigung, jedoch gibt es auch private, über Verträge eingebundene Unternehmen.

Das reguläre Müllfahrzeug eignet sich wegen seiner Schüttung nicht zur Abfuhr von sogenanntem Sperrmüll. Sperrmüll wird getrennt entsorgt, besonders angemeldet und in meist offenen Spezialfahrzeugen abgeholt. Größere Grünabfälle wie Baum- und Strauchschnitt werden ggf. im Regelfall zweimal im Jahr von der Müllabfuhr eingesammelt und anschließend kompostiert, was meist in ländlichen Gegenden vom jeweilige Entsorgungsbetrieb kostenfrei angeboten wird.[100] Das Personal der Müllabfuhr ist an den Warnwesten erkennbar, die in Deutschland Pflicht sind.

Für Wertstoffe (Altpapier, Altglas und Verpackungen) benötigt man besondere Behälter, deren Transport meist von privaten Entsorgern übernommen wird, die im Auftrag der Verwaltung arbeiten. Benutzt werden hier Spezialtonnen, die nicht kompatibel sind mit dem System der Hausmüllabfuhr. Für die Transporte kommen Frontlader und Hecklader oder Spezialfahrzeuge zum Einsatz.

Der Betrieb der Müllabfuhr ist entweder als Zweckverband[101], als kommunaler Eigenbetrieb oder als Unternehmen im kommunalen Besitz oder Auftrag organisiert. In letzterem Fall sind Ausschreibungen die Regel, mit nachfolgender Vergabe aller oder einiger Leistungen an Privatfirmen, die dann im Auftrag der Kommunen tätig werden. Für Gewerbebetriebe sind private Entsorgungsfirmen, die die verschiedenen Abfälle einsammeln, sogar der Normalfall. So kann es vorkommen, dass in einem Entsorgungsgebiet über die Woche verschiedene Abholer vorfahren.

Seit Mitte der 1970er Jahre hat die Privatisierung der Müllabfuhr die Diskussion befördert. Oft ist das Ergebnis nur eine Scheinlösung, indem die Kommune der Eigentümer

100 Gilt auch für die Abholung von Weihnachtsbäumen.
101 Meist auf dem Lande üblich.

bleibt und sich nur die Rechtsform ändert, z. B. in eine GmbH. Die Betreiber der kommunalen Müllabfuhr sind jedoch seit einigen Jahren durch Vergaberecht verpflichtet, den wirtschaftlich günstigsten Anbieter zu wählen, was meist auf private Betreiber hinausläuft. Oft führt das zu wenig sinnvollen Ergebnissen, wenn dann die Fahrzeuge von entfernt liegenden Standorten kommen und auch nicht die nächstgelegene, sondern die billigste, aber weiter entfernte Weiterverarbeitung anfahren.

Der über die Restmülltonne gesammelte Hausmüll ist praktisch nicht recycelbar. Nur kleine Mengen werden aus dem Restmüll noch einmal aussortiert, um ins höhere Recycling zu wandern. Restmüll wird meist direkt zu Müllverbrennungsanlagen transportiert und dort verbrannt, was im Downcycling die unterste Stufe darstellt. Bei korrekter Mülltrennung ist der Restmüllanteil am Hausmüll sehr gering, sodass die schwarze / graue Tonne nur schwach genutzt werden müsste. Soweit die Theorie. In der Praxis fallen jedoch immer noch von jedem Bundesbürger rund 156 kg Restmüll an – das sind für das ganze Deutschland nicht geringe 13 Mio. t Restmüll/Jahr. Diese Menge ist viel höher als objektiv notwendig. Das meint auch die EU, die davon ausgeht, dass dies nur ein Ergebnis unzureichender Trennung ist. Die EU diagnostiziert, dass zwei Drittel des Hausmülls eigentlich über die Biotonne und die gelbe Tonne entsorgt werden müssten. Deshalb sind die konkreten Definitionen hilfreich, die auch an dieser Stelle nicht fehlen sollen. Grundsätzlich kommt alles, was nach der Mülltrennung übrigbleibt, in die Restmülltonne, zuvörderst Asche und Aschenbecherinhalte. Im Hausmüll können / dürfen weiter entsorgen werden:

- Fotos,
- Geschirr und Keramik in kleinen Mengen,
- Scherben aus Spiegel- und Fensterglas,
- Kristallglas (was nicht ins Altglas gehört),
- Trinkgläser,
- Spielzeug,
- Glühlampen und Halogenlampen (aber nicht Energiesparlampen!),
- Gummihandschuhe,
- Klarsichthüllen,
- alle Arten von Hygienepapier (Binden, Windeln, Tampons, Taschentücher),
- Katzen- und Kleintierstreu,
- Kaugummi,
- Kehricht,
- Kleiderbügel,
- Kugelschreiber,
- Langspielplatten,
- Video- und Musikkassetten,
- Pinsel,
- Textilien (Lederreste, Lumpen),
- Putzlappen,
- stark verschmutzte Verpackungen.[102]

102 Zitiert von Verbraucherzentrale NRW e.V.: Müll richtig trennen, https://www.verbraucherzentrale.de/wisen/umwelt-haushalt/abfall/muell-richtig-trennen.

Bei Verpackungen aus Metall und Kunststoff sollte man sich am Grünen Punkt orientieren, der der gelben Tonne zugeordnet ist. Bei Nichtvorhandensein ist die Entsorgung über die graue / schwarze Restmülltonne notwendig oder besser.

Der werthaltige Müll (Altpapier, Altglas, Plastik) wird in Spezialbetrieben aufbereitet und geht großenteils in die Produktion von Neuware ein. Lebensmittelverpackungen dürfen jedoch hieraus nicht hergestellt werden. Im Einzelnen stellen sich die Wege wie folgt dar:

Gelbe Tonne / Gelber Sack: Hier ist eine Sortierung nachgeschaltet. Oft werden Joghurtbecher und Co. ungetrennt entsorgt, was bedeutet, dass bspw. der Aludeckel noch halb am Becher hängt und in der Sortierung getrennt werden muss. Manche Joghurtbecher haben eine Manchette aus Karton, die eine Mülltrennung vereinfachen soll; hängt sie jedoch noch am Becher, muss auch sie im Müllbetrieb getrennt werden. Seit Juli 2024 müssen alle PET-Einweg-Plastikflaschen (bis drei Liter Fassungsvermögen) einen fest verbundenen Verschlussdeckel haben. Nach dem Sortieren der einzelnen Plastikarten werden dies in Ballen gepresst, die dann abtransportiert werden können. Ein Teil wird dem Recycling-Kreislauf zugefügt, der Rest wird verbrannt oder exportiert, s. Kap 7.13, Abfallhandel.

Blaue / Grüne Tonne: Auch der Papiermüll muss noch einmal sortiert werden. So genannte Fehlwürfe (Plastik und andere Materialien) werden aussortiert und die Papiere und Kartons nach Art sortiert. Erst danach können Papierballen gepresst und als Rohstoff weitertransportiert werden. Die gepressten Papierballen, die jeweils bis zu 700 kg wiegen können, werden u. a. als Rohstoffe zur Herstellung von Zeitungspapier, WC-Papier und Papierhandtüchern benutzt. Ab dem 1. Mai 2025 gelten für Bioabfall strengere Regeln. Die EU will mit einer neuen Schadstoff- und Fremdstoffminimierungsverordnung verhindern, dass Kunststoffteile im Biomüll landen. Sensoren am Entsorgungsfahrzeug sollen die Entleerung verunreinigter Biotonnen verhindern.

Schon jetzt ist sicher, dass ab 2025 für Deutschland für die Biotonne neue Vorgaben gelten. Sie treten am 1. Mai 2025 in Kraft, mit dem Ziel, den Anteil der Fremdstoffe auf maximal 1 % zu senken. Das Gesetz reiht sich in die erwähnte europaweite Initiative ein, die das starke Mitwirken von Bürgern und Bürgerinnen erfordert. Nach einer Hochrechnung des Vereins „Wirfuerbio" sind 4,6 % des Inhalts jeder Biotonne sogenannte „Störstoffe", die nicht verarbeitet werden können. Im Rahmen des neuen Gesetzes werden Entsorgungsbetriebe dazu verpflichtet, Biotonnen zurückzuweisen, wenn sie einen Fremdstoffanteil von mehr als 3 % aufweisen. Überschreitet deine Tonne diesen Wert, dann bleibt sie ungeleert stehen und wird mit einem Hinweis versehen. In der Folge werden die Entsorger stichprobenartige Überprüfungen vornehmen, die mit Detektorfahrzeugen durchgeführt werden, die in der Lage sind, Fremdstoffe wie Plastik oder Metall im Biomüll zu erkennen. Bei Verstößen oder Auffälligkeiten drohen hohe Bußgelder.[103]

Graue / Schwarze Tonne: Bis 2005 wurden der Restmüll, so wie er war, auf eine Deponie gebracht. Seit dem 1. Juni 2005 ist das nicht mehr erlaubt. Heute wird der Müll gesammelt und unverarbeitbare Stoffe werden vor der Weiterverarbeitung herausgeschleust. Der verwertbare Restmüll wird in Gärprozessen zur Gewinnung von Biogas für die Strom- und Wärmeerzeugung genutzt und danach getrocknet. Zum Schluss werden energetisch verwertbare Stoffe zur Weiterverarbeitung in Industrieanlagen auf der Deponie abgesiebt.

---

103 Fredrik von Erichsen / Peter Steffen, Neues Biotonnen-Gesetz ab 2025, dpa, Oktober 2024.

Abb. 6-19: Händische Sortierung in Österreich; Quelle: FCC Austria Abfall Service AG.

In allen geschilderten Pfaden ist die Sortierung ein wesentlicher, unverzichtbarer Arbeitsschritt. Bei der traditionellen manuellen Sortierung stehen Mitarbeiter am Transportband und sortieren den angelieferten Müll in verschiedene Schächte, die das Material zu Behältern führen, die getrennt nach Altglas, Altpapier, Verpackungsmüll, Kompost und zu verbrennenden Restmüll aufgestellt sind, s. Abb. 6-19.

Auch automatisiere Sortieranagen kommen nicht ohne menschliche Mitwirkung aus. In solchen Anlagen steht am Anfang die Grobsortierung des angelieferten Mülls, der am Einstieg mit Schaufelladern auf die Transportbänder gekippt wird. Die Sortierung selbst findet über Sortiermaschinen mit Infrarot-Sensoren statt. Für Grobsortierungen werden auch Siebtrommeln verwendet, an die sich eine manuelle Feinsortierung anschließt. Sie erfolgt in Müllsortierkabinen, wo Arbeiter ähnlich wie oben beschrieben Schächte und Container verwenden, um die Wertstoffe nach Altglas, Altpapier, Verpackungsmüll, Kompost und der dem eigentlichen Restmüll zu trennen. Müllsortieranlagen dieser Art sind Stahlkonstruktionen, die als sogenannte trockene Müllsortieranlagen arbeiten, wo die Trennung der Stoffe ohne flüssige Zusätze, z. B. von Wasser, geschieht.

In einem konkurrierenden Verfahren, das weiter automatisiert ist, wird fließendes Wasser genutzt, um die Stoffe zu trennen. Die Selektion läuft hier über die verschiedene Dichte der einzelnen Stoffe, die unterschiedlich schnell absinken. Ein Beispiel: Papier sinkt sehr langsam, Glas am schnellsten. Nach diesem Schritt können weitere Trennungen erfolgen, z. B kann man Glasscherben über einen Laser nach Grün-, Braun- und Weißglas sortieren.

Abb. 6-20: Die Anlage von Meilo in Gernsheim, Ausschnitt: Quelle: Lobbe Entsorgung West GmbH & Co. KG.

Automatisierung kann man sehr weit treiben, wie es die MEILO, nach den Worten des Betreibers „2018 Europas modernste Sortieranlage", in Gernsheim demonstriert, s. auch Abb. 6-20. Ihre Daten sind im Einzelnen:[104]

- Größe der Anlage: 90 Meter mal 50 Meter mal 13 Meter
- Investitionen: 32 Millionen Euro
- Bebaute Fläche: 3,2 Ha
- Probebetrieb: seit 21.02.2018
- Durchsatz: bis zu 120 000 Tonnen Leichtverpackungen jährlich
- Arbeitsorganisation: 3-Schicht-Betrieb, 60 Mitarbeiter
- Angepeilte Recyclingquote: 53 % recyclingfähiges Material, 47 % energetische Verwertung
- Förderbänder: rund 1 300 Meter
- Technische Einheiten: 3 Siebtrommeln, 4 Magnetabscheider, 2 Wirbelstromabscheider, 5 Windlichter, 4 ballistische Separatoren, 22 sensorbasierte Sortiermaschinen (Nahinfrarotspektrometer), 1 Paketierpresse, 2 Ballenpressen
- Aussortierung Wertstoffe zur stofflichen Verwertung: 3 % Aluminium, 10,2 % Weißblech, 6 % Polypropylen (PP), 8,5 % Folien, 2,2 % Polyethylen (PE), 1,5 % Polyethylenterephthalat (PET) 1,0 % Polystyrol (PS), 10 % Mischkunststoffe (PO-flex), 6 % FKN, 5 % PPK

Für die Menschen, die den Müll entsorgen, war früher keine Ausbildung erforderlich. Oft wurden seit den 1960er Jahren auch Gastarbeiter angelernt und zu geringen Löhnen be-

104 Zitiert aus Lobbe Entsorgung West GmbH & Co. KG.. Firmenportrait.

schäftigt. 1984 wurde der Ausbildungsberuf Ver- und Entsorger/in geschaffen, aber immer noch nennt man die hier Beschäftigten umgangssprachlich Müllwerker, Müllmänner, früher auch Müllkutscher.

Der heutige Ausbildungsberuf Ver- und Entsorger gehört zu den Umweltschutzberufen, zu denen auch die Fachkraft für Abwassertechnik, die Fachkraft für Wasserversorgungstechnik und die Fachkraft für Rohr-, Kanal- und Industrieservice zählen.

6.3 Deponierung, Kompostierung, Langzeitspeicher

In Deponien werden Abfälle beseitigt, indem sie dort auf Dauer gelagert werden. Umgangssprachlich ist für sie auch der Begriff „Müllkippe" geläufig.

Als sich mit zunehmendem Lebensstandard das Angebot von Produkten und Waren vergrößerte, änderte sich auch das Verhalten der Bürger. Die Preise sanken und die Neubeschaffung erleichterte sich, sodass der Aufwand zur Weiterverwendung und Wiederaufarbeitung im Vergleich zum Neupreis zu groß wurde. Damit veränderte sich auch die Quantität, ebenso Qualität des Abfalls.

Zwangsläufig gelangten steigende Mengen in den „Scherbelteich" oder später auf den „Scherbelberg".[105]. Daraus hat die historische Forschung gar eine Arbeitshypothese abgeleitet – je geringer die Vielfalt der aufgefundenen Scherben und Überreste, umso zeitlich älter ist die Fundstelle.

„Die Entsorgung unterlag in früheren Jahrhunderten und auch zum Höhepunkt des Silberbergbaus im Erzgebirge keiner behördlichen Kontrolle. Der jeweilige Ablagerungsort stand meist der gesamten Bevölkerung zur Verfügung. Ein solcher Ort wurde oft über Generationen genutzt. Als Transportmöglichkeiten für den Abfall wurden Handwagen oder Gespanne der jeweiligen Zeit verwendet."[106]

Nach 1945 mussten private Abgrabungen für die Abfälle der Haushalte herhalten. Städte und Kommunen kümmerten sich um die zerstörten Städte und Gemeinden, deren Schutt auf großen, oft außerhalb gelegenen Halden zusammengefahren wurde. Sie sind noch heute als bewachsene Berge erkennbar, oft an ungewohnten Orten in der Landschaft.

In der ehemaligen DDR war das etwas anders. Dort galt, dass Abfälle und Schutt in der Nähe abgelagert werden mussten und nicht weiter als 3 km zu transportieren waren. So entstanden viele kleine Müllkippen, die heute meist bewachsen sind und in deren unmittelbarer Umgebung auch Wohnsiedlungen gebaut wurden. Die größeren Müllkippen der DDR akzeptierten auch das, was wir heute als Sondermüll einstufen, wie z. B. metallurgische Abfälle, Leuchtstofflampen, Lacke, Öle und Kabel, auch chemische und medizinische Abfälle aller Art, die nach heutigen Regeln einer Sonderabfallverbrennung zugeführt werden müssten. Daher waren Selbstentzündung und anhaltende Brände in diesen Ost-Deponien nicht selten. In der DDR gab es zwar Sondermülldeponien, die dienten

105 Örtlich begrenzt wurden in der frühen Neuzeit sogenannte Scherbelteiche bzw. Scherbelberge verwendet. Dabei wurde ein abgelegener, wirtschaftlich uninteressanter Ort ohne Eigentumszuordnung zur Entsorgung bzw. Endlagerung von ausgedientem Hausrat, Hausmüll und landwirtschaftlichem Gerät genutzt.

106 Dieser Abschnitt unter Verwendung von Juraforum, Lexikon, Stichwort Deponie.

jedoch im großen Stil der Ablagerung von Sonderabfallstoffen aus den Kombinaten und nicht der Haushalte.

Auch in Westdeutschlands Deponien gab es im zunächst noch ungeordneten Betrieb Brände, die jedoch gelegt wurden, um Brennbares (z. B. Papier) abzufackeln und die Verteilung in der Umgebung zu vermeiden. Das war besonders häufig in den ländlichen Regionen der Fall.

Die erste sogenannte geordnete Deponie in Deutschland richtete 1961 die Stadt Bochum ein. Der Terminus „geordnet" stand und steht für durchgeplante Anlage und systematische Einbringung der Abfälle, was u. a. Einzäunung, Verdichtung der Abfälle durch Überfahren mit Walzenfahrzeugen und oberflächliche Abdeckung mit einschließt, letzteres auch aus hygienischen Gründen.

Die Entsorgung des Abfalls war lange Zeit in kommunaler Zuständigkeit. Das änderte sich erst 1972, als das Abfallbeseitigungsgesetz[107] die Basis für die „geordnete Deponierung" in der ganzen Republik setzte. Die Anforderungen des Gesetzes waren so hoch, dass kleine Gemeinden ihre bis dahin betriebene Müllkippe aufgeben mussten, da sie den Aufwand nicht mehr treiben konnten. In der Folge wurden dann in den 1980er Jahren die Kreise und kreisfreien Städte zuständig für die Entsorgung.

In der EU gelten seit dem 26. April 1999 die Anforderungen der Richtlinie 31/1999/EG, die bis 2001 in nationales Recht umzusetzen waren. Sie zielte darauf ab, negative Auswirkungen der Ablagerung von Abfällen auf Oberflächenwasser, Grundwasser, Boden, Luft und die menschliche Gesundheit möglichst zu vermeiden oder zu mindern. Dies sollte durch die Festlegung strenger technischer Anforderungen erreicht werden. Die Vorgaben führten in Deutschland 2005 dazu, in die seit 1993 geltende „Technische Anleitung Siedlungsabfall" (TASi) das Verbot einer Deponierung von Abfällen ohne Vorbehandlung[108] aufzunehmen. Ab dem 01. Juni 2005 müssen Abfälle mit Bestandteilen, die biologisch abbaubar sind (wie Hausmüll), in MVAn oder mechanisch-biologischen Anlagen vorbehandelt werden, bevor diese bzw. ihre Reste auf Deponien gelagert werden dürfen. Die Vorbehandlung muss bewirken, dass die organischen Anteile weitgehend mineralisiert sind, bevor abgelagert wird. Die Lagerung von Abfall ohne Vorbehandlung ist daher wie die auf einem nicht dafür vorgesehenen Platz, die sogenannte „wilde" Ablagerung, seither streng untersagt.[109]

Zu Beginn der 1970er Jahre waren in Deutschland über 65 000 einfache Müllkippen befahren. Mit dem Übergang zur geordneten Deponie ist die Zahl der in Deutschland betriebenen Ablageplätze stetig zurückgegangen. Im Jahr 2000 zählte man 1 970 Deponien, 2017 waren es nur noch 1 080. Der Großteil, nämlich 777 Deponien, akzeptierte unvorbelastete Böden, weitere 131 Deponien nur Bauschutt, Böden und Schlacken und 144 Deponien verblieben für vorbehandeltem Hausmüll und mineralische gewerbliche Abfälle. Für gefährliche Abfälle stehen 26 Deponien oberirdisch und 4 unterirdisch zur Verfügung.

Deponieraum ist knapp geworden, wie die Zahlen erkennen lassen. Die Bundesländer bemühen sich zwar, neuen Deponieraum zu schaffen, jedoch besteht in den meisten

107 Gesetz über die Beseitigung von Abfall (Abfallbeseitigungsgesetz, AbfG).

108 z. B. Müllverbrennung, mechanisch-biologische Behandlung (MBA), Mechanisch-Physikalische Stabilisierung (MPS).

109 Dieser und ff Abschnitte nach Bayerisches Landesamt für Umwelt (LfU), Deponieaufbau / Multibarrierensystem.

Bundesländern weiter dringender Bedarf an neuen Flächen. Die geringe Zahl führt zum Teil zu erheblichen Transportentfernungen, was neben der Erhöhung der Deponieentgelte zunehmende Mehrkosten bedeutet. Deponieren ist sehr teuer geworden.

Die gegenwärtigen Deponiekapazitäten reichen nicht mehr lange aus, den Bedarf zu befriedigen – etwa noch für 20 Jahre.[110] Insbesondere bei den Deponien der Klasse I kommt es in einigen Regionen zu Kapazitätsproblemen, die eigentlich durch Neubau oder Erweiterung kompensiert werden müssten.

Bei der Anlieferung an der Deponie wird überprüft, ob die Lieferung innerhalb der Vorgaben liegt, die für die jeweilige Deponieklasse gelten (Schadstoffgrenzwerte, Abfall-Zuordnungswerte). Dies gilt für alle Arten von Abfällen. Um die Grenzwerte einhalten zu können, müssen manche Abfallarten vorbehandelt werden, was in Deutschland wegen der strengen Limitierung des Anteils etwa bei hausmüllähnlichen Abfällen notwendig ist.

Biologisch abbaubare Abfälle neigen zur Bildung von Gasen, wobei zu mehr als der Hälfte das klimarelevante Methan entsteht, das ähnlich wie CO_2 zur Aufheizung der Atmosphäre beiträgt. Innerhalb des Deponiekörpers bewirken biologische, chemische und physikalische Prozesse die Entstehung dieser sogenannten Deponiegase.

Eine Vorbehandlung reduziert die Gasbildung des organischen Abfalls auf der Deponie. Sie läuft auf Verbrennung in MVAn mit Energierückgewinnung oder die Erzeugung von Ersatzbrennstoffen hinaus, wie sie z. B. beim Kalbrennen verwendet werden können.

Die Verringerung der Gasemissionen war auch Gegenstand der EU-Deponierichtlinie, nach der die Mitgliedsstaaten der Kommission ihre Maßnahmen erläutern mussten, wie sie von 2016 bis 2020 in drei Stufen die Deponierung biologisch abbaubarer Abfälle reduzieren wollten. Die Planung musste konkrete abfallwirtschaftliche Vorhaben und Maßnahmen benennen.

Eine Deponie muss einmal stabil sein und dauerhaft bleiben, und vor allem so beschaffen sein, dass Gase nicht entweichen können und die Bildung von Sickerwasser möglichst unterdrückt wird. Näheres regelt die Deponieverordnung, aus der hier zitiert wird. Den grundsätzlichen Aufbau zeigt Abb. 6-21. Mit einer Kombination von geologischer Barriere und Basisabdichtung erreicht man ausreichenden Schutz für Boden und Grundwasser. Die geologische Barriere ist der unter und in der Nachbarschaft der Deponie anstehende natürliche Untergrund, der mit seiner Eigenschaft und seinem Volumen die Ausbreitung von Schadstoff unterbindet. Der Untergrund sollte ein anstehendes, schwach durchlässiges Locker- bzw. Festgestein mit einer Mächtigkeit von einigen Metern sein und hohes Rückhaltepotential für Schadstoffe haben. Er sollte zudem eine Größe besitzen, die über den Ablagerungsbereich hinausreicht, und müsste unter ihm in seiner geologischen Struktur möglichst homogen sein.

Von unten nach oben folgt dann das Basisabdichtungssystem, für das mit steigender Deponieklasse jeweils höhere Anforderungen gelten. Bei einer sog. DK 0-Deponie ist der Einbau einer mindestens 30 cm dicken mineralischen Entwässerungsschicht über der Basis hinreichend. Bei Deponien höheren Klassen sind zusätzliche Abdichtungsschichten wie etwa Lehm notwendig, oder es muss eine Kunststoffdichtungsbahn installiert werden.

110 UBA, Art. Deponierung und Lagerung. Hieraus auch die ff. Abschnitte.

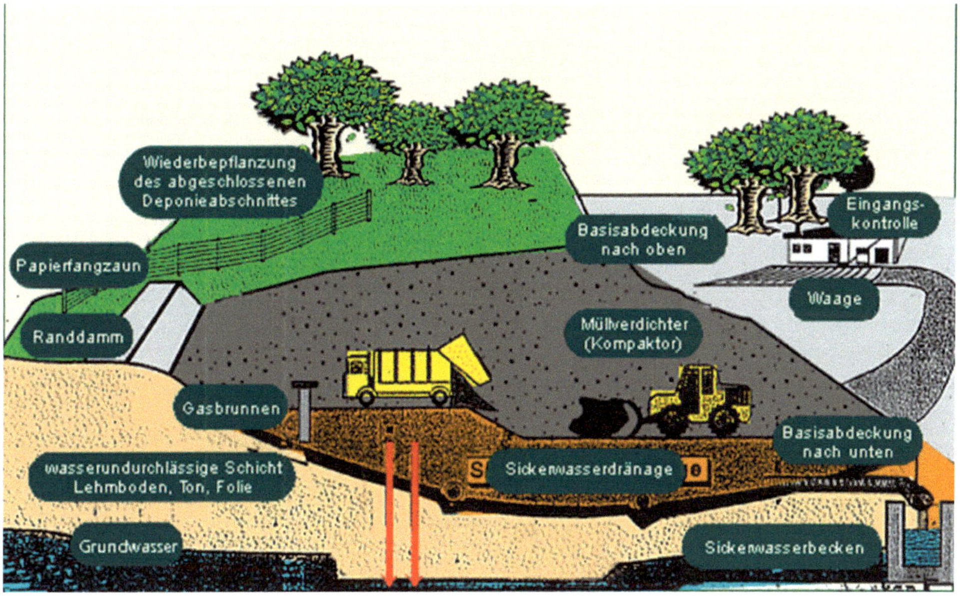

Abb. 6-21: Aufbau einer Deponie, mit Einbeziehung des zeitlichen Verlaufs; Quelle: Zweckverband Abfallwirtschaft Oberes Elbtal (ZAOE)

Als Sickerwasser wird jede Flüssigkeit bezeichnet, die die abgelagerten Abfälle durchläuft und aus der Deponie ausgeleitet wird. Sickerwasser ist nicht vermeidbar. Der Betreiber der Deponie muss seinen Anfall so geringhalten, wie es der Stand der Technik erlaubt. Das anfallende und ausgeleitete Sickerwasser wird ggf. vorbehandelt, einer geeigneten Kläranlage zugeführt und gilt damit als entsorgt.

Ist die Abfallablagerung beendet, ist eine Oberflächenabdichtung klassenabhängig vorgeschrieben. Sie soll das Eindringen von Regenwasser in den Deponiekörper und das Entweichen von Deponiegas verhindern. Für eine DK 0-Deponie ist zum Beispiel reicht hierfür eine Rekultivierungsschicht aus. Für höhere Deponieklassen ist jedoch eine gesonderte Entwässerung gefordert, die aus ein bis zu zwei Abdichtungsschichten und ggf. Ausgleichs- und Gasdränschichten besteht. Das anfallende Niederschlagswasser wird aus der Abdeckung gezielt abgeleitet. Wenn bei verfüllter Deponie das Oberflächenabdichtungssystem installiert ist, kann die Stilllegung beantragt werden. Sie wird behördlich durch Bescheid festgestellt. Während der Ablagerungs- und Betriebsphase müssen die Messungen und Kontrollen auf Niederschlagsmenge, Menge und Zusammensetzung von Sickerwasser, Oberflächenwasser und Deponiegas, Grundwasserstände und -beschaffenheit auch nach der Stilllegung weitelaufen. Auch muss die Funktionsfähigkeit der Abdichtelemente regelmäßig überprüft werden. Die zuständige Behörde beendet die Nachsorge, wenn ein Zustand erreicht ist, in dem von der Deponie dauerhaft keine Beeinträchtigungen der Allgemeinheit und der Umwelt mehr ausgehen können und weitere Maßnahmen nicht mehr notwendig sind.

Der eigentliche Sinn der Deponien liegt in der der Abfallbeseitigung. Sie können jedoch durch bauliche Maßnahmen auf der Deponie dazu beitragen, Abfälle ganz anderer Herkunft zweckmäßig zu verwerten und dabei sogar Primärrohstoffe ersetzen. Das ist etwa der Fall bei der Herstellung der Abdichtungs- und Drainageschichten, des Geländeprofils oder der Rekultivierung. Es geschieht dies überwiegend durch mineralischen Abfall (Bauabfälle, Bodenaushub, Straßenaufbruch), der gesondert zugeführt wird.

Fast 2 000 der früheren Hausmülldeponien wurden 2005 stillgelegt, brauchen aber weiterhin Betreuung, insbesondere bei der Sicherung eines umweltgerechten Deponieabschlusses. Sie benötigen dafür dauernde Beobachtung; hierfür enthält die Deponieverordnung einen Katalog von Maßnahmen, die oben angedeutet wurden.

Deponien wird es auch weiterhin als nicht verzichtbaren Bestandteil einer funktionierenden Abfallwirtschaft geben, da eine vollständige Verwertung von Abfällen nicht immer möglich ist. Die Schadstoffe in den Produkten/Abfällen sollen jedoch auf Dauer aus dem Wirtschaftskreislauf ausscheiden. Die Deponie ist hier als effektive Schadstoffsenke manchmal die einzige ökonomisch und ökologisch sinnvolle Lösung.

Neben Deponien gibt es auch sogenannte „Langzeitlager“ Hier sollen Abfälle nicht endgültig beseitigt, sondern bis auf Weiteres gelagert werden (länger als ein Jahr). Errichtung und Betrieb eines Langzeitlagers haben nach § 23 der Deponieverordnung die typischen Deponie-Vorgaben einzuhalten, sodass man Langzeitlager auch als Deponien mit begrenzter Lagerzeit verstehen kann.

Eine Alternative zur Deponierung biologisch abbaubarer Abfälle ist die Kompostierung, die auch möglich ist und praktiziert wird. Es handelt sich hierbei um eine kontrollierte Verwesung (Zersetzung) organischen Materials, die über sogenannte Destruenten (Verwerter von Totmaterial) unter Zufuhr von Sauerstoff aerob abläuft. Bakterien und Pilze wie auch Kleinlebewesen (Würmer, Asseln u. a.)[111] bauen die pflanzlichen Strukturbestandteile (Holz, Zellulose etc.) und auch den Zucker ab. Beim Abbau entstehende Stoffwechselprodukte werden von jeweils anderen Saprophagen weiterverwertet. Dabei wird die Biomasse wieder in ihre Einzelbestandteile zurückgeführt und steht höheren Pflanzen als Nährstoff zur Verfügung.[112].

Kompostierung ist im Gartenbau, in der Landwirtschaft und in der Abfallwirtschaft durchaus üblich und dient dazu, organische Substanzen schnell und kontrolliert in Gartenerde und Dung zurückzuverwandeln.

Für die Abfallwirtschaft ist die Kompostierung einerseits das Lebensende der Bioabfälle, sie greift jedoch auch für die Verwertung der organischen Bestandteile des Hausmülls. Groß angelegte Anlagen sorgen für eine Skalierung des aus dem Gartenbau stammenden Verfahrens und erreichen die notwendige Wirtschaftlichkeit.

Ein Anlagenbeispiel zeigt die Projektskizze der Abb. 6-22 . Hier und allgemein In den Anlagen läuft ein mehrstufiger Prozess ab:

Grobaufbereitung: Zunächst wird der Bioabfall sortiert, zerkleinert und von einigen Störstoffen (z. B. Metallen) befreit. Ziel ist die Erzeugung eines homogenen Materials, das als Basis für die folgenden biologischen Prozessschritte dient.

Vergärung: Dieser Prozessschritt ist Angelegenheit von Vergärungs- oder mechanisch-biologischen Anlagen der Abfallbehandlung. Hier wird die organische Masse anaerob durch vorhandene oder zugeführte Bakterien in Biogas und Gärprodukte aufgespalten. Das Biogas wird, wie schon in

111 Zusammengefasst unter Saprophagen.
112 Definition nach Lexikon Chemie, LUMITOS AG, Berlin.

Kap. 6.2 beschrieben, in Blockheizkraftwerken zur Strom- und Wärmeerzeugung verbrannt. Die Produkte werden anschließend an das Strom- und Wärmenetz abgegeben.

Kompostierung: Kompostierung bedeutet den Abbau organischen Materials mithilfe von Bakterien unter Zuführung von Sauerstoff. Die ablaufenden Reaktionen werden durch erhöhte Temperatur um ein Vielfaches intensiviert. Belüftung und Temperatur werden gezielt und während des ganzen Prozesses überwacht. Die einfachste Form ist die Kompostierung in zu Mieten aufgehäuftem Material, die über eingeführte Leitungen von einem Verdichter mit Sauerstoff versorgt werden. Bei größeren Mengendurchsätzen lohnt es sich, die Mieten in geschlossenen Räumen einzurichten und über Auslässe am Boden druckzubelüften. In solchen Kompostierungsanlagen können alle für den Prozess wesentlichen Parameter sehr genau eingestellt und kontrolliert werden. Vor der Kompostierung ist in allen biologischen Abfallbehandlungsanlagen eine Wärmebehandlung des Bioabfalls üblich, die keimfähige Samen und Pflanzenteile sowie Krankheitserreger abtötet und zu hygienischer Unbedenklichkeit führt.

Nachaufbereitung/Absiebung: Abschließend muss der verbliebene Rest noch von Plastikteilen (zu denen inzwischen auch Bio-Sammelbeutel zählen), Glas und anderen Fehlwürfen aus der Biotonne gesäubert werden. Das geschieht maschinell über Siebvorgänge. Am Ende liegt ein fertige Kompostprodukt vor.

Abb. 6-22: So ähnlich könnte die Anlage zur industriellen Kompostierung aussehen, die bei Gusenburg (Rheinland-Pfalz) entstehen soll. In der Halle mit weißem Dach wird der Müll angeliefert, unter den beigen Membranen läuft der Verrottungsprozess ab; Quelle: UTV AG

Die Landwirtschaft ist der überwiegende Abnehmer der Komposte, wie Abb. 6-23 zeigt. Mit Kompost ergänzt man effektiv die Nährstoffreserven gerade auch stark genutzter Böden. Mit Kompost wird auch die Wasserspeicherung in den Böden verbessert, sodass Trockenperioden von den Pflanzen besser überstanden werden. Er hat zudem meist einen hohen Gehalt von Phosphor und Kalium. Fertiger Kompost ist so ein sehr guter Verbesserer des Bodens und ein sehr gutes Düngemittel.

Kompost braucht Zeit und kostet. Die Reifezeit liegt im Mittel bei 9 Monaten, die Preise in der Regel zwischen 10 € und 40 € pro m^3, abhängig von der Art der Behandlung und dem Transport.

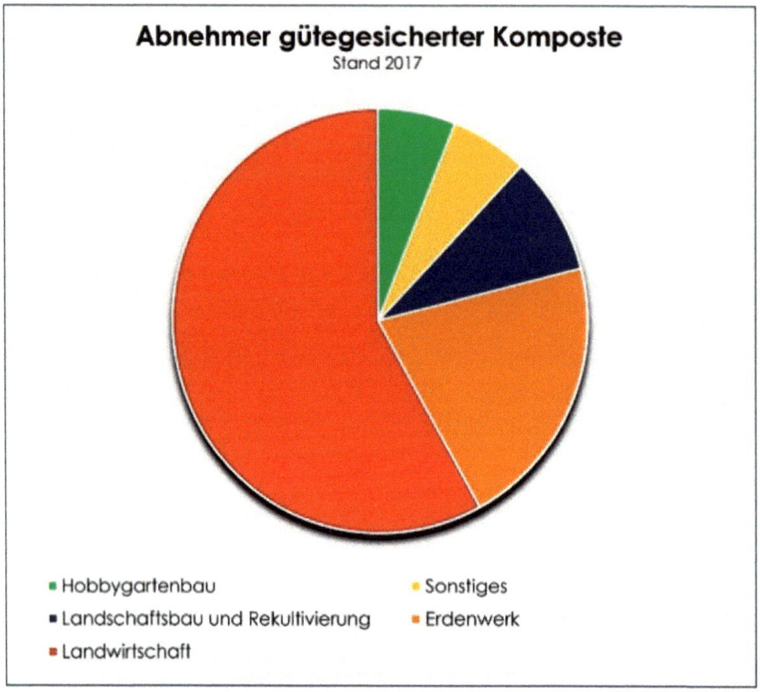

Abb. 6-23: Abnehmer von Komposten (Stand 2017); Daten: Bundesgütegemeinschaft Kompost e.V.: H&K aktuell

Noch nicht erwähnt wurde die unterirdische Verbringung von Abfällen. Sie kommt vor allem für feste oder flüssige radioaktive Abfälle infrage und wird in Kap. 7-11, Besondere Abfälle, im Zusammenhang mit den Abfällen aus kerntechnischen Anlagen wieder aufgegriffen. Ggf. wichtiger ist die Verwendung unterirdischer Speicher für das Klimagas CO_2 im Rahmen des CCS (Carbon Dioxide Capture and Storage), auf deren Technik in Kap 8., Klimagase noch einzugehen ist.

6.4 Müllverbrennung

Die Müllverbrennung ist eine wichtige Säule der Abfallentsorgung in Deutschland, die die Deponierung zu großen Teilen abgelöst hat. Im Jahr 2019 wurden in Deutschland nach Destatis rund 25 Mio. t Abfall in 156 Müllverbrennungsanlagen (MVA) verbrannt.

Mit der thermischen Behandlung der Abfälle in MVA hat man zusätzlich die Möglichkeit, auch Strom und Wärme zu gewinnen. Die nach der Verbrennung verbleibenden Schlacken sind nach der Abtrennung von Metallen und Störstoffen weitgehend verwertbar, zum Beispiel als Straßenbaumaterial. Nicht verwertbare Schlacken können auf Deponien abgelagert werden, sofern sie die Vorgaben der Deponieverordnung einhalten. Von ihnen geht auch langfristig keine Belastung der Umwelt aus.

Müllverbrennungsanlagen brauchen einen Genehmigungsbescheid, der mit den Abfallschlüsselnummern nach Abfallverzeichnis-Verordnung die jeweils erlaubten Abfälle vorgibt. So dürfen sog. „Gefährliche Abfälle“ nur in speziell für die jeweilige Abfallart zugelassenen Anlagen oder in geeigneten Industrieanlagen verbrannt werden. Was gefährlich ist, steht z. B. in der Richtlinie 2008/98/EG über Abfälle (Abfallrahmenrichtlinie). Kurz gefasst sind es Abfälle, die ganz oder teilweise explosive, brandfördernde, entzündliche, reizende, toxische, ätzende, infektiöse oder sensibilisierende Stoffe enthalten.

In mechanisch-biologischen Behandlungs- oder anderen Sortieranlagen aussortierte, energiereiche Bestandteile von Hausmüll oder hausmüllähnlichem Gewerbeabfall sowie sonstige heizwertreiche Abfälle (Ersatzbrennstoffe) können auch in Kraftwerken oder in Industrieanlagen mitverbrannt werden. Ein Beispiel liefern hier Zementwerke.

Für die Müllverbrennungsanlagen sowie für die Mitverbrennung von heizwertreichen Abfällen gelten strenge immissionsschutzrechtliche Anforderungen, die in einer eigenen „Verordnung über die Verbrennung und die Mitverbrennung von Abfällen – 17. BImSchV“ zusammengestellt sind, damit keine schädlichen Emissionen in die Luft oder ins Wasser abgegeben werden. Zur Einhaltung der Anforderungen haben Müllverbrennungsanlagen heute spezielle Abgasreinigungen in unterschiedlicher Betriebsweise (nass, quasi-trocken, trocken) und geben keine Abwässer ab.

Die bevorzugte Verbrennungstechnologie ist in Deutschland die Rostfeuerung auf unterschiedlichen Rostarten; es kommen aber auch Wirbelschichtfeuerungen vor.

Eine herkömmliche Müllverbrennungsanlage besteht beispielsweise aus[113]

1. Müllanlage:
   1. Brückenwaage zur Ermittlung des Abfallgewichts durch eine Eingangs- und Ausgangswiegung,
   2. Müllentladehalle, in der der Müll über Rutschen in den Müllbunker befördert wird,
   3. Müllbunker, der zur Zwischenlagerung und Homogenisierung des Mülls dient,
   4. Greifkran, über den der Müll in den Aufgabetrichter der Feuerung gegeben wird.
2. Verbrennungsanlage im engeren Sinne mit Dampferzeuger:
   1. Feuerung, in der der Müll verbrennt (Bauarten siehe unten),
   2. Entschlacker, in den die Schlacke fällt und in den Schlackebunker transportiert wird,
   3. Dampferzeuger, in dem mittels der heißen Rauchgase Dampf erzeugt wird, der die Turbine antreibt und über einen Generator elektrischen Strom erzeugt, oder als Fernwärme zum Heizen von Haushalten bzw. als Prozesswärme für industrielle Produktionsprozesse genutzt wird.
3. Rauchgasreinigungsanlage:
   1. Filteranlage, mit der Staub abgeschieden wird, als Oberflächenfilter und/oder Elektrofilter,

113 Nach Chemie-Schule.de, Art. Müllverbrennung.

   2. Chemische Reinigung, zum Abscheiden von Schadstoffen (insbes. HCl, SO_2, Schwermetalle, Dioxine/Furane, etc.; i. d. R. als nasse Gaswäsche oder trockene Absorption unter Zugabe von Kalkverbindungen und/oder Aktivkohle,
   3. Schornstein, durch den die gereinigten Rauchgase an die Außenluft abgegeben werden.
4. Diversen Neben- und Hilfssystemen.

Die Anlagenbeschreibung gibt zugleich die Folge der Produktionsschritte wieder, die in Abb. 6-24 noch deutlicher wird.

Nachzutragen sind Einzelheiten der Feuerungssysteme:

Rostfeuerung: Bei der Rostfeuerung ist keine Aufbereitung des angelieferten Restmülls nötig. Förderbänder (aus der Mischanlage) oder Kräne (aus dem Bunker) transportieren den Müll in den Aufgabetrichter. Der Müll gelangt dosiert auf den Rost, der den aufgegebenen Müll während der Verbrennungsphasen weiterbefördert.

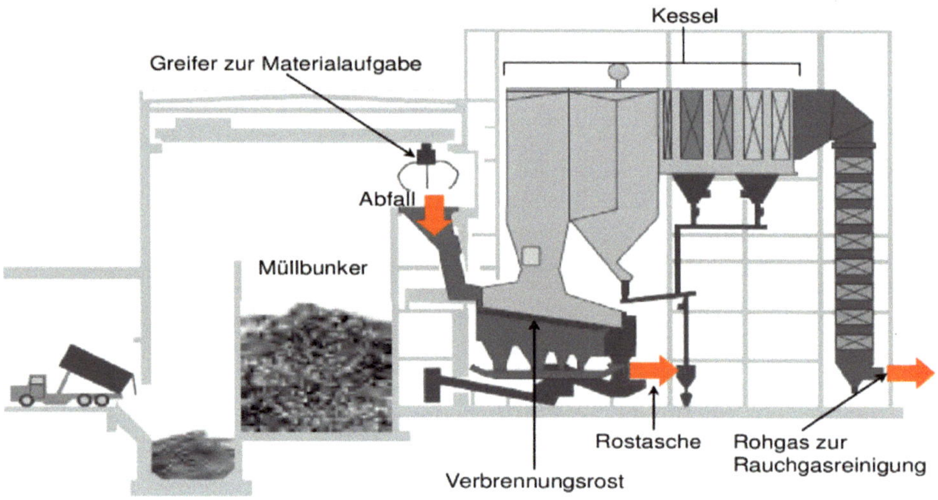

Abb. 6-24: Vereinfachte Prinzipskizze einer Müllverbrennungsanlage in Anlehnung an Baumgarten (2015); Quelle: 2008-2022 ResearchGate GmbH

Es werden verschieden Rosttypen verwendet. Gleich ist bei allen die Aufteilung in Zonen. In der ersten Zone wird der Müll getrocknet, danach wird bei Temperaturen von über 100 °C das Restwasser verdampft. In der nächsten Zone findet bei Temperaturen von 250–900 °C eine Entgasung des Mülls statt. Bei Erreichen des Flammpunktes setzt die Verbrennung ein, die bei Temperaturen von 800–1150 °C unvollständig abläuft. Die letzte Rostzone besorgt den Restausbrand.

Verbrennung braucht Luft, hier sogar viel. Sie wird von unten als Primärluft zugeführt, von oben als Sekundärluft. Mit der Primärluft wird die unvollständige Verbrennung auf dem Rost eingeleitet. Die Luftmenge wird so geregelt, dass eine geringe Stickoxidbildung erreicht wird. In der Nachverbrennungszone wird die Sekundärluft zugeführt, sodass auch Kohlenmonoxid und Kohlenwasserstoffe verbrennen können. Die Luftströme können zonenweise und nach den Anforderungen der am Ende folgenden Rauchgasanalyse geregelt werden. Die übrig gebliebenen Rückstände fallen am Ende des Rostes in ein Wasserbad (Entschlacker), aus dem sie mechanisch entfernt werden und über Förderbänder zur Schlackenaufbereitung gelangen.

Der Müll kann bei genügend hohen Temperaturen eigenständig brennen. Sog. Stützbrenner werden nur in seltenen Fällen beim Anfahren oder bei schlechten Müllheizwerten gezündet, um die Temperatur im Verbrennungsraum hoch genug zu halten. Das Rauchgas gibt die Wärme an die Heizflächen des Dampfkessels ab.

Der erzeugte Dampf dient der Strom- oder Wärmegewinnung. Der gesamte untere Abschnitt des ersten Zuges des Kessels ist ausgemauert, um den Wärmeübergang zu begrenzen. Durch den reduzierten Wärmeübergang hat das Rauchgas über eine längere Zeit eine hohe Temperatur, und somit findet auch eine Zersetzung von komplexeren Kohlenwasserstoffen wie Dioxinen und Furanen statt. Die Rauchgase müssen nach der letzten Verbrennungsluftzufuhr eine Temperatur von mindestens 850 °C für mindestens zwei Sekunden aufweisen. Geringere Temperaturen im Verbrennungsraum sind zulässig, wenn die Einhaltung der Emissionsgrenzwerte nachgewiesen wird. Um Dioxinen und anderen unerwünschten toxischen Verbindungen zu spalten und zu eliminieren, werden die Rauchgase nochmals „nachverbrannt".

Wirbelschichtfeuerung: Die Wirbelschichtfeuerung kommt ohne eine Rost aus. Brennstoff, Asche und Sand werden vielmehr im Ofen oberhalb eines Wirbelbetts in der Schwebe gehalten, eben der Wirbelschicht.

Es werden sowohl stationäre als auch zirkulierende Wirbelschichten für die Reststoffverfeuerung eingesetzt:

- Bei der stationären Wirbelschicht verbleibt das Wirbelbett im Brennraum. Die Asche und der Bettabrieb können durch Entnahme aus dem Brennraum oder durch nachgeschaltete Abscheider erfasst werden. Je nach Anströmgeschwindigkeit unterscheidet man zwischen Bubbling Regime, Sugging Bed, Turbulent Regime und Fast Fluidization. Nach Aufheizen des Ofens mit Öl- oder Gasbrennern wird der vorbehandelte Abfall oder vorgetrocknete Klärschlamm aus einigen Metern Höhe von der Seite aus auf das stationäre Wirbelbett aufgegeben, wobei Wurfbeschickungen oder Förderschnecken verwendet werden.
- Bei einer zirkulierenden Wirbelschicht wird das Wirbelbett aus der Brennkammer ausgetragen und über Abscheider (Trennung von Rauchgas und Bettmaterial) und Siphon wieder zurückgeführt (Kreislauf: zirkulierendes Bettmaterial). Zirkulierende Wirbelschichtfeuerungen (WSF) sind konstruktiv und verfahrenstechnisch aufwändiger als stationäre, erlauben aber eine höhere Leistungsdichte. Für die Beschickung werden Förderleitungen eingesetzt, in denen in sogenannten Blasschuhen der von oben aufgegebene Brennstoff durch den herrschenden Luftstrom mitgerissen und in die Brennkammer befördert wird. Da hier die Zuführung der Brennstoffe pneumatisch erfolgt, müssen andere Brennstoffe wie Haus- und Gewerbemüll jedoch vor der Verbrennung vorsortiert und zerkleinert werden, denn die Stückgröße ist auf ca. 250 mm limitiert. Auch müssen Metalle und Steine weitgehend aus dem Brennstoff entfernt werden, da sie die Förder- und Austragsysteme beschädigen.

Bei der Wirbelschichtverbrennung ist im Boden des Ofens eine mit vielen Luftdüsen bestückte Platte eingebaut (Düsenbett), Durch diese Düsen wird Verbrennungsluft zugeführt und Sand zugesetzt. Die gute Durchmischung von Brennstoff und Luft haben zur Folge, dass sich eine recht gleichmäßige Verbrennung bei relativ niedrigen Temperaturen im Wirbelbett eingestellt und eine sog. „Strähnenbildung" (z. B. durch unverbrannte Luft) effektiv vermeiden lässt, was zusätzlich eine Verringerung des Kohlenmonoxid bewirkt. Durch eine teilweise Rückführung von Abgas können die Verbrennungseigenschaften optimiert werden. Die Temperaturen in der Brennkammer liegen zwischen 800 °C und 900 °C. Durch die gleichmäßige Temperaturverteilung entstehen wenig Stickoxide. Der Austrag der Asche erfolgt je nach Gewicht nach oben oder unten (Ofenabzug bzw. Schächte).

Abgase: Im Normalbetrieb halten die Anlagen die Emissionen sicher und deutlich unterhalb der Grenzwerte der 17. BImSchV ein. Oftmals sind die tatsächlichen Emissionen sogar so niedrig, dass sie unterhalb der Nachweisgrenze der eingesetzten Messverfahren liegen. Trotz aufwendiger Technik können jedoch aufgrund des inhomogenen Brennstoffs (Abfall) in Ausnahmesituationen kurzzeitig erhöhte Werte, insbesondere beim Anfahren, Abfahren und bei Störungen der Anlagen auftreten.[114]

Neben den technischen Daten (u. a. Anzahl der Linien, Abfalldurchsatz pro Ofen, Energieverwertung, Einzugsgebiet, Abgasreinigung) werden die für die jeweilige Abfallverbrennungsanlage festgesetzten Emissionsgrenzwerte veröffentlicht. Die jährliche Bekanntgabe der mittels periodischer und kontinuierlicher Emissionsmessung ermittelten Emissionen, einschließlich die Beurteilung der Verbrennungsbedingungen erfolgt gemäß § 23 der 17. BImSchV (Veröffentlichungspflicht) durch die Betreiber der Anlagen selbst.

Da bei der Verbrennung des Mülls nicht bekannt ist, welche Inhaltsstoffe in welchen Mengen zu einem bestimmten Zeitpunkt verbrannt werden (kritisch sind beispielsweise PVC, Batterien und elektronische Bauteile, Lacke etc.), variiert die Zusammensetzung des Rauchgases und der Asche. Bei der Verbrennung entstehen neben Kohlendioxid und Wasser auch Kohlenmonoxid, Schwefeloxide, Stickoxide, aber auch Chlorwasserstoffsäure (Salzsäure) und Fluorwasserstoff (Flusssäure) sowie Quecksilber und schwermetallhaltige Stäube. In sehr geringen Konzentrationen entstehen auch hochtoxische Stoffe wie polychlorierte Dibenzodioxine und Dibenzofurane.

In der Vergangenheit wurde für die Ausbreitung der letztgenannten Stoffe in der Umwelt die Müllverbrennung ursächlich verantwortlich gemacht, jedoch teilte das Bundesumweltministerium 2005 mit, dass diese Aussage nicht mehr aktuell sei („Kamen 1990 ein Drittel aller Dioxinemissionen aus Müllverbrennungsanlagen, waren es im Jahr 2000 weniger als 1 %").

Heizwert: Bei der Verbrennung von nicht vorbehandeltem Siedlungsabfall geht man in Deutschland von einem unteren Heizwert von 9–11 MJ/kg aus. Unter Berücksichtigung aller Bilanzgrenzen und Wirkungsgrade der Teilverfahren in einer klassischen Müllverbrennungsanlage ließen sich so ca. 1,3 MJ bzw. etwa 0,36 kWh elektrische Energie pro kg feuchtem Abfall erzeugen. Obwohl dem Siedlungsabfall gemäß den Vorgaben des Kreislaufwirtschafts- und Abfallgesetzes (§ 4 Abs. 1 KTW-/AbfG u. § 6 KTW-/AbfG) stofflich wiederverwertbare Inhaltsstoffe entzogen sind, ist eine selbstgängige Verbrennung ohne Zusatzfeuerung möglich.

Eine andere Möglichkeit besteht darin, eine „Mechanisch-Biologische Vorbehandlung" (MBV) vorzuschalten, um beispielsweise heizwertarme, feuchte organische Abfälle abzu-

114 Bayerisches Landesamt für Umwelt (LfU), Müllverbrennung.

trennen und einer Kompostierung zuzuführen. Auch Inert-Stoffe werden auf diesem Wege abgetrennt. Der so erhöhte untere Heizwert der Restabfälle gestattet eine energetische Verwertung. In diesem Zusammenhang ist die thermische Behandlung von Rest- und Abfallstoffen eine technisch sinnvolle Ergänzung eines integrierten Abfallmanagementsystems für Siedlungsabfälle. Die bei der Verbrennung von Abfällen gewonnene Energie kann in thermischer und/oder elektrischer Form einer weiteren Nutzung zugeführt werden, beispielsweise durch die Bereitstellung von Fernwärme. Die Energiebilanz der Herstellung eines Produktes mit der Energiebilanz der Verwertung in Beziehung zu setzen, ist bei Siedlungsabfällen, die nicht sortenrein und höchst heterogen in ihrer Zusammensetzung vorliegen, aufgrund multipler Bilanzgrenzen äußerst schwierig. Nach den Gesetzen der Thermodynamik (Carnot) kann niemals die gesamte im Müll enthaltene Energie in nutzbare thermische Energie (Fernwärme) und/oder elektrische Energien umgewandelt werden. Zudem treten bei jeder Energiewandlung auch Verluste auf, zum Beispiel in Form von Wärmeverlusten der in der Realität nie ganz adiabat ausführbaren Kessel und Feuerungstrakte. Darüber hinaus braucht eine Müllverbrennungsanlage einen Teil der erzeugten Energie zum Eigenbedarf, was den Wirkungsgrad zusätzlich schmälert. Somit kann durch die Müllverbrennung nur ein Teil derjenigen Energie wieder gewonnen werden, die in den Rohstoffen der Ausgangsprodukte steckte und bei deren Herstellung benötigt wurde.

Müllverbrennungsanlagen sind eindrucksvolle große Anlagen und bestimmen das Landschaftsbild, s. Abb. 6-26. Sie sind Vorzeigeprojekte ihrer Kommunen.

Abb. 6-25: Abfallkraftwerk RZR Herten; Quelle: AGR-Gruppe, Herten

Moderne MVAn sind entgegen früheren Brachten umweltfreundlich. Bei der Verbrennung von Hausmüll und anderem Abfall gelangen einer neuen Studie des KIT zufolge so gut wie keine sogenannten Ewigkeitschemikalien in die Umwelt. Das haben Versuche in der Verbrennungsanlage Brenda des KIT ergeben.[115]

PFAS-Chemikalien (Per- und polyfluorierten Alkylverbindungen) werden wegen ihrer wasser- und schmutzabweisenden Eigenschaften vielfach in Produkten wie beschichteten

115 KIT (Hg), Müllverbrennung zerstört Ewigkeitschemikalien, dpa, 14.Oktober 2024.

Pfannen, Regenkleidung, Backpapier oder Pizzakartons eingesetzt. Sie sind extrem langlebig, in der Natur kaum abbaubar und reichern sich im Grundwasser und in Böden an. Viele von ihnen sind hochgiftig, vor allem für die Entwicklung von Kindern. Um das Verhalten der Chemikalien in Verbrennungsanlagen zu testen, wurde in Zusammenarbeit mit internationalen Partnern eine Mischung aus PFAS ausgewählt und bei 860 °C verbrannt, dem europäischen Standard für die Hausmüllverbrennung. Im Ergebnis zeigte die Untersuchung von Asche und Abgas, dass die Verbindungen zu 99,9 % abgebaut waren.

6.5 Sonderabfälle

Sonderabfall ist kein rechtlicher einwandfreier Begriff. Vielmehr ist es eine Überschrift für eine Gesamtheit von unterschiedlichen Abfallfraktionen, die festgelegte Gefährlichkeitsmerkmale aufweisen und somit eine Gefahr für die Gesundheit und/oder die Umwelt darstellen und in Deutschland überwiegend unter „gefährliche“ Abfälle subsumiert werden.

Diese Gesamtheit ist grundsätzlich nicht auf bestimmte AVV-Abfallschlüsselnummern begrenzt und schließt auch keine aus. Die Zusammensetzung der Abfallfraktionen können über die Zeit variieren. Auch können weitere Randbedingungen hinzukommen, beispielsweise, dass der Abfall infektiös ist, weder zerkleinert noch vermischt werden darf, oder unter Aufsicht verbrannt werden muss.

Die mögliche Zusammensetzung von Sonderabfall nach Konsistenzen liegt in folgenden Bandbreiten:

Fester Abfall: 10 – 70 %
Flüssiger Abfall: 25 – 70 %
Pastöse Abfälle: 5 – 30 %
Gebinde/Fässer: bis zu 15 %.

6.5.1 Sonderabfallverbrennungsanlagen

Übliche energetische Abfallverwertungsanlagen (MVA) dürfen einzelne, im jeweiligen Genehmigungsbescheid genau festgelegte gefährliche Abfälle verarbeiten, sind aber i. A. weder für das breite Spektrum der Sonderabfälle geeignet noch dafür genehmigt.

Das ist vielmehr Sache der Sonderabfallverbrennungsanlagen (SVA). Als Technik zur thermischen Behandlung von Sonderabfall in der oben dargestellten Bandbreite hat sich die Verbrennung im Drehrohrofen (DRO) durchgesetzt, wie er aus der Kalkbrennerei schon lange bekannt ist.

Die Kernkomponenten und den Regelkreis einer SAV zeigt Abb. 6-27. Die Bestandteile sind in diesem Fall:

Drehrohrofen (DRO),
Nachbrennkammer (NBK),
2 Infrarotkameras.

Die weiteren, hier nur angedeuteten Systemkomponenten, die jeweils auf das Handling gefährlicher Abfälle mit entsprechenden Sicherheitseinrichtungen ausgelegt werden müssen, sind:

Abfallannahme und Lagerung,
Abfallzuführeinrichtungen,.
Anfahr- und Stützfeuerung,
Entschlackungseinrichtung,
Rauchgasreinigung,
Einrichtungen zur Energierückgewinnung,
Lagerung und Verladeeinrichtung für die Behandlungsrückstände,
Lagerung für Betriebsmittel und Betriebsstoffe.

Dir Kapazität der In der EU (der 28) installierten SAV erreicht inzwischen etwa 3,5 Mio. t/a. Alle thermischen Anlagen haben Im Vergleich eine Gesamtkapazität 65 Mio. t/a. Die SAV sind also eher die Ausnahme. Die deutschen SAV bringen es mit Stand: 2018 auf eine Gesamtkapazität von 1,3 Mio. t/a. Wir erkennen drei Typen: SAV mit freiem Marktzugang, SAV der chemischen Industrie mit öffentlichem Zugang und SAV der chemischen Industrie für spezifisch internen Gebrauch.

Die Marktbedingungen haben sich in den letzten Jahren stark verändert. In Deutschland verringerte sich die Kapazität der SAV um mehr als 10 %. Das hat seinen Grund in der Kapazitätserweiterung von MVA. Zusätzlich verringerte die Wirtschafts- und Finanzkrise ab 2008 die Auslastung der Anlagen, sodass einige Hausmüllverbrennungsanlagen zunehmend gefährliche Abfälle mitbehandelten. Der Umstand, dass die Hausmüllverbrennungsanlagen ihre Vorbehandlungs- oder Mischanlagen als preisgünstige Alternativen für die Produktion genutzt haben, wirkte bei diesem Trend mit.

Vor diesem Hintergrund wird verständlich, dass in Deutschland einige SAV geschlossen werden mussten, während die Zahl der MVA in Deutschland und Europa zugleich anwuchs. Bestehende Anlagen weiteten ihre Kapazität allerdings aus, was in der Gesamtkapazität den Abgang zu Teil wettmachte. Größere technische Änderungen mussten dabei nicht vorgenommen werden.

Neue Sonderabfallverbrennungsanlagen dürften in Deutschland wie Europa kaum entstehen – die Investitionskosten sind zu hoch und die Auslastung kaum absehbar. Eine Kapazitätserweiterung und die Emissionsminderung bestehender Anlagen werden auch weiterhin die Entwicklung bestimmen.

Die nach Gesetzeslage erforderlichen Maßnahmen zur Emissionsminderung wurden in allen deutschen Anlagen umgesetzt. Sie bezogen sich einerseits auf den Einbau mehrstufiger Abgasreinigungssysteme mit Wäscher, Gewebefilter, Aktivkohlefilter und Katalysator sowie andererseits auf die Quecksilberrückhaltung. Es wurde u. a. ein System entwickelt, das Emissionsspitzen bei Quecksilber frühzeitig erkennt und rechtzeitig Maßnahmen zu seiner Eliminierung einleiten kann. Der Weg zum Ziel war die Messung des Quecksilbergehalts im Rohgas vor dem Wäscher.

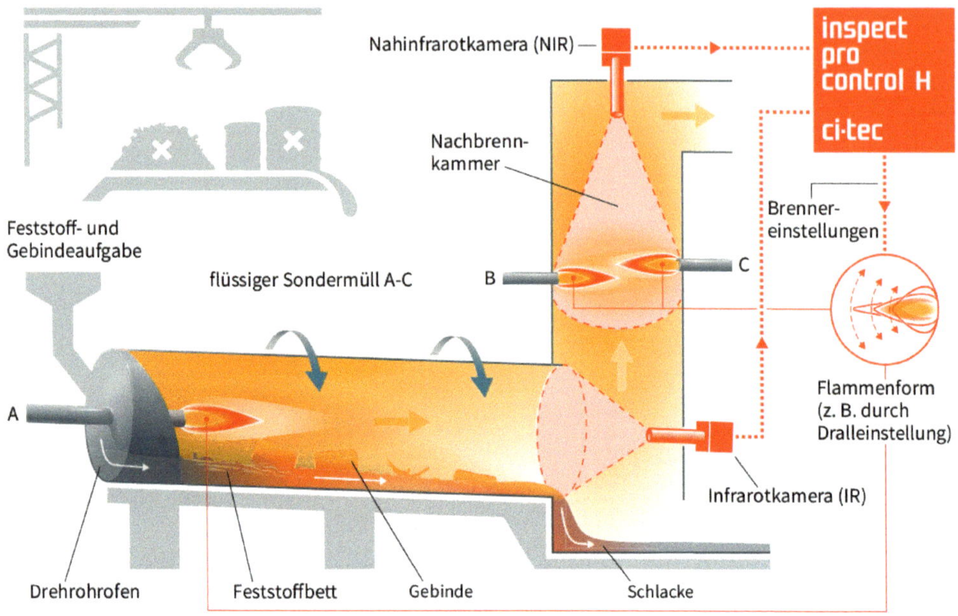

Abb. 6-26: Der Regelkreis der Sondermüllverbrennung erfasst und analysiert die Infrarot-Bilddaten aus Drehrohr und Nachbrennkammer. Daraus berechnet er relevante Kenngrößen und Reglerparameter, mit denen der Verbrennungsprozess optimiert wird. Quelle: ci-tec GmbH, Karlsruhe

Quecksilbergehalte werden mit polysulfidischen Lösungen und durch Aktivkohle, wie sie auch für die Entschwefelung von Biogas benutzt wird, entfernt bzw. reduziert. Die Reagenzien werden dem Rohgas zugeführt, sobald Quecksilber angezeigt wird. Die Zugabe erfolgt vor dem Wäscher beziehungsweise vor dem Oberflächenfilter, sobald Quecksilber im Rohgas nachgewiesen ist.

Die Technik der SVAn wird ständig verbessert. So konnte durch Änderung der Luftführung erreicht werden, dass sich der Ausbrand in den Anlagen reduziert hat und so die CO_2-Emissionen gesunken sind.

7 Techniken des Recycling

Was man wie recycelt, kann man nicht zusammengefasst erörtern und darstellen, Recycling ist stoffgebunden, und hiernach muss sich auch die Behandlung in dieser Monografie richten. Die Gliederung unterscheidet damit das Recycling von

- Kunststoffen,
- Textilien,
- Metallen,
- Holz und Leder,
- Altglas/Glas,
- Papier / Kartonagen,
- Batterien und Akkumulatoren,
- elektrischen und elektronischen Geräten,
- Baustoffen,
- organischen Produkten,
- besonderen Abfällen.

7.1 Kunststoffe

Für die Verwertung von Kunststoffen gibt es vier Wege:

Energetisches Recycling
: Energetisches Recycling, bekannt auch unter dem Terminus „Thermische Verwertung", läuft darauf hinaus, den Energieinhalt der Kunststoffe zu nutzen. Die Kunststoffe, Reststoffe und Kunststoffabfälle werden Verbrennungsanlagen zugeführt und ersetzen dort Kohle, Erdöl und Erdgas. Der Energieinhalt unterscheidet sich bei den verschiedenen Kunststoffarten; es gibt unter ihnen sehr energiereiche, sodass die thermische Verwertung des Kunststoffs ggf. das Doppelte der Verbrennung von Braunkohle ergibt.

Werkstoffliches Recycling
: Bei werkstofflicher Verwertung wird der chemische Aufbau der sortenreinen Stoffe nicht verändert. Alt-Kunststoffe und deren Verpackungen werden mechanisch aufbereitet und dann eingeschmolzen. Die Schmelze ist Sekundärrohstoff für neue Produkte. Ausgangspunkt der Herstellung ist im Regelfall das sogenannte Regranulat, was nach üblichen Verfahren verarbeitet werden kann.

Rohstoffliches Recycling
: Energetisches und werkstoffliches Recycling machen zusammen fast 100 % aus, mit jeweils hälftigem Anteil. Nur 1 % sind aus technischen oder wirtschaftlichen Gründen einer Weiterverarbeitung nicht zugänglich. Es besteht dann immer noch die Möglichkeit, die chemische Struktur aufzubrechen und die Teilstoffe neuen Synthesen zuzuführen.

Biologischer Abbau
: Grundsätzlich gibt es auch noch die Möglichkeit, Kunststoff zu kompostieren. Voraussetzung ist allerdings, dass der Kunststoff biologisch abbaubar ist und der Abbau innerhalb weniger Jahre erfolgen kann.

Das energetische Recycling = thermische Verwertung, das in Kap. 6-5 Thema war und zur Untergruppe Downcycling gehört, macht knapp 50 % des recycelten Kunstoffs aus. Weitere fast 50 % des recycelten Volumens gehören in die Kategorie des werkstofflichen Recyclings, wie oben schon angedeutet. Es sind im Wesentlichen mechanische und thermische Verfahren, die hier zur Anwendung kommen. Die Kunststoffabfälle werden im ersten Schritt sortieret und dann gewaschen; der wesentliche Vorgang ist danach das Einschmelzen. Am Ende steht die Aufbereitung zum so genannten Rezyklat.

Welche Kunststoffe können recycelt werden? Recyclingunternehmen recyceln verschiedene Arten von Kunststoffen. Es gibt einige Kunststoffsorten, die leicht zu recyceln sind und von den meisten Recyclingunternehmen verarbeitet werden, während andere Kunststoffe schwer zu recyceln sind, was der Grund ist, warum die Unternehmen meist nur ausgewählte Sorten akzeptieren.

Das Dreiecksymbol, das auf allen Plastikgegenständen aufgebracht ist, gibt mit der eingeschriebenen Ziffer die Art des Kunststoffs an, sodass hiernach geeignete Recycling-Unternehmen ausgewählt werden können. Nicht jeder recycelt alles – die meisten Unternehmen sind spezialisiert.

Es gibt sieben Haupttypen von Kunststoffen, festgelegt mit der im Symbol angegebenen Zahl, s. Abb. 7-1.

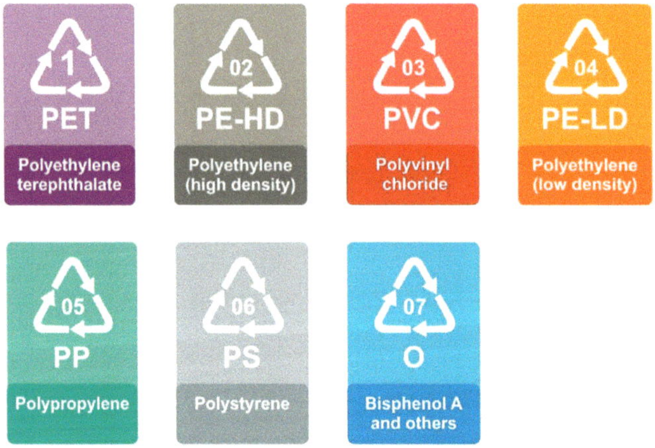

Abb. 7-1: Die Typen der Kunststoffe; Quelle: The Cryptonomist, © 2019

Das erste, PET, und das zweite, HDP, können recycelt werden. Das dritte, PVC, ist nicht für das Recycling vorgesehen, obwohl es wiederverwendet werden kann. PVC sollte jedoch nicht zur Aufbewahrung von Esswaren oder zur Verwendung für Kinder, Kranke und ältere Menschen wiederverwendet werden. Das vierte, LDP, kann recycelt werden, obwohl nicht viele Recyclinganlagen das Recycling von Polyethylen niedriger Dichte unterstützen. Es kann jedoch wiederverwendet werden.

Das fünfte, Polypropylen, kann recycelt werden, aber auch dies tun nicht viele Recyclinganlagen aufgrund des umständlichen Prozesses. Man kann diesen Kunststoff jedoch sicher wiederverwenden. Das sechste, Polystyrol, ist ebenfalls schwer zu recyceln, und daher gibt es kaum Recycling-Anlagen, die es akzeptieren. Es wird auch berichtet, dass es ein menschliches Karzinogen ist, und so ist es daher am besten, die Verwendung dieser Art von Kunststoff zu vermeiden.

Das siebte und letzte enthält die verschiedenen übrigen Materialien, aus denen der Kunststoff besteht. Da es ein Spektrum von Kunststoffen enthält, gibt es unterschiedliche Vorschriften für die Wiederverwendung oder das Recycling dieser Kunststoffe. Die meisten Kunststoffe, die unter die letzte Kategorie fallen, können unter sich ändernden Umgebungen giftige Substanzen freisetzen. Ihr Anwendungsspektrum ist daher begrenzt.

Oft geht es auch um die Frage, wie rein das jeweilige Kunststoffmaterial vorliegt. Ein neues EU-Gesetz verbietet z. B. ab Ende 2024 den Verkauf bestimmter innenverkleideter Konservendosen und Plastikverpackungen. Grund ist, dass der umstrittene Weichmacher BPA sich vom Verpackungsmaterial lösen und in Lebensmittel übergehen kann. BPA (Bisphenol A) ist eine als gesundheitsschädlich geltende Chemikalie.[116]

Verbraucher können ihren Beitrag zum Recycling-Ergebnis verbessern, indem sie die Anlagen, die ihren Abfall verarbeiten, mit folgenden Maßnahmen unterstützen:

1. Entsorgen Sie die kleinen Plastiksubstanzen nicht isoliert. Kleine Plastikgegenstände wie Verschlüsse, Strohhalme, Plastikklammern usw. werden in den Recyclingmaschinen verworfen und können wiederum zum Abfall beitragen. Legen Sie daher kleine Plastikgegenstände wie Flaschen, Plastikbehälter, Kartons usw. in größere Plastikteile, um sicherzustellen, dass der gesamte Kunststoff vollständig recycelt wird.
2. Verkleinern Sie groß dimensionierten Plastikmüll. Große Teile oder leere Behälter nehmen beim Sammeln viel Platz ein. Deshalb komprimieren Sie die leeren Plastikflaschen, Plastikboxen und ähnliche Gegenstände so weit wie möglich, wenn Sie sie zum Recycling abgeben.
3. Lassen Sie keine Rückstände von Lebensmittelabfällen im für das Recyceln vorgesehenen Kunststoff. Enthaltene Lebensmittelabfälle können die anderen Arten von Abfällen, die Sie recyceln lassen, kontaminieren. Solche Verunreinigungen können sogar zu einer Verzerrung der administrativen Zuständigkeit führen und so das gesamte Cluster nicht wiederverwertbar machen. Stellen Sie daher sicher, dass Sie die Plastikgegenstände waschen und alle Lebensmittelpartikel entfernen, wenn Sie sie zum Recycling geben.

Grundsätzlich hat jede Kunststoffart einen eigenen Recyclingprozess. Einfach wird es, wenn es sich um ein homogenes Material handelt und damit ein werkstoffliches Recycling möglich ist. Kunststoffe aus zum Beispiel Polypropylen (PP) werden, wenn sie sortenrein vorliegen, zunächst gewaschen und die Fremdstoffe werden entfernt. Dann wird das Material bis zur Schnipselgröße geschreddert oder zu Granulat verarbeitet, das wiederum Ausgangsstoff einer neuern Produktion ist.

Es gibt hierfür Maschinen, z. B. die ISEC evo der österreichischen PureLoop GmbH, eine Kunststoff Recycling Maschine mit integrierter Shredder-Extruder-Kombination. Bei der Anlage von PureLoop sind Shredder und Extruder auf nur einer Antriebswelle angeordnet.

116 Neue Regeln im Supermarkt: Diese Verpackungen sind ab 2025 verboten, in: CHIP.de, Verbraucher-Portal, 04.10.2024.

Die Funktionsweise von ISEC evo zeigt die untere Hälfte der Abb. 7-2. Der auf einer Welle arbeitende Zerkleinerer (1) bricht das eingefüllte Material auf und zerkleinert es.

In Station (2) folgt ein patentiertes Doppelschiebersystem, das eine gleichförmige und kontinuierliche Befüllung des Extruders sicherstellt und die Verarbeitung von verschiedenen Materialien erlaubt.

Das durch die Zerkleinerung schon erwärmte Material wird direkt in den Extruder (3) gefördert, der auf derselben Antriebswelle arbeitet. Der Konus zwischen Zerkleinerer und Extruder bewirkt eine Kompaktierung, eine Sauerstoffreduktion und im Übergang zum Extruder eine Plastifizierung zur zähen Schmelze.

Sie wird In der Zone (4) entgast. Im folgenden selbstreinigenden Filter (5) wird die Schmelze vollautomatisch von Verunreinigungen gereinigt und erreicht schließlich das Granuliersystem (6).

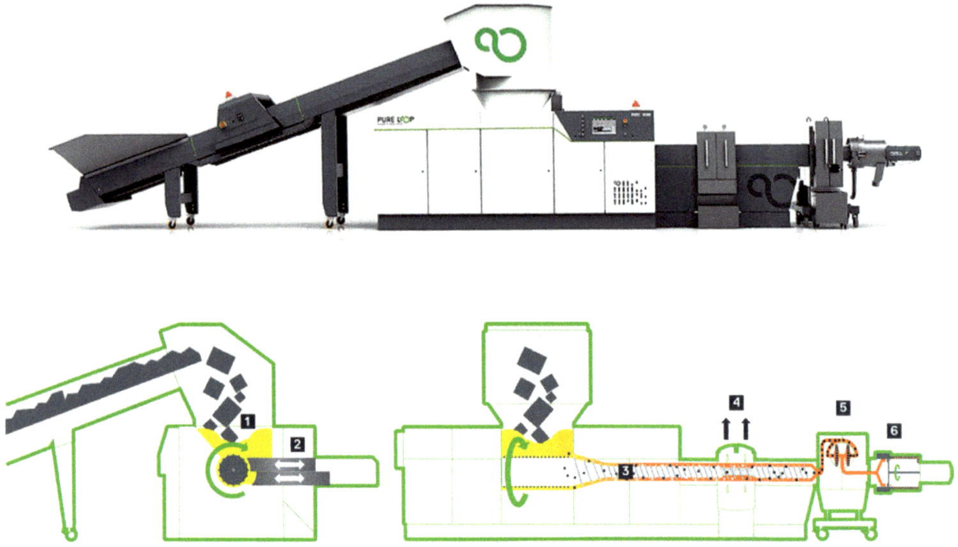

Abb. 7-2: Gesamtansicht und Funktionsweise der ISEC evo, Ziffern im Text erläutert; Quelle: PureLoop GmbH

Bei Plastikverpackungen aus Polyethylenterephthalat (PET) gelingt hochwertiges Recycling, sodass 95 % des PET-Mülls wieder als PET genützt werden. PET ist weit verbreitet und wird vor allem für Getränkeflaschen verwendet. Das recycelte Granulat hat allerdings ein eingeschränktes Verwendungsspektrum: aus ihm dürfen keine Lebensmittelverpackungen hergestellt werden – wohl aber z. B. Zelte, Regenjacken oder Handschuhe.

Je nach Reinheit der zu recycelnden Stoffe werden Vorbehandlungen nötig. In Frage kommen Abtrennung der Störstoffe, eine Sortierung nach Farben oder weitere Zerkleinerung. Dann sehen die Abläufe etwas differenzierter aus. In einer Übersicht lassen sich nach Abb. 7-3 unterscheiden:

Sammeln und Sortieren: Die erste Station ist die gelbe Tonne, in die alle leeren Verpackungen aus Kunststoffen gehören. Sie werden von den Entsorgern einer Sortieranlage zugeführt, wo sie automatisch nach Arten getrennt werden (Nahinfrarot-Trenner). Aus Verpackungen, die aus jeweils nur einem Kunststoff bestehen, wird nach der Sortierung eine sortenreine Monofraktionen in PE, PP, PS, PET oder anderen Kunststoffen.

Zerkleinern und Trennen: Nach der Grobsortierung stehen Zerkleinerung, Waschen und Trennung nach Materialdichte an. Dafür gibt es drei möglich Verfahren:

- das Schwimm-Sink-Verfahren,
- das Hydrozyklon-Verfahren
- und das Zentrifugen-Verfahren.

Medium für die Trennung ist normalerweise Wasser Seine Dichte ist durch Zugabe von Salzen oder Beimischen anderer Flüssigkeiten (z. B. Alkohol) so gut veränderbar, dass hier durch Aufschwämmen schnelle und präzise Ergebnisse erzielt werden. Im Ergebnis muss anschließend ein störstoffbefreiter, sortenreiner Kunststoff zur Weiterverarbeitung vorliegen.

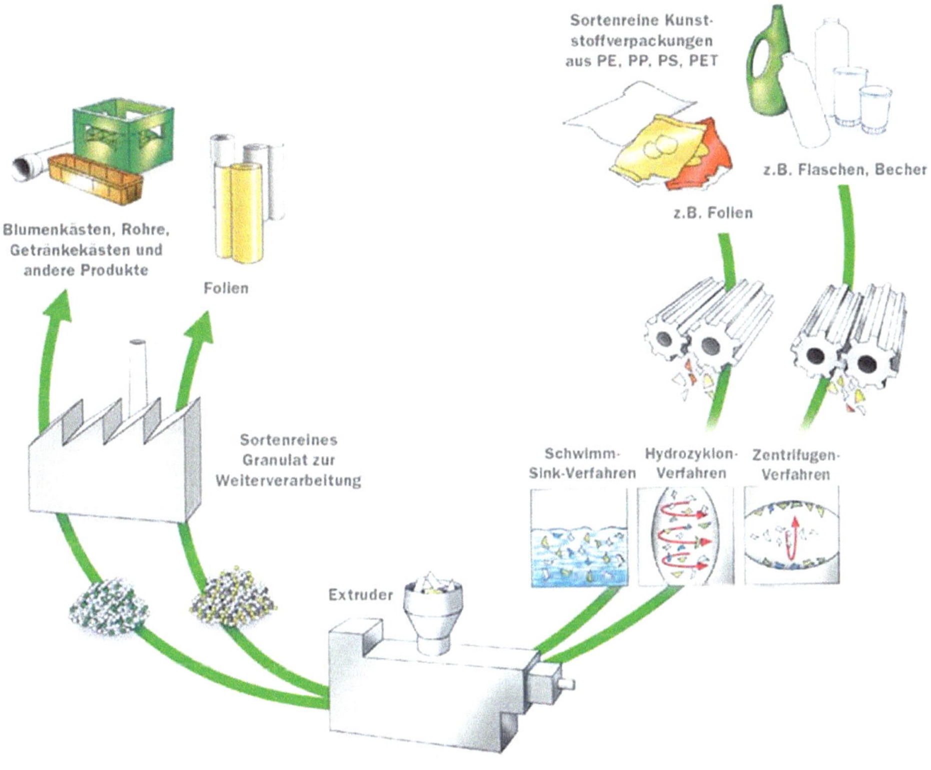

Abb. 7-3: Universelles Recycling von Kunststoffen; Quelle: Alba Group

Trocknen und Umschmelzen: Nach dem Trocknen werden die Kunststoffteile in einem Extruder aufgeschmolzen. Extruder sind Fördergeräte, die nach dem Funktionsprinzip der Archimedischen Schraube arbeiten und die dickflüssige Kunststoffmasse unter hohem Druck und hoher Temperatur gleichmäßig aus einer Öffnung herauspressen. Seine letzte Stufe dient zugleich der Formgebung zum Granulat.

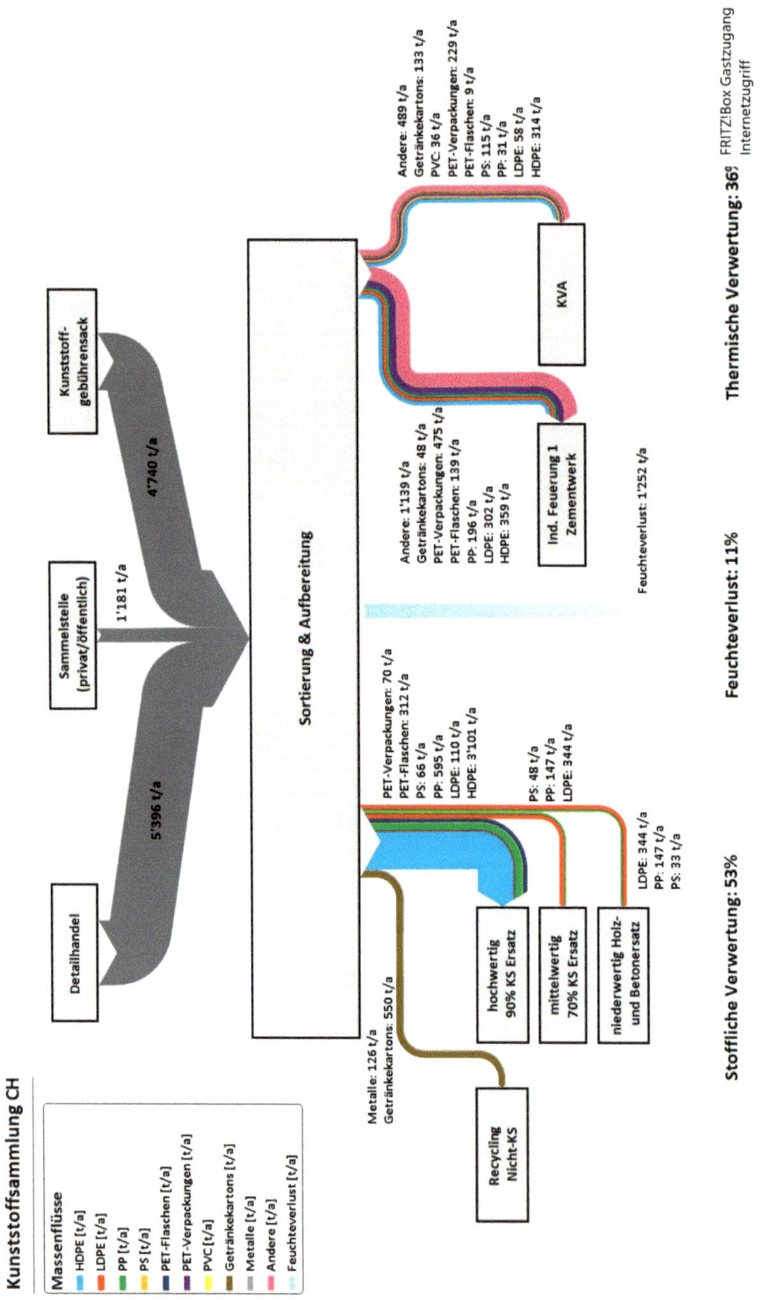

Abb. 7-4: Kunststoffsammlung in der Schweiz: Materialflussanalyse aller betrachteten Kunststoffsammelsysteme (ohne PET-Getränkeflaschen). Die total gesammelte Menge über alle betrachteten Kunststoffsammelsysteme beträgt etwas mehr als 11'000t/a. Ersichtlich sind sowohl die Bedeutung der einzelnen Sammelkanäle als auch der finale Verbleib des Recyclingguts. Quelle: Kunststoff-Recycling und Verwertung | CH 13.07.2017

Verarbeitung:

Das Granulat ist wie ein Rohstoff zur Herstellung neuer Produkte geeignet. Die neuen Produkte können dabei durchaus die alten sein: Flaschen werden wieder zu Flaschen.

Die Anwendungsmöglichkeiten sind jedoch generell vielfältig. Auch Rohre, Folien, Kabeltrommeln, Transportkästen, Pflanzkästen etc. können aus dem Granulat entstehen.

Einen Überblick über Quantitäten und Materialflüssse gibt Abb. 7-4 am Beispiel der Schweiz. Dass die stoffliche Verwertung im Jahr 2017 in der Schweiz 53 % erreichte, entspricht in etwa der Situation in Deutschland.

Rohstoffliches Recycling bedeutet immer Eingriffe in die chemische Struktur und wird deshalb auch unter dem Begriff Chemisches Recycling geführt. Chemisches Recycling ist bei Kunststoffen seltener, weil aufwändiger, jedoch gibt es auch hier Ansätze. Bisherige Recyclingverfahren funktionieren mechanisch und helfen bei der Müllvermeidung. Doch der Wiederverwertung sind Grenzen gesetzt. Stark verunreinigtes Plastik und häufig recycelte Kunststoffe sind ab einem gewissen Punkt nicht mehr wiederverwertbar.

Plastik chemisch zu recyceln eröffnet neue Perspektiven. Das Verfahren der Wahl ist die Pyrolyse. Bei Temperaturen im Bereich 300 – 600 °C werden die Alt-Kunststoffe mit oder ohne Katalysatoren in ihre Bestandteile aufgespalten. Im Ergebnis lassen sich flüssiges Öl, Gase wie Methan oder Ethan sowie feste Kohle gewinnen, wie verschiedene Forschungsprojekt gezeigt haben.

Die Gewinnung von Treibstoffen aus dem Müll wäre eine Strategie, die einem Upcycling gleichkommt.[117] Das wäre eine sinnvolle Alternative zur Verbrennung, der EU-weit 42 % zugeführt werden.

Abb. 7-5: In Simmering arbeiten Forscher daran, aus Hausmüll und Klärschlamm wieder grünes Gas, Diesel und Kerosin herzustellen; Testanlage 2022; Foto: Max Pallinger

Nicht nur die Forschung, auch Unternehmen interessiert das chemische Recycling von Plastik. Ein Start-up in Arizona baut Anlagen, die jährlich 8 600 t Plastik in Diesel, schweres

117 Bonetti, S., Plastiktüten für den Tank, in: FAZ, 18. Oktober 2023.

Heizöl und Naphta verwandeln. Shell, BASF und BP planen vergleichbare Projekte. In Wien wurde schon 2022 eine Testanlage in Betrieb genommen, s. Abb. 7-5. Seit 2019 schon arbeitet die Biofabrik White Refinery mbH in Rossendorf bei Dresden an dem Verfahren, unterstützt vom Institut für Abfall- und Kreislaufwirtschaft der TU Dresden.

Das bei der Pyrolyse gewonnene Öl kann auch Basis für die Herstellung neuer hochwertiger Kunststoffe sein, wie es das österreichische Unternehmen Next Generation Elements in Kärnten vorführt. Mit der Gründung des übergreifenden Projekts „SynCycle“ verfolgt die Firma mit weiteren Unternehmen aus der Region das Ziel, Kunststoff unendlich oft wiederzuverwerten. Sie benutzt herfür ein Pyrolyse-Verfahren, um nicht mehr verwendbares Plastik in die Wertschöpfungskette zu integrieren.

Das Verfahren zielt vor allem auf Kunststoffe, die zu verschmutzt oder feucht sind, um sie mechanisch zu recyceln. Bei dem von SynCycle entwickelten Verfahren wird das Plastik bei circa 500 °C bis zur Gasförmigkeit erhitzt und nach der Abkühlung zu Öl weiterverarbeitet, das nun als Rohmaterial wieder für die Produktion von hochwertigem Kunststoff verwendet werden kann. Trotz des hohen Energieaufwands lohnt sich die neue Form des Recyclings am Ende auch energetisch, erklärt Next Generation Elements GmbH: „Das chemische Recycling verbraucht weniger Energie als die Herstellung des Rohgrundstoffes.“[118] Aus dem bei der Pyrum AG, Dillingen, bei der Pyrolyse von Autoreifen entstehenden Recyklat stellt BASF einen Kunststoff her, den Daimler-Benz in seinen Fahrzeugen verwendet.[119]

Das besondere Problem sind die nicht sortenreinen Kunststoffe. Auch hierfür zeichnen sich Verfahrenslösungen auf der Basis des chemischen Recyclings ab, die sich besser steuern lassen als bei der beschriebenen Pyrolyse. Die britische Firma Mura Technologies mit Sitz in London hat das Hydrothermal Plastic Recycling entwickelt, zum Patent angemeldet und für die Abnahme der Produktion große Industriepartner gewonnen, darunter auch Dow Chemical.

Kern des Verfahrens ist, die langen Kohlenstoffketten der Mischkunststoffe in einem röhrenförmigen Reaktor mit überkritisch erhitztem Wasser von bis zu 500 °C bei einem Druck von bis zu 250 bar aufzuspalten und zu Ölen zu fraktionieren. Im Ergebnis erhält man vor allem die Mittelfraktionen als synthetische Öle, die dann der Weiterverarbeitung leicht zugänglich sind. Mit Dow Chemical wurde eine Vereinbarung getroffen, an deren deutschen Standort in Böhlen bei Leipzig eine groß dimensionierte Anlage der Mura zu errichten, die dann dem benachbarten Werk von Dow zuliefern wird. Das Werk ist z. Z. in der Anlaufphase, wird zunächst 120 000 t Mischkunststoffe verarbeiten und ab 2025 das größte chemische Recyclingwerk in Europa sein.[120]

Und auch im Westen Deutschlands tut sich etwas, speziell in Sachen Pyrolyse. Im Jahr 2026 will der amerikanisch-niederländische Chemiekonzern Lyondellbasell in Wesseling (dem Chemiestandort südlich Köln) eine großdimensionierte Pyrolyseanlage in Betrieb nehmen, die für jährlich 50 000 t gemischte Kunststoffe ausgelegt ist. Die erzeugten Primärstoffe sollen in den Crackern auf gleichem Gelände gemeinsam mit den erdölba-

118 Ntv, So soll Kunststoff nachhaltig werden, 7. Dezember 2020.
119 Germany's Hidden Champions, Saarland, 2023.
120 Schulze, M., Einfache Lösung für bunte Mischungen, in: Kunsstoffe im Kreislauf, vbi nachrichten vom 7. Oktober 2022.

sierten Grundstoffen weiterverarbeitet werden. Was schließlich entsteht, ist ein gemischtes Granulat aus herkömmlichen und recycelten Grundstoffen.[121, 122]

Nicht alle sind gleichermaßen überzeugt. Das UBA z. B. sah 2021 in einem Positionspapier keine deutlichen Vorteile gegenüber der Verbrennung. Das Ökoinstitut sah im gleichen Jahr eine starke mengenmäßige Beschränkung solcher Verfahren. Die Europäische Exekutivagentur für Klima, Infrastruktur und Umwelt bezeichnet dagegen die Pyrolyse von Plastik als „eine sinnvolle Alternative zum mechanischen Recycling, um die EU-Recyclingziele zu erreichen."

Der Marktüberblick besagt: Die Nachfrage nach hochwertigen recycelten Kunststoffen wird aufgrund der Rahmenbedingungen steigen. Gleichzeitig wird sich das Produktionsvolumen von Kunststoffen laut OECD weltweit bis 2060 auf 1 200 Mio. t/a verdreifachen und die Abfallmenge entsprechend ansteigen. Prognosen von Beratungsgesellschaften rechnen damit, dass schon 2030 bis zu 8 % des jährlichen Kunststoffabfalls (40 Mio. t) chemisch recycelt werden könnten. Dabei wird von Kapazitätszuwächsen allein bei der Pyrolyse von mehr als 4 Mio. t/a ausgegangen.

Marktstudien und eigene Recherchen des Fraunhofer-Instiruts Umsicht verzeichnen aktuell weltweit mehr als 120 Techniken und Technikanbieter im chemischen Recycling mit insgesamt 340 installierten oder geplanten Anlagen. Der Großteil basiert auf Pyrolyseverfahren, gefolgt von Solvolyse, die zum Bruch der chemischen Bindung führt, Vergasung und Lösemittelbasierten Prozessen. Allerdings existieren bislang nur wenige Anlagen mit Kapazitäten von mehr als 10 t täglich.

Die großtechnischen Anlagen setzen vornehmlich reine Kunststoffabfälle wie Polyolefine und Polystyrol ein. Mischkunststoffe aus der Sortierung von Leichtverpackungen oder Ersatz-brennstoffe werden ebenfalls verwertet, jedoch noch nicht im kommerziellen Maßstab. Andere, schwer zu recycelnde Gemische, wie Schredderreste aus dem Elektronik- oder Automobilbereich oder kunststoffhaltige Verbundmaterialien wie aus der Textilwirtschaft werden derzeit noch nicht chemisch recycelt bzw. sind Gegenstand von F+E.

Insgesamt ist eine spürbare Marktnachfrage nach Rezyklaten aus chemischem Recycling einhergehend mit steten Zuwächsen bei Behandlungskapazitäten zu beobachten. Sobald verbindliche regulatorische Rahmenbedingungen in Kraft sind, ist davon auszugehen, dass sich dieser Trend verstärkt.

Forschungs- und Entwicklungsbedarf besteht noch in folgenden drei Bereichen: einem verbesserten Zusammenspiel zwischen der mechanischen Abfallvorbehandlung, der nachgelagerten Aufbereitung der erzeugten Produkte aus dem chemischen Recycling, im Nachweis der Betriebsstabilität sowie wirtschaftlicher und ökologischer Kennzahlen im Dauerbetrieb sowie der Steigerung der Produktausbeuten und -qualiräten dieser Recyclingverfahren.[123]

Von besonderem Interesse sind Mehrfachkreisläufe wie etwa bei den schon erwähnten Flaschen oder auch den PP-Folien, di ebenfalls ein umfangreiches Verwendungsgebiet

121 FAZ vom 26. Oktober 2024.

122 Was noch offen ist, ist die Anrechnung solcher gemischten Rezyklate auf die Recyclingquote. Das sollte über sogenannte Massenbilanzen lösbar sein.

123 Marktüberblick von Mathias Franke, ergänzt vom Verfasser, in: Chemisches Recycling: ein Überblick, VDI energie + Umwelt, Bd 01/2024.

haben. Recycling-Folien schützen z. B. Produkte aller Art beim Transport und machen Lebensmittel haltbar. Im Mehrfachkreislauf bleibt der Rohstoff erhalten und muss nicht jedes Mal neu angebaut oder aus Rohöl neu hergestellt werden, s. Abb. 7 6.

Laut Angaben der Zentralen Stelle Verpackungsregister (ZSVR) hat das Recycling von Kunststoffverpackungen im Gelben Sack im Jahr 2020 die gesetzliche Zielvorgabe von 58,5 % überschritten und liegt aktuell (Stand 2021) bei 60,6 %.

Der Verbrauch von Kunststoffverpackungen nahm 2019 nach Quellen des Umweltbundesamt/GVM gegenüber dem Vorjahr ab, was sicherlich zu begrüßen ist und der allgemeinen gesellschaftlichen Zielsetzung entspricht. Die Reduktion um 56 000 t bedeutete ein Minus von 1,7 %. Der Trend scheint jedoch nicht anzuhalten, wie die Zahlen für 2021 f zeigen.

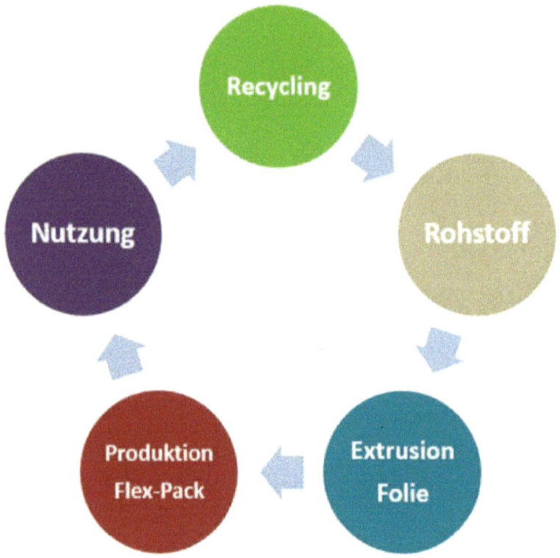

Abb. 7-6: Vielfach-Recycling-Kreislauf mit PP-Folie: immer wieder neue Verwendung ohne neuen Rohstoff; Quelle: maropack

Die vorübergehende Mengenabnahme hatte mehrere Gründe:

- geringeren Ressourceneinsatz bei Kunststoffverpackungen,
- Ersatz starrer Verpackungen durch eine Mehrverwendung von Folien,
- Substitution durch andere Materialien, z. B. Pappen, aber leider auch durch Verbundmaterialien (die praktisch kaum recycelbar sind).

Verpackungsrecycling findet zu knapp 80 % in Deutschland statt und zu 18 % in anderen europäischen Ländern. Nur 3 % der Abfälle werden in Länder außerhalb Europas exportiert, meist in die Türkei oder die Schweiz. Das zeigen die Daten des Zentralen Stelle Verpackungsregister (ZSVR).[124]

124 Beechlarz, D.: Kunststoffrecycling, in: Plastikverabeiter, 07. Okt. 2022.

Kunststoffrecycling kann nur so gut sein wie die ihm vorausgehende Trennung. Viele Verbraucher interpretieren das Recycling-System falsch, wenn sie den gelben Sack / die gelbe Tonne mit Plastikmüll schlechthin in Verbindung bringen, was eben nicht stimmt. So darf man entgegen der Logik eine alte Zahnbürste oder ein Spielzeugauto, welche nicht den grünen Punkt tragen, nicht in den gelben Sack geben, obwohl das vom Material her sinnvoll wäre. Daher findet sich viel Müll in der falschen Tonne wieder.

Verbreitet ist in der Öffentlichkeit die Meinung, dass der getrennt gesammelte Müll doch wieder nur zusammengeführt, nicht recycelt und lediglich verbrannt werde. Bessere Kommunikation wäre hier angezeigt. Dass in der Tat fast 50 % des Plastikmülls energetisch verwertet werden, hat verschiedene Gründe:

- Es gibt eine fast übergroße Fülle an unterschiedlichen Kunststoffen.
- Viele Kunststoffe sind entweder untereinander gemischt oder es sind ihnen Stoffe zugefügt worden.
- Nur sortenreine Kunststoffe können einwandfrei recycelt werden.

Gerüchte besagen auch, dass es wesentlich energieeffizienter wäre, den Müll zu verbrennen, da das Kunststoff-Recycling große Mengen an Energie benötigt würden. Das ist nicht haltbar. Fundierte Ökobilanzen beweisen, dass die energetische Verwertung am schlechtesten abschneidet.

Vor diesem Hintergrunde ist es sinnvoll, sich auch im die nicht sortenreinen Kunststoffe zu bemühen, und hier speziell um die Mischkunststoffe. Ein Beispiel sind hier die sogenannten Schrumpffolien, die Schichten aus Polyamid (PA) oder PET enthalten, die mit dem übrigen Material nicht gemeinsam recycelt werden können. Hier hat im Beispiel eines Unternehmens aus St. Augustin geholfen, das Materialdesign zu verändern und die nicht verträglichen Sorten durch ein Polyolefin zu ersetzen, das mit den übrigen verwendeten Kunststoffen einen gemeinsamen Recyclinggang durchlaufen kann.[125]

In der Müll-Gesamtbilanz konnte die Menge des Restmülles seit 1991 reduziert werden. Vor allem hat sich die Zahl der Deponien verringert, sodass ein großer Anteil an Treibhausgasen eingespart wurde. Ein wichtiger Grund hierfür ist der Einführung des dualen Systems geschuldet; daneben wirkt sich aus, dass sich der Anteil der Müllverbrennungsanlagen verdoppelt hat. Das duale System allein bewirkte die Einsparung von jährlich 1,95 Mio. t CO_2-Äquivalenten. Es verbleibt in der Gesamtsicht der Nachteil, dass nur Kunststoffe mit dem grünen Punkt recycelt werden können und Kunststoffe, die aus dem gleichen Material bestehen (wie zum Beispiel Putzeimer oder Blumentöpfe), wie erwähnt über den Restmüll zu entsorgen und so von der Recyclingschiene abgeschnitten sind.

Eine brauchbare Alternative wäre die sogenannte Wertstofftonne, die im angedachten, aber nicht realisierten Wertstoffgesetz vorgesehen war. Vielmehr trat 2019 das Verpackungsgesetz in Kraft, ohne eine gesetzliche Pflicht für eine bundesweite Wertstofftonne vorzuschreiben. Etliche Kommunen haben freiwillig die Tonne eingeführt, zuletzt Augsburg und Münster.

Wenn und wo es sie gibt, sollen neben dem üblichen Verpackungsmüll auch alle anderen Kunststoffe, sogenannte „stoffgleiche Nichtverpackungen“ und Metalle in diese Tonne

125 E. Haykirean, Recyclingerechte Schrumpffolien, in: VDI energie + umwelt, Nr. 5/6 2024.

entsorgt werden. Das ist unbestreitbar sinnvoll und sollte bei einer Novellierung Eingang in die bestehende Verordnung finden.

Eine letzte Frage bedarf der Erörterung: muss die Wiederverwendung immer mit Recycling verbunden sein? Hierauf hat das Brandenburger Start-up Ecopals eine Lösung gefunden. Eccopals stellt ein Additiv her, das unter dem Namen Ecoflakes vertrieben, an Asphaltwerke geliefert und dort im Verhältnis 1:10 gemischt wird. Das Ergebnis ist ein Hochleistungsasphalt, der besonders robust und langlebig ist. In einigen Städten (Potsdam, Kiel) existieren bereits Straßen, die mit diesem mit Eco-Flakes-Asphalt versehen sind und ihn mit bestem Erfolg nutzen. Ecoflakes wenden größtenteils aus nicht-recycelbarem Kunststoff gewonnen, die in einem bestimmten Verhältnis mit Zusätzen versetzt und zu einem Granulat, eben den Eco-Flakes, verarbeitet werden. Die Materialkosten sind so gering, dass solcher Hochleistungsasphalt praktisch zum Preis eines Standardasphalts hergestellt werden kann.[126]

In der Zusammenfassung des Kapitels kann man festhalten, dass die Behauptung der Technikhistorikerin H. Weber einfach falsch ist, dass es bei der Wiederverwertung von Kunststoffen seit 50 Jahren erstaunlich wenig Fortschritt gegeben habe.[127] Das Gegenteil ist der Fall.

7.1.1 Mikroplastik

Der Begriff „Mikroplastik“ wurde 2004 durch den britischen Marine-Biologen R. Thompson eingeführt. Er veröffentlichte im Magazin „Science“ damals einen Artikel mit dem Titel „Auf See verschollen: Wo ist das ganze Plastik?“, in dem er erstmals versuchte, die Menge an Mikroplastik in den Ozeanen zu messen.

Als Mikroplastik sind nach heute gängiger Definition Plastikteilchen ≤ 5 mm. Sie sind teilweise schon mit dem bloßen Auge zu erkennen, oft auch an ihrer unterschiedlichen Farbgebung. Man unterscheidet gewöhnlich zwei Sorten:

- Primäre Mikroplastik aus dem Abrieb von Oberflächen und dem Grundmaterial für Produkte: Granulate in Kosmetik und Hygieneprodukten, wie Peelings, Zahnpasta, Handwaschmittel; sowie mikroskopische Partikel, die in Sandstrahlern verwendet werden oder in der Medizin als Transporter (Vektor) für Wirkstoffe Anwendung finden.
- Sekundäres Mikroplastik: Entstehung durch physikalische, biologische und chemische Degradation von Makroteilchen, auch von Fasern.

Von den Milliarden Tonnen Kunststoff, die bis heute weltweit produziert worden sind, wurden einer Schätzung zufolge insgesamt nur etwa neun Prozent (!) recycelt. Fast 80 % des gesamten Plastikmülls liegt dieser Studie nach in Deponien oder aber in der Umwelt. Und das bedeutet: auch in den Meeren. Einer umfangreichen Langzeitstudie von 2014 zufolge befinden sich schon mindestens 5,25 Billionen Plastikteile in den Weltmeeren. Die meisten auf den Input gerichteten Schätzungen schwanken zwischen 8 und 13 Mio. t Kunststoff, der insgesamt jährlich in den Meeren landet.

126 Schroeder, P., Plastikmüll für Hochleistungsasphalt, in: vdi nachrichten vom 4. November 2022.
127 Bergheim, M., Jahrestagung 2022 Technikgeschichte im VDI, in: vdi nachrichten, 22. September 2022.

Mikroplastik macht etwa 92 % aller Plastikteile in den Meeren aus. Eine neuere Untersuchung vom November 2019 erfasste mit neuen Messmethoden auch die Konzentration kleinster Mikroplastikpartikel (≤ 0,33 Millimeter). Sie legt nahe, dass die Menge der Mikroplastikteilchen noch sehr viel höher sein könnte als zuvor angenommen.

Was sind die Quellen für den Müll im Meer? Man kann davon ausgehen, dass der größte Teil landbasiert ist, an die 80 % vermutlich. Als landbasierte Quelle gilt alles, was nicht unmittelbar im Meer landet, also maritimen Ursprungs ist. Gemeint ist nicht nur Müll, den Menschen irgendwo am Strand achtlos wegwerfen (das tun vermutlich die wenigsten). In den Meeren schwimmt auch Abfall, der versehentlich irgendwo in der Umwelt landet und der mit dem Wind aus küstennahen Städten, aus offenen Deponien, vor allem aber über Flüsse und Abwassersysteme ins Meer gelangt. Viel nicht entwickelte Länder haben keine Kanalisationssysteme und bedienen sich der Fließgewässer als Kloake (wie es auch die Europäer im Mittelalter taten). Darunter fallen neben den Konsum-Abfällen auch zum Beispiel Kunststoffpellets, aus denen Plastikgegenstände hergestellt werden. Große Mengen Kunststoff gelangen auch immer wieder bei Stürmen und anderen Naturkatastrophen in die Meere: Im Pazifik etwa schwimmt viel Plastik, das vermutlich durch den Tsunami 2011 in Japan ins Meer gespült wurde

Demgegenüber stehen meerbasierte Quellen: Müll, der von Fischerei-, Kreuzfahrt- oder Containerschiffen, Bohrinseln und anderen Anlagen direkt ins Meer gelangt. Abgesehen vom „üblichen“ Wohlstandsmüll machen hier insbesondere verlorene oder über Bord geworfene Fischernetze den maritimen Ökosystemen große Probleme. Schätzungen gehen davon aus, dass sie jedoch weniger als 20 % an der gesamten Meeresmüllmenge ausmachen – mit allerdings großen regionalen Unterschieden.

Unter den Wegen, die der Müll nimmt, stehen die großen Flüsse an erster Stelle. Die Studie „River plastic emissions to the world's oceans“ vom Juni 2017 schätzte, dass jedes Jahr zwischen 1,15 und 2,41 Mio. t Plastikmüll über Flüsse im Meer landen, das wären etwa 20 %. Die meisten dieser Müllautobahnen liegen in Asien, einige in Afrika und Südamerika. An erster Stelle stand der Jangtse. Der zweiten Studie vom Oktober 2017 zufolge stammen 93 % des maritimen Plastikmülls aus zehn besonders verschmutzten Flüssen. Acht Flüsse lagen danach in Asien, zwei in Afrika. Und auch hier lag der Jangtse auf dem ersten Platz.

Der genannte Eintrag aus den Flüssen ist möglicherweise ein (deutlich) zu niedriger Wert. Im Juni 2020 veröffentlichte das Ocean Cleanup Project eine interaktive Karte mit den 1000 Flüssen, die gesichert am umfangreichsten zur Plastikmüll-Verschmutzung der Meere beitragen – nach Angaben des Projekts bis zu 80 % (!), was in dieser Höhe nicht sehr realistisch erscheint.

Auf den ersten Blick liegen also die größten Verursacher der Meeresverschmutzung in Asien und Afrika. Jedoch darf man nicht vergessen, dass Europa und Nordamerika große Mengen Plastikmüll exportieren, deren Verbleib oft zweifelhaft ist, s. auch Kap. 7.13, Abfallhandel.

Was sind die primären Quellen? Nach einer ursprünglich von einer Studie des United Nations Environment Program (UNEP) ermittelten und vom Verfasser ergänzten Aufstellung:

1. Reifenabrieb aus dem Verkehr
2. (Fein-)Staub aus Städten

3. Straßenmarkierungen bzw. deren Reste
4. Textile Reste
5. Lacke und Farben
6. Kosmetik- und Pflegeprodukte
7. Plastikpellets, die bei der Plastikproduktion verlorengehen
8. Durch Wind und Wellen zerkleinerte Makroplastik:
   Plastik-Angelschnüre
   Plastikfragmente
   Glasflaschen
   Plastikflaschen
   Getränkedosen
   Lebensmittelverpackungen
   Plastiktüten
   Plastikbecher, -teller und -besteck
   Glas- und Keramikfragmente

Die Quellen für primäres Plastik in Deutschland zeigt Abb. 7-7 mit den absoluten Einträgen. Es fällt auf, dass die oft kritisch benannten Kosmetik- und Hygieneprodukte hier nicht vertreten sind, also eher minore Einträge verursachen, wenn man unterstellt, dass die Tabelle die Werte korrekt benennt.

Was sind die Folgen? In Asien enthalten mittlerweile geschätzte mehr als 70 % der Meerestiere die kleinen Kunststoffteilchen. In China wurde Mikroplastik in einer Studie in 94 % aller Vögel gefunden. Auch in den deutschen Nordseegewässern enthalten die meisten Fische, Muscheln und sonstigen Meeresbewohner Mikroplastik-Teilchen. Menschen nehmen sie über Trinkwasser und Lebensmittel auf. Mittlerweile wurde Mikroplastik auch in menschlichen Plazentas nachgewiesen. Die Vermutung liegt daher nahe, dass schon ungeborene Kinder diese in ihren Körper aufnehmen. Hinweise gibt es sowohl dafür, dass Mikroplastik im menschlichen Körper unbedenklich ist, als auch dafür, dass es schwere Krankheiten auslösen kann. Die Kunststoffteilchen selbst sind chemisch gesehen kaum reaktiv, so dass sie dem Körper direkt wenig schaden werden. Studien haben aber gezeigt, dass sich an Mikroplastik andere Schadstoffe bevorzugt anlagern, die dann wiederum zum Beispiel krebserregend sein könnten. Für eine abschließende Bewertung des Risikos speziell für den Menschen müssen weitere Studien abgewartet werden. Immerhin hat sich jüngst in den Gehirnen Verstorbener Mikroplastik der 16 gängigsten Kunststoffe nachweisen lassen.[128]

128 F. Zbikowski, Kunststoff im Hirn, in: FAZ Natur und Wissenschaft, 25. September 2024.

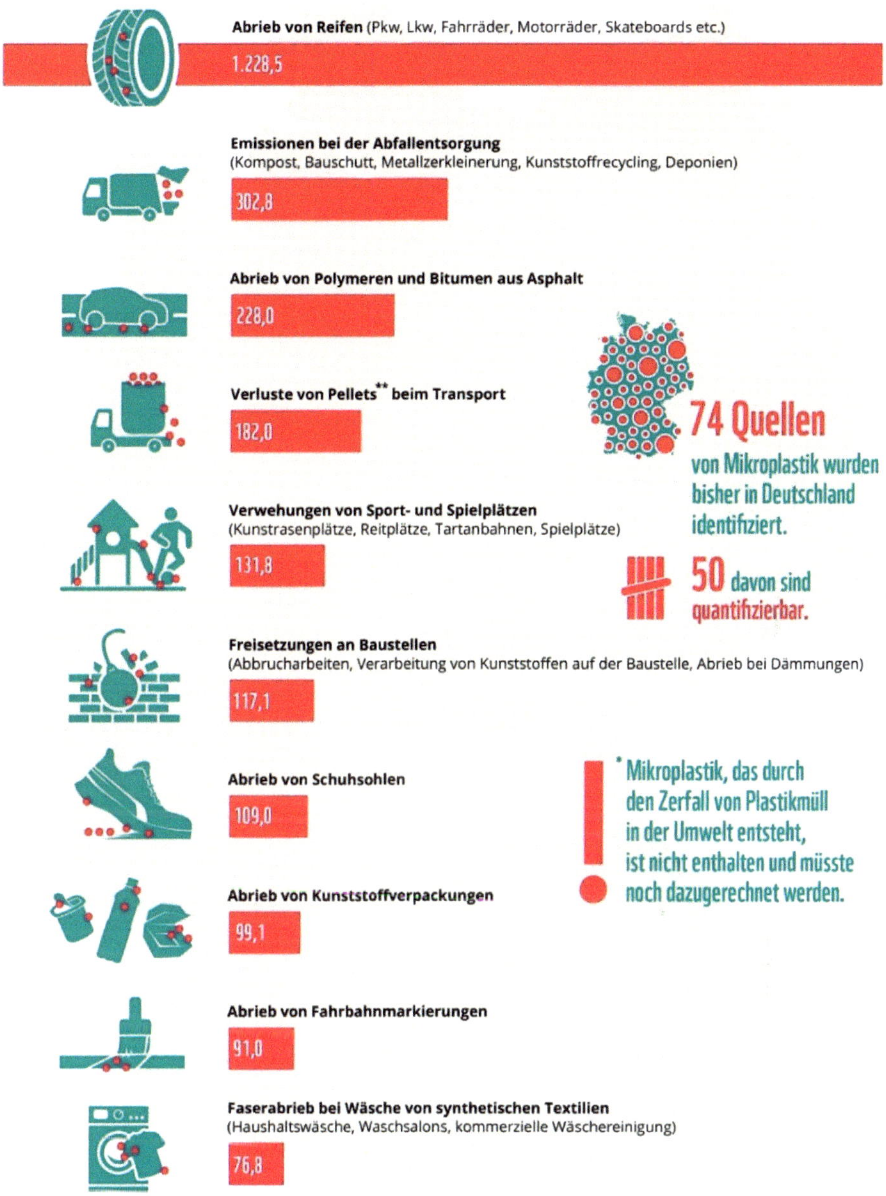

Abb. 7-7: Mikroplastik in Deutschland – die wichtigsten Herkunftsquellen; Zahlwerte: jährlich pro Person freigesetzte Mengen in g; Quelle: WWF Deutschland

Für die Fauna sieht es anders aus: Die Tierwelt reagiert sehr unterschiedlich. Experimente mit Wattwürmern in der Nordsee zeigten etwa, dass diese mit dem Kunststoff auch andere Gifte aufnehmen, was sie so sehr erschöpft, dass sie nach vier Wochen nur noch halb so viel fraßen wie eine mikroplastik-freie Kontrollgruppe. Das führte zu einer deutlich geringeren

Umwälzung des Wattsandes, was wiederum Probleme für das Ökosystem mit sich bringt. Bei Strandschnecken wurde nachgewiesen, dass Mikroplastik deren Wahrnehmung verändert und sie etwa nicht mehr vor Fressfeinden flüchten können. Experimente mit Ratten und Eis-sturmvögeln wiederum zeigten keine gesundheitlichen oder verhaltenstechnischen Veränderungen durch die Aufnahme von Mikroplastik in dem Maße, wie es in der Umwelt vorkommt. Bei Mäusen jedoch kam es zu Entzündungsreaktionen im ganzen Körper und Flöhe starben in einer Studie durch Mikroplastik komplett aus. Insgesamt ist die Aufnahme von Mikroplastik schädlich für die Fauna, insbesondere für kleinere Tiere, deren reguläre Nahrungsaufnahme durch Mikroplastik blockiert wird.

Mikroplastik ist in den letzten Jahrzehnten Bestandteil unserer Umwelt geworden und zweifelsfrei anthropogenen Ursprungs. Makroplastik geht nach Nutzung der Materialien und Zerkleinerung als primäre Mikroplastik durchweg in die Kanalisation über und wird auf diesem Weg aus unserer individuellen Umgebung entfernt. Das Problem ist jedoch, dass Kläranlagen – so diese vorhanden sind – Mikroplastik nicht oder nur partiell ausfiltern können. So gelangt primäre Mikroplastik ungehindert über die Flüsse ins Meer. Das gilt auch für textile Mikrofasern, die aus Waschgängen verbleiben.

Sekundäre Mikroplastik bildet sich beim Zerfall von größeren, festen Kunststoffteilen (Makroplastik). Es entsteht somit erst nach dem Gebrauch von Kunststoffprodukten. Verbrauchte Kunststoffprodukte bzw. deren Bestandteile gelangen beabsichtigt oder unbeabsichtigt, auch illegal und noch als Makroplastik (s. oben) in die Natur und häufig ins Meer. Die Wege sind im Einzelnen verschieden: Sie werden über die Flüsse eingetragen, sind Bordabfall von Schiffen oder Folgen von Schiffs- oder Containerunfällen. Der Kunststoff verwittert im Meer und zerfällt zu sekundärer Mikroplastik mit unterschiedlichen Halbwertszeiten, s. Abb. 7-8.

Abb. 7-8: Zerfallszeiten von Kunststoffprodukten im Meer; Quelle: www.vchangemakers.de

Großer Plastikmüll wird durch Wind, Wellen, Wetter und Gezeiten zermahlen und zerkleinert. Kunststoffe werden durch UV-Strahlen, Wind und Wellen spröde und zerfallen in immer kleinere Teilchen, die im Ozean verbleiben und sich dort ansammeln. Die Plastiksubstanz selbst, genauer ihr chemisches Konstrukt, ist im Meer nahezu unvergänglich.

Nur ein kleiner Teil des Plastikmülls schwimmt auf der Oberfläche, der Rest wird in tiefere Gewässer oder bis auf den Meeresboden verfrachtet und ist von dort kaum zurückzuholen. Derzeit haben sich nach Schätzungen dort etwa 80 Mio. t angesammelt.[129] Die Konzentrationen sind nicht gleichmäßig, schon oberflächlich lassen sich 5 Areale identifizieren, s. Abb. 7-9, die sich als Ergebnis der Meeresströmungen gebildet haben.

Abb. 7-9: Die großen 5 Müllstrudel im Meer! Im Nord- und Südpazifik, im Nord- und Südatlantik und im Indischen Ozean; Quelle: The Ocean Clean up

Durchmesser der Kunststoffabfälle im Meer	**Englischer Begriff**	**Deutsche Übersetzung**	**Typische Dimensionen betroffener Lebewesen**	**Typische Dimensionen industrieller Anwendungen von Kunststoff**
> 25 mm	Macroplastic	Makrokunststoffteile	Wirbeltiere, Vögel	Halbzeuge und Endprodukte
5 – 25 mm	Mesoplastic	Mesokunststoffteile	Vögel, Fische	Halbzeuge und Granulat (Pellets)
1 – 5 mm	Large microplastic particle	Große Mikropartikel aus Kunststoff	Fische, Schalentiere	Granulat (Pellets)
< 1mm	Small microplastic particle	Kleine Mikropartikel aus Kunststoff	Muscheln, Plankton	Mikropartikel in der Kosmetikindustrie

Abb. 7-10: Klassifizierung und Bezeichnung von Kunststoffabfällen im Meer auf Basis ihrer Größe im Vergleich zu typischen Dimensionen betroffener Lebewesen und industrieller Anwendungen von Kunststoff; Quelle: UBA (Hg), Quellen für Mikroplastik mit Relevanz für den Meeresschutz in Deutschland, Dessau-Roßlau, August 2015

129 NABU, Plastikmüll und seine Folgen.

Wenn nun Plastik infolge natürlicher Prozesse immer weiter physisch / physikalisch zerfällt und damit nicht mehr dem Auge sichtbar ist, könnte man fragen: Was soll's? Jedoch ist, wie oben an Beispielen erläutert, die Bedrohung für Fauna, Flora und den Menschen groß, was man wie folgt zusammenfassen kann:

- Tiere verenden qualvoll: Sie halten Plastikmüll für Nahrung und sterben durch den Kunststoff im Magen einen langen, qualvollen Tod. An größeren, noch nicht zersetzten Resten des Fischfangs (Seile, Netzreste) erdrosseln sie sich. Geschätzt wird, dass dies jährlich 1 000 000 Seevögeln und 100 000 Meeressäugern das Leben kosten.
- Plastikmüll bindet Krankheitserreger: Plastikmüll in den Müllstrudeln ist ein Sammelbecken für Bakterien und transportiert so Krankheitserreger ans andere Ende der Welt.
- Mikroplastik gelangt in die Nahrungskette: Mit jedem Plastikteil steigt die Bedrohung für Mensch und Tier. Denn Plastik wird von Fischen gefressen und geht in die Zellen der Tiere über, die später zur menschlichen Speise werden.

Abb. 7 10 gibt einen Überblick über die Interaktionen. Sie lässt auch erkennen, dass die allerkleinsten Teilchen in den Dimensionen des Planktons liegen, einer Hauptquelle tierischen Lebens in den Ozeanen.

Die Beherrschung des Problems lässt sich in zwei Komponenten aufspalten

- Entfernung des schon angesammelten Mikroplastik aus den Ozeanen,
- Vorsorge zur Verminderung des (künftigen) Eintrags.

Projekte, die den Plastikmüll aus dem Meer fischen wollen, gibt es weltweit, zum Beispiel: Das in Abb. 7-11 vorgestellte Projekt OCEAN CLEAN UP:

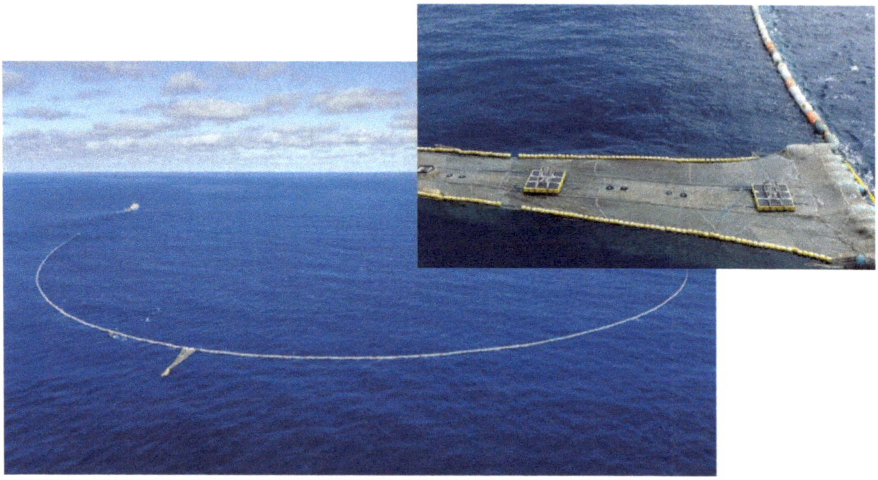

Abb. 7-11: OCEAN CLEAN UP im Einsaz. Detail: die Reuse; Quelle: press@theoceancleanup.com

Spezielle Ozean-Filter-Systeme, die nach dem Prinzip einer langen Reuse bis in eine Tiefe von 4 m arbeiten, sollen den Kunststoffabfall aus den Weltmeeren „fischen“. Das Projekt ist durch mehrere Entwicklungsstufen gegangen. The Ocean Clean up stellte 2022 seine bisher größte Meeresreuse – das 2,2 km lange System 03 – vor, das seitdem im Einsatz ist und im einmonatigem Betrieb (August 2023) 32 t Abfall aus dem Pazifik einsammelte.

Der Ansatz ist nicht ohne Kritik, denn abgesehen von den riesigen Investitionen für den weltweiten Einsatz wird zu Recht entgegnet, dass das Projekt nur oberflächennah arbeitet und die schwimmenden größeren Plastikteile abgreift, während doch über 90 % des Plastik und insbesondere das Mikroplastik in Tiefen über 100 m absinken.

Magnetisch induzierte Trennung arbeitet anders: In einer neueren Studie haben-Forscher der U Erlangen-Nürnberg (FAU) gezeigt, wie man Plastikpartikel verschiedener Sorten und Größen mithilfe ungiftiger, speziell beschichteter Eisenoxid-Nanopartikel einfach aus Wässern entfernen kann. Hierzu setzten sie ungiftige, speziell beschichtete Eisenoxid-Nanopartikel, sogenannte SPIONs, ein, die sie gezielt für die Anbindung an Plastikoberflächen entwickelt haben. Die SPIONs verklumpen mit den Plastikpartikel zu größeren Agglomeraten, die dann durch den Anteil an Eisenoxid sehr einfach magnetisch eingesammelt werden könne, s. Abb. 7-13.[130]

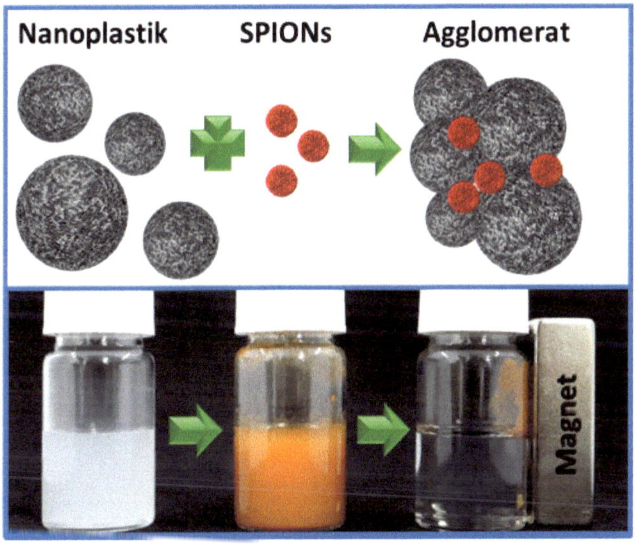

Abb. 7-12: Die Grafik zeigt, wie Plastikpartikel mithilfe von Magneten aus dem Wasser entfernt werden können Mikroplastik wechselwirkt mit Super Paramagnetic Iron Oxid Nanoparticles (SPIONs), wodurch dieses verklumpt. Diese Aggregate lassen sich mittels Magnet aus dem Wasser entfernen. Quelle: FAU 2022 (Grafik adaptiert von MatToday)

Vereinfacht könnte man diese Materialien auch als „smarten Rost" bezeichnen. Die oberflächenmodifizierten SPIONs, die mit ca. 30 nm Durchmesser deutlich kleiner sind als die untersuchten Plastikpartikel (100–970 nm), wechselwirken mit den Plastikpartikeln wie eine Art Kleber und verklumpen diese zu größeren Aggregaten. Diese Aggregate aus

130 Halik, M., Wirksame Methode zur Entfernung von Nano- und Mikroplastik aus Wasser, FAU Pressemitteilung 2022.

Nanoplastik und Eisenoxid lassen sich dann sehr einfach durch einen Magneten aus dem Wasser entfernen.

Bahnbrechend an diesem Konzept ist, dass durch die Oberflächenfunktionalisierung die SPIONs derart eingestellt werden, das bestimmte Plastiksorten bevorzugt anbinden. Dabei ist das Konzept so variabel, dass auch eine Breitband-Effizienz für Mischungen von Nanoplastik erreicht wird – wie sie auch in der Umwelt vorkommen.

Zwar ist kein technisches Verfahren geeignet, die gesamten 1.4 Mrd. Kubikkilometer Wasser auf der Erde von Mikro- und Nanoplastik zu reinigen, jedoch arbeitet das Team um FAU-Prof. Halik derzeit an einer technischen Umsetzung zur Skalierung der magnetischen Wasserreinigung. Ziel ist dabei die Reduzierung des Eintrags aus den Füssen.

Ein drittes Beispiel ist die „Seekuh“: Das Projekt wurde von der 2011 gegründeten Organisation One Earth – One Ocean ins Leben gerufen. Die *Seekuh* ist ein Schiff, das 2016 in Lübeck vom Stapel lief und 2018 zum ersten Einsatz kam. Es hat maritime Forschungsaufgaben und ist mit unter dem Schiff angebrachten Fangnetzen versehen, die an der Wasseroberfläche treibenden Plastikmüll aufsammeln, während sich der Katamaran mit einer Geschwindigkeit von etwa zwei Knoten bewegt. Nach Aussagen des Projektleiters bräuchte man allerdings 5000 Seekühe, um das gesamte Problem des maritimen Mülls innerhalb von 10 Jahren beseitigen zu können – auch hier also ein sehr großes Investment. Ein Vorteil der *Seekuh* ist, dass sie flexibel einsatzfähig ist. Das Schiff kann in Container verpackt werden und an die Orte transportiert werden, wo es räumen soll.[131]

Inzwischen wurde das Konzept weiterentwickelt: i 2021 wurde ein neues Schiff gebaut, das vorrangig für die weltweite Sammlung von Plastikmüll in Mündungsgebieten und an Küsten vorgesehen ist. Ziel ist die Entfernung großstückigen Plastikmülls und so die Verringerung der anschließenden Umwandlungsprozesse zu Mikroplastik. So kann Plastikmüll entfernt werden, bevor er sich zu Mikroplastik zerkleinert. Die *Seekuh 2.0* sieht anders aus als das Erstmodell Das Sammelsystem basiert nicht mehr auf absenkbaren Netzen, sondern auf einer Fördertechnik durch Bänder. Ziel ist eine höhere Effizienz und eine mitlaufende Sortierung.[132]

Die in Auswahl wiedergegebenen Konzepte zeigen erste Ansätze und sind entweder lokal begrenzt oder – wie im Fall der FAU – erst im frühen Entwicklungsstadium. Hinzu kommt die begrenzte Finanzierung, meist aus Forschungsgeldern und privatem Engagement. Große Vorhaben mit Internationalem Hintergrund stehen aus, wären jedoch dringend notwendig. An erster Stelle müsste allerdings die Vorsorge zur Vermeidung künftiger Einträge stehen (wie es das aktualisierte Seekuh-Projekt richtig vormacht).

Liegt das Sammelgut einmal vor, ist das weitere Vorgehen kein Problem. Die Sortierung von Müll ist erprobt, müsste jedoch auf kleinste Teilchen erweitert werden. Wenn Mikroplastik aus recycelbaren Kunststoffen vorliegt, kann es nach Sortierung in den Recyclingkreislauf der Kunststoffe (s. oben) überführt werden, theoretisch wenigstens. Dem steht jedoch meist die geringe Größe der Teilchen entgegen. Naheliegender ist die Verbrennung, jedoch müssen hier schädliche Emissionen vermieden werden.

Die Probleme liegen also

131 2024 CareElite.
132 ÖKO Planet GmbH.

- in der Sammlung aus den Meeren
- und insbesondere in der Vermeidung weiterer Einträge durch Flüsse und Schifffahrt, und damit in der Entsorgung,
- nicht im Recycling.

Kürzlich ist eine interessante Hypothese aufgetaucht: Korallen könnten als wahre „Reservoire“ für Mikroplastik fungieren, indem sie diese Partikel in ihren tiefen Strukturen einschließen.[133] Diese Entdeckung liefert eine neue Grundlage, um das Schicksal des Plastiks in den Ozeanen zu verstehen.

Dank einer innovativen Methode der chemischen Wäsche konnten die Forscher jede Schicht von Korallenproben isolieren und analysieren und dabei Plastikrückstände in jeder Schicht nachweisen. Nylon und PET (Polyethylenterephthalat), zwei Polymere, die häufig in Textilien und Verpackungen verwendet werden, gehören zu den dominierenden Kunststofftypen, die entdeckt wurden.

Diese Mikroplastikpartikel, die zwischen 101 und 200 Mikrometer groß sind, sammeln sich nicht nur im Schleim auf der Oberfläche der Koralle, sondern auch in deren inneren Geweben sowie in ihren tiefen Skelettstrukturen an. Dies verstärkt die Annahme, dass Korallen diese Partikel langfristig einfangen.

Die Ergebnisse unterstreichen die Bedeutung der Korallen bei der Aufnahme von Ozeanplastik. Ihr Skelett, das nach dem Tod intakt bleibt, hält diese Partikel fest und bildet eine wahre „Plastiksenke“. Diese Anhäufung ist für die marinen Ökosysteme neuartig. Die Korallen könnten als Barriere wirken, aber die langfristigen Folgen, insbesondere für die Gesundheit der Riffe, bleiben ungewiss.

Der nächste Schritt der Forschung besteht darin, herauszufinden, ob andere Korallenarten weltweit eine ähnliche Rolle spielen. Eine globale Studie scheint erforderlich zu sein, um das volle Ausmaß dieses Phänomens zu verstehen. Gegebenenfalls könnte die Rolle der Korallen bei der Bewältigung der Plastikverschmutzung zentral werden.

7.2 Textilien

Recycling ist ein Teilaspekt von Nachhaltigkeit, was in der Textilwirtschaft besonders deutlich wird. Unter den drei Nachhaltigkeitskriterien

- Effizienz
- Konsistenz
- Suffizienz

wird Recycling der Konsistenz-Kategorie zugeordnet und ist damit nur ein Teil der sog. textilen Kette.

Den Anfang der textilen Kette bildet die Rohstoffgewinnung. Darunter ist sowohl der Anbau und die Gewinnung von Naturfasern (z. B. Baumwolle, Wolle, Seide) zu

133 Cédric Depomd, 70 % des verschwundenen Plastiks im Meer bleiben unauffindbar, in: Science of the Total Environment, 13. Oktober 2024.

verstehen, als auch die Herstellung von Cellulosen (Lyocell, Viscose, etc.) und synthetischen Chemiefasern (Polyester, Polyamid, Polyacryl, etc.).

Die weltweite Faserproduktion hat sich seit der Jahrtausendwende beinahe verdoppelt. Im Jahr 2000 wurden insgesamt etwa 58 Mio. t Fasern produziert, 20 Jahre später schon etwa 109 Mio. t. Dieser enorme Anstieg in den letzten 20 Jahren ist ursächlich mit dem Marktwachstum von Fast Fashion verbunden.

Die beiden meistproduzierten und genutzten Fasern in der Bekleidungsindustrie sind Baumwolle (rd. 25 %) und Polyester (knapp über 50 %), s. Abb. 7 13. In den letzten Jahrzehnten hat die Produktion von Chemiefasern stetig zugenommen, was auch hier mit dem rasanten Wachstum der Fast-Fashion-Industrie in Verbindung gebracht werden muss.

Im Vergleich zu Baumwollfasern werden bei der Produktion von Polyesterfasern geringere Wassermengen benötigt. Sämtliche Fasern aus synthetischen Polymeren gehen vielmehr auf das allerdings nicht-regenerative Erdöl als Basisprodukt zurück. Für die Herstellung von u. a. Kunstfasern werden jährlich etwa 98 Mio. t Erdöl eingesetzt, knapp ein Prozent des weltweit geförderten Erdöls. Gleich ob konventionell oder Fast Fashion: Der Verbrauch an Ressourcen ist erheblich.

Das Ende der textilen Kette bildet die Entsorgung. Hierbei gibt es verschiedene Möglichkeiten, z. B. die Altkleidersammlung, Second Hand Verkauf, Recycling/Downcycling/Upcycling oder die Entsorgung über den Hausmüll.

In Deutschland fallen jährlich 1,3 Mio. t an Altkleidern an, wovon fast 75 % von Textilverwertern weiterverarbeitet werden, z. T auf wenig kontrollierbaren Pfaden. Allerdings ist das Recyceln von Alttextilien auch schwierig. Zur Wiederverwendung müssen diese in einen klar definierten Rohstoff umgewandelt werden. Ist im Kleidungsstück nur ein Material, wie etwa Baumwolle oder Polyester, verarbeitet, so braucht es zur Rückgewinnung der Fasern keines allzu großen Aufwandes. Bei vielen verschiedenen Bestandteilen des Objektes – es kann oft aus fünf oder mehr verschiedenen Materialien bestehen – ist der Recycling-Prozess eines Textils erheblich komplizierter. Solche Produkte sind vom Design her als Mischgewebe konzipiert, um den Tragekomfort zu erhöhen und den Pflegeaufwand zu verringern. Ein Recyclingprozess im Sinne einer Kreislaufwirtschaft setzt jedoch normalerweise eine Sortenreinheit der Ausgangsprodukte voraus, die bei der verbreiteten Fast Fashion nur bei wenigen Produkten wie T-Shirts gegeben ist, die fast immer nur aus Baumwolle bestehen.

Versuche, solche Mischgewebe dennoch zu recyceln, gibt es an mehreren Stellen. Ein Beispiel ist das Forschungsprojekt „TEX2MAT – Ein zweites Leben für Leintücher“ der TU Wien. Dem Team gelang es, aus zwei verschiedenen Materialien bestehende Textilien zu recyceln. Am Beginn standen weiße Leintücher aus Baumwolle und Polyester, wie sie in großen Mengen in Hotels und Krankenhäusern verwendet werden und als sogenannte Hotelwäsche anfallen. Baumwolle provoziert Löcher: Die Leintücher nehmen beim Waschen viel Wasser auf und schwellen an; beim Trocknen erhält man die ursprüngliche Größe zurück. Das belastet die Fasern, sie reißen schließlich und die Leintücher werden unbrauchbar. Baumwollfasern reißen wesentlich schneller als Polyester, was das Projektteam darauf brachte, sich auf eben den Polyester zu konzentrieren: Die Leintücher wurden mit einer wässrigen Enzym-Lösung gewaschen, um den Polyester herauszufiltern. Das Enzym tat das, was Enzyme in Tiermägen mit Pflanzenfasern immer tun: es zersetzte die Zellulose der Baumwolle zu Zucker, der in Lösung ging. Die Polyesterfasern wurden herausgefiltert und konnten wieder neu versponnen werden. Abb. 7-14 zeigt die zurückgewonnene Polyester-„Wolle“.

Das Verfahren der EedenGerMan UG aus Mönchengladbach macht es umgekehrt. Hier wird in einer (bis zur Patenterteilung geheim gehaltenen) chemischen Reaktion der Polyester herausgelöst. Das Endprodukt ist eine Zellulose-Pulpe, aus der sich baumwollartige Fasern gewinnen lassen. Das funktioniert im Labormaßstab, die industrielle Verwendbarkeit muss sich noch zeigen.[134]

Abb. 7-14: Die aus den Leintüchern herausgefilterten Polyesterfasern; Quelle: TU Wien / Foto: Piri Bauer

Ähnlich macht es Renewcell in Schweden, wenn auch in deutlich größeren Dimensionen. Ihr Werk hoch im Norden kann jährlich 120 T t Altkleider verarbeiten. Das Verfahren zur Herstellung des Produktes ist notgedrungen mehrstufig:

- Schreddern,
- Entfernung von Reißverschlüssen und Knöpfen (in einer Lauge),
- Ausbleichen der Farben,
- Entfernung des Kunststoffanteils,
- Herstellung der Pulpe,
- Ziehen der Bahnen,
- Trocknen und Rollenherstellung,
- Schneiden und Verpackung zu Ballen.

134 Schröder, P., Hochwertige Kleidung aus alten Klamotten, in: vdi nachrichten, 12. August 2022.

Die Abnehmer verarbeiten die Ballen dann zu Garn für neue Textilien. Der tolerierbare Kunststoffanteil beträgt z. Z. 10 %; er soll sich im nächsten Entwicklungsschritt auf 20 % erhöhen. Die Preise für das als „Circulose®" bekannte Produkt, die um ein Drittel über den Marktpreisen für Rohstoffe liegen, machen noch Sorgen. Hier hofft Renewcell wie auch die anderen Recyclierer auf eine Quotenvorgabe der EU für den Anteil recycelten Materials in der Herstellung.[135]

Nur aus etwa 1 % der Alttextilien werden momentan neue Kleidungsstücke hergestellt. Die mengenmäßig überwiegenden Recyclingwege bei Alttextilien gehören unter genauerer Betrachtung zum Typus Downcycling. Die Textilien werden in darauf spezialisierten Firmen zerkleinert und anschließend bis zur Faser aufgerissen (Reißfasern).

Der Begriff „Reißfaser" ist vom Verfahren abgeleitet. Der Prozess läuft über Reißanlagen, die jeweils mit 2-6 großen Nadelwalzen (Tambouren) ausgestattet sind. Die Tamboure transportieren mit ihrer Drehung die an der Reißmaschine zerkleinerten Textilien durch die Maschine und sorgen mit einer weiteren Nadelwalze, die sich in entgegengesetzter Richtung dreht, für den Aufriss des Materials, der bis zur Faser geht. Feinheit und Auflösung hängen von der Anzahl der Tamboure, der Geschwindigkeit der Walzen und den Abständen zwischen ihnen ab.

Diese Reißfasern werden danach u. a. zu Dämm- und Füllmaterial, Filzen, Decken, Bau- und Isolierstoffen weiterverarbeitet. In großen Anlagen entsteht ein völlig neues Produkt, indem viele verschiedene Komponenten miteinander vermischt werden. Abb. 7-15. zeigt ein Ergebnisbeispiel. Reißfasern sind infolge des Schreddervorgangs allerdings deutlich kürzer als die ursprünglichen Fasern und erlauben eine neue Verspinnung erst, wenn Neufasern zugegeben werden.

Die Angabe, dass der Anteil an recyceltem Polyester in der globalen Textilindustrie 14 % beträgt, erklärt sich anders: der Großteil an recyceltem Polyester stammt nicht aus textilen Reißfasern, sondern aus PET-Flaschen. Da diese bereits in einem eigenen geschlossenen Kreislauf der Getränkewirtschaft recycelt werden, ist ihre Verwendung für den textilen Sektor mehr als problematisch, in jedem Fall aber kein textiles Recycling.

Abb. 7-15: Recycling-Produkt Vlies; Quelle: dpa / Patrick Pleul)

135 Reportage: Altkleider frisch verwebt, vdi nachrichten vom 25. Januar 2024.

Ähnliches gilt für Textilien, die Plastik aus dem Meer verwerten. „Kleidung aus Meeresmüll" ist ein Slogan sowohl für Fast Fashion insgesamt wie auch für einzelne Fast Fashion Labels. Die Fair Fashion Labels Ecolab und Gott Bag mit Econ® oder Sequal® als Marken werben mit solchen Initiativen. Sie versuchen nach eigenen Angaben möglichst viel Meeresmüll aufzusammeln und diesen entsprechenden Recycling-Verfahren zuzuführen. Der Begriff Meeresmüll allerdings ist schon in seiner Definition, erst recht in seiner Verwendung unscharf. Neben tatsächlich aus dem Meer stammendem Müll kann es auch Müll sein, der weit entfernt von der Küste eingesammelt wurde. Ocean Bound Plastics-Zertifizierungen bieten hier etwas mehr Sicherheit. Von Experten wird ohnehin der Verdacht geäußert, dass „Recyceltes PET aus Meeresmüll" größtenteils als Marketing-Aufreißer verwendet wird, s. auch Abb. 7-16. Da das Ausgangsprodukt nicht aus dem textilen Bereich stammt, ist es ohnehin wie bei der Verwendung von Autoreifen kein textiles Recycling im eigentlichen Sinn.

Abb. 7-16: Recycling Meeresmüll? Quelle: Deutsche Welle (DW)

Tatsächlich werden in Deutschland Textilien aus einem Kleidungssack oder den Altkleidercontainern wie folgt weiterverwendet:

- Weitergabe von Textilien an Bedürftige bei ca. 10 %
- Export in osteuropäische oder afrikanische Länder bei ca. 40 %
- Downcycling aufgrund zu geringer Qualität der Textilien zu ca. 40 – 45 %
- Thermische Verwertung: ca. 5- 10 %.

Das gilt im Wesentlichen auch international. Chile etwa ist seit Langem ein Umschlagplatz für gebrauchte wie unverkaufte Kleidung aus Europa, Asien und den Vereinigten Staaten. Sie wird entweder in Lateinamerika weiterverkauft oder verrottet auf den Müllhalden der Atacama-Wüste, s. Abb. 7-17. Der weltweite Run auf schnelle Mode hat erreicht, dass im vergangenen Jahr mehr als 46 000 t Altkleider in der Freihandelszone Iquique im Norden Chiles angelandet worden sind. Siehe hierzu auch Kap. 7.13, Müllhandel.

Abb. 7-17: Textilhalde in der Atacama. „Das sind skrupellose Menschen aus aller Welt, die hierherkommen, um ihren Müll zu entsorgen“, sagte Patricio Ferreira, Bürgermeister einer der ärmsten Städte Chiles; Quelle: NTV

Die Textilwirtschaft bemüht sich jedoch auf anderen Wegen um eine verbesserte Nachhaltigkeit. Hierzu gehört z. B. ein Hochfahren der textilen Qualität, um Reparatur und längeren Gebrauch zu ermöglichen. Auch wird die Optimierung der Lieferketten bis hin zu Kontrollen vor Ort bei den meist asiatischen Herstellern forciert. Seit einigen Jahren gibt es einen begrüßenswerten Trend zu Erwerb und Nutzung von getragenen Textilien, bekannt unter dem Slogan „Second Hand“, was allerdings eine Mindestqualität der Ware voraussetzt. Und schließlich wäre da auch noch die Suffizienz, also der Verzicht auf den Erwerb.

Altkleider werden gesammelt, oft von gemeinnützigen Unternehmen und Organisationen. Von den gesammelten Textilien geht nach der Sortierung etwa die Hälfte in die Secondhandläden. Die Sortierung ist aufwändig und wird meist noch händisch ausgeführt. Jedoch gibt es inzwischen elektronische Lösungen, wie die der Berliner Firma Circular.Fashion.[136]

Suffizienz wird schwer durchzusetzen sein, da man kaum die Mitwirkung der Hersteller und Vertreiber erwarten kann. Hier hilft nur eines: der Verzicht auf Billigpreise durch die Käufer und der Abschied von den asiatischen Herstellern bzw. die deutliche Anhebung der Löhne und Fertigungsstandards in den Entwicklungsländern. Das kann die Textilwirtschaft aus sich heraus nicht lösen. Ggf. hilft der Faktor Zeit – in allen Entwicklungsländern steigen die Standards, auch die Löhne.

Was in den letzten Abschnitten diskutiert wurde, hat mit Recycling im eigentlichen engeren Sinn natürlich nichts zu tun. Es gibt jedoch einen Hinweis darauf, dass Recycling in größeren Zusammenhängen, speziell mit Nachhaltigkeit steht. Hierauf wird später noch einzugehen sein.

136 Stumberger, R., Der Stoff, aus dem ein neuer wird, in: vdi nachrichten vom 21. Oktober 2022.

7.3 Metalle

Stahl, Aluminium und Kupfer stehen im Mittelpunkt dieses Artikels. Sie sind die wirtschaftlich interessantesten Metalle und werden als Rohstoffe meist aus Ländern anderer Kontinente importiert. Nur rund 3 % der Metallrohstoffe stammen aus Ländern der EU. Die Importe mit den langen und teuren Transportwegen lassen sich durch Wiederverwertung von Metallen in Form von Schrott und alten Produkten deutlich reduzieren. Der Bedarf an Metallen ist in Deutschland so hoch, dass beispielsweise zusätzlich zum Rohkupfer und einheimischem Kupferschrott auch noch fremder Kupferschrott importiert wird, um den Bedarf zu decken.

Metalle aus dem häuslichen Bereich werden über den Restmüll entsorgt. Bevor der Restmüll seiner Endlösung zugeführt wird, trennen sehr starke Magnete alle magnetischen Metalle vom übrigen Müll. Aluminium als nicht magnetischer Stoff würde zusammen über den Pfad Restmüll nicht recycelt werden können. Dafür steht im Haus der gelbe Sack /die gelbe Tonne bereit, in die auch Kunststoffe entsorgt werden. Spezielle Maschinen trennen das Aluminium vom Kunststoffmüll. Kupfer ist ebenfalls nicht magnetisch. Es zählt zu den Edelmetallen und kann so nicht über den Pfad Restmüll und auch nicht über den Pfad Gelber Sack / Gelbe Tonne entsorgt und recycelt werden. Wer Kupfermaterial wie etwa Elektromagnete im Hausmüll entsorgt, riskiert sogar ein Bußgeld. Kupfermaterial sollte man im häuslichen Bereich besser als Elektroschrott abholen lassen oder zu einem Recyclinghof / einer temporären Sammelstelle bringen.

7.3.1 Stahl und Edelstahl

Stahl und Edelstahl werden umfangreich genutzt, z. B. als Werkstoff in Form von Blechen und Formteilen oder als Baumaterial. Das Recycling speziell von Edelstahl ist sehr wirtschaftlich möglich. Das hat den Aufbau einer großen Industrie zur Sammlung und Verwertung von Stahlprodukten begünstigt. Legierungszusätze machen den gewöhnlichen Stahl härter und zum Edelstahl. Sie sind dazu im Markt verbreitet und können als Massengut niedrige Preise bieten.

Die positiven Eigenschaften des Edelstahls zeigen sich in den häufigen und vielfältigen Anwendungen unseres Alltags wie auch der industriellen Produktion. Er ist nichtrostend und langlebig, beständig gegen das Wetter und leitet den Strom. Schließlich ist er auch noch sehr hygienisch im Gebrauch. Er eignet sich zur Herstellung von Maschinen, Fahrzeugteilen oder Gebrauchsgegenständen in Küche und Haus und in seiner Kombination von Beständigkeit, Formbarkeit und guten mechanischen Eigenschaften generell zur Herstellung einer Vielzahl von Erzeugnissen.

Schon die Wiederverwertung von einfachem Baustahl ist wirtschaftlich, erst recht das Recycling von Stahl und dessen Edelstahlvarianten. Edelstahl-Legierungen können unterschiedliche Anteile von Chrom, Nickel, Molybdän und Niob enthalten, dazu auch nichtmetallische Komponenten wie Kohlenstoff und Stickstoff, sodass sich für ein Recycling ein großes und meist auch wirtschaftliches Spektrum bietet.

Baustähle oxydieren an der Luft. Sie haben aber nicht die Probleme von Aluminium und anderen leichten Metallen, die eine hohe Affinität zum Sauerstoff haben. Im Ergebnis lassen sich Stähle direkt an der Luft verschmelzen. Recycling von Stahl wird so vergleichsweise einfach.

Die Möglichkeit, Schrott einfach zu sammeln, einzuschmelzen und daraus wieder einen Grundstoff zu gewinnen, ist sehr kostengünstig. Für die Stahlindustrie machte dieser Pfad im Jahre 2015 über 40 % des gesamten Produktionsvolumens in Höhe von weltweit 1 600 Mio. t aus.

Auf dem Papier ist jeder Stahl- und Edelstahlschrott wiederverwertbar. In der Praxis ist die Menge, die ökonomisch recycelt werden kann, jedoch begrenzt. Stahlprodukte sind in vielen Fällen nicht rein, sondern enthalten andere Materialien oder sind mit ihnen physisch verbunden (wie etwa beim Stahlbeton mit Beton). Eine Trennung der materialfremden Komponenten ist oft aufwändig und ggf. nicht wirtschaftlich. Für die Herstellung von neuem Stahl sind die Gewinnungskosten der treibende Faktor. Über den Preis pro Tonne informiert der Rohstoffmarkt, der sich ebenso wie der Markt für den Gesamtpreis ständig in Bewegung befindet. Sollte dieser erneut steigen, wird das Recycling von Edelstahl entsprechend wirtschaftlicher. Die Situation beim Edelstahl ist für das Recycling recht attraktiv, da er im Verhältnis zu Baustählen einen höheren inhärenten Wert hat. Edelstähle sind zudem meist dort verbaut, wo sie einer Trennung leicht zugänglich sind, was die Aufbereitung erleichtert, wie sich an Alltagsbeispielen wie Spülen, Küchengeräten, Geschirr, Werkzeugen und Werkstattschrott augenfällig zeigt.

Metallgegenstände werden entsorgt, indem sie Recyclinghöfen oder bei eindeutiger Kennung auch Schrottplätzen zugeführt werden. In Recyclinghöfen werden die Metalle von anderen Stoffen (z. B. Kunststoff, Speiseresten, Papier) getrennt.

Abb. 7-18: Sortierte Schrottwürfel; Quelle: LEIFIchem.de

Für die Trennung werden Magnete, Laser und Röntgenstrahlen verwendet. Erster Schritt im Recycling von Metallen ist dabei zunächst, die Metalle zu identifizieren und von Fremdstoffen zu trennen und dabei auch die verschiedenen Legierungen zu berücksichtigen. Eisen ist ein Sammelbegriff, der nicht berücksichtigt, dass den Metallen die verschiedensten Stoffe in Legierungen beigefügt sind, um die jeweils günstigsten Eigenschaften für vorgegebene Produkte zu erreichen. Stahl ist ein Stoffgemisch, dessen Basis zwar Eisen und Kohlenstoff bilden, das aber darüber hinaus viele verschiedene Beimengungen enthält. Mithilfe von Röntgenstrahlen können die unterschiedlichen Legierungen der Metalle getrennt werden. Nach dem Trennen werden die sortierten Metalle meist in transportgeeignete Würfel gepresst (Abb. 7-18) und zur Hütte / zum Stahlwerk verfrachtet. Es sind ungefähr 80 – 90 % des Edelstahls, die so dem Recycling zugeführt werden.

Stahlwerke schmelzen den zuvor gereinigten Schrott aus Stahl und Edelstahl direkt in einer Phase und in einer Einrichtung, wie Abb. 7-19 am Beispiel des Elektroofens zeigt, der hierfür besondere Eignung besitzt. Die Schmelze ist leicht zu analysieren und kann für den finalen Werkstoff durch Zuschläge angepasst werden. Aber auch das Blasstahlwerk ist gängige Praxis. Als Blasstahlverfahren sind das LD- und das OBM-Verfahren etabliert. Beide gehen vom Roheisen aus, setzen den Schrott in der Schmelze zu und blasen Sauerstoff ein. Im Anschluss beseitigt eine Weiterverarbeitung die Überschüsse an Kohlenstoff- und Stickstoff. Das Ergebnis ist Stahl, entstanden aus Roheisen und FE-Schrott zu etwa gleichen Teilen.

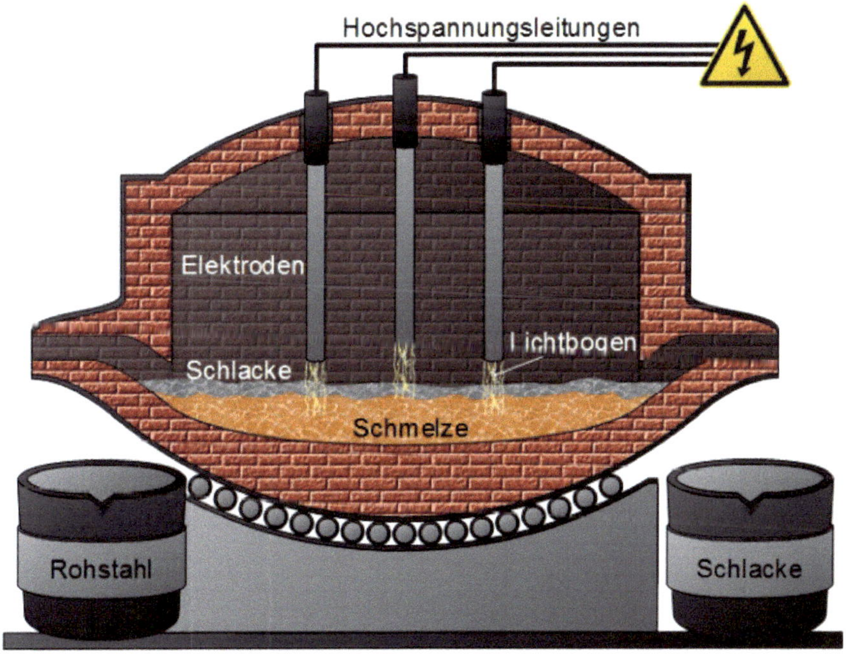

Abb. 7-19: Lichtbogenofen: Kippbarer Ofen mit einem Syphon-Abstich, um Stahlbad und Schlacke sicher zu trennen; Quelle: https://www.ahoefler.de/maschinenbau/werkstoffkunde/stahl/stahl-herstellung/direktreduktionsverfahren/363-elektrostahl-verfahren.html

Beide Wege, Elektroöfen wie Blasstahlwerke, werden schon lange genutzt, wie überhaupt die Wiederverwendung von Schrott eine große Tradition hat, was das Flussbild der Abb. 7-20 aus dem Jahre 1983 zeigt. Elektroöfen und Blaswerke tragen in etwa gleichmäßig zur Schrottverwertung bei, wie auch aus der Abbildung zu entnehmen ist.

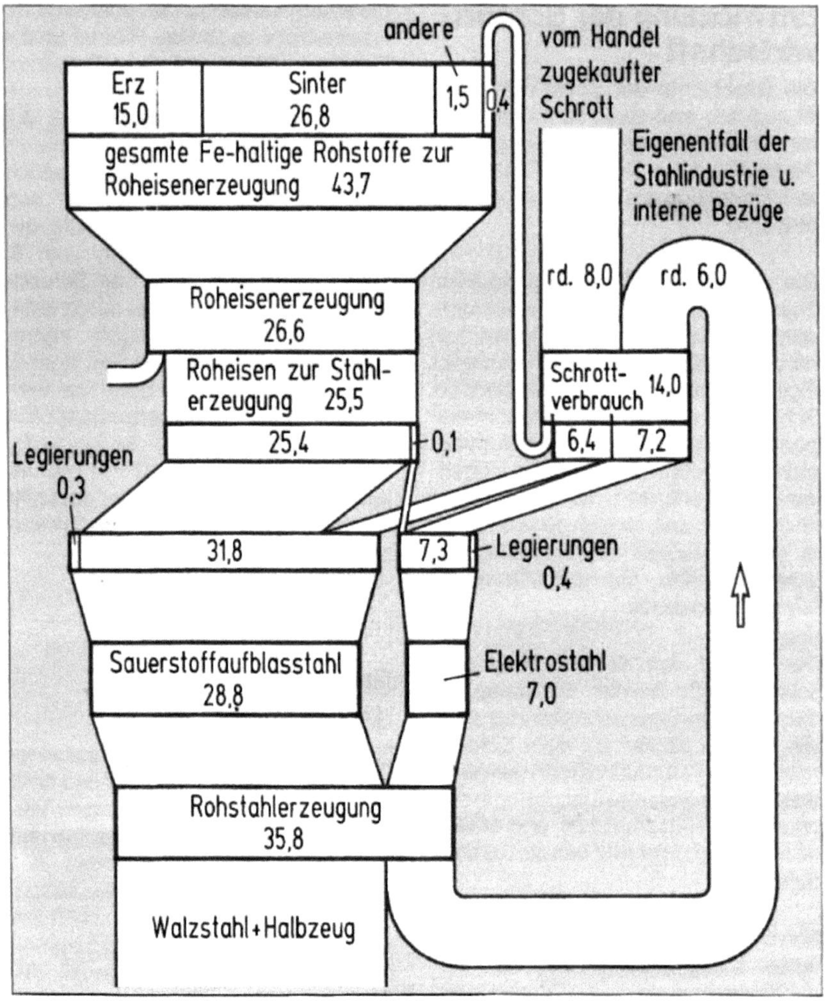

Abb. 7-20: Stoffflüsse der metallischen Einsatzstoffe bei der Erzeugung von Rohstahl, BRD 1983; Quelle: BDS (Hg), Vom Schrott zum Stahl, Verlag Handelsblatt 1984, Bild 1

Seine finalen metallurgischen Einstellungen erhält das Material in einer Schöpfstation durch Kupellation, wie man das Verfahren nennt, das auf Abtrennung von Edelmetallen, zum Beispiel Gold oder Silber, aus Legierungen mit unedleren Metallen hinausläuft. Schließlich gießt man es nach bekanntem Verfahren ab und erhält Stangen oder Brammen.

Einmal in diese Form gebracht, kann die übliche Weiterverarbeitung zu Blechen oder warm gewalzten Profilen beginnen.

Diese vergleichsweise einfache Wiederverwertung, die Abb. 7-21 noch einmal in vergröberter Zusammenfassung zeigt, hat die Industrie zu umfangreicher Anwendung veranlasst, diese Praxis aufzunehmen und anzuwenden.

Abb. 7-21: Stahlrecycling in sieben Schritten; Quelle: Klöckner Metalls

So verringert sich einerseits die Menge des Metallmülls auf Deponien und andererseits weltweit der Bedarf an Primärrohstoff. Die Gewinnung von Metallen aus dem Erz ist energieaufwändig, sodass Metall-Recycling zugleich auch Energieeinsparung bedeutet. Zugleich mit der Energie wird auch der Ausstoß klimarelevanter Emissionen eingespart. In Zahlen aus 2018 heißt das, dass das Recycling von Stahlschrott so viel Einsparung an Kohlenstoffdioxid erbrachte, wie alle französischen, britischen und belgischen Fahrzeuge zusammen emittiert haben.

Für den In Deutschland anfallenden Stahlschrott ist ein engmaschiges System von Sammel-, Sortier- und Aufbereitungsanlagen verfügbar, das sich schon über Jahrzehnte bewährt hat. Das gut funktionierende Recycling von Stahl trägt somit schon lange zur Verringerung des Bedarfs an Eisenerz und Kokskohle bei. Dass der Werkstoff Stahl praktisch vollständig und ohne Verlust an Qualität wiederverwertbar ist (was für beide oben zitierte Verfahrenswege gilt)., ist zweifellos eine Erfolgsbilanz.

Dass das Recycling von Stahl zudem zu erheblichen CO_2-Senkungen führt, macht die Gesamtheit der Prozesse zu einem prominenten Beispiel von Kreislaufwirtschaft. Etwa ein Drittel des CO_2-Ausstoßes der Stahlindustrie wird durch Recycling wieder kompensiert. In Zahlen bedeutet das ca. 117 kg CO_2-Einsparung im Jahr pro Einwohner. Einschränkend ist allerdings zu erwähnen, dass Deutschland auch Importstahl verwendet, der in den Herkunftsländern keinen oder zumindest geringeren Umweltschutzauflagen genügen muss. Wenn Stahl weltweit auf Basis europäischer Einsatzquoten von Stahlschrott hergestellt würde, könnten sich die bislang erreichten CO_2-Emissionssenkungen auf etwa 140 kg verbessern. Der Beitrag der Stahlindustrie in Deutschland an vermiedenen Umweltbelastungen ist beispielsweise deutlich höher als der von China. Beide Eigenschaften (Stahlintensität und Recyklierfähigkeit) sind somit unschlagbare Argumente für die Vorreiterrolle von Stahl in der Kreislaufwirtschaft.

7.3.2 Aluminium

Die Industrie kennt zwei Formen der Verwendung von Aluminium, das Primäraluminium und das Sekundäraluminium. Das sogenannte Primäraluminium wird unmittelbar aus dem Rohstoff Bauxit in einem extrem energieaufwendigen Prozess hergestellt, bei dem zudem große Mengen an CO_2-Emissionen frei werden und giftige Reststoffe in die Umwelt gelangen, wie z. B. der Rotschlamm. Abb. 7-22 zeigt den Materialfluss der Herstellung, die heute ausschließlich die Schmelzflusselektrolyse nutzt. Dabei wird das Aluminiumoxid mit Kryolith verschmolzen, wobei Kryolith dazu dient, den Schmelzpunkt auf 963 °C herabzusetzen.[137]

Sekundäraluminium besteht dagegen aus recyceltem Altaluminium. Im Vergleich zur Herstellung aus dem Rohstoff können durch das Recycling von Aluminium pro Kilogramm Material etwa 9 kg CO_2[138] und etwa 94 % Energie[139] eingespart werden.

Wenn man unterstellt, dass die Herstellung von Primäraluminium pro Tonne etwa 12,9 bis 17,7 MWh Energie benötigt, so reduziert sich damit der Energiebedarf bei gleicher Menge Sekundäraluminium auf fast spektakuläre 0,9 MWh.

Alltagsprodukte, bei denen Recycling eine besondere Rolle spielt, sind etwa:

- Fenster und Türen,
- Aluminiumdosen,
- Autoteile,
- Lebensmitteltuben,
- Joghurtdeckel.
- Alufolien,
- Aluschalen.

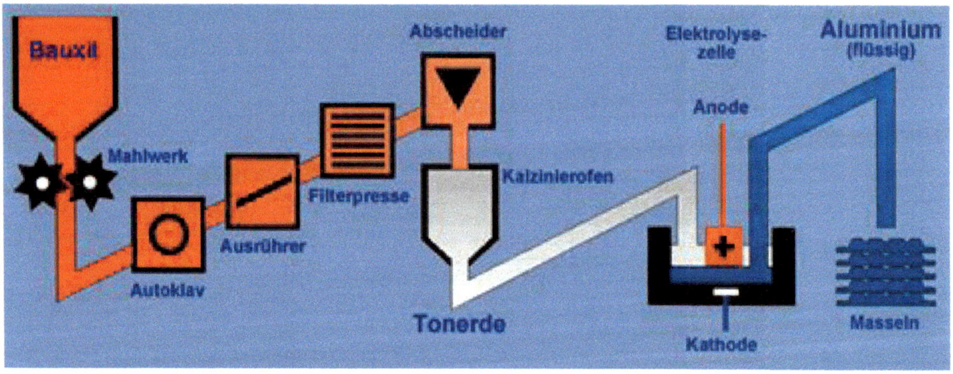

Abb. 7-22: Prozess zur Gewinnung von Primäraluminium; Quelle: Aluminiumverband Schweiz (alu.ch)

137 https://www.maschinenbau-wissen.de/skript3/werkstofftechnik/aluminium/77-alu-herstellung.
138 Nach Angaben des Dachverbands für Schweizer Recyclingorganisationen (Swiss Recycling).
139 Nach Angaben des American Geoscience Institut.

Aluminiumrecycling ist insgesamt ein komplizierter Prozess. Aluminium ist meist Teil von Legierungen und begegnet uns nur selten in reiner Form. Es gibt bis zu 450 solche aluminiumbasierte Metallmischungen, die sich kaum voneinander trennen lassen, da Aluminium ein unedles Metall ist. Das hat den Verlust eines Teil des Aluminiums während des Recyclingprozesses zur Konsequenz.

Aluminiumrecycling wird effektiv, wenn man die Zusammensetzung der Legierung kennt. Aluminiumschrotte werden deshalb zuerst sortiert und dann in drei verschiedene Gruppen getrennt:

- Altschrotte und unbekannte Neuschrotte werden zu unspezifischem Guss oder Deoxidationsaluminium. Guss bzw. Gusslegierungen können dann für die Herstellung von Zulieferteilen für die Automobilwirtschaft (wie Rädern, Bremsen, Zylinderköpfen, Bedienteilen) oder von Verzierungen verwendet werden. Wenn ihre Zusammensetzung nicht genauer spezifiziert werden kann, macht das die Wiederverwendung aufwändig. Deoxidationsaluminium kann nur noch bei der Stahlherstellung verwendet werden, wo es Sauerstoff aus der Schmelze zieht und so die Qualität des Stahls verbessert.
- Saubere Neuschrotte und schwach verunreinigte Altschrotte können ohne Probleme eingeschmolzen werden. Die in Umschmelzwerken entstehenden Knetlegierungen. eignen sich für Fahrzeug- und Schiffsteile, Behälter und Verpackungen sowie Aluminiumfolien.
- Reine Neuschrotte wie etwa Gießereiabfälle kann man direkt schmelzen und anschließend neu verwenden. Da selbst reines Aluminium oft bearbeitet, z. B. lackiert oder beschichtet ist, ist das ist jedoch eher die Ausnahme.

Abb. 7-23: Um das Aluminiumrecycling zu optimieren, müssten Aluminiumlegierungen vorher besser sortiert werden. Quelle: Ernst Schiele Metallrecycling GmbH

Das Problem ist insbesondere die vorweg laufende Sortierung, da die verschiedenen Aluminiumlegierungen oft auf dem gleichen Schrotthaufen abgeladen werden und anschließend kaum mehr sauber getrennt werden können, siehe z. B. Abb. 7-23. So wird ein großer Teil der oben an erster Stelle erwähnten unspezifischen Gusslegierungen eingeschmolzen.

Damit der Guss verwendbar wird muss die Charge mit Neu-Aluminium versetzt und damit gestreckt werden. Unterlässt man das, so bieten sich für den Guss wegen seiner niedrigen Qualität nur noch wenige Anwendungsmöglichkeiten.

Deutschland nennt sich oft „Recyclingmeister", da Deutschland im internationalen Vergleich vorgeblich viel (Verpackungs-)Müll recycelt. Th. Obermeyer, ehemaliger Präsident der Deutschen Gesellschaft für Abfallwirtschaft[140], gibt jedoch zu bedenken, dass die offiziellen Recyclingquoten (Aluminium: 90,4%) nicht die Realität spiegeln: Die offiziellen Quoten beziehen sich auf das, was zum Recycling abgeliefert wird, gehen also vom Input der Anlagen aus. Dass vor und im Prozess Material verloren geht und die recycelte Menge, die zur Verwendung ansteht, speziell beim Aluminium deutlich kleiner ist, taucht im Rechengang nicht auf. Die hohen Verluste, die für das Recycling insgesamt anfallen, werden so in den Veröffentlichungen ausgeblendet. Es ist kaum falsch, hier von Irreführung der Öffentlichkeit zu sprechen.

Dass Materialien nie zu 100 % recycelt werden können, ist auch dem Laien einleuchtend. Aber es gilt auch, dass Aluminiumrecycling noch deutlich verbessert und aufgewertet werden kann. Ein Weg dazu wäre die bessere Sortierung unter Einbeziehung der verschiedenen Legierungen und, daran anschließend, die nach Materialien getrennte und damit effektivere Aufbereitung.[141] Die Materialqualität könnte beim Recycling weitgehend erhalten werden, sodass sich das Verwendungsspektrum der Rezyklate erheblich erweitern ließe. Ein anderer Weg wäre die Nutzung neuer Recycling-Methoden, bei denen auf den Vorgang des Ein- und Umschmelzens verzichtet werden kann, was zusätzlich eine nicht unerhebliche Energieeinsparung bedeuten würde.

Aluminiumschrott wird nach derzeitigem Standard nach Aufbereitung des Schrotts umgeschmolzen und / oder raffiniert; in Spezialunternehmen laufen diese Verfahrensschritte ab:

- Aufbereitung:
  - Trennung vom Fremdmaterial
    - mit Magnet (Magnetabscheider)
    - mit Induktion (Wirbelstromverfahren)
    - überDichte (Schwimm-Sink-Anlage)
  - Beschichtungen entfernen
    - in Separate Anlagen
    - im Schmelzprozess
    - mit Trennung nach Knet- und Gusslegierungen
- Umschmelzen:
  - Reine Umschmelzverfahren
    - im Drehtrommelofen
    - im Induktionsofen
    - im Herdofen
- Kombinierte Verfahren:
  - Zweikammerverfahren
  - Pyrolyse/Blankglühen/Schmelzen

140 und Professor an der Hochschule Niederrhein.

141 So z. B. in Wissenschaftsdoku Quarks der ARD gefordert.

Das Umschmelzen kann in verschiedenen Arten von Öfen durchgeführt werden. Für hoch verunreinigte Schrotte sind Drehtrommelöfen mach wie vor die beste Lösung. In diesen Öfen wird das Material unter einer Salzdecke geschmolzen, die Schutz vor der Bildung von Verunreinigungen gewährlistet und vorhandene Verunreinigungen entfernen kann. Das Umschmelzen von lackiertem Schrott geschieht in zwei Schritten im oben bereits erwähnten Zweikammersystem. Die erste Kammer dient der Oberflächenbehandlung durch Abschwelen, die zweite dann dem eigentlichen Schmelzprozess. Hochleistungs-Nachbrenner und Filtrationssysteme sind notwendige Bestandteile neuerer Konstruktionen.

Abhängig von der Qualität der Schmelze kann anschließend ein weiterer Schritt, die sogenannte Raffination, notwendig werden. Sie besteht in der Reinigung der Schmelze und der Zufügung von Legierungskomponenten und auch in der Beseitigung von Verunreinigungen und erfolgt in einem gesonderten Anlagenteil, dem sog. Abstehofen.

Der Produktkreislauf sieht im Grund wie beim Edelstahl aus, s. Abb. 7-24. Die Unterschiede liegen im Detail, z. B. bei der Schmelztemperatur, die beim Aluminium nur zwischen 580 und 680 °C betragen darf, im Einzelnen abhängig von der Legierung.

Das Recycling von Aluminium bedeutet Einsparungen in nicht geringer Höhe: 85 % weniger CO_2 gegenüber dem Primärprozess und 95 % (!) weniger an Energieaufwand. Es ist also ein Prozess, der sich in mehrfacher Weise auszahlt.

Über die Recycling-Quoten wissen wir, welche Menge des Metalls, welches wir entsorgt haben, tatsächlich recycelt wird. Stahl bzw. Eisen liegen in den Quoten schon länger weit vorne. 2018 wurden von dem als Müll und Schrott gesammelten Stahl etwa 92 % recycelt. Aluminium liegt mit 90 %, ähnlich hoch, jedoch weckt hier die Ermittlungsmethode Zweifel, s. oben.

Damit sind die Quoten schon sehr hoch und weitere Steigerungen nur noch bedingt möglich. Die Bundesregierung hat für die Zeit ab 2022 für Stahl und Eisen wie für Aluminium mindestens 90 % vorgegeben. Die Vorgaben wurde schon 2018 im Stahl- wie im Aluminium-Recycling übertroffen bzw. erreicht.

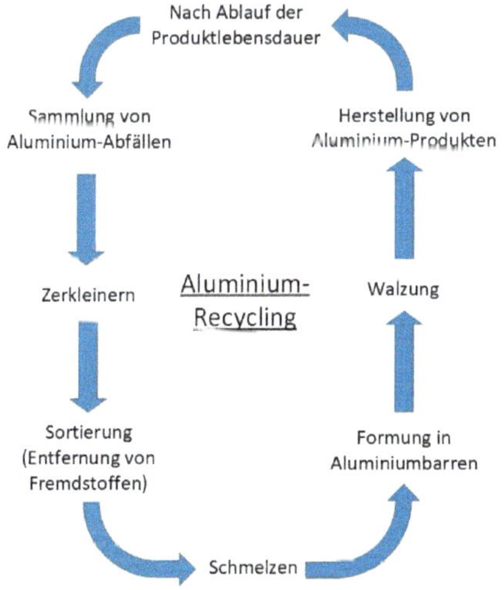

Abb. 7-24: Der Recycling-Kreiskauf beim Aluminium. Quelle: 2022 Industrie- und Handelskammer Chemnitz

7.3.3 Kupfer

Die Wiederverwertung von Kupfer liefert mehr Kupfer als die größten Kupferminen. Die Verwendung von gebrauchtem Kupfer war schon lange vor dem Beginn des heutigen Recyclinggedankens verbreitet und war vom Anfang der schon 7 000 Jahre andauernden Kupfergeschichte an ihr wesentlicher Bestandteil. In Deutschland stellt die Recyclingschiene heute über 50 % des Kupferbedarfs sicher. Schon in der Antike galt Kupfer als so wertvolles und beständiges Gebrauchsmaterial, dass das Recycling von Kupfer und seinen Legierungen, meist Zinnbronzen, selbstverständlich wurde. Denn es hat einen besonderen Vorzug: Kupfer kann aus Altmaterial ohne Qualitätseinbußen beliebig oft recycelt werden; die Raffination am Ende des Recyclingprozesses ermöglicht es, unedle wie edle Verunreinigungen restlos zu entfernen. Kupfer ist also für privaten und Industriegebrauch wichtig und beliebt, auch weil es wie ein Edelmetall immer wieder in den Urzustand zurückgeführt werden kann.[142]

Sein Recycling verzichtet nicht nur auf den frischen Rohstoff, sondern spart auch Energie und schont damit wie bei Stahl und Aluminium die Umwelt doppelt. Die Wiederverwertung von Kupfer macht den Erzabbau, die Aufbereitung und den Transport zu den Verarbeitungsstätten entbehrlich, und dann erfordert das Einschmelzen des Altmetalls auch nur einen kleinen Teil dessen, was an Energie für die Primärgewinnung aus Konzentraten erforderlich ist.

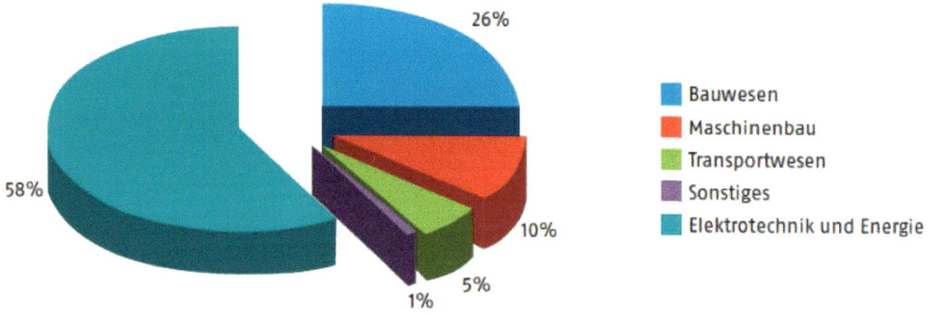

Abb. 7-25: Haupteinsatzbereiche von Kupfer, Quelle: Deutsches Kupferinstitut

Kupfer ist für uns Teil des täglichen Lebens und insbesondere ein bedeutender Grundstoff für die Elektrotechnik und die Informations- und Kommunikationstechnik. Gründe sind seine hohe elektrische Leitfähigkeit und seine ausgezeichnete Wärmeleitfähigkeit. Man findet deshalb Kupfer und Kupferlegierungen in Starkstromkabeln, Transformatoren, Klimaanlagen, Maschinen, Solarkollektoren, Gebäuden, auch in Autos, Zügen, Schiffen und Flugzeugen. Wegen ihrer Meerwasserbeständigkeit nutzt man Kupferlegierungen immer häufiger auch in Off-Shore-Windkraftanlagen.

Für manche Anwendungen des Kupfers werden besondere Werkstoffeigenschaften benötigt. Das wird dann durch Zufügung anderer Metalle erreicht (Legierung). Die bekann-

142 Basisinformationen: Deutsche Kupferinstitut, Berufsverband e. V., Düsseldorf.

testen Verbindungen des Kupfers sind Kupfer-Zink-Legierungen (Messinge) und Kupfer-Zinn-Legierungen (Bronzen).

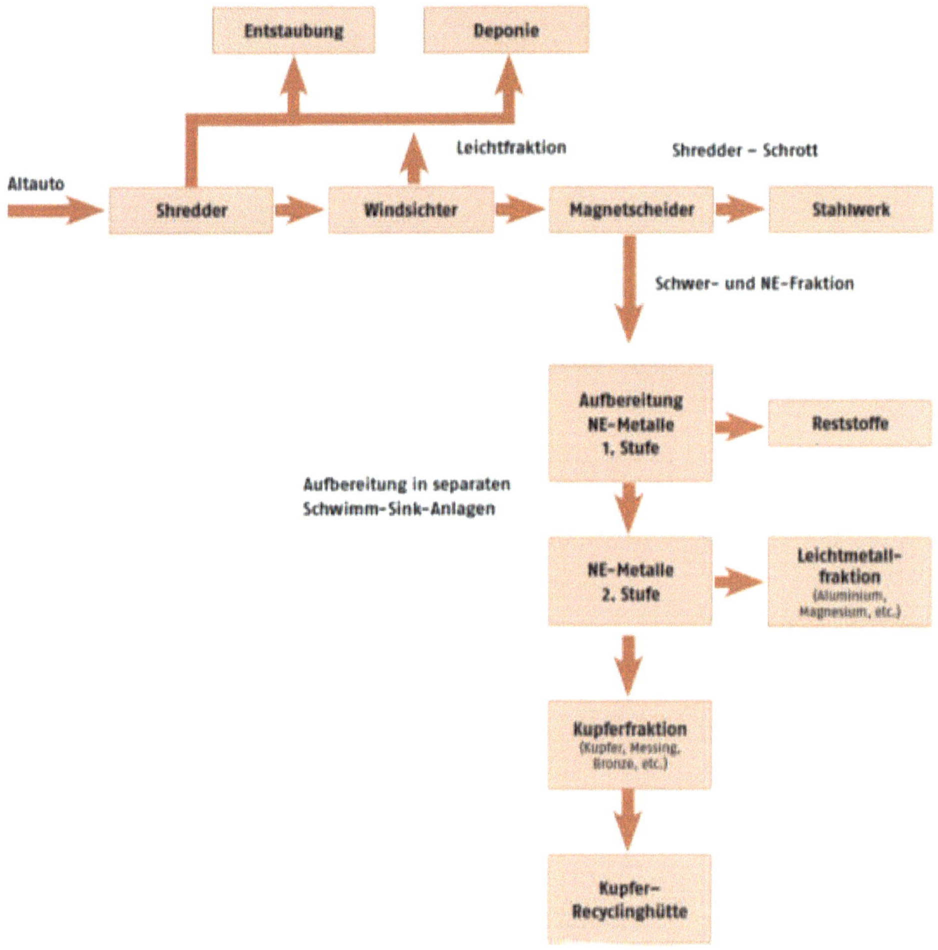

Abb. 7-26: Fließschema eines Schredderbetriebs für die Altautoverwertung; Quelle: Deutsches Kupferinstitut

Die relative Verbreitung der Anwendungen zeigt Abb. 7-25. Die hauptsächlichen Verwendungsbereiche des Kupfers sind danach das Bauwesen und die Elektrotechnik. Rechnet man auch das in den Gebäuden verlegte Leitungskupfer dem Bauwesen zu, so steigt dessen Anteil auf etwa 50 %.

Recycelt wird Kupfer aus allen Verwendungsbereichen. Die kupferhaltigen Endprodukte sind meist komplex, sodass sich spezifische Verfahren für seine Rückgewinnung herausgebildet haben. Die hierfür erforderliche Logistik sowie die Recycling-Techniken selbst sind produktspezifisch und werden hier nur beispielhaft behandelt. Abb. 7-26 zeigt ein Beispiel aus der Altautoverwertung.

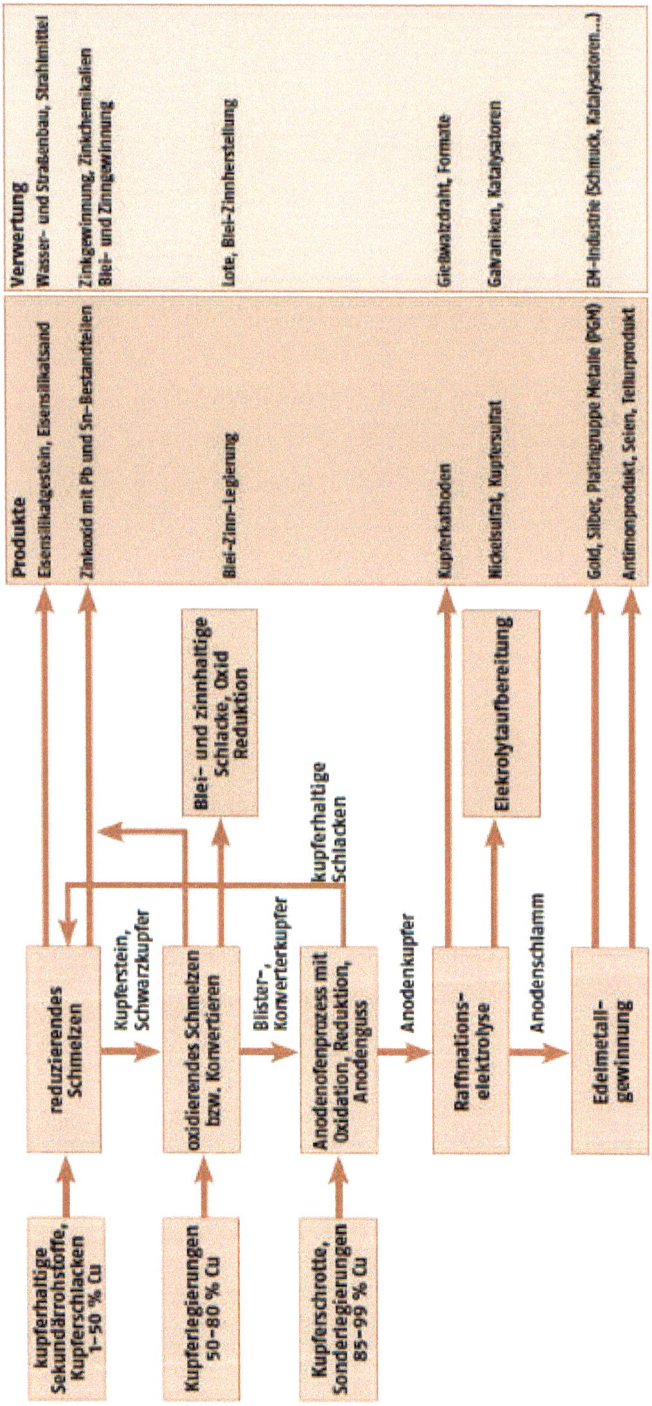

Abb. 7-27: Verfahrensschema für die Gewinnung von NE- und Edelmetallen in primären und sekundären Kupferhütten; Quelle: Deutsches Kupferinstitut

Wie dann die Kupferhütten mit den Zulieferungen umgehen, zeigt Abb. 7-27. Schmelzen und Elektrolyse sind die hier bestimmenden Basisprozesse. Zu den Endprodukten der Kupferhütten zählt übrigens nicht nur Kupfer: Die eingesetzten Verfahren liefern auch Edelmetalle wie Gold, Silber, Platinprodukte sowie Antimon- und Tellurprodukte und Selen. Deren Quantitäten hängen naturgemäß von der Art der zugelieferten Sekundärrohstoffe ab.

Recyclingraten und -mengen: Aufgrund der mitunter langen Lebenszyklen der Kupferprodukte gelangen diese oft erst nach längerer Produktnutzung wieder in den Kupferkreislauf zurück. Zwei Beispiele: Ein Dach aus Kupfer hat eine Lebensdauer von 60 bis 80 Jahren, ein Auto eine Gebrauchsdauer von etwa zehn Jahren. Kupfer aus den beiden Verwendungen geht also frühestens nach 80 bzw. nach 10 Jahren in den Recyclingmarkt.

Der oben bereits für Deutschland genannte Recyclinganteil von mehr als 50 % ist die sogenannte klassische Recyclingrate. Da Kupfer in seinen Anwendungen ohne jeglichen Qualitätsverlust immer wieder recycelbar ist, wäre hier eine weitere Verbesserung zu erwarten, irgendwann bei gleichbleibendem Bedarf auf nahezu 100 %. Die Rechnung geht allerdings so nicht auf, da der Verbrauch an ständig steigt und der Bedarf an Kupfer für die Erzeugung neuer Produkte heute höher liegt als vor 10 und erst recht vor 80 Jahren. Wenn man die durchschnittliche Lebensdauer von Kupferprodukten mit etwa 33 Jahren unterstellt, muss man das Verhältnis von Altkupfermenge und Kupferproduktion auf den gleichen Zeitraum beziehen und erhält so eine echte Recyclingquote von rund 80 %, die damit deutlich höher liegt als die oben genannte klassische Quote, aber kaum 100 % erreichen wird.

Das in den Kreislauf gelangende Kupfer wird deshalb real aus drei Quellen bedient: aus der Extraktion und Weiterbehandlung des Erzes, der Direktschmelze von Neuschrotten und dem Recycling von ausgedienten Produkten und Produktionsresten. Bezogen auf die Weltproduktion bezogen liegt der Recyclinganteil bei etwa 35 %. Die Abdeckung der gestiegenen Nachfrage erfordert also weltweit auch weiterhin eine nicht unerhebliche Primärproduktion.

Recycling von Kupfer ist ökonomisch wie ökologisch effektiv: Es können 62 % des Kohlenstoffdioxids eingespart werden, das bei der Gewinnung des Primärmetalls anfällt, und es werden nur rund 20 % des Energieaufwands benötigt.

7.4 Altholz und Leder

Altholz und Leder werden in manchen Statistiken gemeinsam geführt. Unter Recyclingaspekten sind sie jedoch getrennt zu betrachten.

7.4.1 Altholz

Altholz ist zunächst Holz und damit ein natürlicher und vor allem nachwachsender Rohstoff. Holz ist für Wirtschaften und Wohnen unverzichtbar und wird in großen Mengen geerntet und verbraucht und auch energetisch genutzt. Ein effizienter und nachhaltiger Umgang mit Holz ist in den entwickelten Ländern schon lange mehr oder weniger selbstverständlich.

Der Sammelbegriff „Altholz“ bezieht sich auf Hölzer und Holzwerkstoffe, die als Bestandteil von Produkten ihr Lebensende erreicht haben und somit Abfall im Sinne des KWG sind. Die hierfür geltende Altholzverordnung[143] sieht eine Einteilung in zwei Untergruppen vor: Industrierestholz und Gebrauchtholz.

Industrieholz sind wie z. B. Sägespäne-Reste, die bei der Holzbe- und -verarbeitung oder allgemein in der Holzwerkstoffindustrie anfallen und nicht einer weiteren innerbetrieblichen Verwendung zugeführt oder als Nebenprodukt verwendet / vermarktet werden können und damit Kandidaten für die Entsorgung geworden sind.

Gebrauchtholzer haben ein Leben als Produkt hinter sich und dort ihr Lebensende erreicht. Ihre Erstverwendung können sie als Verpackung, Abbruchholz, Bauholz, Holz aus dem Wohnungsbereich oder als Industrie-bzw. Gewerbeholz gefunden haben. Die Altholzverordnung fordert eine Zuordnung nach Anfallort und Verwendungszweck.

In der Altholzverordnung werden vier Kategorien zur stofflichen und energetischen Verwertung des Altholzes unterschieden, die sich auf die Belastung des Holzes mit Schadstoffen beziehen:

> „A I: Naturbelassenes oder lediglich mechanisch bearbeitetes Altholz, das bei seiner Verwendung nur unerheblich mit holzfremden Stoffen verunreinigt wurde.
> A II: verleimtes, gestrichenes, lackiertes oder anderweitig bearbeitetes Holz ohne halogenorganische Verbindungen in der äußeren Beschichtung – also ohne chemische Verbindungen aus den Elementen Brom, Jod, Fluor und Chlor, und ohne Holzschutzmittel.
> A III: Altholz mit halogenorganischen Verbindungen in der Beschichtung ohne Holzschutzmittel
> A IV: mit Holzschutzmitteln behandeltes Altholz sowie sonstiges Altholz, das aufgrund seiner Schadstoffbelastung nicht den Altholzkategorien A I bis A III zugeordnet werden kann, ausgenommen PCB-Altholz (z. B. Dämm- und Schallschutzplatten, die mit polychloriertem Biphenylen behandelt wurden).“[144]

Die Kategorien A III und A IV sind damit als belastet eingestuft. Die Zuordnung zu den Altholzkategorien bestimmt, ob und wie das Altholz stofflich aufbereitet werden kann oder ob es nur energetisch verwendet werden darf.

Das Altholzaufkommen in Deutschland lag nach Zahlen des statistischen Bundesamtes im Jahr 2010 bei ca. 11 Mio. t. Da ca. 10 % als gefährlicher Abfall oder A IV-Holz deklariert wurden, kann von ca. 10 Mio. t stofflich nutzbarem Altholz der Kategorien A I bis A III ausgegangen werden.[145] Während sich der Recyclinganteil (Recyclingholz) in Deutschland längere Jahre kaum änderte und bei 20 % eingependelt hatte, stieg er 2010 / 2011 auf 33 % an. In vergleichbaren Ländern wie Großbritannien wurde jedoch ein Anteil von 55 % und in Italien ein Anteil von 89 % erreicht. Das legt umfangreiche Recycling-Reserven für Deutschland nahe.

143 Altholzverordnung vom 15. August 2002 (BGBl. I S. 3302), die zuletzt durch Artikel 120 der Verordnung vom 19. Juni 2020 (BGBl. I S. 1328) geändert worden ist.
144 Zitiert aus § 2 Altholzverordnung.
145 Fraunhofer WKI | Peter Meinlschmidt.

Abb. 7-28: Schreddern von Altholz auf einem Recyclinghof; Quelle; Holz Recycling & Verwertung GmbH

Stoffliche Nutzung des Altholzes bedeutet in Deutschland im Wesentlichen die Herstellung von Span- und Faserplatten. Ziel ist es, bislang nur unzureichend genutzte Rohstoffquellen zu erschließen – so z. B. die Hölzer der Kategorie A III und A IV, die nach der Altholzverordnung als belastet gelten. Diese Holzabfälle enthalten zusätzlich Kunststoffe wie PVC, Holzschutzmittel sowie schwermetallhaltige Farben. Selbst in kontaminierter Lignocellulose (dem Strukturmaterial in der Zellwand aller holzigen Pflanzen) befindet sich eine nicht unbeträchtliche Menge verwertbaren Holzes, die durch gezielte Trenn- und Sortierverfahren zu gewinnen sind.

Bemühungen hierzu laufen im Fraunhofer-Institut für Holzforschung (Wilhelm-Klauditz-Institut WKI). Ziel ist dort, ein Schnellerkennungsverfahren zu entwickeln, mit dessen Hilfe eindeutige Sortierkriterien einsetzbar werden, die eine Entscheidung zulassen, ob ein Altholz noch stofflich oder nur thermisch zu verwerten ist. Dabei hat offenbar die Nahinfrarot (NIR)-Spektroskopie das Potenzial, einen Teil der aufwändigen Laboranalysen zu ersetzen.

Mit der NIR-Spektroskopie lassen sich die verschiedensten Kunststoffe unterscheiden. Somit ist z. B. auch eine Differenzierung verschiedener WPC-Granulate (Holz-Plastik-Composite), die mit unterschiedlichen Kunststofftypen (PE, PP, PVC, PLA) hergestellt wurden, möglich. Dadurch ist eine sortenreine Trennung und Wiederverwertung dieses Thermoplasts ausführbar. Hierfür sind aufwändige mathematische Vorverarbeitungsschritte (Mittenzentrierung, spektrale und räumliche Filter, Entfernung spektral verrauschter Randbereiche) und zur Datenreduktion eine Hauptkomponentenanalyse (PCA) notwendig.

Bei Auswahl geeigneter Hauptkomponenten lassen sich alle Kunststoffe eindeutig voneinander unterscheiden und damit auch sortenrein sortieren. Weiterhin ist z. B. eine Unterscheidung des reinen Altholzes oder der unbeschichteten Spanplatten von mit Melamin oder PVC beschichteten Spanplatten einfach zu realisieren.

Eine Unterscheidung der Holzarten wie auch verschiedener organischer Holzschutzmittel scheint möglich zu sein. Die Ergebnisse und deren Umsetzung in die ökonomische

Praxis bleiben abzuwarten. Schließlich müssen Techniken und Geräte entwickelt werden, die vor Ort schnelle und sichere Entscheidungen ermöglichen.

7.4.2 Leder

Auch Leder kann als natürlicher Rohstoff eingeordnet werden – es ist letztlich die Viehwirtschaft, die den größten Teil unseres Leders liefert: Leder ist gegerbte Tierhaut. Die Wertschöpfungskette von Leder ist ein gutes Beispiel für die 5 Stufen des Abfallpyramide

- Reduzieren (engl. Radice)
- Reparieren
- Wiederverwenden (engl. Reuse)
- Weiterverwerten (engl. Recycle)
- Downcycling
- Biologischer Abbau / Verbrennung[146]

Reduzieren: Gerbereien nutzen den biologischen Abfall der Fleischgewinnung, indem sie hieraus Häute und Felle auslösen und aus diesen das neue Material Leder herstellen. Das ist schon gut, aber im weiteren Gebrauch von Leder kann noch mehr erreicht werden, z. B. sein Ersatz durch andere, umweltfreundlichere Produkte wie Textilien aus Naturfasern. Die Lederherstellung selbst ist also schon Abfallverwertung.

Reparieren: Lederartikel können repariert werden, wenn sie Schäden haben. Diese Eigenschaft ist besonders und etwas, was Trendsubstitute nicht bieten können. Das einfachste Beispiel ist das Besohlen von Schuhen.

Wiederverwendung: Leder hält lange, über den Bedarf des Nutzers hinaus, sodass man es weitergeben kann. In Secondhand-Läden sind Vintage-Lederartikel sehr gefragt, sie werden „trendy“ und z. T. generationenübergreifend (z. B. als Koffer) genutzt und sogar vererbt.

Weiterverwerten: Manche Leder müssen von Zeit zu Zeit ersetzt werden. Dies gilt für Büromöbel-Bezüge, Zug- und Flugzeugsitze oder Vergleichbares. Kreative Unternehmen haben Methoden entwickelt, um Leder aufzuarbeiten und weiterzuverwenden oder es für andere Lederartikel zu verwenden. Die US-Bahngesellschaft Amtrak hat sich beispielsweise entschlossen, aus ihren ausrangierten Ledersitzen individuell aussehende Rucksäcke herzustellen.

Downcycling: Einige Lederartikel sind einfach zu klein, für eine Weiterverwendung nicht mehr brauchbar oder auch Abfall bei der Verarbeitung des Leders. Dann bietet sich noch die Möglichkeit des Downcycling: Geschreddertes Leder kann z. B. auf Reitplätzen zum Dämpfen des Hufschlages eingestreut werden, entweder allein oder auch kombiniert mit Holz- oder Papierschnipseln.

Biologischer Abbau / Verbrennung: Wenn Leder, was selten ist, in archäologischen Ausgrabungen wie in Abb. 7-29 noch vorgefunden wird, hat das seinen besonderen Grund: Die Umgebungsbedingungen wie Temperatur, Luftfeuchtigkeit und Lufteinwirkung, Licht, Vorhandensein natürlicher Konservierungsstoffe usw. waren für den Erhalt günstig. Im Idealfall steht am Ende des Leders der biologische Abbau, z. B. auf einer geregelten Deponie.

146 So formuliert der Verband der deutschen Lederindustrie (VDL)., ergänzt vom Autor.

Dass häufig die Verbrennung bevorzugt wird, ist eine Frage von Bequemlichkeit und preislichem Wettbewerb.

Leder ist damit ein weiteres Beispiel für einen gelungenen Kreislauf.

Abb. 7-29: Archäologischer Fund; Quelle: Dede Meduse blog

7.5 Altglas/Glas°°

In Deutschland wurden 2021 rund 7,776 Mio. t Glas hergestellt. 4,24 Mio. t wurden zu Behälterglas, 2,24 Mio. t zu Flachglas. Spezielle Gläser für Haushalte, Forschung und Wirtschaft erreichten einen Umfang von rund 363,6 T t. Zusätzlich entstanden bei spezialisierten Produzenten 932,2 T t als Dämmmaterial verwendbare Glas- und Steinwolle.

Für die Herstellung von Glas werden Quarzsand, Soda und Kalk gebraucht, also in großen Mengen vorhandene Rohstoffe. Abhängig vom Glasprodukt werden unterschiedliche Bestandteile gemischt und gemeinsam aufgeschmolzen. Ab 1 600 °C entsteht eine zähe Schmelze, die sich bei abgesenkten 1 000 °C formen lässt.

Glas entsteht erst durch die Abkühlung, die hinreichend schnell erfolgen muss, um eine Kristallisation zu vermeiden. Thermodynamisch ist Glas eine gefrorene, unterkühlte Flüssigkeit. Beim Erstarren der Schmelze zum Glas bilden sich zwar Kristallkeime, für einen vollen Kristallisationsprozess ist jedoch wegen der Schnelligkeit des Abkühlprozesses nicht genügend Zeit. So entsteht ein Produkt, das in seiner Struktur einer hochviskosen Flüssigkeit gleicht.

Anders als viele andere Rohstoffe hat Glas einen großen Vorteil: Es lässt sich ohne Qualitätsverlust beliebig oft wieder einschmelzen und neu verarbeiten („bottle-to-bottle"). Hierin ähnelt Glas dem Kupfer.

Hinsichtlich der Möglichkeiten einer Weiter- und Wiederverwendung muss zwischen den Produktgruppen unterschieden werden. Das in der Menge überwiegende Behälterglas lässt sich gut recyclen. Es hat sogar gegenüber dem Primärprozess Vorteile: Die zum Erstschmelzen benötigte Temperatur von 1 600 °C erfordert viel Energie und ist somit aufwändig. Der Energieaufwand im Recycling ist geringer und in seiner Größe vom Anteil des Altglases abhängig: Bei 10 % Altglas in der Form von Scherben spart man 2 bis 3 %, bei höheren Anteilen von Altglas proportional mehr. Dementsprechend sinkt auch der CO_2-Ausstoß. Das ist also der technische Weg des Altglasrecyclings im engeren Sim. Enger deshalb, weil es zwei Wege gibt:

- Engeres Recycling meint das Einsammeln und die stoffliche Wiederverwertung des Glases von Lebensmittelverpackungen, also von Glasflaschen und Gläsern nach deren Gebrauch. Das jetzt Altglas genannte Glas wird wieder eingeschmolzen; der Prozess ist heute ein wesentlicher Teil der Glasherstellung.
- Darüber hinaus meint Glas-Recycling aber auch die neue Füllung von benutzten Gläsern bzw. Flaschen und deren Nutzung im Pfand- und Mehrwegsystem.[147] Diese Rückführung und Wiedernutzung von gebrauchtem Behälterglas wird als die Urform moderner Kreislaufwirtschaft angesehen.

Abb. 7-30: Herstellung von Glasware am Beispiel Trinkgläser; Quelle: www.g-wie-gastro.de

Für gebrauchtes Behälterglas wurde bereits im Jahr 1974 ein flächendeckendes Sammelsystem eingerichtet. Meist sind sogenannte Bringcontainersysteme zur gesonderten Erfassung von Braun-. Grün- und Weißglas in Gebrauch. Sie sind längst bundesweit im Einsatz,

147 Solche Systeme gibt es nicht nur für gläserne Getränkeflaschen und Joghurtgläser, sondern auch für PET-Flaschen.

s. weiter unten. Das Sammelsystem Weiß für Altglas umfasst private Haushalte wie auch Gewerbe- und Industriebetriebe.

Glasherstellung einschließlich Glasrecycling läuft über die Glashütten. Eine Glashütte besteht aus

- Rohstofflagern für Quarzsand, Soda (Na_2CO_3), Pottasche (K_2CO_3), Manganoxid und Metalloxid,
- einem Gemengebunker zum Mischen der Rohstoffe nach jeweiligen Rezepten,
- Ofenanlagen zum Schmelzen des Gemenges,
- Verarbeitungsstätten,
- Kühlöfen zum kontrollierten Abkühlen der Werkstücke zur Vermeidung von Spannungsrissen, und sonstigen Hilfseinrichtungen für die Produktion sowie
- Fertigwaren-Lagerstätten,

s. auch das spezielle Beispiel der Abb. 7-30.

In industriell betriebenen Glashütten (etwa zur Flachglas- und Behälterglaserzeugung) stehen Prüfmaschinen zur Qualitätskontrolle und Verpackungsanlagen. Sie sind ein weiterer Teil der technischen Ausstattung.

Bei den Ofenanlagen gibt es unterschiedliche Ausstattung: Sogenannte Schmelzwannen kommen bei der maschinellen Produktion von Massenware zum Einsatz, Hafenöfen für die manuelle Produktion von hochwertigen Glasgegenständen, Klein- und Kleinstwannen (die die Hafenöfen zunehmend ablösen). Mund-/handgearbeitetes Flachglas ist selten geworden. Sogenannte Glasmarken der jeweiligen Hütte, aufgebracht am unteren Rand oder auf dem Boden der Produkte, kennzeichnen den Hersteller.

Abb. 7-31: In acht Schritten vom Altglas zum neuen Produkt: der Recycling-Kreislauf von Glas; Quelle: (c) RESORTI-Blog

Der Recycling-Kreislauf von Glas (im engeren Sinne) läuft in den acht Schritten bzw. Phasen der Abb. 7-31 ab, wobei die Prozesse in der Glashütte verkürzt dargestellt sind.

Die Sammlung von Altglas ist essenzielle Voraussetzung für ein effektives Recycling. Es läuft über spezielle Altglas-Container, von inzwischen über 300 000 an öffentlichen Straßen und Plätzen, aber auch vor Discountern oder in Einkaufzentren stehen. Das hier gesammelte Glas kann bei sauberen Einwürfen problemlos recycelt und ohne Qualitätsverluste wiederverwendet werden. Die durch Entsorgung gesammelten Glasverpackungen machen inzwischen gemeinsam mit den Mehrwegflaschen bis zu 90 % der Einsatzstoffe für die Glashütten aus.

Es geht dabei nicht um das Sammeln schlechthin, sondern um ein damit verbundenes Sortieren. Das Sammelspektrum für Altglascontainer ist eingeschränkt; nicht alles, was nach Glas aussieht, gehört dort hinein, sondern nur

- Flakons aus Glas, Getränkeflaschen, Konservengläser, pharmazeutische Glasbehälter, sonstiges Verpackungsglas, und dies getrennt nach den drei Farben Weißglas, Braunglas und Grünglas.[148] Farbcodes erleichtern die Orientierung:

Recycling-Code-70 (GL) für farbloses Glas

Recycling-Code-71 (GL) für grünes Glas

Recycling-Code-72 (GL) für braunes Glas

- Die Liste der zum Einwurf nicht erlaubten Gegenstände ist lang: Autoschei-ben und PKW-Lampen, Blumentöpfe und Vasen, Fensterglas, Glasdekoration wie Weihnachtsbaumkugeln, Glasgeschirr und Trinkgläser, Glaskochfelder (Ceran), Glüh- und Energiesparlampen, Kaminglas, Leuchtstoffröhren, Lichterketten, Monitor- und Fernseherglas.
- Eine zusätzliche Orientierung bieten die Farbcodes für Porzellan, Keramik und Steingut, Spiegel.

148 Alle weiteren Farben, wie zum Beispiel blau, gelb oder rot, gehören mit in den Glascontainer für Grünglas.

Die für Trennung und Sammlung geltenden Vorgaben sind leider so speziell, dass viele Fehlwürde erfolgen und umfangreiche Nacharbeit bei den Entsorgern nötig ist. Wie unvollständig und nachlässig Verbraucher vorgehen, lässt sich bei jeder öffentlichen Sammelstelle beobachten.

Die zuvor skizzierte positive Entwicklung findet ihren Niederschlag auch in den Statistiken wieder. 2 Mio. t Altglas werden pro Jahr eingesammelt.

- Der Verwertungsanteil ist von 2007 bis 2013 von 83,7 auf 88,7 % gestiegen.
- Eine Tonne Recyclingglas bedeutet die Einsparung von über 300 kg CO_2.
- Bundesweit besteht jede (Einweg-)Glasflasche aus ca. 60 % Altglas.

7.5.1 Flachglas

Flachglasprodukte, also Fensterglas und andere Baugläser müssen spezielle Qualitätsanforderungen erfüllen, wie z. B. hinsichtlich Farbreinheit und Blasenfreiheit. Sortenreine Glasscherben aus weiterverarbeitenden Betrieben und Eigenscherben sind die bevorzugten Ausgangsprodukte der Flachglasindustrie. Sammelsysteme zur Erfassung möglichst sortenreiner, fremdstoffarmer Flachglasprodukte wurden auf- und ausgebaut. Den Anforderungen nicht genügendes Altglas bedarf der Aufarbeitung, für die es in Deutschland zehn Aufbereitungsanlagen gibt.

Altglasfraktionen, die den erwähnten Qualitätsmerkmalen nicht genügen, werden ggf. bei der Herstellung von Behälterglas verwendet und kommen auch für die Herstellung von Dämmwolle, Schmirgelpapier, Schaumglas und Glasbausteinen in Frage.

7.5.2 Autoscheiben

Die Altfahrzeugverordnung (AltfahrzeugV)[149] sieht vor, dass die Demontagebetriebe für Altfahrzeuge die Scheiben und Glasdächer von Altfahrzeugen auszubauen und dem Recycling zu übergeben haben. Im Jahr 2020 nahmen die deutschen Altfahrzeug-Demontagebetriebe 409 903 Altfahrzeuge zur Behandlung an. Auf diese Weise wären theoretisch pro Fahrzeug etwa 35 kg Fahrzeugglas und insgesamt rund 14 300 t Glas zusammengekommen. Aufgrund von Ausnahmeregelungen haben die Verwerter davon jedoch nur etwa 7 % (998 t) ausgebaut und den überwiegenden Teil der Fahrzeugscheiben und Glasdächer mit den Altfahrzeugen in die Schredderanlagen überführt, was keinesfalls im Sinn der Verordnung war. Die dabei anfallenden nichtmetallischen mineralischen Rückstände wurden dagegen zum größten Teil etwa als Bergversatz verwertet, oder auch an Deponien weitergegeben und so wenigstens teilweise beseitigt.

149 Altfahrzeug-Verordnung in der Fassung der Bekanntmachung vom 21. Juni 2002 (BGBl. I S. 2214), die zuletzt durch Artikel 1 der Verordnung vom 18. November 2020 (BGBl. I S. 2451) geändert worden ist.

7.6 Papier / Kartonagen

Die Quellen schreiben die Erfindung des Papiers China zu, in persona Cai Lun, einem Würdenträger des chinesischen Kaiserhofs. Ab 105 n. Chr. begann er, Schreibstoff herzustellen, der aus Resten von Stoff, Baumrinde und Fischernetzen bestand. Einzelheiten des Verfahrens waren lange unbekannt, denn die Chinesen bewahrten das Patent ihrer Herstellung über mehrere hundert Jahre. Im 6. Jahrhundert n. Chr. gelangte die Erfindung über einen buddhistischen Mönch nach Japan. Die Japaner übernahmen die chinesischen Techniken umgehend und begannen, als Ausgangsstoff die Rinde des Maulbeerbaums zu verwenden.

Das Geheimnis der Papierherstellung erreichte Arabien um 750 n. Chr. Berichtet wird. dass der Generalgouverneur des Kalifats von Bagdad mithilfe zweier chinesischer Papiermacher in Samarkand eine Papiermanufaktur errichtete. Von dort verbreitete sich die Produktion dank der Eignung der örtlich vorhandenen Materialien Hanf und Leinen, zwei hochqualitativen Rohstoffen mit guten Eigenschaften zur Herstellung von Papier, in weitere Städte Asiens, besonders nach Bagdad und Damaskus.

Abb. 7-32: Das älteste Stück Papier, das bislang bekannt ist. Es ist Teil einer Landkarte und wurde 1986 iim Nordosten Chinas gefunden. Quelle: www.ilpost.it

Die Vorgehensweise bei der Papierherstellung ließ sich inzwischen so beschreiben: Am Beginn stand die Zerfaserung und das Einweichen der Ausgangsstoffe in Wasser, bis man eine homogene „Pulpe“ erhielt. Ihre Oberfläche fischte man über ein eingetauchtes Sieb ab. Auf dem Sieb bildete sich eine zusammenhängende Masse, ein Faservlies. Der „Schöpfer“ gab das Sieb an den „Gautscher“ weiter, der das Vlies auf einem Filztuch ablegte. Auf den noch unfertigen „Bogen“ wurde wiederum ein weiteres Filztuch aufgebracht, womit der erste Arbeitsschritt beendet war. Der Vorgang wurde mehrfach wiederholt, bis ein kleiner Stapel aus Bögen und Filzen entstanden war, der anschließend über eine Handpresse entwässert wurde. Die Bögen wurden entnommen, getrocknet und in einem letzten Vorgang mit Reisstärke bestrichen, was eine Farbaufnahme des fertigen Papiers ermöglichte.

Nach Europa kam das das Papier erst mit dem 11. Jahrhundert, als die Araber nach Sizilien und in Spanien vordrangen. Es wurde rasch verbreitet, im Gegensatz zum bisher als Beschreibstoff verwendeten Pergament jedoch als minderwertiges Material angesehen. Friedrich II. erließ 1221 sogar ein Edikt, das die Verwendung von Papier für öffentliche Urkunden verbot. Nicht ganz ohne Berechtigung: Der Einsatz von Reisstärke regte den Appetit von Insekten an und machte Papier somit wenig langlebig.

Den italienischen Papiermachern, insbesondere denen aus Fabriano, verdanken wir die nächsten Entwicklungsschritte. Sie wechselten im 12. Jahrhundert zu Leinen und Hanf als Rohstoffen und stießen auch anderer Innovationen an:

- Für das Zerstampfens der Lumpen führten sie das hydraulische Hämmern ein, was die Herstellungszeit der Pulpe deutlich verringerte.
- Die Leimung der Blätter geschah fortan mit tierischer Gelatine, was zugleich Schutz vor Insektenbefall bedeutete.
- Auch die Einführung verschiedener Papiersorten und -formate ist mit Fabriano verbunden,
- und ebenso die Implementation des sogenannten Wasserzeichens.

Abb. 7-33: Das Papier von Fabriano; Quelle: Papiermuseum von Fabriano

Die Einführung von Wasserzeichen machte vieles möglich: Verzierungen, Markenzeichen, , kirchliche und weltliche Wappen, Unterschriften und Symbole unterschiedlichster Art konnten jetzt mit Hilfe von auf dem Schöpfsieb angebrachten Metallfäden erzeugt werden, deren Ort und Gestalt wegen der veränderten Transparenz im Gegenlicht sichtbar wurden. Die Innovationen von Fabriano setzten sich fort und Fabriano wurde zur Hauptstadt der europäischen Papierherstellung, bis zur Erfindung des beweglichen Letterndrucks und vor allem der Ablösung von Lumpen durch Zellstoff. Auch heute noch kann man in Fabriano handgeschöpftes Papier kaufen, s. Abb. 7-33.

Erst im 14./15. Jahrhundert hielt die Papierherstellung auch in anderen europäischen Ländern Einzug. Die Bedeutung Fabrianos schwand, jedoch gelang es P. Milani im Jahr 1782, die vielen jetzt über das gesamte Territorium verstreuten Papierfabriken zu den auch heute noch bekannten Miliani Fabriano Papierfabriken zu fusionieren und so das „Markenzeichen Fabriano" in die Zukunft zu retten.

Die Erfindung der beweglichen Lettern und damit des Buchdrucks durch Guttenberg bedeutete für das Papier am Ende des 15. Jahrhunderts den Beginn einer neue Ära mit einem beachtlichen Wachstum. Hundert Jahre späten begann mit der Entdeckung Amerikas und dessen Kolonialisierung durch die europäischen Mächte die Entstehung eines neuen Marktes auch für das Papier. Einer Anekdote zufolge boykottierten die aufständischen Siedler Nordamerikas alle englischen Waren mit einer Ausnahme: den für sie wertvollen Produkten der Londoner Papierfabriken.

Bis zum Ausgang des 18. Jahrhunderts blieb die Papierherstellung händisch. Die Qualität dieser Papiere war zwar sehr hoch, aber die gefertigte Menge wegen der geringen Produktivität der Papiermühlen begrenzt. Dem stand eine ständig steigende Nachfrage gegenüber.

Die Erfindung des Franzosen N.-L. Robert war dann der Beginn einer neuen Epoche und mit der Einführung einer maschinellen Produktion ein grundlegender Paradigmenwechsel. Er konstruierte die erste Langsieb-Papiermaschine, die das Schöpfen einzelner Blätter überflüssig machte und eine zusammenhängende Papierbahn lieferte und damit die Epoche der maschinellen Papierfabrikation einleitete. Das erste Exemplar seiner Maschine war 1798 fertig, s. Abb. 7-34. Jetzt konnte in einem kontinuierlichen Vorgang eine quasi endlose Bahn erzeugt und so Papier schnell und kostengünstig hergestellt werden. Robert brachte es auf eine Tageserzeugung von ca. 100 kg und arbeitete dabei mit einer Siebbreite von 64 cm. Die erreichte Arbeitsgeschwindigkeit lag bei sensationellen 5 m/min. Die bis dahin handwerkliche Technik wurde in der Folge innerhalb weniger Jahrzehnte durch die industrielle Fertigung abgelöst.

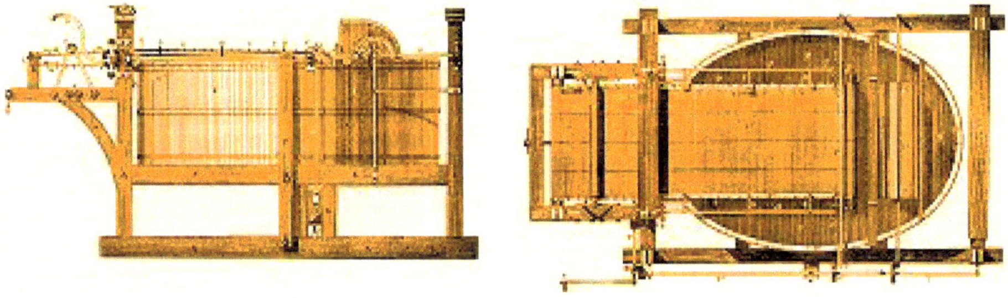

Abb. 7-34: Erste Papiermaschine von Nicolas-Louis Robert 1798; Quelle: Kleine Papiergeschichte, zusammengestellt von Dieter Freye, https://papiergeschichte.freyerweb.at/images/PM2.JPG

1804 konnte als Gemeinschaftsleistung der Brüder Fourdrinier mit weiteren Spezialisten in Frogmore / England (Grafschaft Hertfordshire) eine wesentlich verbesserte Papiermaschine in Betrieb genommen werden. 1819 gelang dort B. Donkin auch der Bau des ersten Trockenzylinders, den Abb. 7-35 als Teil der Gesamtanlage zeigt. Eine derartige Maschine erzeugte 1827 mit nur 5 Kräften eine Papiermenge, für die nach traditionellem Verfahren 50 bis 60 Kräfte nötig gewesen wären. Nachdem im Jahre 1806 der deutsche Papiermacher M. F. Illig die Leimung des Papierstoffes in der Masse (Masseleimung) mittels Harzes und Alaun erfunden hatte, waren die Grundlagen der maschinellen Papierfabrikation vollständig vorhanden.

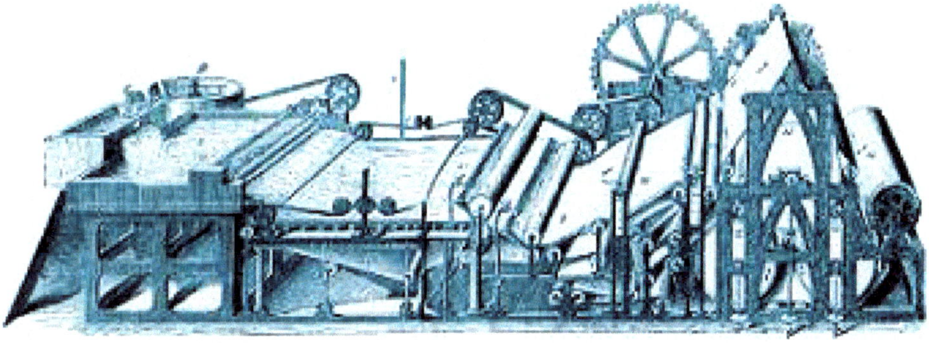

Abb. 7-35: Papiermaschine von Bryan Donkin, nach 1820; Quelle: Kleine Papiergeschichte, zusammengestellt von Dieter Freye, https://papiergeschichte.freyerweb.at/images/PM2.JPG

Diese erste deutsche Papiermaschine ging 1830 in der Fabrik von G. Schäuffelen in Heidelberg in Betrieb. Für Konstruktion, Aufstellung und Betrieb war der Mechaniker J. Widmann verantwortlich.

Ab etwa 1825 fasste die Industrialisierte Papierproduktion rasch in Europa Fuß, wie Zahlen für das Jahr 1850 zeigen: England 300 Papiermaschinen, 250 in Frankreich. Vergleichbares galt auch für die Vereinigten Staaten. Mitte des 19. Jahrhunderts war dann eine Situation erreicht, in der die Gesamtheit aller Produktionsschritte vollständig mechanisch beherrscht wurde, beginnend mit der Aufbereitung der Lumpen und endend mit Verpackung des fertigen Papiers.

Es war absehbar, dass die Menge der Lumpen, die man für die Papierherstellung benötigte, an Grenzen kommen würde. De Versuch, sie durch andere Materialien zu ersetzen, führte zum Holz als Alternative für die Gewinnung der Pulpe. Das hatten vermutlich schon die Ägypter in der Antike getan. Dort wurde als Rohstoff der Papyrus verwendet, dessen Mark aus fast reiner Cellulose besteht. Papyrus weist eine erstaunlich hohe Haltbarkeit auf, wie das die gut erhaltenen Funde beweisen. Allerdings ist er empfindlich gegen Feuchtigkeit und Wurmfraß und bricht leicht.

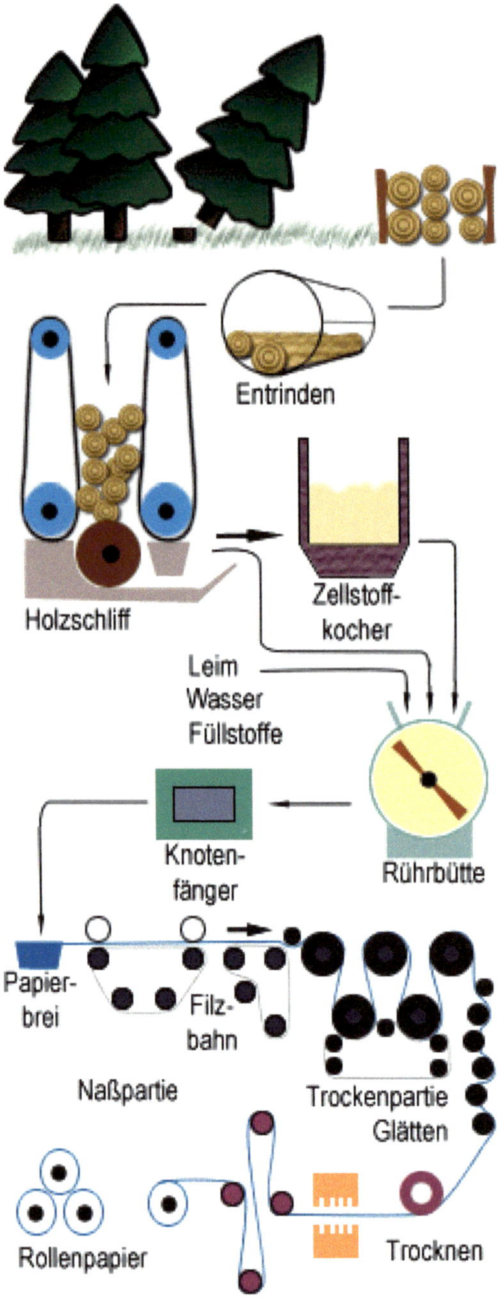

Abb. 7-36: Papierherstellung heute; Quelle: Die Chemieschule

Die Entwicklung der neuen Technik, Pflanzenfasern von gefällten Bäumen anstelle von Lumpen zu verarbeiten, ließ den Preis für Papier deutlich fallen. Cellulose aus Holz ist bis heute die Basis der Papierproduktion geblieben. Im Laufe von wenigen Jahren wurde Paper zu einem Produkt des täglichen Bedarfs, dessen aktuelle Herstellung voll mechanisiert ist, s. Abb. 7-36.

Papier ist heute ein Massenkommunikationsmittel. Über 75 % des hier zu Papier verarbeiteten Zellstoffs (Primärfasern) stammen aus Importen. Die Herstellung von Papier ist allerdings nicht umweltfreundlich. Es wird viel Energie und viel Wasser benötigt: Für eine Tonne Papier werden 30 bis 40 m^3 Wasser verbraucht, dazu auch 2 – 2,5 t Holz, das jedoch ein regenerativer Rohstoff ist. Während des Produktionsprozesses kann es zur Einleitung gefährlicher Chemikalien in Gewässer kommen. Und je nach Papiersorte lassen sich auch umweltbelastende chemische Zusatzstoffe nicht vermeiden. Reduzieren kann man die Umweltbelastungen, indem Altpapier mit verwendet wird und beste verfügbare Techniken bei der Produktion eingesetzt werden.

7.6.1 Papierrecycling heißt Recyclingpapier

Recyclingpapier zu verwenden, heißt einen wichtigen Beitrag zur Schonung der Ressourcen zu leisten. Der „Blaue Engel" der Abb. 7-37 ist das Markenzeichen von Recyclingpapier. Rohstoff für Recyclingpapier sind Altpapier bzw. die Sekundärfasern. Beides ersetzt Primärfasern, die aus ungebrauchtem Holz stammen und zum Frischfaserpapier werden. Altpapier bzw. die sogenannten Sekundärfasern sparen Holz und schonen die Waldbestände, was gleich mehrfache Vorteile hat: Erhalt der Biodiversität, Verringerung der Konkurrenz um Flächen, Schutz der Lebensräume der Bewohner, auch kurze Transportwege und damit geringere Emissionen. Mit der Nutzung von Altpapier und zusätzlichem sparsamen Umgang mit Papier und kann der Druck auf die Wälder reduziert werden, deren Erhalt für das Erdklima essenziell ist.

Abb. 7-37: Der Blaue Engel kennzeichnet Recyclingpapier. Quelle: UBA

Von Vorteil ist nächst der Einsparung von Holz auch die positive Einwirkung auf Mikro- und Makroklima und die Verringerung von Energie- und Wasserverbrauch: Die Herstellung von Recyclingpapier verbraucht nur die Hälfte an Energie und nur ein Drittel an Wasser im Vergleich zu Papier aus Primärfasern. Die ökologischen Vorteile variieren mit der Wahl des Papierproduktes. Die in Abb. 7-38 dargestellten ökologischen Vorteile für eine Tonne Recycling-Hygienepapier können deshalb nur bedingt verallgemeinert werden.

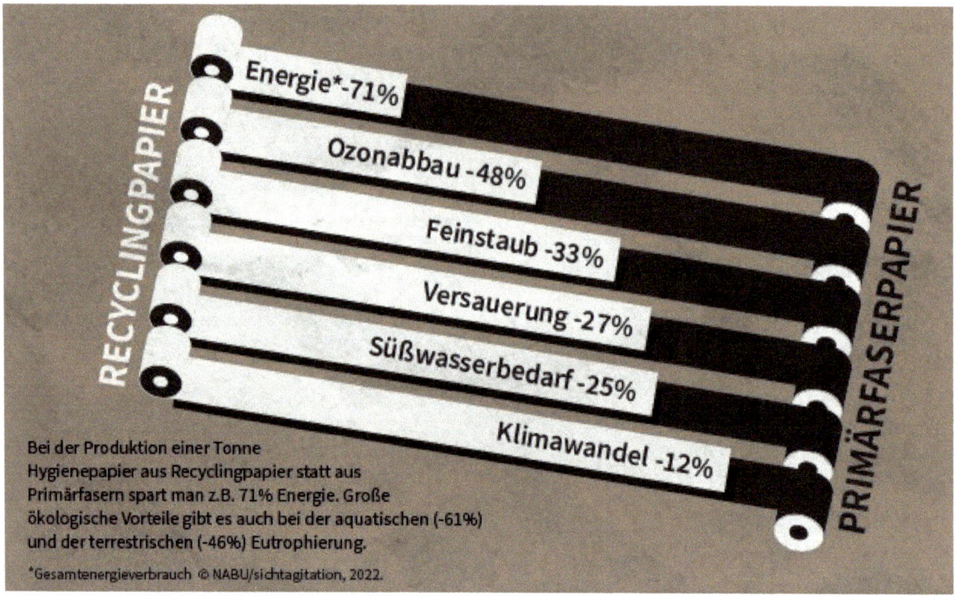

Abb. 7-38: Ökologische Vorteile von Recycling-Hygienepapier; Quelle: NABU/sichtagitation

Das Papierrecycling ist sehr hilfreich, jedoch nicht beliebig oft durchführbar: Die Qualität der Fasern (in Wesentlichen ihre Länge) nimmt bei jedem Recyclingdurchlauf ab, sodass eine zunehmende Beimischung von frischen Fasern unumgänglich ist. Manche hochwertige Papiersorten verlangen die Beimischung von vorneherein. Bei Transportverpackungen z. B. ist eine 20 % ige Beimischung vorgegeben. Die hierfür in Deutschland benötigte Menge schätzt NABU auf 600 000 t/a , was etwa 1,2 Millionen Bäumen entspräche.

Der Einsatz von Recyclingpapier ist zwar begrüßenswert, jedoch nicht immer möglich – z. B. ist der direkte Kontakt mit Lebensmitteln ein Problem. Dennoch kann subsumiert werden, dass ein großes Potenzial existiert, mehr Recyclingpapier einzusetzen. Eine Qualitätsverbesserung wäre zusätzlich hilfreich.

7.6.2 Herstellung Recyclingpapier

Die Qualität von Altpapier variiert stark. Deshalb muss das Altpapier zunächst sortiert werden. Der Wert einer Altpapiersorte steigt mit der Faserqualität, der isotropen Zusammensetzung und der Abwesenheit von Fremd- und Strohstoffen. Negativbeispiele sind Kunststoffbeschichtungen bei Papierverpackungen oder Verbundverpackungen, wie sie für Lebensmittel üblich sind.

Erster Schritt ist die korrekte Entsorgung. Sie erfolgt durch den Verbraucher über Blaue Tonne oder Papiercontainer. Die Papiertonne oder der Papiercontainer darf enthalten:[150]

150 Nach BMU, . Recyclingpapier ist gut für die Umwelt.

- Zeitungen/Zeitschriften/Prospekte,
- Schachteln aus Papier, Pappe und Karton (keine Verbundverpackungen),
- Lebensmittelkartons (keine Verbundverpackungen) wie Cornflakes-Kartons,
- Papiere, Kartons und Pappen aus Büros und Verwaltungen,
- Schulmaterial aus Papier,
- Broschüren/Bücher/Kataloge,
- Unbeschichtetes Geschenkpapier,
- Eierkartons,
- Geschenkkartons,
- Schuhkartons,
- Blumenpapier,
- Brötchentüte/Obstpapiertüte.

Es folgt die professionelle Sortierung. Nach der Einsammlung des Altpapiers aus Blauen Tonnen und Containern wird es im Recyclingwerk nach Papierarten getrennt. Das geschieht in fünf Schritten:

- Das angelieferte Material durchläuft zunächst die mechanische Stufe Grobabsiebung. Die Grobabsiebung konzentriert sich auf die Kartonagen ≥ DIN A4 und bunkert sie ein.
- Über Siebe werden papierfremde Bestandteile entfernt. Dazu gehören kleine Plastikstücke, Büroklammern oder Heftnadeln.
- Danach kommt optische Sortierung zum Einsatz. Sie nutzt eine hochauflösende Farbkamera und einen CMYK-Sensor, die Kartons und durchgefärbte Papiere sowie Störstoffe aller Art identifizieren und deren Positionen auf dem Band orten, sodass Druckluftauslässe die erkannten Materialien gezielt ausblasen können.
- Die Qualitätssicherung wird durch eine folgende manuelle Sortierung gewährleistet.
- Die verschiedenen Papierqualitäten wie Mischpapier und Kartonagen sowie die Deinkingware (die für den Zeitungsdruck geeignet ist) werden zu Ballen gepresst, s. Abb. 7-39, oder auch als lose Ware per Straßentransport der Papierindustrie verfügbar gemacht.

So werden in der Bilanz alle Papierqualitäten einer stofflichen Verwertung zugeführt.

Abb. 7-39: Altpapier-Ballen aus der Sortieranlage, die zu Recyclingpapier weiterverarbeitet werden. Quelle: NABU/B. Bongardt

7.6.2.1 Altpapiersorten

Zur Herstellung der breiten Palette von Recyclingprodukten kann man nicht jede Art von Altpapier verwenden. Von einer Zeitung etwa erwartet man, dass sie helles, gleichmäßiges Papier benutzt, das sauber bedruckbar ist und nicht schon beim Entfalten zerrreißt. Deshalb werden zur Produktion des Papiers für den Zeitungsdruck eher Altpapiersorten wie Magazine, Zeitungen oder Zeitschriften verwendet und nicht Wellpappe und andere Verpackungspapiere, die für diese Zwecke kaum geeignet sind. Aus solchem Altpapier kann nur wieder Verpackungsmaterial werden.

Eine Einteilung in Gruppen unterscheidet die Sorten und schafft Sicherheit in der Produktionskette vom Altpapierhändler bis zum neuen Papierprodukt. Die Einteilung wird anhand einer Altpapiersortenliste vorgenommen, die als EN 643 europaweit gilt. Dort werden als Hauptsorten genannt: Untere Sorten, Mittlere Sorten, Bessere Sorten, Krafthaltige Sorten und Sondersorten.[151]

Die Unteren Sorten sind die mengenmäßig größte Gruppe. Sie ist in mehrere Untergruppen ausdifferenziert, zum Beispiel: Gemischtes Altpapier (Kennzeichen 1.02), Kaufhausaltpapier (Kennzeichen 1.04) und Deinkingware (Kennzeichen 1.11). Kaufhausaltpapier umfasst vor allem alte Papier- und Kartonverpackungen, Deinking-Ware sortierte graphische Papier aus der haushaltsnahen Erfassung. Von der Deinkingware lässt sich meist die Druckfarbe ablösen, sodass anschließend wieder hellere Papiere entstehen können.

Tendenziell lässt sich im Verlauf eines Faserlebens eine Qualitätsabnahme beobachten. Sie wandert damit in die nächste untere Kategorie, deren mengenmäßiger Umfang sich damit vermehrt. Es empfiehlt sich also, den unteren und mittleren Sorten besondere Aufmerksamkeit bei der Herstellung neuer Produkte zu widmen.

Die Vergabekriterien des Umweltzeichens Blauer Engel versuchen, diese Empfehlung umzusetzen. Hygienepapiere müssen dort beispielsweise zu mindestens 65 % aus unteren, mittleren und krafthaltigen Sorten hergestellt sein. Um das zu erreichen, sind Kompromisse notwendig, z. B. hinsichtlich des äußeren Farbeindrucks.[152]

Die Neu-Herstellung eines Papierproduktes beginnt mit der Wahl der geeigneten Sorte. Bei der Verarbeitung sind Verluste nicht zu vermeiden; sie liegen im Durchschnitt bei 24 %. Wenn man zusätzlich einen mittleren Anteil an Zusatzstoffen von 12 % berücksichtigt, erhält man das Ergebnis: Für die Herstellung von einer Tonne Recyclingpapier braucht man etwa 1,5 Tonnen Altpapier.

Für die eigentliche Produktion werden die Papierschnipsel mit Wasser vermischt, wodurch ein Faserbrei im Sinne von Pulpe entsteht. Dieser wird gereinigt. Wenn die Sorte bedruckt ist, kommt das Deinking zum Einsatz, das von J. Claprot 1774 entdeckt wurde.

Man unterscheidet heute das Flotations- und das Waschdeinking. Das Waschdeinking ist am sinnvollsten, wenn Partikel, die kleiner als 30 µm sind, entfernt werden sollen. Das sind zum Beispiel Tinten, Füllstoffe, Beschichtungspartikel, Feinteile und Mikroklebstoffe auf Wasserbasis. Ist die Pulpe entwässert, also eingedickt, werden Dispergiermittel hinzugefügt, um die Druckfarben auszuwaschen. Die verwendeten Dispergiermittel sind Addi-

151 Absätze Papiersorten angelehnt an NABU, Papierrecycling schont Ressourcen (nabu.de).

152 Dass graues oder braunes Papier nicht automatisch Recyclingpapier sein muss, versteht sich eigentlich von selbst.

tive, die das Dispergieren von mindestens zwei eigentlich nicht mischbaren Substanzen ermöglichen oder stabilisieren. Dazu gehört die Bildung von Emulsionen und besonders der Suspensionen, die beide zu den sogenannten Dispersionen zählen.[153] Besonders gut funktioniert diese Methode bei mittleren bis feinen Partikeln. Klebstoffe und auch größere Partikel und müssen dagegen ein Flotationsverfahren durchlaufen.

Um spezielle Eigenschaften des Papiers, wie z. B. die Reißfestigkeit, zu verbessern, kann anschließend ein Anteil Primärfasern hinzugefügt werden. Das entstandene Gemenge folgt dann dem üblichen Prozess: Aufschwemmung, Entwässerung, Pressung, Trocknung und Speicherung auf Rolle oder Bündelung.

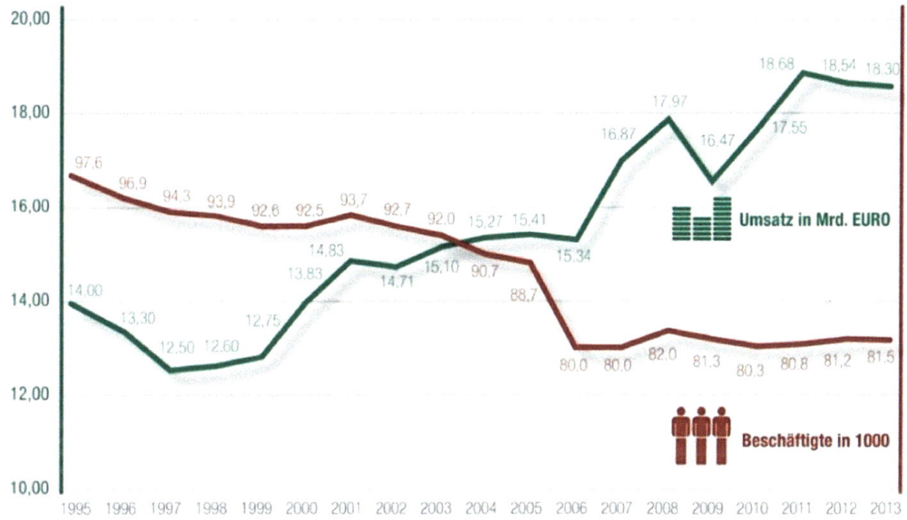

Abb. 7-40: Entwicklung von Umsatz und Beschäftigung in den Papierindustrien, Stand 2013; Quelle: Stat. Bundesamt 2013

Die Statistik sagt, dass eine Faser in Europa circa vier Mal recycelt wird, bevor sie aus dem Kreislauf ausscheidet. Beachten muss man dabei, dass viele Papiersorten auf Verbrauch angelegt sind, wie z. .B. das Hygienepapier. Andere sind verunreinigt und müssen aussortiert werden. Der Wert ist also zu niedrig angesetzt.

Dennoch bleibt der Papierkreislauf unter seinen Möglichkeiten. Theoretisch wären mehr Zyklen möglich, wie Laborversuche nachweisen, die auch bei 25 Recyclingzyklen nur wenig Qualitätsverlust zeigen. Laborbedingungen lassen sich allerdings nur bedingt auf ein industrielles Recycling übertragen. In der Praxis bedingen Verunreinigungen notgedrungen die Abnahme der Qualität.

Bei der Papierproduktion hat es in der jüngeren Zeit Effizienzfortschritte gegeben, indem Prozesse optimiert und der Umfang des Recyclings ausgeweitet wurde. Andererseits hat

153 Dispergiermittel werden auch zur Zerkleinerung und Verteilung von Ölverschmutzungen im Wasser verwendet.

sich die Produktionsmenge vermehrt, sodass in der Summe die Belastung der Umwelt nicht gesunken ist, s. Abb. 7-40.

7.6.2.2 Was man noch tun kann ...

Zunächst können die Verbraucher selbst zu Verbesserungen beitragen, indem sie korrekter sortieren. Das Umweltbundesamt teilt hierzu mit, dass der Hausmüll in der Restmülltonne wegen Fehlwürfen zu über 5 % Altpapier enthält.

Weiter gibt es Alternativen zu herkömmlichem Papier, z. B. das Papier „Crash“ der italienischen Firma Favini, das mit Obst- und Gemüseresten produziert wird. Die Verwendung dieses Papiers reduziert die CO_2-Emissionen um 20 % und spart bis zu 15 % Zellulose ein. Eine besonders innovative Sorte von Favini ist „Remake“, das zu 25 % Ausschüsse der Lederwarenindustrie, zu 40 % recycelte Zellulose und zu 35 % reine FSC-zertifizierte Zellfasern verwendet.

Auch Hanf ist als Rohstoff geeignet. Wie eingangs beschrieben, wurde Hanf schon in der Antike zur Papierherstellung genutzt. Der Einsatz von Pestiziden ist für den Hanfanbau nicht notwendig, überdies ergibt die Ernte die 3- bis 4-fache Menge an Fasern gegenüber dem Holz unserer europäischen Wälder. Die Herstellungskosten der Hanf-Pulpe sind allerdings sehr hoch im Vergleich zur Zellulose-Extraktion, was ein nicht geringer Nachteil ist.

Die am Papiermarkt verbreiteten Labels sollten mit Vorsicht gesehen werden. Der Blaue Engel sticht heraus und ist für Papiere der beste Weg zur Orientierung. Andere hier nachfolgend zitierte Produktlabels für Papiere sind aus Umweltsicht kritischer zu bewerten:

- *„FSC und PEFC auf Papier:* FSC und PEFC sind Labels für nachhaltige Waldbewirtschaftung. Am Markt findet man überwiegend FSC-Mix-Papiere. „Mix“ besagt, dass mindestens 70 % der Fasern aus FSC-Holz und /oder Altpapier stammen. Meistens handelt es sich um reine Frischfaserpapiere. Zwar gibt es auch einige Papiere mit dem FSC-Recycling-Siegel. Doch dieses erfüllt nicht die strengen Anforderungen des Blauen Engels, beispielsweise zum Mindestanteil niedriger Altpapiersorten, an den Energie- und Wasserverbrauch oder an den Einsatz von Chemikalien bei der Produktion. Papiere mit dem FSC oder dem PEFC-Zeichen sind deshalb im Vergleich zu Waren, die mit dem Blauen Engel ausgezeichnet sind, weniger empfehlenswert.“
- *„Chlorfrei gebleicht:* Bedeutet, dass kein Altpapier enthalten ist und trifft keine Aussage über die Art der Waldbewirtschaftung. Es macht lediglich Aussagen über den Chemikalieneinsatz beim Bleaching. Heutzutage überwiegt die Elementarchlorfreie Bleiche (ECF) mit 90 % vor der vollständig chlorfreien Bleiche (TCF) mit 5 %. Nur 5 % der weltweiten Produktion wird noch mit reinem Chlor produziert.“
- *„EU-Ecolab (EU Blume) und skandinavisches Umweltzeichen Nordic Ecolab (Nordischer Schwan):* Beide Siegel fordern weniger Energieverbrauch und Abwasserbelastung als bei der durchschnittlichen Papierherstellung üblich. Das Nordic Ecolabel verlangt keinen Altpapiereinsatz. Das EU Ecolabel fordert nur beim Zeitungsdruckpapier einen Altpapieranteil von 70 %. Beide Zeichen erfüllen die Anforderungen an eine nachhaltige Forstwirtschaft nicht ausreichend. Es ist nicht ausgeschlossen, dass ein Anteil der Hölzer aus erhaltenswerten Urwäldern stammt.“
- *„Österreichisches Umweltzeichen:* Dieses Zeichen setzt Grenzwerte zum Energieverbrauch, zur Abwasserbelastung sowie zum Chemikalieneinsatz. Bei Büropapier ver-

langt es den Einsatz von 100 % Altpapier. Bei Zeitungsdruckpapier sind nur 50 %, bei hochwertigen gestrichenen und ungestrichenen Druckpapieren sogar nur 10 % beziehungsweise 20 % Altpapier vorgeschrieben. Die eingesetzten Primärfasern müssen nur zur Hälfte aus zertifizierter Forstwirtschaft stammen. Die Kriterien für eine umweltverträgliche Rohstoffbeschaffung werden dabei also nicht erfüllt."[154]

7.7 Batterien und Akkumulatoren

Batterien und Akkumulatoren sind eine der wenigen brauchbaren Speicher für elektrische Energie, erstere für den Einmalgebrauch, letztere wiederaufladbar, was oft durcheinander geht. Sie enthalten einerseits schädliche Chemikalien, deren Freisetzung die Umwelt und die menschliche Gesundheit beeinträchtigen (können), wenn sie nicht ordnungsgemäß entsorgt werden, und bestehen andererseits zu einem nennenswerten Teil aus wertvollen Rohstoffen, deren Wiedergewinnung ökonomisch wie ökologisch sinnvoll ist.

Der Fachmann bezeichnet Batterien korrekter als Primärzellen, die nur einmal gebraucht werden können. Sind sie leer, können und dürfen sie nicht wieder aufgeladen werden. Als Primärzellen besonders bekannt sind Zink-Kohle- und Alkali-Mangan-Batterien. Was im täglichen Gebrauch als Akku(mulator) benannt wird, ist korrekt eine Sekundärzelle. Diese „Batterien" können immer wieder (bis 100 %) aufgeladen und wieder verwendet werden.

Die Gebrauchsdauer der Sekundärzellen ist zwar auch nicht unbegrenzt, jedoch erreichen sie häufig hohe Zyklenzahlen. Blei-, Nickel-, Cadmium- oder Lithium-Ionen-Akkus sind die bekanntesten Vertreter der Sekundärzellen. Abb. 7-41 bzw. Abb. 7-42 zeigen je ein Beispiel primärer und sekundärer Zellen.

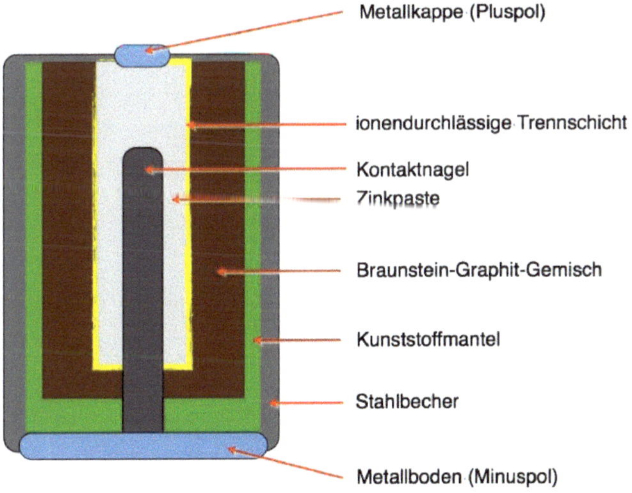

Abb. 7-41: Aufbau einer Alkali-Mangan-Zelle; Quelle: Ulrich Helmichs Homepage

154 Zitate, Texte zu Labels übernommen von UBA (Hg): Recyclingpapier ist gut für die Umwelt.

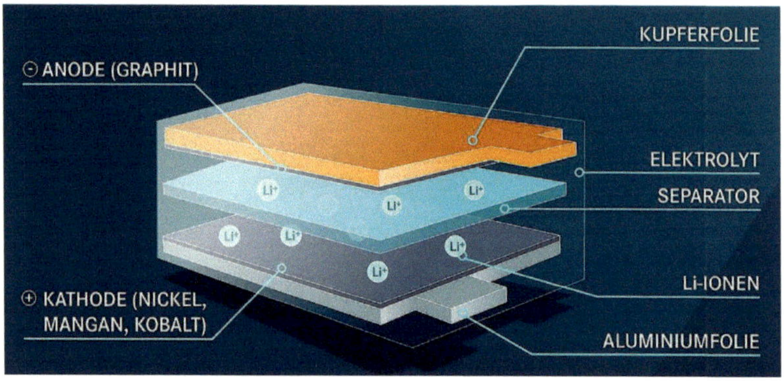

Abb. 7-42: Aufbau einer Lithium-Ionen-Zelle; Quelle: Mercedes-Benz

In Deutschland regelt das Batteriegesetz (BattG) seit 2009 das Handling von Batterien und Akkumulatoren.[155] Ob Primärzellen (Einwegbatterien) oder Sekundärzellen (Akkus): In Deutschland werden alle Batteriesysteme gemäß dem BattG in Umlauf gebracht, zurückgenommen und verwertet.

Das BattG ist umfassend und gilt auch für in Produkte und Geräte eingebaute Batterien oder für beigefügte Batterien. Es die deutsche Umsetzung der europäischen Batterie-Richtlinie von 2006. Ihr Ziel war nach dem Willen von Europäischem Parlament und Rat, die Umweltbelastung durch Schadstoffe aus den Batterieabfällen auf ein vertretbares Maß zu reduzieren. Den größten Anteil an den Batterien haben Metalle, die gut recycelt werden können. Einen wenn auch kleinen Teil machen jedoch gesundheits- und umweltgefährdende Schadstoffe aus. Dazu gehören vor allem Blei, Cadmium oder Quecksilber. Wegen dieses Anteils gelten Batterien als Sonderabfall und müssen deshalb als solcher behandelt und entsorgt werden. De wichtigsten Regelungen lassen sich so zusammenfassen:

- Altbatterien sind Sondermüll und müssen entsprechend entsorgt/recycelt werden.
- Batteriehersteller müssen Altbatterien über ein Rücknahmesystem unentgeltlich zurücknehmen, behandeln und stofflich verwerten.
- Wenn Betriebe bei ausrangierten Elektro- und Elektronikgeräten die Batterien und Akkus nicht entfernen, gelten die Geräte insgesamt als gefährlicher Abfall.
- Batterien, die mehr als 0,0005 Gewichtsprozent Quecksilber oder mehr als 0,002 Gewichtsprozent Cadmium enthalten, dürfen mit Ausnahme von Notsystemen und medizinischer Ausrüstung nicht mehr in Verkehr gebracht werden.

Am 1. Januar 2021 ist eine Änderung des BattG erfolgt. Die Änderungen hatten Folgen für die Hersteller der Batterien und die Rücknahme von Geräte-Altbatterien. Die ursprüngliche Struktur der Rücknahme von Altbatterien wurde liberalisiert. Zwar sollten die Erfassungsstrukturen beibehalten werden, jedoch sollten die geänderten Randbedingungen

155 Gesetz über das Inverkehrbringen, die Rücknahme und die umweltverträgliche Entsorgung von Batteri(en und Akkumulatoren (BattG), Ausfertigungsdatum: 25. Juni 2009).

bei Rücknahme und Entsorgung in dem Sinn greifen, dass die Rücknahmesysteme im Wettbewerb miteinander handeln.[156]

Das Gesetz geht sehr in die Einzelheiten. So hatten die Hersteller, bevor sie Batterien erstmals in Verkehr bringen, ihre Marktteilnahme ursprünglich beim Umweltbundesamt (UBA) anzuzeigen. Jetzt ist eine „stiftung elektro-altgeräte register (stiftung ear)" zwischengeschaltet. Das „Gemeinsame Rücknahmesystem" wurde durch ein Wettbewerbssystem ersetzt. Den Rücknahmesystemen wird jetzt eine Mindestsammelquote von 50 % der in Verkehr gebrachten Batterien abverlangt, die das jeweilige System jährlich erreichen muss und die dauerhaft sicherzustellen ist.[157] Für den Kunden ändert sich bei der Rückgabe von Altbatterien eigentlich nichts. Nach wie vor können Altakkus (Geräte-, Fahrzeug- und Industrie-Altbatterien) unentgeltlich bei dem jeweiligen Vertreiber dieser Batteriearten zurückgegeben werden; die Vertreiber sind zur Annahme verpflichtet. Sie können ihrerseits die Hersteller in die Pflicht nehmen, die einen Entsorgungsweg nachweisen müssen. Darüber hinaus können Geräte-Altbatterien auch bei kommunalen Sammelstellen oder freiwilligen Rücknahmestellen zurückgegeben werden.

7.7.1 Exkurs: Lithium und SE

Lithium und Seltene Erden werden in der Wirtschaft als Problemfälle meist gemeinsam diskutiert. Seltene Erden sind zwar kein Rohstoff für Batterien, sehr wohl aber von gleicher Bedeutung für den Mobilitätssektor und die Energiewende. Sie werden deshalb hier als Exkurs zusammen vorgestellt, bewusst abweichend von der Logik de Zuordnung.

7.7.1.1 Lithium

Es ist vor allem das Lithium, dessen Wiedergewinnung essenziell geworden ist. Lithium wird nach Feststellungen der EU-Kommission in naher Zukunft „wichtiger sein als Öl und Gas". Vor allem die Autoindustrie ist auf den Batterierohstoff angewiesen. Obwohl Experten nennenswerte Vorkommen in Europa und sogar in Deutschland ausgemacht haben, wird auf dem europäischen Kontinent bislang kein Lithium gefördert. Strenge Genehmigungsverfahren und Widerstand aus der Bevölkerung haben viele Projekte verzögert oder zunichtegemacht. Zwischen Angebot und Nachfrage ist inzwischen eine Lücke entstanden, was sich in steigenden Preisen widerspiegelt. Die Lücke vergrößert sich.

Die Ausgangsstoffe für die Batteriezellfertigung sind Lithiumcarbonat $LiCO_3$ und Lithiumhydroxid LiOH. Der Trend geht zu Lithiumhydroxid: Je leistungsstärker eine Batterie sein soll, umso höher sollte der Anteil an LiOH sein. Der Preis für Lithiumcarbonat hat sich binnen zwei Jahren mehr als verfünffacht. Bislang machen wenige Staaten die Lithiumförderung unter sich aus: Drei Viertel kommen aus Australien (48,4 %) und Chile (26,2 %). Das australische Lithium steckt vor allem in dem Mineral Spodumen[158], in Lateinamerika wird mit lithiumhaltiger Sole gearbeitet, deren Gewinnung Abb. 7-43 zeigt.[159]

156 Auszug aus Zusammenfassung bei UBA.
157 Die Quote lag nach der alten Regelung von 2009 bei 45 %.
158 Spodumen ist ein Silikat mit der Kettenformel $LiAl[Si_2O_6]$.
159 vdi nachrichten vom 27. Januar 2023, Leitartikel „Lithiumlücke bedroht die Verkehrswende".

Spodumenkonzentrate bedürfen einer Aufarbeitung. In einem ersten Schritt muss die Kristallstruktur aufgebrochen werden. Dafür muss das Mineral auf über 1075 °C aufgeheizt werden. Die hier verwendeten Anlagen sind die größten Energieverbraucher in der Prozesskette. Anschließend wird das Material gemahlen und mit Wasser und Schwefelsäure vermengt. Dabei geht Lithiumsulfat in Lösung. Nach weiteren Schritten werden Lithiumcarbonat $LiCO_3$ und Lithiumhydroxid LiOH ausgefällt.

Abb. 7-43: Schatz des Andengebirges: Die argentinische Provinz Jujuy gehört zu den bedeutendsten Lithiumförderregionen weltweit. Quelle: PantherMedia / ronstik

Die Lithiumproduktion aus Sole startet mit einem Salzgehalt von 30 %, wovon allerdings nur 0,15 % auf Lithiumhydroxid entfallen. Die Sole wird aus unterirdischen Lagerstätten in oberirdische Verdunstungsbecken gepumpt, wie auch Abb. 7-44 zeigt. In diesen solar aufgeheizten Becken fällt mit wachsender Konzentration in einem Zeitraum von 18 Monaten nacheinander ein Salz nach dem anderen aus, bis am Ende eine Lösung mit 6 % Lithiumhydroxid übrigbleibt. Die konzentrierte Sole wird mit Tankwagen an die Küste transportiert; dort werden störende Bor- und Magnesiumsalze entfernt.

Nach Angaben der deutschen Rohstoffagentur (Dera) hat das australische Lithium (mit 15 t CO_2/t Li) einen mindestens dreimal so großen CO_2-Fußabdruck wie das chilenische (5 t/t Li), das solare Energie zur Eindampfung der Sole nutzt.

Der Großteil der anschließenden Verarbeitung ist allerdings in China angesiedelt, was in beiden Routen weite Transporte erforderlich macht und auch erklärt, dass 80 % der Zellproduktion für Lithium-Ionen-Batterien aus China stammen.

Experten stellen allerdings in Frage, ob die Verkehrswende allein mit Lithium gelingt: „Wenn wir versuchen würden, die heutige Fahrzeugflotte mit Lithium-Ionen-Akkus abzubilden, kämen wir an ein großes Problem.“ Der Grund: Die Lithiumproduktion ist energieintensiv und steht im Ruf, koloniale Muster zu vertiefen. Internationale Konzerne bereichern sich an den Vorkommen, ohne die lokale Bevölkerung angemessen zu entschädigen, so die Kritik.

Zudem klafft eine zweite Lithiumlücke in der Batteriezellenproduktion. Zwar fördern die EU-Länder die Technik mit Milliarden, aber auch nach jahrelanger Forschung, u. a. in Baden-Württemberg, ist die Verarbeitung zur Zelle nach wie vor problematisch.

Inzwischen gibt es nationale Initiativen: Das deutsch-kanadische Unternehmen Rock Tech Lithium bereitet in Deutschland den Bau eines ersten Lithium-Konverters vor. Die

Zulassung für den Baubeginn im brandenburgischen Guben ist bereits erteilt. Ab 2025 sollen dort jährlich 24 000 t Lithiumhydroxid produziert werden, ausreichend für 500 T E-Pkw. Die Anlage wird aus hauseigenem Spodumen aus Kanada versorgt werden und ein angepasstes Acid-Roasting -Verfahren nutzen. In Zukunft könnten auch andere Ausgangsstoffe in den Konverter eingebracht werden. Langfristig ist vorgesehen, bis zu 50 % aus dem Batterierecycling zu nutzen. Der Konverter ist nach Angaben des Unternehmens „recycling-ready".[160]

Seit kurzem macht ein neues Verfahren von sich reden, das auf der Gewinnung von Lithium aus Thermalwässern beruht. Aus schon bestehender Geothermiebohrungen Im Oberrheingraben könnten über einen langen Zeitraum erhebliche Mengen an Lithium gewonnen werden. Die zugrunde liegenden Daten wie die Folgerungen hieraus hat das Karlsruher Institut für Technologie (KIT) veröffentlicht, zusammen mit der Aussage, dass theoretisch die Geothermiekraftwerke im Oberrheingraben und im Norddeutschen Becken zwischen 2 und 12 Prozent des jährlichen Lithiumbedarfs in Deutschland decken könnten.[161]

Die Forschung ist sich also sicher, dass in Deutschland erhebliche Mengen Lithium relativ einfach zu gewinnen sind. Die industrielle Umsetzung hat begonnen: In Landau / Pfalz hat das Unternehmen Vulcan Energy im November 2023 eine Anlage eröffnet, die in der ersten Projektphase 24 Tt Lithium jährlich produzieren soll, ausreichend für 500.000 Kfz-Batterien.[162] Sollt sich das realiter umsetzen lassen, wäre das Problem der Lithiumgewinnung für Europa gelöst. Die weitere Entwicklung bleibt abzuwarten.

Die andere große Lithiumquelle liegt in der Wiedergewinnung aus alten bzw. ausrangierten Lithium-ionen-Batterien, also im Recycling, das weiter unten für alle Batterietypen und dabei speziell für das Lithium in Kap. 7.7.2.5, Lithium-Ionen-Akkumulatoren, diskutiert wird.

7.7.1.2 Seltene Erden

Seltene Erden sind in der Technik und speziell im Bereich der Mobilität von gleich großer Bedeutung wie das Lithium, unverzichtbar für die Motorfertigung der E-Fahrzeuge sowie für die WEA. Sie haben auch mit der starken Abhängigkeit von China die gleiche Problematik.

Ein großer Fund von Seltenen Erden in Schweden könnte gegebenenfalls die internationale bisherige weltweite Verteilung von Produktion und Verarbeitung verändern und dazu führen oder doch dazu beitragen, dass sich Europa aus der starken Abhängigkeit insbesondere von China lösen kann.

Die Gewinnung Seltener Erden verursacht allerdings hohe Umweltbelastungen, was speziell in Europa ein Investitionshindernis darstellt. Viele Abbauprojekte sind bereits an strengen Vorgaben der Behörden oder öffentlichen Protesten gescheitert.

Auf den ersten Blick klang die Nachricht aus Lappland vielversprechend, ja sensationell. Die öffentliche Kommentierung folgte den im vorigen Absatz genannten Perspektiven. Kurzfristig kann aber die Kiruna-Lagerstätte der europäischen Industrie keine Hilfe sein. Bis zur Marktverfügbarkeit von Selten-Erden-Oxiden dürften wohl 10 bis vermutlich sogar

---

160 Hartbrich, I., Lokales Lithium, in: vdi nachrichten 27. Januar 2023.

161 Nach Schaal, S.: Lithium aus Deutschland kann bis zu 12 Prozent des Bedarfs decken, in: electrive – Leitmedium der Elektromobilität, 6. September 2023.

162 Zeit online, Anlage zur Produktion von Lithium eröffnet, 23. November 2023, Quelle: dpa Baden-Württemberg.

15 Jahre vergehen. Diese Frist lässt sich nur mit extrem hohem finanziellem Aufwand verkürzen. Ob hier die EU einspringt, ist offen.

Offen ist auch das förderbare Seltene-Erde-Volumen der Per-Geier-Lagerstätte in Kiruna. Bis zur vollständigen Erkundung wird es nach schwedischen Angaben einige Jahre dauern.[163]

Der Bedarf an Seltenerdmetallen wächst in der Industrie rasant. Die nimmt an, dass der Bedarf an Seltenerdmetallen im Zeitraum von 2023 bis 2030 allein für die Motorfertigung der E-Fahrzeuge sowie für die WEA um den Faktor 5 steigen dürfte. Auch wenn das Weltaufkommen an SE entsprechend wachsen könnte, bliebt das Problem der Lieferketten, die ihre Zuverlässigkeit eingebüßt haben. Lieferungen aus chinesischen oder andren Überseehäfen sind störanfällig, was weite Teile der Industrie in Europa und Nordamerika in Zeiten der Coronapandemie und geopolitischer Krisen in Schwierigkeiten brachte, teilweise auch noch bringt (insbesondere wegen der diffusen Zollpolitik des neuen amerikanischen Präsidenten). Es Lohnt sich also, nach Alternativen für Seltene Erden Ausschau zu halten.

Das norwegische, 2008 gegründete REEtec (REE: Rare Earth Element – Seltene Erden) will eine neuartige, nachhaltigere Separationstechnik für Seltene Erden zur Produktionsreife führen. Die Anlage läuft im Pilotmaßstab bereits seit 2019 im Industriegebiet Herøya im norwegischen Porsgrunn. Der deutsche Industriedienstleister Bilfinger hilft bei der Skalierung der Prozesse. Der Bilfinger-Konzern hat REEtec bereits in den Studienphasen und beim Bau der Pilotanlage unterstützt. Jetzt, so teilte Bilfinger 2023 mit, werde man mit den eigenen Industriedienstleistungen auch zum industriellen Upscaling beitragen. Konkret übernimmt die Bilfinger-Einheit Bilfinger Nordics das Projektmanagement sowie das Engineering, Procurement und Construction Management (EPCM). Sie entwickelt dabei auf Basis von Scans aller Gebäude und Anlagen ein 3D-Modell und wird REEtec in der Test- und Inbetriebnahmephase unterstützen.

Seltene Erden und andere wichtige Elemente kann man auch mit Pflanzen aus dem Boden gewinnen. Diesem Weg widmet sich die Technische Universität Bergakademie Freiberg, die eine lange bergbauorientierte Forschungsgeschichte hat. Doch nun sollen (und müssen) hier neue Projekte an die Stelle von Bergbau treten. Phytomining heißt das Stichwort (mit Phyton aus dem Griechischen = Pflanze). „Wenn das Verfahren wirtschaftlich angewendet wird, könnten wir mit Phytomining einen Großteil unseres Bedarfs an Seltenen Erden und anderen strategisch wichtigen Elementen in Deutschland decken“, ist der Geochemiker O. WICHE vom Institut für Biowissenschaften überzeugt.[164] Pflanzen ziehen mit ihren Wurzeln eine breite Palette von Mineralien aus dem Boden auf. Aus der Pflanze wiederum kann man die gespeicherten Stoffe für eine industrielle Nutzung rückgewinnen. Das ist Ziel der Freiberger Forscher, die in der Deutschen Saatveredlung AG einen Kooperationspartner haben.

Seltene Erden und andere wichtige Elemente ohne die häufig katastrophalen Folgen für Mensch und Umwelt zu gewinnen, müsste allgemeines Forschungsziel werden. In China etwa, das mit 70 % weltweit der Hauptproduzenten Seltener Erden ist, sind die Folgen der Gewinnung im Tagebau unübersehbar: Landschaftsverbrauch, Verwüstung, radioaktive Belastung, Vertreibung der Bevölkerung. Hinzu kommen die Drohung der Exportbeschränkung der chinesischen Regierung einerseits und die neue amerikanische Zollpolitik andererseits.

163 vdi nachrichten vom 27. Januar 2023, Artikel „Große Zweifel am Megafund“.

164 Zitat aus vdi nachrichten, Sektor Rohstoffgewinnung, Artikel Sieg, K.: Seltene Erden – Wenn Pflanzen strategisch wichtige Elemente aus dem Boden ziehen, 17. Januar 2023.

Phytomining wird bisher auf der Welt nur wenig genutzt, hat jedoch schon etliche Anwendungen gefunden. Es kann z. B. dazu genutzt werden, belastete Böden wieder zu entgiften, sodass sich auch Äcker wieder bewirtschaften lassen, die sonst Brache sind.

Albanien ist ein konkretes Beispiel, wo aus Pflanzen, die auf kargen und belasteten Böden stehen, Nickel gewonnen wird. Auch Silizium kann auf diese Weise aus Gräsern „geerntet" werden. Silizium fördert das Wachstum, stärkt Blätter und Stängel und dient als biologischer Fressschutz. Die Ablagerungen von Silizium sind äußerlich erkennbar: Die Halme haben eine raue und scharfe Oberfläche, die in die menschliche Hand schneidet.

Silizium ist als zweithäufigstes Element der Erdkruste ausreichend vorhanden und kann auf klassischen Wegen rentabel gewonnen werden. Anders verhält es sich mit Germanium, das heute breite Anwendung in Technik und Wirtschaft findet, speziell im Halbleiterbereich. Ohne Germanium gäbe es keine Infrarotsensoren, Strahlenmessgeräte, Glasfaserkabel oder Platinen für das Mobiltelefon. „Germanium ist dem Silizium chemisch sehr ähnlich." Da die Gräser wahrscheinlich nicht unterscheiden können zwischen den Elementen, nehmen sie neben dem Silizium auch Germanium auf."[165] Ähnlich dürfte es sich auch bei Lanthan, Cerium, Neodym, Cadmium oder Nickel darstellen

Ob die Pflanzen diese Elemente neben den für sie notwendigen Nährstoffen aus einem Irrtum heraus aus dem Boden ziehen oder ob diese doch eine bisher unbekannte Funktion haben, bleibt weiter zu untersuchen.

7.7.2 Batterie-Recycling

Batterierecycling (gelegentlich auch Batterierezyklierung) ist die stoffliche Wiederverwertung von Akkumulatoren, um damit in den Batterien enthaltene wertvolle Elemente (wie Zink, Blei, Cadmium, oder eben Lithium) zurückzugewinnen. Die Technik des Recyclings unterscheidet sich für die die einzelnen Batterie- und Akkumulatortypen.

7.7.2.1 Zink-Kohle, Zink-Luft und Alkali-Mangan-Batterien[166]

In Zink-Kohle-, Zink-Luft- und Alkali-Mangan-Batterien sind größere Mengen Zink verarbeitet, dem bei der Verwertung dieser Batterien das Hauptinteresse gilt. Der Imperial-Smelting-Prozess (IS) ist das wichtigste Verfahren für das Recycling zinkhaltiger Batterien. Der Prozess ist auf die Ausbeutung verschiedener zinkhaltiger Verbindungen ausgerichtet und beinhaltet deshalb ggf. dem Schmelzen vorangehende Verfahrensschritte, die jedoch als für das eigentliche Batterierecycling irrelevant hier nicht näher betrachtet werden müssen.

Im ersten Schritt nimmt ein Schmelzofen die zinkhaltigen Batterien zusammen mit Koks auf. Das verdampfende Zink verlässt zusammen mit den Abgasen den Ofen. In die Abgase wird in einem Absorber flüssiges Blei als feiner Nebel eingeblasen. Die Bleitröpfchen bilden mit dem Zink eine Legierung, die dann abgepumpt werden kann. Eine Kühlung trennt das Gemisch wieder. Das Zink als Zielstoff wird in der flüssigen Phase abgestochen – ein Vorgang, der auch

165 Zitat O. Wiche, aus Artikel Sieg, K.: Seltene Erden – Wenn Pflanzen strategisch wichtige Elemente aus dem Boden ziehen, a.a.O.

166 Nach Chemieschule, Artikel Batterierecycling und Selbstdarstellung Batrec Industrie AG.

als Raffination bezeichnet werden kann[167] – und anschließend weiterverarbeitet. Das Blei geht zurück in den Absorber und steht erneut für den Vorgang zur Verfügung.

Sumitomo Heavy Industries und Batrec Industrie AG haben ein anderes Verfahren auf den Markt gebracht (Batrec-(Sumitomo-)Prozess). Die Behandlungsanlage arbeitet mit einem zweistufigen thermischen Verfahren, mit dem wertvolle Rohstoffe zurückgewonnen werden können, um sie wieder in den industriellen Kreislauf zurückzuführen. Zunächst werden die organischen Bestandteile der Batterien (Bitumen, Papier, Kunststoff) bei bis zu 800 °C pyrolysiert; Quecksilber und Wasser werden verdampft. Anschließend werden Ferromangan (FeMn) und Schlacken extrahiert und schließlich das Zink kondensiert. Dieser geschlossene Kreislauf ermöglicht es, Ressourcen zu schonen und Risiken für die Umwelt zu vermeiden. Die Einzelheiten des Verfahrens zeigt Abb. 7-44.

7.7.2.2 Nickel-Metallhydrid-Akkumulatoren[168]

Auch für das Recycling von Nickel-Metallhydrid-Akkumulatoren kann die Vakuumdestillation eingesetzt werden. Dabei steht das Entfernen des enthaltenen Wasserstoffs im Mittelpunkt. Zurück bleibt hier ein Nickel-Eisen-Gemisch, wie es ähnlich auch bei der Destillation von Nickel-Cadmium-Akkumulatoren entsteht und den Stahlwerken zugeliefert werden kann. Bei einem zweiten Verfahren steht die Öffnung der Akkus am Anfang, damit Wasserstoff entweichen kann. Dies geschieht in sogenannten Schneidmühlen, die mit Hilfe von Rotor- und Statormessern das Mahlgut durch Scherwirkung zerkleinern. Anschließend wird das Schergut mit anderen nickelhaltigen Abfällen vermengt und an die Edelstahlhersteller ausgeliefert, die es als Vorlegierung nutzen.

7.7.2.3 Blei-Säure-Akkumulatoren

Die Zahl der Blei-Säure-Akkumulatoren, die in das Recyclingverfahren überführt wurden, wuchs in den 2020er Jahren im Vergleich zu den Vorjahren um fast 42 % an. Die Aufteilung der Jahresmenge an Batterien von rd. 256 000 t in die Kategorien

- Blei-Säure-Altbatterien (201 000 t),
- Nickel-Cadmium-Altbatterien (1 000 t) und
- sonstige Altbatterien (54 000 t)

zeigt, dass im Gesamtmarkt der Altbatterien der Anteil der Blei-Säure-Altbatterien deutlich überwiegt.

Die Dominanz der Blei-Säure-Akkumulatoren wie ihre absolute Zahl hat ihre Gründe in der Umgestaltung der Energieversorgung. Inzwischen ist eine Vielzahl von Photovoltaik-Anlagen installiert, gerade auch bei privaten Nutzern, die zwischen Einspeisung ins Netz und Eigenverbrauch wählen müssen. Bei sinkenden Einspeisevergütungen und steigenden

167 Raffination, Raffinieren oder Raffinierung ist im allgemeinen Sinne ein Verfahren zur Reinigung, Veredlung, Trennung oder Aufkonzentration von Rohstoffen.

168 Nach Chemieschule, Artikel Batterierecycling, Metallhydrid.

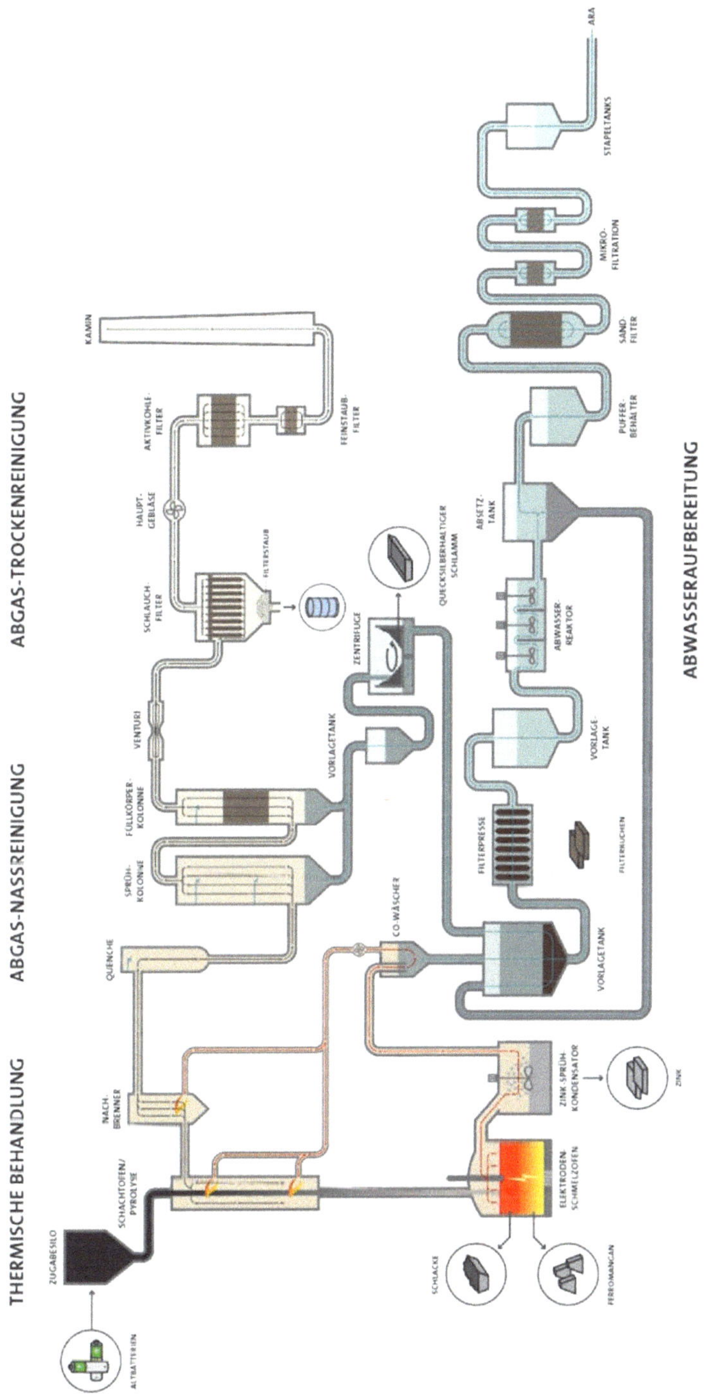

Abb. 7-44: Die Batrec- Batterie-Recyclinganlage in der Schweiz, die 3 Prozesse umfasst. Quelle: Batrec Industrie AG, Batterierecycling

Strompreisen fällt die Entscheidung immer öfter zugunsten der Eigennutzung von Solarstrom aus. Eigennutzung setzt aber stationäre Speicher vor Ort voraus.

Für die Speicherung werden meist Lithium-Ionen-Batterien oder die herkömmlichen Blei-Säure- und Blei-Gel-Akkus verwendet. Das bessere Recycling spricht für die letzteren.

Spezialisierte Unternehmen (Sekundärhütten) übernehmen die Behandlung. Ein erfolgreiches Recyclingkonzept folgt den Leitlinien:[169]

- Das Unternehmen betreibt eine effiziente Logistik (s. weiter unten), um Altbatterien möglichst bundesweit einzusammeln.
- Die Altbatterien werden so verarbeitet, dass die enthaltenen Metalle ohne Verluste wieder verwertet werden können.
- Nicht nur Blei, sondern auch die anderen Bestandteile der Altbatterien werden rückgewonnen und stehen als Sekundärrohstoffe dem Markt zur Verfügung.

7.7.2.3.1 Batterie-Logistik

Eine gute Logistik ist eine wichtige Voraussetzung für das Recycling von Bleibatterien. Betriebe wie z. B. die Berzelius Logistik Service GmbH (BLS) übernehmen mit über das Bundesgebiet verteilten Betriebsstätten die Teilaktivitäten wie Erfassen, Sammeln und Transport der Altbatterien. Alle Betriebsstätten sind als „gewerbliche Altbatterieentsorger" zertifiziert und nach dem Bundesimmissionsschutzgesetz (BImSchG) genehmigt, ihr Qualitätsmanagements ist nach EN ISO 9001 ff zertifiziert. Für den Transport selbst werden in der Regel Spezialfahrzeuge eingesetzt, die nach einem Logistikmanagementsystem unterwegs sind.

Das eigentliche Recycling übernehmen die Sekundärhütten. Aufbereitungsanlagen wie oben beschrieben zerkleinern die Batterien und trennen das Material in die Hauptbestandteile (Gittermetall, Bleipaste, Schwefelsäure, Polypropylen (PP) und Kunststoffrestfraktionen). Das sortenreine Material wird dann getrennt weiterverarbeitet.

7.7.2.3.2 Blei-Recycling

Das Gittermetall und die Bleipaste sind die Blei-Speicherorte im Akkumulator. Sein Anteil überwiegt im Gesamtgewicht mit rund 60 %. Zunächst werden das Gittermetall und die Paste voneinander getrennt. Der Paste wird der Schwefel entzogen und in einem gesonderten Verfahrensweg entsteht unmittelbar verwertbare Schwefelsäure. Das Gittermetall und die entschwefelte Paste gehen an Sekundärhütten, die beides gemeinsam verhütten und hierfür z. B. Kurztrommelöfen verwenden. Dabei werden auch sonstige Schrotte und Rückstände verarbeitet. Am Boden der Schlacke sammelt sich Bleistein an, aus dem nach Aufbereitung sogenanntes Werkblei in einer Reinheit von ungefähr 97 % gewonnen wird. Das Werkblei wird zur Raffination einem Schmelzkessel zugeführt, um kundenspezifische Qualitäten zu erzeugen und das noch enthaltene Rest-Kupfer abzutrennen, das dann ebenfalls wiederverwendet werden kann.

169 Ikz, onlineportal der Zeitschriften IKZ HAUSTECHNIK, IKZ-FACHPLANER, IKZ-ENERGY und IKZ-PRAXIS.

Die so gewonnenen Bleiqualitäten werden ohne weitere metallurgische Schritte wieder neue Produkte hergestellt, z. B. wieder Akkumulatoren für den Fahrzeugbau oder für die Stromspeicherung in Photovoltaikanlagen.

Bleiprodukte werden nicht nur für Akkumulatoren genutzt – sie haben eine breite Palette ganz unterschiedlicher Anwendungen (Strahlenschutz in Medizin und Technik, Dachabdeckungen oder Bleiverglasung im Bauwesen, Mäntel für Erdkabel, Spezialgläser in Optik und Glasindustrie). Das verschafft dem Recycling einen zunehmenden Stellenwert, zumal Blei auch bei mehrfachem Durchlauf keinen Qualitätsverlust erleidet.

Ausgemusterte Blei-Akkumulatoren werden in Deutschland zu fast 100 % wiederverwertet. Die Recyclingeffizienz erreicht 84 %.[170]

Eine Alternative zu den dargestellten Prozessen hat die DSL in Dresden entwickelt. Sie stellt aus Batterieschrott und dem verbrauchten Aktivmaterial in einem einzigen Verfahrensschritt neue und technisch verbesserte Batteriegitter her, s. Abb. 7-45. Diese ökologische und ökonomische Innovation, die Recycling unmittelbar mit Herstellung verbindet, verursacht keine CO_2-Emissionen und minimiert die Abfälle und den Energieverbrauch. Statt mehrerer herkömmlicher mechanischer und thermischer Verfahrensstufen beruht die einstufige Verfahrenskombination auf der Elektrolyse. Da Bleibatterien 80 % des weltweiten Bleiverbrauchs ausmachen, kann diese Neuentwicklung die Umweltgefährdung durch das Schwermetall entscheidend verringern.[171]

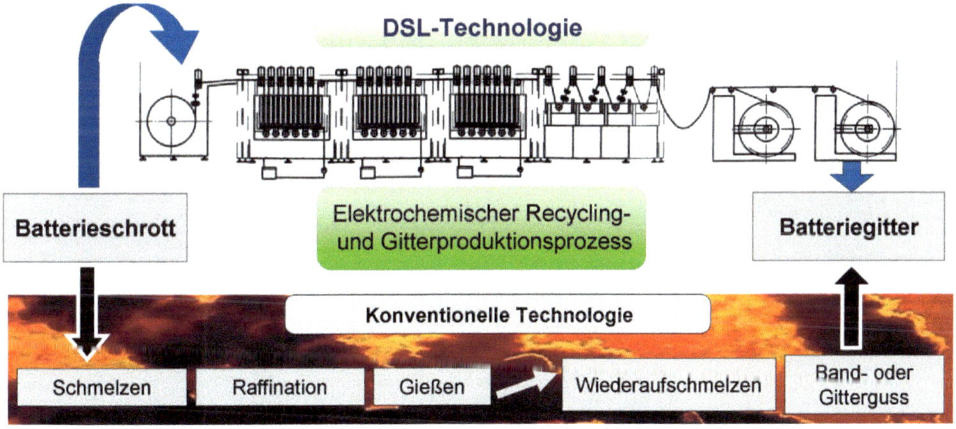

Abb. 7-45: Das Verfahren der DSL im Vergleich mit dem konventionellen Prozess der Bleiverarbeitung: Quelle: DSL

170 Die Effizienz eines Recyclingverfahrens ist das Verhältnis der Masse der zurückgewonnenen Sekundärrohstoffe (Outputfraktionen) zur Masse der dem Verfahren zugeführten Altbatterien (Inputfraktionen).

171 DSL Homepage, http://www.dsl-dresden.de/contact.

7.7.2.4 Lithium-Ionen-Akkumulatoren

Bislang wird Lithium in der Praxis noch nicht oder nur in geringen Mengen recycelt. An Lösungen für das Recycling der alten Lithium-Ionen-Akkus wird weltweit gearbeitet, mit gelegentlichen Erfolgsmeldungen, sodass es wenigstens als grundsätzlich möglich gilt. Entscheidend für die Anwendung ist die Energiemenge und natürlich der Preis recycelten Lithiums, der konkurrenzfähig zur Neuware sein muss.

Anzustreben ist, alle Komponenten von Li-Ionen-Akkus (Lithium, Mangan, Kobalt, Nickel) so gewinnen, dass sie wie Neuware für neue Akkus verwendet werden können. Die rückgewonnenen Elemente müssen dabei u. a. in geeigneter Korngröße vorliegen.

Eine erste Recyclinghilfe wäre es, wenn die Hersteller der großen Akkus im Design die spätere Demontage mit berücksichtigen würden.[172] Leider ist es derzeit so, dass der Akku zur Erfüllung der konstruktiven Rand- und Sicherheitsbedingungen verklebt, verschweißt oder sogar vergossen ist Die nochmalige Öffnung ist nicht Standard der Auslegung.

Es gab noch keine verbindliche Regelung zum Recycling der gebrauchten Lithium-Ionen-Akkus, auch nicht zum sicheren Transport. Schon die E-Bike-Akkus gelten als Gefahrgut, erst recht die aus den Pkw. Für Speditionen ist es schwer, sie abzuholen und anzuliefern, besonders, wenn es sich um Unfallautos handelt, die irgendwo auf den Straßen liegen. Da Regeln weitgehend fehlen, ist das heutige Recycling eher auf Versuch und Irrtum (trial and error) ausgerichtet.

Die Verwerter stehen aktuell vor großen technischen Problemen. Viele der angelieferten Akkus stehen noch unter Spannung und Druck. Dazu fehlen meist Informationen zu den Lade-/ Entladezyklen oder auch zum inneren Aufbau, der sich erst nach der Öffnung offenbart. Jede Fahrzeugmarke hat ihr eigenes Batteriedesign, was die Verwertung schwierig (und teuer) macht.

Zunächst muss der Akku voll entladen sein, bevor man manuell tätig wird. Die Öffnung des Gehäuses ist noch relativ einfach; Kabel, Isolation und Elektronik sind schnell zu entnehmen und meist gut zu trennen. Der Verwerter sieht als Nächstes verklebte und verschweißte Module vor sich, deren Trennung bisher händisch erfolgt. Schwierig wird dann die Demontage der Module selbst und noch einmal schwieriger, wenn es um die Zellen geht. Ein besonderes Problem ist dabei, dass der Elektrolyt im Inneren von Lithium-Ionen-Akkus fluorhaltig, brennbar und giftig ist.

Es gib hauptsächlich zwei Varianten, die Module abzubauen bzw. zu zerstören. Die erste ist das Einschmelzen, das pyrometallurgisch bei 1500 °C erfolgt. Man erhält so Kobalt, Nickel und Kupfer, die getrennt werden können und dann sortenrein in den Verkauf gehen. Übrig bleibt als amorpher Rest die sogenannte Schwarze Masse, die das Lithium und einige Seltene Erden enthält.

Das Lithium könnte man prinzipiell extrahieren, doch ist der Aufwand groß, sodass die Verarbeitung zum Lithium sich finanziell (noch) nicht lohnt. Die Asche findet Verwendung im Straßenbau oder bei der Zementherstellung.

Die Alternative zum Einschmelzen ist die Hydrometallurgie, die mit dem Schreddern beginnt. Das geschieht unter Luftabschluss. Die entstandenen Stücke oder Brocken werden

172 accundu GmbH (Ig), Hetzel, J.: Der Batterieexperte.

mechanisch oder magnetisch getrennt. Ätzende Flüssigkeiten werden zugesetzt und lösen die nicht brauchbaren Metalle auf. Der Prozess liefert abschließend den Elektrolyten, das Lithium und den Graphit zurück.

So recht überzeugend sind die beiden Varianten nicht, denn die dabei gewonnen Ergebnisse sind Rohstoffe, die eines neuen Verarbeitungsangangs bedürfen, bevor wieder neue Batterien entstehen können. Die Hoffnung bleibt, dass es schnellstmöglich gelingt, eine allseits befriedigende Recycling-Möglichkeit finden, die sich gut industriell einsetzen lässt und mit weniger Handarbeit auskommt.

Das ZSW (Zentrum für Sonnenenergie- und Wasserstoff-Forschung Baden-Württemberg) will zur Verbesserung der Situation beitragen und hat ein Projekt zur Wiederaufbereitung kritischer Batterie-Rohstoffe gestartet. Neben Lithium stehen auch Kobalt, Nickel und Graphit im Fokus. Die Machbarkeitsstudie „Kathoden- und Anodenmaterialien aus recycelten Lithium-Ionen-Batterien" soll einen effizienteren Recyclingprozess beschreiben. Die Vorstellung ist die Aufbereitung des Elektrodenmaterial mit dem Ziel, es direkt in neuen Lithium-Ionen-Batterien oder als Zwischenprodukt für die Batteriematerialsynthese wiederzuverwenden.

Es soll auch darum gehen, die Komponenten ohne großen Energieaufwand aus Altbatterien oder Produktionsabfällen der Zellherstellung mechanisch statt von Hand zu trennen, zu reinigen und die Elektrodenmaterialien danach thermochemisch nachzubehandeln. Aufgrund der vorhandenen Expertise in der Entwicklung des Batteriemateriale und der Fertigung von Lithium-Ionen-Zellen vom Pilot- bis zum seriennahen Maßstab kennt das ZSW die Spezifikationsprofile und die Anforderungen an Material und Verarbeitung.

Die Studie wird über zwei Jahre mit 870 000 Euro über das baden-württembergische Ministerium für Wirtschaft, Arbeit und Wohnungsbau bezuschusst, das hierzu feststellt: „Hochwertiges Recycling ist eine Schlüsselkompetenz für den Industriestandort Baden-Württemberg. Nachhaltige und wettbewerbsfähige Wertschöpfungsketten müssen in Zukunft auch eine optimale Verwertung von Produkten am Ende der Nutzungsphase berücksichtigen. Beim Recycling von Batterien gehen wir mit dem Projekt Recyclebare einen wichtigen Schritt in die richtige Richtung".[173] Und das ZSW ergänzt hier: „Der künftige Bedarf an Lithium-Ionen-Batterien für Elektrofahrzeuge und zur kurzzeitigen Ökostromspeicherung wird enorm sein. Die Entwicklung eines Recyclingkonzepts, mit dem Rohstoffe in ausgedienten Batterien möglichst vollständig rückgewonnen werden, kann entscheidend zu einer nachhaltigen Rohstoffversorgung führen und den Material- und Energiebedarf für neue Zellen erheblich reduzieren."[174]

Um das Recyceln zu erleichtern, ist das Mitdenken der Verwertung bereits beim Produktdesign gefragt. Hierum kümmert sich das Projekt AdRecBat des Leibniz-Inststituts für Neue Materialien (INM) in Saarbrücken, gemeinsam mit der Universität Erlangen-Nürnberg und dem Fraunhofer-Institut für Silikat-Forschung (ISC) in Würzburg. Die Forscher intendieren, die Batterie so zu gestalten, dass die verwendeten Materialien (u. a. Elektroden, Verkapselung und Gehäuse) am Nutzungsende problemlos voneinander

173 Wirtschaftsministerin Nicole Hoffmeister-Kraut, Kritische Batterierohstoffe: in: Solarserver 19. August 2020.

174 Dr. Margret Wohlfahrt-Mehrens, kommissarische Leiterin der Batterieforschung am ZSW. ebenda.

getrennt werden können, also sortenreiner Abfall entsteht. Dazu identifizieren die Partner die recyclingrelevanten Stellen, wie z. B. die Siegelnaht der Pouchfolie[175], die Schnittstellen zwischen Stromabnehmern und Elektroden sowie die Grenzfläche zwischen Aktivmaterial und Kathode. Das Projekt wird vom BMBF gefördert.[176]

Für großtechnische Anwendungen in kommerziell arbeitenden Recyclingunternehmen ist vorerst das Einschmelzen kompletter Batterien oder Zellen mit nachfolgender aufwändiger Aufbereitung der Stand der Technik. Einen Überblick über die Stellung des Lithiumrecyclings im Spektrum des Batterierecyclings gibt Abb. 7-46.

Die Schlackenbildung in den Hochtemperaturprozessen hat Verluste an Metallen wie Kobalt, Nickel und Kupfer zur Folge. Das gilt auch für Lithium, Mangan und Aluminium. Auch alternative Verfahren, die mehrere Hochtemperaturprozesse nutzen oder mit Hydrometallurgieabläufen (s. oben) verbunden sind, lieferten nur eine relativ geringe Ausbeute an Wertstoffen, wie das ZSW im Zusammenhang mit seiner Machbarkeitsstudie mitteilt.

Das Problem ist groß, sowohl vom Aufwand wie vom Umfang. Das Umweltbundesamt schätzt die Kosten der Verwertung von alten Lithium-Ionen-Akkus zu 3 000 Euro/t ein. Die Entsorgung eines Tesla S-Wracks kostet also 1 700 Euro – nur für das Recycling des Akkus. Die Zukunft wird uns vor dem Hintergrund der Wachstumsziele des E-Marktes stark zunehmende Mengen von alten Li-Fahrzeugakkus bringen. Das UBA rechnet ab 2030 in Deutschland mit circa 30 000 t Altakkus pro Jahr. Immerhin gibt es inzwischen Verwerter, die 21 000 Tonnen im Jahr davon stemmen könnten – wenn die Verfahren ausgereift sind.

Den Bedarf sehen auch die großen Autobauer. Mercedes-Benz will künftig Batteriesysteme von ausgemusterten Elektroautos in Eigenregie wiederverwerten und hat im baden-württembergischen Kuppenheim aktuell einer eigene Recyclingfabrik eröffnet.[177] In der südlich von Karlsruhe gelegenen Fabrik sollen künftig Wertstoffe für jährlich mehr als 50.000 neue Batteriemodule wiedergewonnen werden. Die Fabrik deckt mit ihrem Konzept alle Schritte vom Zerkleinern der Batteriemodule bis hin zum Trocknen und Aufbereiten der Wertstoffe ab. Mercedes rechnet mit einer Rückgewinnungsquote von mehr als 96 %. In einem mechanischen Vorlauf werden die Altbatterien zunächst unter Wasser zerkleinert und Kunststoffe, Kupfer, Aluminium und Eisen aussortiert. In nachgelagerten Verfahren werden dann aus der verbliebenen Masse mithilfe von Säuren die Metalle Kobalt, Nickel und Lithium einzeln extrahiert. Diese Rezyklate hätten Batteriequalität und seien damit für die Herstellung neuer Batteriezellen geeignet, teilte Mercedes mit. Technologiepartner des Autoherstellers ist der private Batterierecycler Primobius.

Auch Volkswagen testet seit 2 Jahren in Salzgitter Recycling-Verfahren für Li-Ionen-Akkus und will dort jährliche Kapazitäten von 1 500 t/a installieren.[178]

---

175 Die Pouch-Folie bildet die äußere Hülle der Batterien und wird auch Gehäusefolie oder Coffee-Bag genannt.

176 Redaktion, Unsterbliche Batterien, in: vdi nachrichten vom 13. Januar 2023.

177 E. Mauderer, Mercedes-Benz eröffnet Batterie-Recyclingfabrik in Kuppenheim, in: dpa, 22. Oktober 2024.

178 NTV, 3. März 2023.

Die Presse sieht die Situation optimistischer als die Fachleute. Für sie ist das Problem des Recyclings von Lithium-Ionen-Batterien mit Abb. 7-47 gelöst, einschließlich der Rückgewinnung des Lithiums.

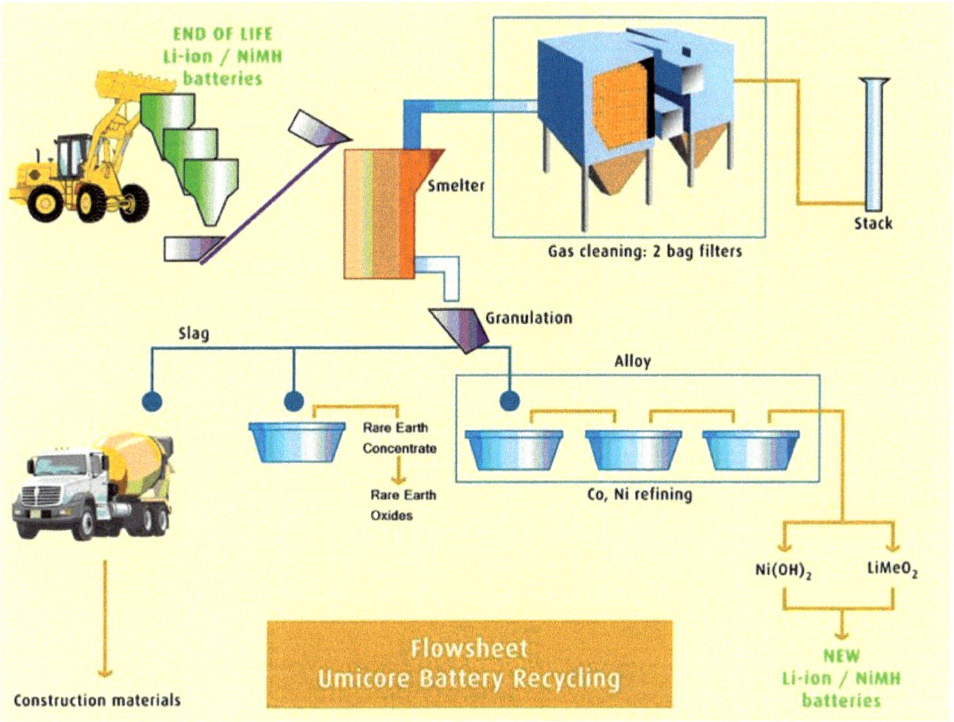

Abb. 7-46: Simplified flow sheet of the Umicore Battery Recycling Process; Quelle: Umicore AG & Co. KG, Hanau

Es gibt jedoch einen Aspekt, den man als Vorstufe dem Recycling zurechnen kann: Die Zweitnutzung der in den E-Autos verbauten Akkumulatoren. Sie ist denkbar und auch möglich durch die technisch weniger anspruchsvolle Verwendung in stationären Speichern, wie sie in Hausversorgungen oder in größeren Dimensionen in den Netzen der Energieversorger schon länger existieren und zunehmend gebraucht werden. Den Lebenszyklus einer solchen mehrfach genutzten Batterie zeigt Abb. 7 48.

Eine andere Frage ist, ob sich nicht andere Batterietechniken finden lassen, die das Recyceln von Lithium-Ionen-Akkumulatoren in weiterer Zukunft erleichtern oder ganz überflüssig machen könnten. In die erste Richtung weist die sogenannte LFP-Batterie, die als Lithium-EisenPhosphat-Stromspeicher ohne Nickel und Kobalt auskommt und von der chinesischen CATL produziert wird. Sie sind zwar etwas weniger leistungsfähig, kosten aber auch etwa ein Viertel weniger. Und sind auch schon beim Modell 3 von Tesla im Einsatz. LFP-Batterien könnten etwa ein Viertel des E-Auto-Marktes erobern.

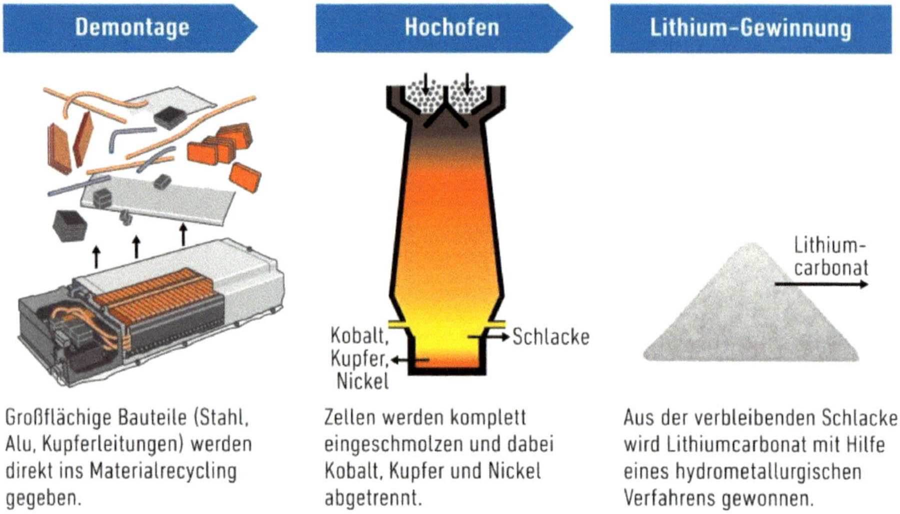

Abb. 7-47: Recyclingprozess für Lithium-Ionen-Batterien in der Presse; Quelle: FAZ-Recherche, Grafik Kaiser

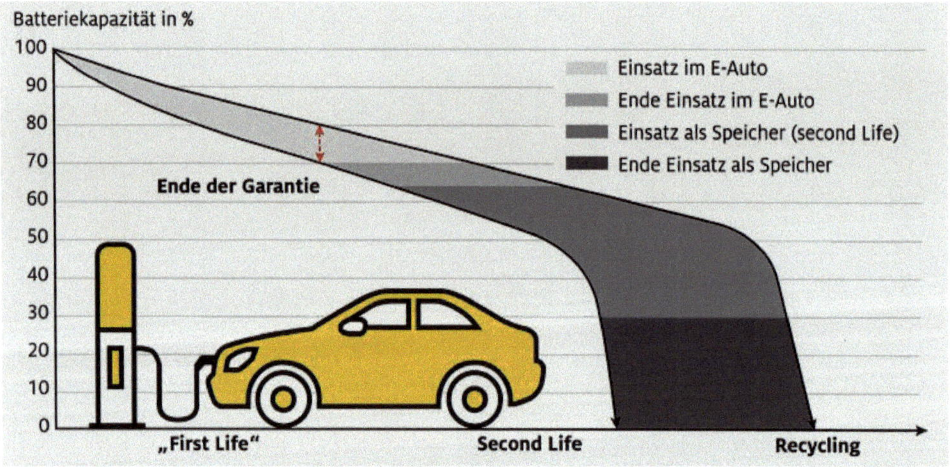

Abb. 7-48: So funktioniert das Recycling von E-Auto-Batterien auch / Im Second Life können Batterien noch viele Jahre genutzt werden. Quelle: adac.de

In eine andere Richtung weist die Natrium-Ionen-Batterie, ebenfalls von CATL entwickelt. Sie kommt ganz ohne Lithium und Kobalt aus. Sie kann auch deutlich schneller geladen werden, ist kältebeständiger und zudem preiswerter. Allerdings ist ihr Leistungsgewicht in kWh/kg auch ein Dittel niedriger, was das Fraunhofer ISI in Karlsruhe zu der Prognose bringt, dass dieser Batterietyp noch einige Jahre bis zum massentauglichen Einsatz brauchen wird.[179]

7.8 Elektrische und elektronische Geräte

Praktisch alle stromversorgten Geräte fallen unter die Regelungen des „Elektro- und Elektronikgerätegesetzes (ElektroG)“

Das ElektroG gibt vor, dass Elektroaltgeräte getrennt gesammelt und recycelt werden müssen und nicht über den Hausmüll entsorgt werden dürfen. Die so kontrollierte Entsorgung soll einmal dazu beitragen, den illegalen Export von Elektroaltgeräten zu unterbinden, aber auch die Wiedergewinnung der wertvollen Rohstoffe zu ermöglichen und die Umweltbelastung soweit als möglich zu reduzieren.

In einer Anlage sind die Produktkategorien beschrieben, auf die sich das Gesetz bezieht:

„SG 1. Wärmeüberträger wie Kühlschränke, Warmwasserspeicher etc.,
SG 2. Bildschirme, Monitore und Geräte, die Bildschirme mit einer Oberfläche von mehr als 100 cm^2 enthalten, auch Laptops etc.,
SG 3. Lampen jeglicher Art außer Glühlampen,
SG 4. Großgeräte wie Ton- oder Bildwiedergabegeräte (Fernseher), Waschmaschinen, Nachtspeicherheizgeräte, Elektrokleinstfahrzeuge mit zwei Rädern und ohne Sitz etc.,
SG 5. Haushalts-Kleingeräte wie Bügeleisen, Videokameras, Staubsauger, Rauchmelder, kleine IT- und Telekommunikationsgeräte (keine äußere Abmessung beträgt mehr als 50 cm) wie Mobilfunkgeräte, Taschenrechner, USB-Kabel, Drucker etc.,
SG 6. Photovoltaikmodule.“[180]

Ab August 2018 erfasst das Gesetz auch Produkte, die verbaute elektrische oder elektronische Teile enthalten, z. B. Möbel wie den Badezimmerschrank mit integrierten LED oder die blinkenden Sportschuhe.

„Das Elektrogesetz ist die deutsche Umsetzung der europäischen WEEE-Richtlinie zur Regelung des Inverkehrbringens, der Rücknahme und der Entsorgung von Elektro- und Elektronikgeräten. Es ist 2005 erstmalig in Kraft getreten und wurde Ende 2015 und dann wieder im Januar 2022 novelliert (ElektroG2 und ElektroG3). Das ElektroG gilt nur in Deutschland. Jedes Land der EU verfügt über seine eigene Umsetzung. Die aktuelle Novelle des deutschen Elektro- und Elektronikgerätegesetzes gilt seit 1. Januar 2022.[181]

Hintergrund der o. a. Auswahl ist die Vorgabe, dass das ElektroG sich auf elektrische oder elektronische Geräte bezieht, die zur ihrem ordnungsgemäßen Betrieb elektrische Ströme bzw. elektromagnetische Felder benötigen bzw. diese erzeugen, übertragen oder messen und für Spannungen von max. 1 000 V AC bzw. 1 500 V DC ausgelegt sind – es sei denn, eine Ausnahme ist anwendbar. Elektro- und Elektronikgeräte werden in die beiden Klassen B2C(ustomer) und B2B(usiness), dann in Produktkategorien sowie weiterhin in Gerätearten unterteilt.“

179 Z. FAZ vom 5. Februar 2023, Artikel: Die neuen Wunderbatterien.
180 Zitiert aus Anlage 1 zum ElektroG.
181 Dieser und der folgende Absatz zitiert aus www.elelektrogesetze.de, hesselmann service GmbH, Das ElektroG in 60 Sekunden.

Hersteller und Importeure sind sogenannte Erstinverkehrbringer im Sinne des Gesetzes. Sie müssen bei der Stiftung elekktro-altgeräte-register (EAR) registriert sein, wenn sie Elektrogeräte in Deutschland verkaufen, verleasen, vermieten, verschenken usw. wollen. Ausländische Anbieter müssen eine Niederlassung gründen oder einen Bevollmächtigten benennen und diesen registrieren lassen, wenn sie in Deutschland tätig werden wollen.

Händler können selbst registrierungspflichtig werden, wenn sie unregistrierte Geräte zum Kauf anbieten oder solche einführen. Die Registrierungspflicht gilt für alle Marken und Gerätearten. Neben der Registrierung gibt es weitere Auflagen: Für B2C-Geräte muss dazu jährlich eine finanzielle Garantiesicherheit und für B2B-Produkte das professionelle Geschäft nachgewiesen werden. Die Registrierung ist an regelmäßig wahrzunehmende Pflichten gebunden: Regelmäßige Mengenmeldungen, korrekte Kennzeichnung der Ware, jeweils aktuelle Verbraucherinformationen und vor allem ein funktionierendes System für die Rücknahme und die ordnungsgemäße Entsorgung von Altgeräten.

Große Händler[182]müssen alte Elektrogeräte zurücknehmen und ohne Kosten für den Kunden entsorgen (lassen). Darin gilt auch für den Onlinehandel und ab Juli 2022 auch für den großen Lebensmitteleinzelhandel. Dazu entstehen auch weitere Hinweis-, Anmeldungs- und Reportingpflichten. Wenn Elektro- oder Elektronikgeräte direkt im europäischen Ausland vertrieben werden, müssen jeweils länderspezifische Verfahren eingerichtet und nachgewiesen werden, die der deutschen Registrierung entsprechen.

Für die Registrierung werden von der EAR Gebühren erhoben. Weitere Kosten entstehen für die Aufwände bei Rücknahme und Entsorgung der Produkte sowie für die administrativen Tätigkeiten und die Sicherung der Produkteigenschaften. Es ist davon auszugehen, dass die entsprechenden Aufwendungen auf die Produktpreise aufgeschlagen werden – letztlich trägt also der Verbraucher bzw. der Käufer die Kosten.

Verstöße gegen das Elektrogesetz sind strafbewehrt. Verwaltungsrechtlich drohen Bußgelder bis zu 100 000 €, auch die Abschöpfung erzielter Gewinne ist möglich. Im Extremfall kann ein Vertriebsverbot verhängt werden, bis Konformität mit dem Elektrogesetz erreicht ist. Privatrechtlich sind Abmahnungen durch Wettbewerber sowie Schadenersatzforderungen möglich.

Bereits seit 2022 ist es Verbraucherinnen und Verbrauchern möglich, kleinere Geräte oder mit Elektronik versehene Dinge in Supermärkten und Discountern, die mehr als 800 Quadratmeter Verkaufsfläche besitzen und selbst Elektrogeräte verkaufen, abzugeben. Bei größeren Geräten wie einem Fernseher besteht dagegen nur eine Rücknahmepflicht, wenn gleichzeitig ein neues Exemplar gekauft wird.

Im Oktober 2024 hat die Bundesregierung beschlossen, die Entsorgung von Elektrogeräten in Zukunft durch einheitlich gekennzeichnete Sammelstellen in den Geschäften zu erleichtern.[183] Zusätzlich sollen Einweg-Elektrozigaretten dem Bundesumweltministerium zufolge überall dort zurückgegeben werden können, wo sie erworben wurden.

182 Mit min. 400 qm Laden-, Lager- oder Versandfläche.
183 ZDF unter Berufung auf dpa.

7.8.1 Recycling

Ein Recycling wird im Gesetz nicht unmittelbar angesprochen. Es findet sich lediglich der Satz: „Die Erstbehandlung (nach Rücknahme) und weitere Behandlungstätigkeiten haben nach dem Stand der Technik im Sinne des § 3 Absatz 28 des Kreislaufwirtschaftsgesetzes zu erfolgen.“[184] Das Gesetz selbst kennt als Oberbegriff nur die „Verwertung“.

Von den getrennt erfassten, also zurück gegebenen Elektroaltgeräten werden durchschnittlich ca. 80 % der Mengen einem Recycling zugeführt, was erstaunlich ist; nur ca. zehn Prozent werden thermisch verwertet.

Was in welchem Umfang zu verwerten ist schreibt im Übrigen das ElektroG vor:

„(1) Altgeräte sind so zu behandeln, dass

1. bei Altgeräten der Kategorien 1 und 4

a) der Anteil der Verwertung mindestens 85 Prozent beträgt und

b) der Anteil der Vorbereitung zur Wiederverwendung und des Recyclings mindestens 80 Prozent beträgt,

2. bei Altgeräten der Kategorie 2

a) der Anteil der Verwertung mindestens 80 Prozent beträgt und

b) der Anteil der Vorbereitung zur Wiederverwendung und des Recyclings mindestens 70 Prozent beträgt,

3. bei Altgeräten der Kategorien 5 und 6

a) der Anteil der Verwertung mindestens 75 Prozent beträgt und

b) der Anteil der Vorbereitung zur Wiederverwendung und des Recyclings mindestens 55 Prozent beträgt und

4. bei Altgeräten der Kategorie 3 der Anteil des Recyclings mindestens 80 Prozent beträgt.“[185]

Im Elektroschrott-Recycling steckt zwar eine Menge Arbeit, aber durch die Wiedergewinnung der Rohstoffe eben auch eine Menge Geld. Nicht umsonst wird das Elektro- und Elektronikschrott-Recycling gelegentlich mit einer Goldmine verglichen.

Ein Beispiel sind die weltweit verbreiteten Smartphones, von denen z. B. im Jahr 2021 rund 1, 4 Mrd. Geräte verkauft wurden. Der Metallwert eines Einzelgerätes liegt zwar nur bei 1,1 €, die schiere Menge macht es jedoch zu einer großen Ressource von beträchtlichem Wert. Hinzu kommt, dass für die Produktion des Einzelgerätes 75 kg primärer Stoffe benötigt werden – Wiedergewinnung trägt also zum Schutz der Umwelt nicht unerheblich bei. Im Gerät sind im Durchschnitt 305 mg Silber, 39 mg Gold (für die Kontakte) 11 mg Palladium, des Weiteren Lithium, Platin, Rhodium, Zink, Aluminium, Eisen sowie 17 Seltene-Erden-Metalle verbaut. Dass allein in 1 t Mainboard-Schrott so viel Gold enthalten ist wie in 45 t goldhaltigem Erz, macht die Bilanz anschaulicher.

184 zitiert aus $ 20v ElektroG.

185 Zitiert aus § 22 ElektroG.

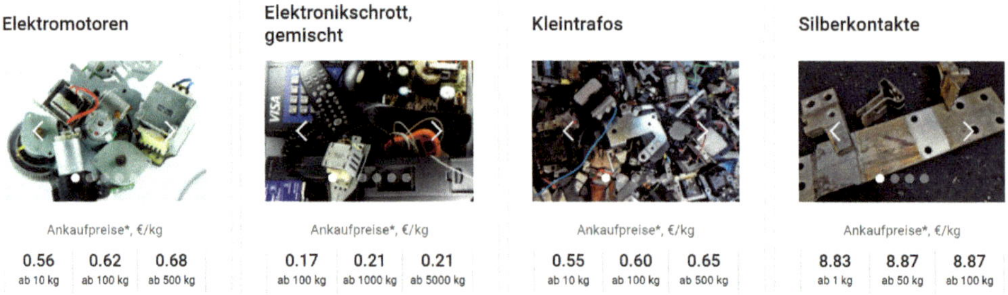

Abb. 7-49: Schrottpreise für einige Produktgruppen Elektro- / Elektronikschrott, Jan: 2023; Quelle: Schrott24

In der EU werden 42 % der Geräte recycelt, weltweit 20 %. Das Recycling konzentriert sich jedoch auf klassische Edelmetalle und Kupfer, die nach dem Einschmelzen aus der Schlacke per Elektrolyse mit Gewinn gewonnen werden. Die Demontage der Geräte mithilfe von Robotern wie bei Apple verbessert dabei das (finanzielle) Ergebnis. Das Recycling von Hochtechnologiemetallen wie Indium, Tantal, Gallium, Germanium und der Seltenen Erden liegt dagegen im Argen, hauptsächlich wegen des unverhältnismäßig großen Aufwandes.[186]

Für Elektroschrott wird am Markt gezahlt: Abb. 7-49 zeigt ein Beispiel für Ankaufpreise, das zugleich deutlich macht, dass eine Vorsortierung nach Produktgruppen lohnt. Nicht am Markt (bzw. im Portal Schrott 24) angekauft werden bestimmte Produkte, aus denen sich kein Gewinn mehr ziehen lässt, wie etwa Kühlaggregate, Röhrenbildschirme, Flachbildschirme, Giftige Abfälle und Fernseher.

Weltweit gibt es in den Recyclingquoten große Unterschiede, mit 35 % des Schrottaufkommens lag Europa 2016 an der Spitze, s. Abb. 7-50. 2018 waren dann 38,9 % erreicht, s. auch die Angaben oben.

2008 wurden in Deutschland nur etwa 40 % des anfallenden E-Schrotts ordnungsgemäß abgegeben, der große „Rest“ landete im Haus- und Sperrmüll. Eine für die Kunden einfach wahrnehmbare Möglichkeit des Elektroschrott Recycling liegt in der Abgabe in den Wertstoffhöfen: Dort kaufen auf das Zerlegen und Trennen der Materialien spezialisierte Unternehmen das abgegebene Gerät auf und führe es dem Recycling zu. Aktuell soll die Verwertungsquote in Deutschland bei 44 % liegen. Die nicht erfassten Mengen werden für Deutschland auf mehr als eine Million Tonnen Elektroaltgeräte geschätzt. Registrierte Händler kennzeichnen ihre Waren mit dem Symbol der durchgekreuzten Tonne kenntlich, s. Abb. 7-51. Es soll signalisieren, dass dieser Gegenstand nicht in den Müll gehört, sondern abzugeben ist.

186 Chr. Schulzki-Haddouti, Elektroschrott ergiebiger als Bergwerke, in: vdi nachrichten vom 15. Juli 2022.

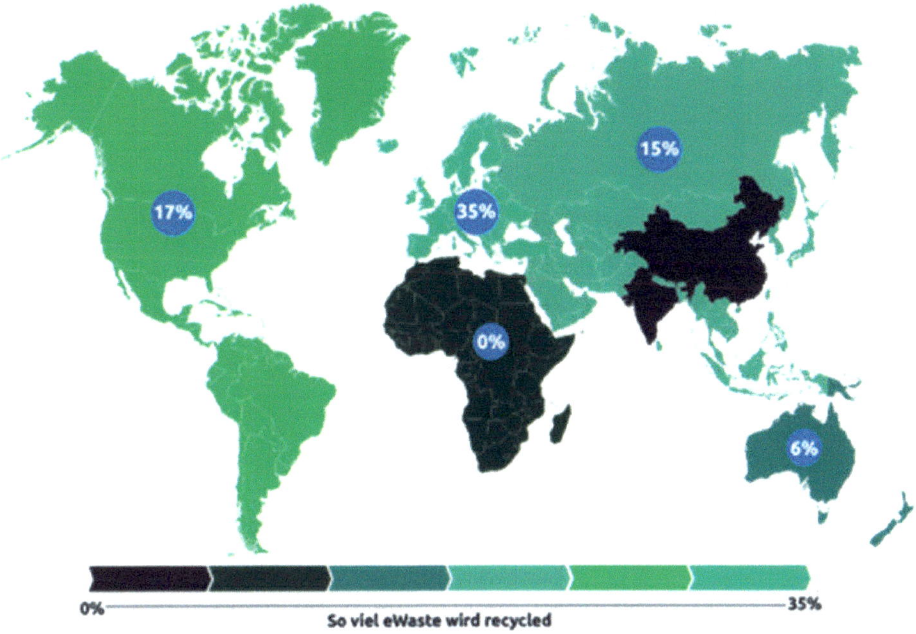

Abb. 7-50: Recycling von Elektro- und Elektronikschrott weltweit 2021; Quelle: RS Components

Abb. 7-51: “nicht in die Tonne (Restmüll)“; Quelle: ElektroG

Schuld an den niedrigen Quoten tragen offenbar die Verbraucher, die Elektroschrott falsch entsorgen. Eine Umfrage im Auftrag des Entsorgungsunternehmens ALBA ergab, dass weniger als 10 % der Verbraucher von der Möglichkcit Gebrauch machen, ihren Elektroschrott in bei Händlern wie Discountern oder Supermärkten und im Elektrofachhandel abzugeben, die doch gesetzlich zur Elektroschrott-Annahme verpflichtet sind, s. oben. Die Umfrage ergab zusätzlich , dass mehr als 10 % der Verbraucher ihre Altgeräte verbotenerweise im Restmüll entsorgen und 5 % hierfür sogar die gelbe Tonne nutzen.[187]

Einen Überblick über die zeitliche Entwicklung in Deutschland hat das UBA über eine volle Dekade erstellt, s. Abb. 7-52: Sie macht deutlich, dass durchgängig das Defizit in der Sammlung liegt und nichts besser geworden ist im Laufe der Jahre.

187 Stromauskunft Blog, 19. Januar 2023.

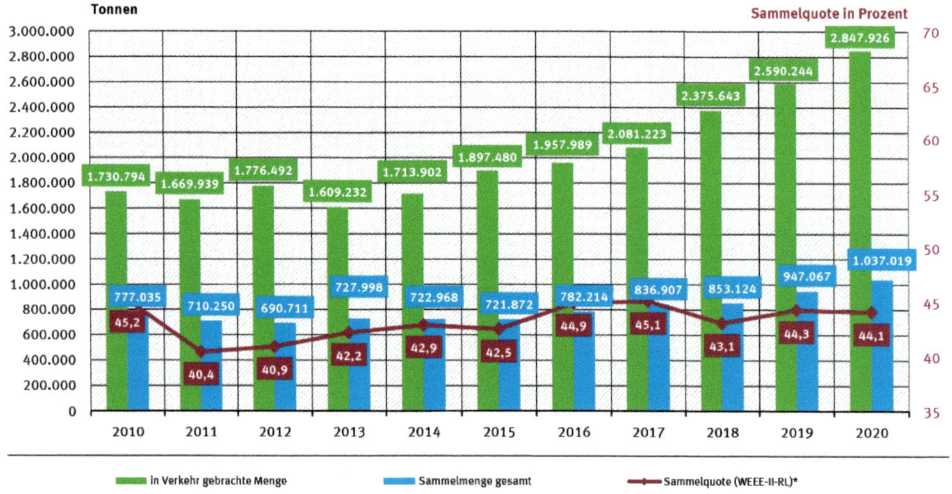

Abb. 7-52: In Verkehr gebrachte Mengen, Sammelmengen und Sammelquoten bei Altgeräten; Quelle: UBA

Die Wiederverwendung, etwa die Reparatur eines alten Geräts, erfolgt eher selten und liegt abhängig vom Typ oft nur bei einigen Prozenten. Dass dies häufig beklagt wird, ändert nichts an der verbreiteten Wegwerfmentalität. Wenn elektrische Geräte noch funktionieren, ist der Weiterverkauf auch eine gute Alternative zum Recycling. Für den Weiterverkauf gibt es mehrere Kanäle: Kleinanzeigen in der örtlichen Zeitung, Portale wie ebay im Internet, professionelle Händler, die oft ein Refurbishing anbieten (z. B. bei PCs und Mobiltelefonen). Man muss bei Händlern allerdings mit erheblichen Preiseinbußen gegenüber dem echten Wiederverkaufswert rechnen. Oft erhält man nur 30 % des Wiederverkaufspreises. Der Vorteil ist hier die rasche Umsetzung, sodass der Privatmann sich Wege und Warten spart.

Was nach der Rücknahme mit Geräten oder Komponenten geschieht, ist wie fas alles in Deutschland geregelt. Zuständig ist seit 2021 die „Verordnung über Anforderungen an die Behandlung von Elektro- und Elektronik-Altgeräten (Elektro- und Elektronik-Altgeräte-Behandlungsverordnung – EAG-BehandV)".

Das Recycling selbst besteht aus mechanischen, thermischen und chemischen Abläufen mit einer vorweg laufenden Vorbereitung: Manuelle Entfernung der Schadstoffe, maschinelle Zerkleinerung in mehreren Stufen, Trennung der Materialien (die oft noch manuell erfolgt, außer bei Stahlbestandteilen, die magnetisch aussortiert werden). Der Materialmix ist herausfordernd: Eisen- und Nichteisen-Metalle, Kunststoffe aller At, Mineralien. Eisen-Metalle folgen dem in Kap. 7.3.1, Stahl, und Edelstahl, beschriebenen Weg, Nichteisen-Metalle finden im Kupferprozess Verwendung, wo nach Metallsorten weiter getrennt werden kann. Es geht dabei nicht nur um Edelmetalle wie Gold (z. B. aus beschichteten Kontakten), sondern vor allem um Kupfer, aber auch um Kobalt, Neodym, Dysprosium und andere Seltene Erden.

Für die Trennung der einzelnen Materialien ist im Elektroschrott-Recycling erheblicher Aufwand zu leisten. Wenn man nicht sauber trennt, lassen sich nach dem Ofenprozess zwar

Metalle aus der Schlacke herausholen, aber für Kunststoffe und einige Seltene Erden gilt dies nicht. Saubere und aufwändige Trennung ist also unverzichtbar. Die Kunststoffhüllen der Geräte und die Isolationen der Kabel sind dann gesondert verfügbar und dienen den Recyclinghütten als leicht verfügbarer Brennstoff. Besonders umweltfreundlich ist das Verfahren der Verbrennung zwar nicht, aber die Kunststoffe können nicht anders verwertet werden, da sie Zusatzstoffen und Flammschutzmittel enthalten und so einem gesonderten Recycling nicht zugänglich sind.

Elektroschrott-Recycling ist nicht immer vollständig durchführbar. Edelmetalle und Kupfer sind zwar kreislaufgeeignet und können ohne Qualitätsverluste erneut verwendet werden. Für andere Metalle wie Aluminium beispielsweise ist nur noch die Wiederverwendung in Legierungen möglich. Und für die nach dem Verbrennen der letzten Reste und nach vielen Schmelzprozessen übrigbleibende Schlacke kommt nur noch eine Nutzung als Baumaterial infrage.

Ein großes Problem beim Elektroschrott Recycling ist das Quecksilber, denn es wird in solchen Mengen aus den alten Geräten freigesetzt, dass nur ein kleiner Teil in eine neue Verwendung in Energiesparlampen oder anderen quecksilberhaltigen Geräten gehen kann. Was nicht verwendbar ist, muss als Sondermüll sicher deponiert werden. Dass dies viel Geld kostet, liegt auf der Hand.

Wenn elektrische Geräte nicht mehr unktionstüchtig sind, muss das nicht für Komponenten und Teile gelten. Sie können weiterverwendet und an anderer Stelle eingebaut werden, sodass die ausgesonderten Geräte die Funktion eines Ersatzteillagers übernehmen. Auch dies ist ein Weg des Recyclings, wenn auch nur eines partiellen. Er wird auch von Herstellern genutzt, meist sind es jedoch Werkstätten und Dienstleister, die solche Austausche anbieten.

Welche Methode des Elektroschrott-Recyclings besser ist, soll hier nicht bewertet werden. Grundsätzlich ist jede Form von Elektroschrott-Recycling begrüßenswert, denn eine Wiedernutzung ist nachhaltiger und umweltfreundlicher als die Neugewinnung. Qualitativ gibt es allerdings Unterschiede. Wenig aufwendig und durchaus sinnvoll ist es, Elektroaltgeräte zur Wiederverwendung zu verkaufen, sodass zunächst dieser Weg geprüft werden sollte. Dies gilt auch bei einer ggf. nötigen Reparatur. Nur wenn Reparatur beispielsweise wegen fehlender Ersatzteile nicht möglich ist, sollte man das Gerät zunächst zerlegen. Hier findet man ggf. noch einzelne Bauteile, die unmittelbar wiederverwendbar sind. All dies ist sinnvoller als das Recycling auf der Rohstoffbasis zu betreiben. Hierfür bedarf es nach der Zerlegung der maschinellen Verarbeitung in Schreddern und anschießend der Einbringung in Schmelzöfen und von weiter nachgeordneten Prozessen. Das ist aufwendig und teuer, lohnt sich aber immer noch, s. oben. Dass ausgesonderte gefährliche Stoffe aus dem E- Schott tatsächlich in die Sondermüllverbrennung verbracht oder auf einer Sondermülldeponie entsorgt werden müssen, ist eher die Ausnahme und nicht die Regel.[188]

188 DRS Deutsche Recycling Service GmbH, 2022.

7.9 Baustoffe

Der Bau ist mit einem Umsatz von 145 Mrd. Euro (2021, nominal 1,2 % mehr als 2020) ein bedeutender Wirtschaftsfaktor. Der Bausektor gehört nach Bericht des BMU zu den ressourcenintensivsten Wirtschaftssektoren. Der Bestand an Gebäuden und Infrastrukturen stellt sich mit rund 28 Mrd. t (2010 nach UBA) in Deutschland als großes, von uns Menschen erstelltes temporäres Materiallager dar, das irgendwann auch wieder dem Recycling zur Gewinnung der enthaltenen Rohstoffe zugeführt werden kann, wobei als frühester Zeitpunkt normalerweise das Ende der Nutzungsdauer gelten kann. Dass die Zeitläufte gelegentlich einen lang dauernden Bestand an Ruinen hervorbringen (wie etwa nach dem Ende der antiken Reiche), sei hier nur im Nebensatz erwähnt.

Das Thema Nachhaltigkeit beschäftigt gegenwärtig die gesamte Baubranche, wie die Messe Bau 2023 gezeigt hat. Druck in Richtung nachhaltiger Alternativen ist unverkennbar Die Baubranche verbraucht mehr Ressourcen und produziert mehr Abfall als andere Industriesektoren: Ein Drittel des Abfallaufkommens in Europa stammt aus der Bauwirtschaft, sie steht für 40 % aller CO_2-Emissionen. Hinzu kommt eine sich abzeichnende Rohstoff- und Baustoffknappheit. Der Weg müsste also von der linearen Wirtschaft weg und hin zur Circular Economy führen.

Neue Verordnungen sind auf dem Weg oder auch erlassen, wie als Beispiel die Verordnung (EU) Nr. 305/2011 des Europäischen Parlaments und des Rates vom 9. März 2011 zeigt. Sie gibt u. a. vor, recycelbaren und speziell durch Recycling gewonnenen Materialien den Vorzug gegenüber konventionellen Baustoffen zu geben. Auch ist das technische und wirtschaftliche Potenzial für Rezyklate längst erkannt. Dennoch sieht man das Recycling von Baumaterialien noch viel zu selten. Ein Beispiel möge das illustrieren: Für Bau-Kunststoffrohre werden nur zu 7 % recycelte Produkte genutzt.

Zum Recyclingpotenzial klassischer Baustoffe wie Beton, Holz, Gips, Ziegel, Glas, Sand, Metall und Kunststoff ist allerdings die Forschung im Rückstand. Deren Intensivierung ist eine der großen Herausforderungen für die Baubranche. Helfen kann hier die Philosophie des Urban-Mining, das dem Ansatz folgt, dass Städte wertvolle Materiallager sind, die es zu sichern gilt.

Die Trennung der Materialien gleich mitzudenken, gehört zu den ersten Prinzipien. Die schon vorhandenen Sekundärrohstoffe – ein Beispiel ist Bauschutt – wieder, neu oder anders zu verwenden, ist ein zweites. Nur rund 20 % der recycelten mineralischen Baustoffe werden aktuell in der Asphalt- und Betonherstellung verwendet, und dies kaum im Hochbau, sondern überwiegend im Straßen- und Erdbau.

Auch ein Ansatz zur Lösung ist der sogenannte nachhaltige Rückbau, der das Gebäude schadlos in den Materialkreislauf zurückkehren lässt. Hier sind es vor allem 3 Stichworte, die diese Strategie ausmachen:

- Reduce – Verringerung des Abfallvolumens: Das erreicht man über die Energieeffizienz, die es erlaubt, die thermische Masse der Bauwerke zu reduzieren. Zudem werden Bauwerke in Form und Ausrichtung optimal gestaltet, um beispielsweise Querlüftungen sinnvoll zu nutzen. Bauwerke begrünen, sinnvoll verglasen oder Sonnenschutz mitdenken – das sind zusätzliche Maßnahmen.
- Reuse – Weiterverwendung und Ressourceneinsparung: Bauwerke und Bauteile werden wiederverwendet. Oder alte Gebäude erhalten nach Sanierung und Dämmung eine neue Funktion. Beides sind Elemente der Kreislaufwirtschaft am Bau.

- Recycle – weitere Verwertung: Das Recycling von Baumaterialien und Baustoffen reduziert die Abfallmenge. Recycelte Betonmischungen müssen allerdings leistungstechnisch an die Qualität von neuen Erzeugnissen heranreichen.

Bauabfälle gibt es in Vielfalt. Die Kennzeichnung von Bau- und Abbruchabfällen (einschließlich Aushub von verunreinigten Standorten) liefern die Abfallverzeichnis-Verordnung (AVV) und der Abfallschlüssel. Kapitel sind in der AVV mit 2, Gruppen mit 4 und Abfallarten mit 6 Stellen gekennzeichnet. Kennzeichnung mit einem Sternchen weist auf Gefährlichkeit des Abfalls hin.

Das Abfallverzeichnis ordnet die folgenden Abfallgruppen den Bau- und Abbruchabfälle zu:[189]

- 1701 Beton, Ziegel, Fliesen und Keramik
- 1702 Holz, Glas und Kunststoff
- 1703 Bitumengemische, Kohlenteer und teerhaltige Produkte
- 1704 Metalle (einschließlich Legierungen)
- 1705 Boden (einschließlich Aushub von verunreinigten Standorten), Steine und Baggergut
- 1706 Dämmmaterial und asbesthaltige Baustoffe
- 1708 Baustoffe auf Gipsbasis
- 1709 Sonstige Bau- und Abbruchabfälle.

Mit weiteren 2 Stellen werden die Abfallarten innerhalb der Gruppen gekennzeichnet, beispielsweise zu 1702:

- 17 02 01 Holz
- 17 02 02 Glas
- 17 02 03 Kunststoff

sowie als Kennzeichnung mit Sternchen für gefährliche Bauabfälle:

- 17 02 04* Glas, Kunststoff und Holz, die gefährliche Stoffe enthalten oder durch gefährliche Stoffe verunreinigt sind.

Als „Mineralischer Baustoff" wird im Sprachgebrauch alles das bezeichnet, was die Bauwirtschaft üblicherweise für Straßen und Gebäude verwendet, im Wesentlichen also deckungsgleich mit Abfallgruppen 1701 – 1709. Nicht enthalten sind reine Konstruktionen aus z. B. Stahl wie Anlagen der Mineralölwirtschaft (das zählt dann zu den Metallen) oder Holz (das fällt dann unter Altholz), s. auch Abb. 7-53.

Die Zuordnung ist zugegebenermaßen etwas unscharf. Wir halten uns hier an den aktuellen Monitoring-Bericht zum Aufkommen und zum Verbleib mineralischer Bauabfälle, Datenbasis 2020. Unterschieden werden dort Boden und Steine, Bauschutt, Straßenaufbruch, Bauabfälle auf Gipsbasis und Baustellenabfälle nach Anfall und Verbleib.

Der Anfall mineralischer Bauabfälle ist sehr groß: Im Jahr 2020 sind 221 Mio. t mineralische Bauabfälle angefallen. Davon waren 129 Mio. t (59 %) Boden und Steine, 60 Mio. t (27 %)

189 [111] zitiert aus „Bau- und Abbruchabfälle", bauprofessor.de.

Bauschutt, 17 Mio. t (8 %) Straßenaufbruch, 0,7 Mio. t (0,3 Prozent) Bauabfälle auf Gipsbasis und 14 Mio. t (6 %) Baustellenabfälle. Gegenüber dem Vorberichtszeitraum gab es praktisch keine Änderungen (Anfall 2018: 218,8 Mio. t). Auch die Massenströme der einzelnen Fraktionen änderten sich kaum. In Abb. 7-54 sind die Werte grafisch veranschaulicht. Dass die Fraktion Boden und Steine dominiert, wird hier sehr deutlich.

Wichtige mineralische Baustoffe			
Name (chemische Zusammensetzung)	**Rohstoffe/ Vorkommen**	**Verwendung**	**Herstellung**
Gips (Calciumsulfat und gebundenes Kristallwasser)	im Gestein als Gipsstein, Alabaster, Marienglas	**Baugips:** Stuck, Verbände, Gipskartonplatten, Estrich (Fußböden)	– Brennen von Gipsgestein, (Abspaltung des Kristallwassers) – bei 200 °C entsteht **Stuckgips** ($CaSO_4 \cdot 0,5\,H_2O$; Halbhydrat) – bei 800–1000 °C entsteht Estrichgips ($CaSO_4$; Anhydrit) – Abbinden (Kristallwasser lagert sich wieder an)
Kalkmörtel (Gemisch aus Löschkalk und Sand)	Calciumhydroxid aus gelöschtem Branntkalk, Wasser, Sand	Verbinden von Mauersteinen Verputzen von Wänden (härtet nur an der Luft)	– Löschkalk (Calciumhydroxid) wird mit Wasser versetzt – reagiert mit Kohlenstoffdioxid der Luft zu Calciumcarbonat, wird dabei fest (Abbinden) – Sand dient als Füllstoff
Zement (Calciumsilikate und Calciumaluminate)	Calciumcarbonat (Kalkstein) und Ton	als steinähnliches Material (härtet auch unter Wasser)	– Brennen von Kalkstein und Ton zusammen bei 1500 °C im Drehrohrofen – Mahlen des entstehenden Klinkers – Vermischen mit Wasser zu Zementmörtel
Beton (Gemisch aus Zementmörtel und grobem Kies oder Steinsplitt)	Zement, Wasser, Sand, Kies oder Schotter	Baustoff („Kunstgestein") **Stahlbeton** mit Eisenelementen	– **Zementmörtel** wird durch Mischen von Zement, Wasser und Sand hergestellt – Zugabe der Füllstoffe – für Stahlbeton: Einbetten von Eisenstäben oder -gittern, gibt dem spröden Beton Biegefestigkeit
Glas Normalglas (Siliciumdioxid, Calciumoxid, Natriumoxid)	Sand (Siliciumdioxid), Kalk (Calciumcarbonat) und Soda (Natriumcarbonat)	**Normalglas** als Fensterglas oder Flaschenglas, **Spezialglas** (Bleikristall, Laborglas, optisches Glas)	– Zusammenschmelzen von Sand, Kalk und Soda bei 1200–1650 °C – beim Abkühlen entsteht eine nicht kristalline (amorphe), durchsichtige Struktur – Färbungen durch Zusatz von Metalloxiden – Spezialgläser durch Zusätze
Ziegel, Baukeramik (Aluminiumsilicat, Eisenoxide)	Ton, Feldspat, Quarz, Wasser, Zusätze	Ziegelware Mauer-Dachziegel, Dränagerohre, Fliesen	– Mischen der Komponenten mit Wasser – Formen der Rohlinge – Brennen bei 1000–1500 °C

Abb. 7-53: Liste mineralischer Baustoffe; Quelle: Duden, Lernhelfer

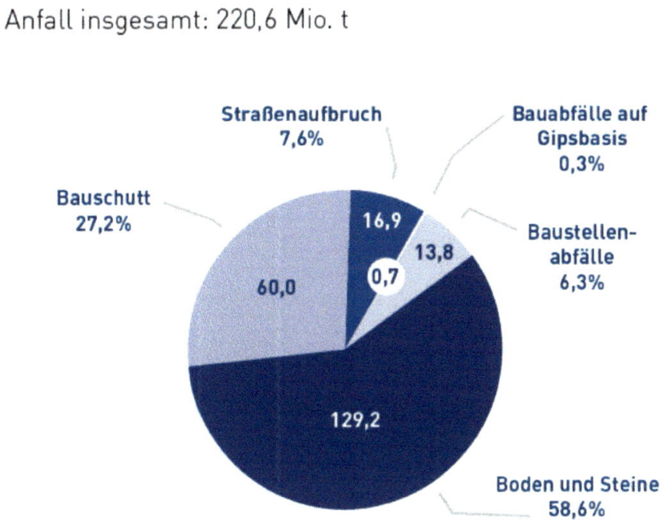

Abb. 7-54: Statistisch erfasste Mengen mineralischer Bauabfälle 2020, (Mio. t), Anfall insgesamt: 220,6 Mio. t; Quelle: Monitoring-Bericht 2020

Was mit den mineralischen Bauabfällen geschah, ist nachfolgend für die einzelnen Fraktionen aufgeschlüsselt:

Boden und Steine: Von den angefallenen 129 Mio. t Bodenaushub, Baggergut und Gleisschotter wurden 97 Mio. t (75 %) im Braunkohlenbergbau und in anderen Maßnahmen, z. B. im Deponiebau, verwertet. Darüber hinaus wurden 14 Mio. t (11 %) Recycling-Baustoffe hergestellt – insgesamt also wurden 86 % der Boden und Steine sinnvoll verwertet Durch Deponierung und andere Maßnahmen wurden die verbleibenden 19 Mio. t (14 % beseitigt.

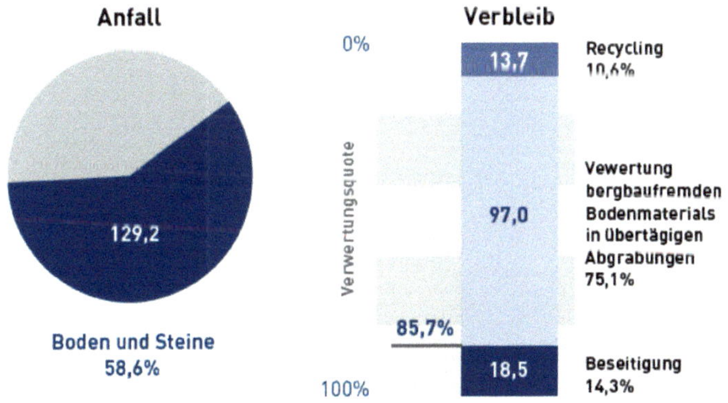

Abb. 7-55: Anfall und Verbleib der Fraktion Boden und Steine 2020 (in Mio. t); Quelle: Monitoring-Bericht 2020

Bauschutt: Von den angefallenen 60,0 Mio. t Bauschutt wurden 47,3 Mio. t (78,8 %) recycelt. 9,4 Mio. t (15,7 %) wurden im Rahmen der Verfüllung von Abgrabungen und auf Deponien verwertet, während nur 3 Mio. t (gut 5 %) des angefallenen Bauschutts auf Deponien verbracht und damit beseitigt wurden.

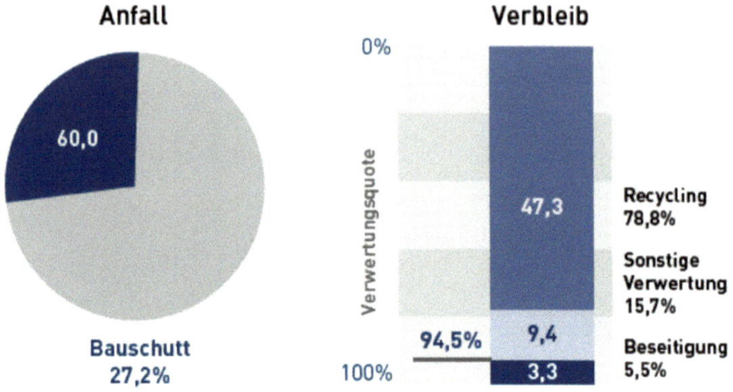

Abb. 7-56: Fraktion Bauschutt, Anfall und Verbleib im Jahr 2018, in Mio. t; Quelle: Monitoring-Bericht 2018

Straßenaufbruch: Von den angefallenen 17 Mio. t Straßenaufbruch wurden 16 Mio. t (93 %) recycelt, was auffällig hoch ist. 0,5 Mio. t (3 %) wurden im Deponiebau und im Rahmen der Verfüllung von Abgrabungen verwertet, während 0,7 Mio. t (4 %) auf Deponien abgelagert und damit beseitigt. beseitigt wurden.

Bauabfälle auf Gipsbasis: Von den angefallenen geringen 741 000 t Bauabfällen auf Gipsbasis wurden 442 000 t (60 %) einer Verwertung zugeführt, während 299 000 t (40 %) auf Deponien endgelagert und somit beseitigt wurden.

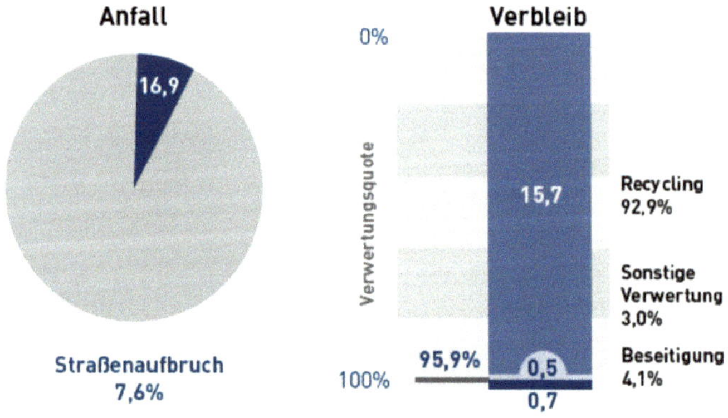

Abb. 7-57: Anfall und Verbleib Fraktion Straßenaufbruch in Mio. t in 2020; Quelle: Monitoring-Bericht 2020

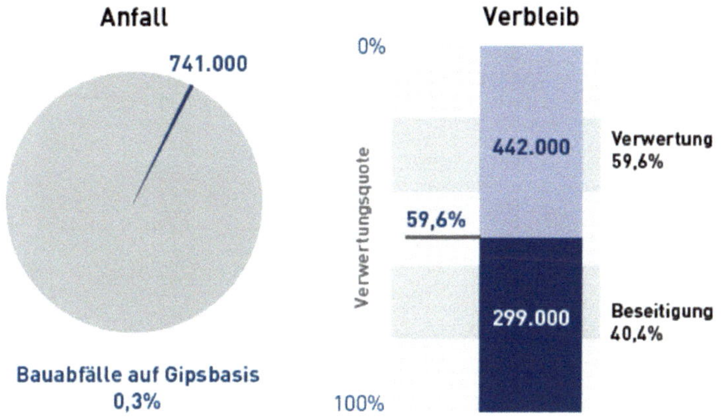

Abb. 7-58: Bauabfälle auf Gipsbasis, Anfall und Verbleib 2020 in Mio. t; Quelle: Monitoring-Bericht 2020

Baustellenabfälle: Die angefallenen Baustellenabfälle bestanden zu rund 50 % aus Stahl und Eisen, zu rund 20 % aus Altholz und zu rund 5 % aus Glas, Kunststoff, Metall und Dämmmaterial. Mineralische Bestandteile sind insbesondere in den gemischten Bau- und Abbruchabfällen enthalten, die etwa 25 % der Baustellenabfälle ausmachen. Von den angefallenen 14 Mio. t Baustellenabfällen wurden 0,2 Mio. t (1,6 %) recycelt und 13,4 Mio. t (97 %) einer sonstigen Verwertung zugeführt. Nur ein sehr kleiner Teil von 0,2 Mio. t (gut 1 %) wurde auf Deponien beseitigt. Abb. 7-59 gibt die Einzelheiten in den Zahlwerten.

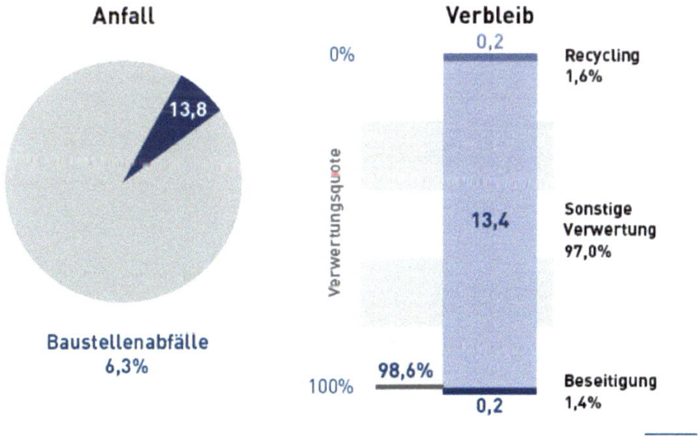

Abb. 7-59: Anteil und Verbleib von Baustellenabfällen 2020 in Mio. t; Quelle: Monitoring-Bericht 2020

Verwertungsquoten mineralischer Bauabfälle insgesamt: Im Jahr 2020 betrug die Verwertungsquote der hier erfassten Fraktionen 89,5 %, wie Abb. 7-60 zeigt. Damit ist die Verwertungsquote praktisch auf dem Niveau des Vorberichtszeitraums geblieben. Von den angefallenen 220,6 Mio. t mineralischer Bauabfälle wurden insgesamt 197,5 Mio. t verwertet.

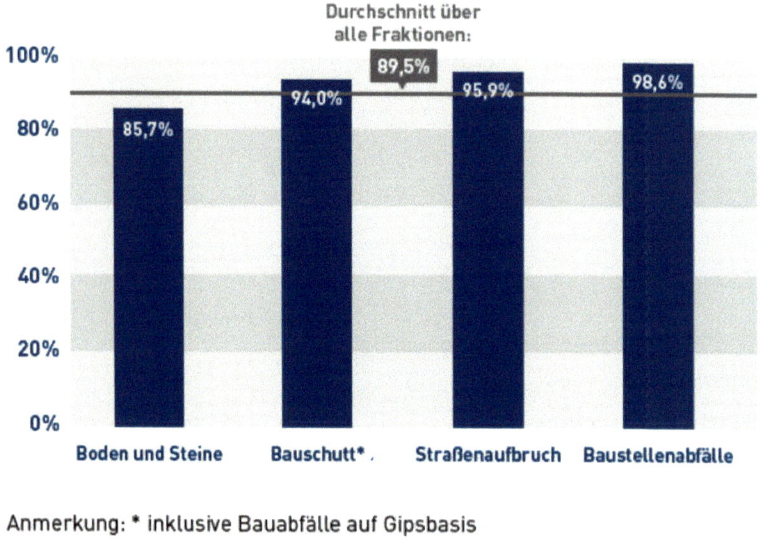

Abb. 7-60: Verwertungsquoten mineralischer Bauabfälle 2020; Quelle: Monitoring-Bericht 2020

Insgesamt weist die Entwicklung über einen Zeitraum von 25 Jahren im Gesamtaufkommen nur relativ geringere Veränderungen aus, s. Abb. 7-61. Die Verwertungsquote ist generell hoch, dagegen ist die Recyclingquote vergleichsweise niedrig. Hierauf bezieht sich die eingangs geäußerte Kritik.

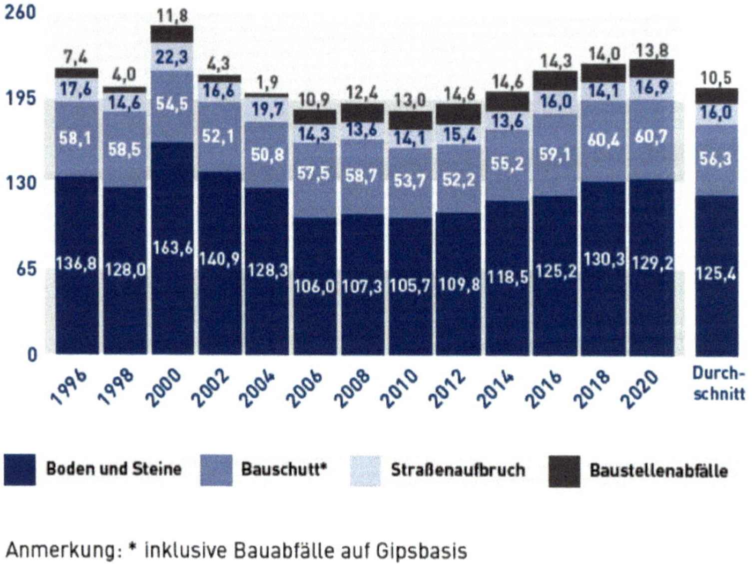

Abb. 7-61: Statistisch erfasste Mengen mineralischer Bauabfälle in der Entwicklung; Quelle: Monitoring-Bericht 2020

Die Baustoffindustrie benötigt Rohstoffe wie Kiese und Sande, Natursteine und industrielle Nebenprodukte (z. B. Aschen und Schlacken) in erheblichem Umfang, um ihr Grundmaterial, die Gesteinskörnungen, herzustellen. Im Jahr 2020 wurden insgesamt 584,6 Mio. t Gesteinskörnungen produziert – 262,0 Mio. t aus Kiesen und Sanden, 223,0 Mio. t aus Natursteinen und 22,7 Mio. t aus industriellen Nebenprodukten (z. B. Aschen und Schlacken). Hinzu kam ein nennenswerter Anteil aus dem Recycling, die sog. Recycling-Baustoffe[190]. Unter Berücksichtigung der Recycling-Gesteinskörnungen, die bei der Aufbereitung der Fraktion Boden und Steine (13,7 Mio. t) und der Aufbereitung der Fraktion Baustellenabfälle (0,2 Mio. t) angefallen sind, wurden im Jahr 2020 insgesamt 76,9 Mio. t Recycling-Baustoffe hergestellt. Damit deckten die Recycling-Baustoffe einen Anteil von 13,2 % des gesamten Bedarfs an Gesteinskörnungen.

Als weiteren entscheidenden Hebel der Verbesserung sieht die Bauwirtschaft die in Aussicht gestellte gesetzliche Regelung zum Ende der Abfalleigenschaft. „Eine Abfallende-Verordnung wird den Einsatz von mineralischen Ersatzbaustoffen deutlich stärker fördern. Durch eine solche Regelung würde mehr für die Kreislaufwirtschaft erreicht als mit einer Diskussion um produktspezifische Recyclingquoten."[191]

Dass Recyclingbaustoffe bis zu ihrem Einbau immer noch als Abfall gelten, ist ein Akzeptanzproblem für deren Verwendung. Das gilt erst recht auch für die neuerdings verfügbaren Handelsplattformen für gebrauchte Bauteile wie restado.de bzw. die daraus entstandene concular.de. Bei über Jahre hinweg genutzten Bauprodukten ist zudem der Nachweis oft schwer, dass sie den aktuellen technischen Regeln entsprechen.[192]

7.9.1 Recycling-Technik

Recyceln von Baustoffen bedeutet den Einsatz großer Maschinen, denn die Aufbereitung erfolgt heute i. A. in großen Mengen. Man unterscheidet stationäre, semi-mobile und mobile Recyclinganlagen. Mobile Anlagen werden direkt auf der Baustelle verwendet, sind dann aber meistens kleiner und weniger leistungsfähig als die stationären Geräte. Semimobil (halb-mobil) heißen Aufbereitungsanlagen, wenn sie über kurze Strecken gezogen werden können, beispielsweise über einen gleitfähigen Unterbau (Kufen). Aufbereitungsanlagen bestehen grundsätzlich aus einer Aufgabeeinheit, einer Brecher- und Siebeinheit und verbindenden Transportmitteln.

Brechen und Sieben erläutern wir hier am Beispiel eines konkreten Produktes, des Keestrack-Prallbrechers[193], Abb. 7-63. Der weiterentwickelte Keestrack-Prallbrecher des Typs R3 wurde mit drei Preisen ausgezeichnet. Die Brechanlage erhielt sowohl den „Red Dot Design Award" als auch den „German Design Price" und den „Big See Award". Die Auszeichnungen hat der Prallbrecher in der 30-Tonnen-Klasse aufgrund seiner innovativen

190 Als Recycling-Baustoffe werden Gesteinskörnungen bezeichnet, die durch Aufbereitung mineralischer Bauabfälle hergestellt werden.

191 Pressekonferenz der Initiative Kreislaufwirtschaft Bau 15.02.2023.Auch im Februar 2024 existiert bisher nur ein Eckpunktepapier des BMUV zur Abfallende-Verordnung für bestimmte mineralische Ersatzbaustoffe.

192 Philipp, S. Wie das Internet Reststoffen eine zweite Chance gibt, in: vdi nachrichten vom 1. Juli 2022.

193 Text von Recyclingtechnik Oppermann & Fuss, Quickborn, Produktbeschreibung.

Technologie erhalten. Dazu zählt unter anderem der emissionsfreie Plug-In Elektroantrieb, der für hohe Nachhaltigkeit sorgt. Ebenso hätten hohe Sicherheitsstandards und funktionales Design überzeugt.

Die Beschickung mittels Bagger oder Radlader erfolgt über einen großzügig dimensionierten Aufgabebunker mit separater Vibrationsförderrinne. Der Bunker ist aus Kunststoff gefertigt und mit eingeschweißtem Verschleißschutz ausgekleidet. Die Konstruktion mit separater Förderrinne erreicht laut Herstellerangaben eine hervorragende Materialentzerrung und einen konstanten Materialfluss zum Brecher.

Abb. 7-62: Der Brecher im Einsatz. Durch den 960 x 770 mm großen Brechereinlauf gelangt das Material in die Brechkammer. Dort erreicht der Rotor einen sehr hohen Zerkleinerungsgrad. Foto: Oppermann & Fuss

Die 1200 mm lange Vorabsiebung sorgt dafür, dass Feinanteile vor dem Brechen abgesiebt und über den Brecher-Bypass geleitet werden, um den Brechprozess zu optimieren und die Verschleißkosten zu reduzieren.

Durch den 960 x 770 mm großen Brechereinlauf gelangt das Material in die Brechkammer. Dort erreicht der 3200 kg schwere Rotor (mit einem Durchmesser von 1100 mm und einer Breite von 920 mm) einen sehr hohen Zerkleinerungsgrad. Dieser Rotor weist wiederum ein hohes Massenträgheitsmoment auf, das auch in schweren Anwendungen einen ruhigen Lauf gewährleistet, erläutert das Unternehmen. Ein weiterer Vorteil des neu konstruierten Rotors sei, dass die schweren Schlagleisten noch weiter heruntergefahren werden können.

Dies wiederum verlängere die Tauschintervalle und minimiere die Verschleißkosten. Nach dem Brechprozess zieht ein hydraulisch höhenverstellbarer Überbandmagnet metallische Störstoffe aus dem Brechgut. Anschließend gelangt es zu einem 1400 x 3100 mm großen Nachsieb, das die Zielkörnung heraussiebt. Das abgesiebte Überkorn wird dann durch einen nachfolgenden Windsichter von leichten bis mittelschweren Störstoffen befreit, bevor es wieder dem Brechprozess zugeführt wird.

Oppermann & Fuss untermauern mit diesem Modell laut eigenen Angaben den deutlichen Weg zu mehr Nachhaltigkeit in der mobilen Aufbereitung. Das Unternehmen bietet den R3e sowohl als hybride- als auch als vollelektrische Variante an. Beim hybriden R3e treibt der Dieselmotor einen Generator an, der alle Komponenten mit Strom versorgt. Mithilfe der Plug-in-Option kann der Betreiber auf externen Netzstrom zurückgreifen, sodass der Dieselmotor bei diesem Vorgehen außer Betrieb bleibt.

Der vollelektrische R3e besitzt hingegen keinen Dieselmotor, diese Anlage wird ausschließlich über Netzstrom betrieben. Sämtliche R3e-Prallbrecher verfügen serienmäßig über eine Plug-out-Option, mit der sich nachgeschaltete Siebanlagen oder Haldenbänder antreiben lassen. Dies wiederum reduziere nach Herstellerangaben sowohl Betriebs- als auch Wartungskosten der nachfolgenden Anlagen.

Im gesamten Spektrum der Brecher sind Backen-, Kreisel-, Walzen-, Prall- und Hammerbrecher mit je eigenen Vor- und Nachteilen vertreten. Zur Brechereinheit gehört auch das Aussortieren von Metallen mit Magneten.

Abb. 7-63: In der Nassklassieranlage wird Bauschutt gewaschen, um ihn sortenrein zu Wertstoff aufzubereiten. In Deutschland wird diese irische Erfindung seit 2017 eingesetzt. Quelle: D. Architektenblatt, 18.02.2020

Das gebrochene Material wird anschließend in der Nachsiebung nach Korngrößen sortiert, meist mit Schwing- und Vibrationssieben. Zusätzlich können auf einem Leseband per Hand Verunreinigungen aussortiert werden. Kleine Fremdstoffe können maschinell entfernt werden, entweder mit einem Windsichter oder einer Nassklassieranlage, wie sie Abb. 7-63 zeigt.

Abb. 7-64: Rest-Betonrecyclinganlage – das Anlagensystem ComTec30 bietet eine Recyclingkapazität von 30 m^3/h; Quelle: Werkphoto Lindermayr, Friedberg

Für spezielle Zwecke gibt es eine ganze Reihe von Sonderanlagen. Abb. 7-64 zeigt eine Restbeton-Recyclinganlage. Die Maschine ist mit einem Pumpenentleer-Förderer ausgestattet, der das Restmaterial von der Betonpumpe direkt über einen bodenebenen Trichter aufnimmt.

Gesundheitsschädlichen teerhaltigen Straßenaufbruch zu deponieren, ist teuer. Wertvolle mineralische Ressourcen gehen dabei verloren. Groß ist daher der Bedarf an Recyclingkapazitäten. Im Projekt „Inno-Teer“ haben Fraunhofer-Fachleute ein neuartiges Aufbereitungsverfahren entwickelt, das sich gerade im Demonstrationsmaßstab bewährt.[194]

In der Bundesrepublik Deutschland wurden teer- und pechhaltige Bindemittel bis in die 1980er-Jahre im Straßenbau eingesetzt. Aufgrund ihrer gesundheitsschädlichen und mitunter krebserregenden Bestandteile(den polyzyklischen aromatischen Kohlenwasserstoffen PAK) hat die EU deren Einsatz von 1984 an verboten. Beim Rückbau von Straßen aus der Zeit vor dem Verbot fallen jedoch jährlich deutschlandweit mehr als 3 Mio. t an Straßenaufbruch an. Er enthält sehr viel PAK – von 200 bis 4 000 mg/kg. Ihr Wiedereinbau ist nicht mehr erlaubt. Deshalb wird er entweder (z. T. illegal) exportiert oder in Deutschland deponiert. Hierdurch entstehend hohe Transport- und Deponierungskosten. Es hat auch zur Folge, dass wichtige Sekundärrohstoffe dem Stoffkreislauf entzogen werden und verloren sind.

Eine Alternative zur Deponierung ist die thermische Behandlung. Aktuell existieren dafür nur zwei Behandlungsanlagen in Europa - beide in den Niederlanden. Dort wird Straßenaufbruch bei Temperaturen von 850 bis 1 000 °C verbrannt. Die hohe Temperatur kann sich allerdings nachteilig auf die Schlag- und Druckfestigkeit der Gesteinskörnung auswirken, sodass das Material nicht oder nur eingeschränkt für die oberen Tragschichten im Straßenbau oder anderen Hochbauanwendungen verwendbar ist.

194 Texte z. T. aus Thomas Fehn, Sicherheits- und Energietechnik Umsicht, in: VDI energie umwelt 01/2024 .

Der Bedarf an alternativen Behandlungsmethoden ist also groß. Derzeit werden in Deutschland mehrere Anlagenprojekte für das Recycling von PAK-haltigem Straßenaufbruch entwickelt. U. a. haben mehrere FraunhoferInstitute 2022 das Projekt „Inno-Teer“ gestartet. Dort wurde mit Eigenmitteln ein schonendes Dekontaminationsverfahren im Niedertemperaturbereich entwickelt, das PAK-haltige Bindemittel entfernt, ohne die Druckfestigkeit des Gesteins zu beeinträchtigen. Hierdurch wird der Wiedereinsatz in hochwertigen Anwendungen ermöglicht, was die Wirtschaftlichkeit verbessert und Ressourcen schont.

Gleichzeitig bleiben aufgrund der niedrigen Temperatur die werkstofflichen Eigenschaften der Mineralik wie Druckfestigkeit, Zertrümmerungswiderstand und Partikelgröße erhalten. So kann das rückgewonnene Material als Sekundärrohstoff für hochwertige Anwendungen wie Binder- und Deckschichten genutzt und in einem Asphaltmischwerk wieder eingesetzt werden.

Einen anderen, universeller einsetzbaren Weg geht das Unternehmen IBS aus dem Schwarzwald. Dort wurde das mineralische Additiv Novocrete entwickelt, das dem Recyclat als Pulver in wässriger Lösung beigegeben wird. Die Zumischung des Additivs verbessert nach Unternehmensangaben die Haltbarkeit von Belägen um 50 % und schafft dazu die Voraussetzung für ein quasi unendliches Recycling im Straßenbau. Den Realitätsbeweis haben die Schwarzwälder jedenfalls erbracht: Die von ihnen verlegten Straßen haben die Flutkatastrophe im Ahrtal überstanden.[195]

7.10 Organisches Material

Organisches Material sind vor allem die Bioabfälle. Sie bieten viele Möglichkeiten der Rückführung in die Kreisläufe. Bioabfall umfasst gemäß der Begriffsbestimmung der EU-Abfallrahmenrichtlinie:

- Nahrungs- und Küchenabfälle (aus Haushalten, Gaststätten, Cateringgewerbe, Einzelhandel und Verarbeitungen im Nahrungsmittelgewerbe),
- Abfälle aus Gärten und Parks,
- Abfälle aus der Landschaftspflege.

Etwas weiter gefasst, aber sehr wohl zur Überschrift gehörig, ist der Begriff der „biologisch abbaubaren Abfälle“. Er führt zur Ergänzung:

- Abfälle aus Land- und Forstwirtschaft (Mist, Gülle, Ernterückstände, Holzreste)
- Klärschlamm,
- Papier und Pappe (unbeschichtet, aus konventionellen Rohstoffen).

Die getrennte Sammlung biogener Abfälle In Deutschland begann im Jahr 1985. Wie Organische Abfälle am besten zu verwerten sind, ist durch ihre Zusammensetzung vorgegeben. Hier ist zu unterscheiden:

195 [a] A. Handel-Kempf, Befestigen und Bauen im unendlichen Recyclingzyklus, in: vdi nachrichten, 12. Jul 2024.

- Lignin- und zellulosereiches Pflanzenmaterial,
- Nasse Bio- und Speiseabfälle,
- Holzhaltige Bestandteile des Grünabfalls.

Diese drei Gruppen führen über die Verwertungsanlagen

- Kompostieranlage
- Vergärungsanlage
- Biomasseheizkraftwerk

zu hochwertigen Produkten: Kompost, Biogas, Gärresten, Strom und Wärme, Dünger. Alle diese Wege sind hochwertige Recycling-Moden, s. Abb. 7 65.

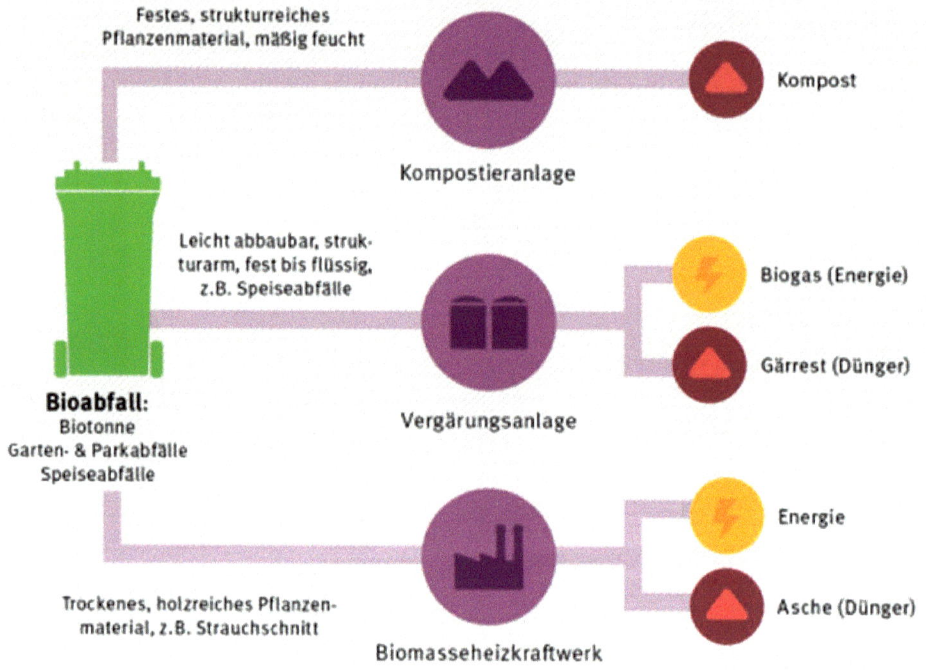

Abb. 7-65: Verwertungspfade von Bioabfällen; Quelle: BMU, Bioabfälle

7.10.1 Kompostierung

Nach 1990 wuchs die Menge der in Kompostieranlagen und Vergärungsanlagen behandelten Bioabfälle nach Angaben des Statistischen Bundesamtes in der ersten Dekade stark an. Danach gab es nur noch moderate Zuwächse.

Im Jahr 2020 wurden in Deutschland etwa 15,4 Mio. t biogene Abfälle an die Verwertungsanlegen angeliefert, s. unten. Etwa 1 000 Kompostierungs- und 100 reine Bioabfallvergärungsanlagen haben diese Abfälle behandelt und zu dieser Bilanz beigetragen. Zu betonen ist allerdings, dass in den Kompostieranlagen die in den Zulieferungen enthaltene Energie nicht prozessual genutzt wird.

Aus diesen biogenen Abfällen wurden etwa zur Hälfte Komposte erzeugt und an Nutzer abgegeben, konkret

- 1,5 Mio. t Bioabfallkompost,
- 2,2 Mio. t Grünabfallkompost,
- 3,7 Mio. t Gärreste und kompostierte Gärreste,
- 0,3 Mio. t Klärschlammkomposte.[196]

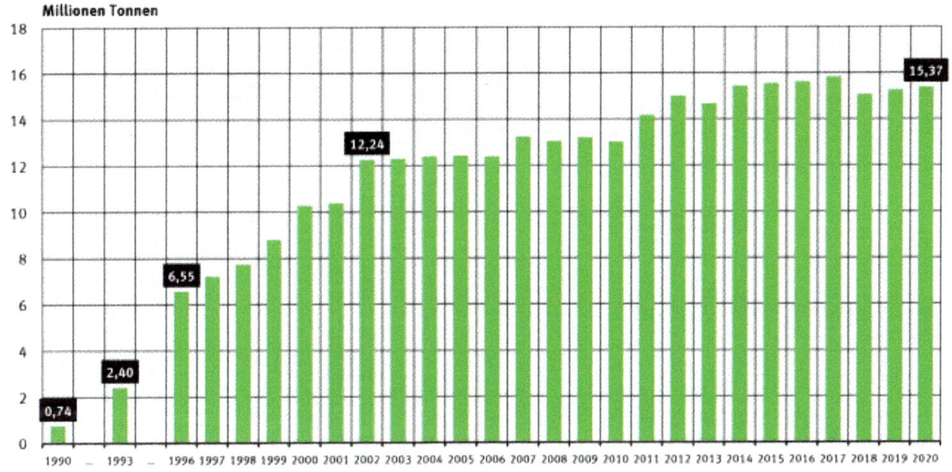

Abb. 7-66: An Bioabfallbehandlungsanlagen angelieferte Abfälle; Quelle: UBA / Stat. Bundesamt, Kategorie Bioabfälle

7.10.2 Biogasanlagen

Vergärung führt zum Biogas, das im Wesentlichen aus Methan besteht und ein im Sinne der Energiewende wertvoller Rohstoff ist, da er in der Bilanz klimaneutral ist. Den Anteil der Vergärung mit Biogasgewinnung aus geeigneten Bioabfällen zu erhöhen, ist also ein wichtiges und anzustrebendes Ziel. Die Technik hierfür liefern die Biogasanlagen, die „Biostrom“ liefern.

Biogasanlagen sind wichtige Anlagenform zur Gewinnung erneuerbarer oder klimaneutraler Energie – neben Wasserkraftwerken, Solaranlagen, Windkraftkraftwerken und Kernenergie. Die Zahl der Biogasanlagen hat sich in Deutschland in den letzten Jahren beträchtlich vermehrt, auch aufgrund der über das EEG für 20 Jahre garantierten Vergütung für die Einspeisung des erzeugten Stroms ins öffentliche Netz. Im Zeitraum von 20 Jahren sinkt die Vergütung bei Neuanlagen um jährlich 1,5 %.

196 Statistisches Bundesamt / UBA 2022.

Anlagen zur Erzeugung CO_2-neutralen Biostroms wurden für die Landwirte zu einer willkommenen Einnahmequelle (oder führten zur Einsparung von Energiekosten bei Eigennutzung des erzeugten Stroms). Inzwischen bestimmen sie in manchen Gegenden das Landschaftsbild, schon äußerlich erkennbar an den meterhohen Rundbauten der Fermenter, s. Abb. 7-67.

Das Prinzip einer Biogastanlage ist im Grunde einfach, die verwendete Technik jedoch hochmodern und meist auf dem neuesten Stand. Biogas entsteht durch Vergärung eines organischen Substrats, das aus Abfällen und/oder nachwachsenden Rohstoffen besteht. Das Produkt Biogas ist mit 50 – 60 % überwiegend Methan (CH_4). Es kann nach geringer Aufbereitung ins Erdgasnetz eingespeist werden, oder es werden durch Verbrennung vor Ort Strom und Wärme erzeugt, z. B. in einem Blockheizkraftwerk (BHKW).

Abb. 7-68 zeigt eine Übersicht zum Arbeitsablauf. Der Prozess ist automatisiert, Handarbeit ist nur noch beim Einbringen der Gärstoffe erforderlich. Der verbleibende Gärrest kann als Dünger genutzt werden, was auf eine fast vollständige Verwertung hinausläuft.

Abb. 7-67: Luftbild: Die Biogasanlage in Raizen, Sachsen; Quelle: OCS-Dienstleistungs-GmbH / Andreas Seidel

Die Anlage besteht aus den Komponenten

- Sammler,
- Einbringungssystem,
- Fermenter mit Heizung und Rührwerk,
- Nachgärer,
- Blockheizkraftwerk,
- Übergabestation ins Erdgasnetz,
- Gärrestlager,

deren Investitionsaufwand bei 150 000 € für eine kleine Anlage beginnt.

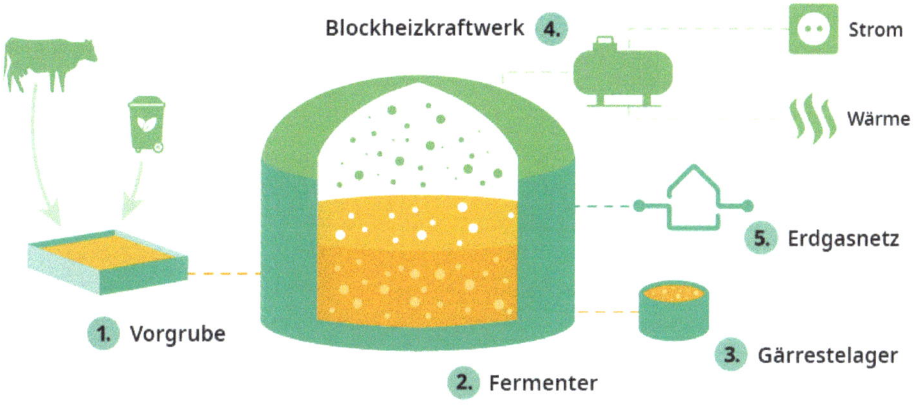

Abb. 7-68: Funktionsprinzip einer Biogasanlage; Quelle: swb Magazin

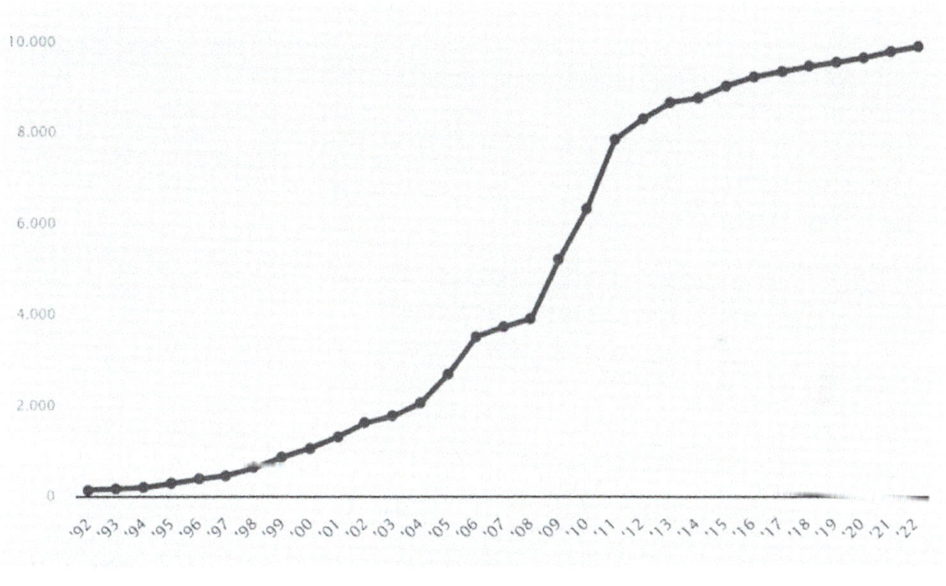

Abb. 7-69: Biogasanlagen in Deutschland; Quelle: Statista 2023

Solche kleinen Anlagen haben allerdings oft Schwierigkeiten, wirtschaftlich zu arbeiten. Je größer dimensioniert eine Anlage ist, desto geringer sind die Kosten für die Gaserzeugung. Die Zahl der Biogasanlagen in Deutschland ist bis 2022 auf knapp 10 000 gestiegen. Die Zuwächse waren von 2004 bis 2014 besonders groß; sie sind stark abhängig von den jeweiligen Förderbedingungen, s. Abb. 7-69.

Die Verteilung von Biogasanlagen ist weltweit sehr unterschiedlich. In den Boomjahren um 2011 wurden über 90 % aller Kapazitäten in Europa geschaffen; bis 2025 sinkt der europäische Anteil des Neubauvolumens auf etwa 75 %. Damit bleibt Europa auch dann noch die mit Abstand stärkste Region weltweit. An Bedeutung gewinnen auch die Regionen Asien und Nordamerika, denn hier zeigen vereinzelte attraktive Förderungen Wirkung, etwa in Japan, Thailand oder auch in den USA. In Japan, in dem Biogas mit gerade 220 Anlagen eher eine untergeordnete Rolle spielt, steht im mit 300 m zweithöchsten Gebäude des Landes seit 2014 die einzige City-Biogasanlege der Welt. Sie bezieht ihre Rohstoffe aus den Abfällen der hauseigenen Restaurants und erzeugt aus dem gewonnenen Methan die Wärme für die Heißwasserversorgung des Hauses, in einer Größenordnung von immerhin 220 000 kWh im Jahr.[197]

In den USA ist aufgrund der Einführung des Renewable Fuel Standard (RFS) auf Bundesebene und staatlicher Anreize wie dem California Low Carbon Fuel Standard in Verbindung mit dem Inflation Reduction Act von 2022 inzwischen die Nachfrage nach Biogas und Biogasaufbereitungssystemen in die Höhe geschnellt, woran deutsche Hersteller wie Envitec überdurchschnittlich partizipieren.

So bekommt jetzt auch New York endlich seine Biotonne, genauer der Stadtteil Brooklyn mit seinen 2.6 Mio. Einwohnern. Aus Lebensmittelresten und Parkabfall soll jetzt Biomethan werden. Der Inhalt der Tonnen wird auf einem Verwertungshof von Störstoffen befreit und mit Abwasser der Kläranlagen zu einem sämigen Schlamm EBS (Engineerd Bioslurry) aufbereitet. Daraus wird zusammen mit Klärschlamm Biogas und in einem weiteren Schritt Methan, das der Gasnetzbetreiber National Grid in sein Netz aufnehmen will.[198] Wie weit das Rückfahren des Klimaschutzes durch die neue amerikanische Bundesregierung solche Projekte oder Maßnahmen konterkarieren wird, steht dahin.

7.10.3 Biomasseheizkraftwerke

Abb. 7-70: Biomasseheizkraftwerk Möding, 5 MW (elektrisch) + Fernwärme, gelb der luftgekühlte Kondensator; Quelle: Heizkraftwerk Möding

197 Sieg, K., Biogas aus dem Keller, in: vdi nachrichten, 10.März 2023.
198 Ristau, O., New York will Biogas aus Apfelkitschen, in: vdi nachrichten vom 22. Oktober 1923.

Biomasseheizkraftwerke sind groß dimensionierte BHKW, in denen die Wärme die Führungsgröße ist. Sie werden als Dampfkraftwerke, ORC-Anlagen und thermische Vergaseranlagen gebaut.

Das Biomasse-Heizkraftwerk Möding der Ab. 7-70 verwendet Holzhackschnitzel aus unbehandeltem forstwirtschaftlichem Frischholz als Rohstoff, die gebrauchsfertig angeliefert werden. Beim Heizkraftwerk selbst befindet sich nur ein kleines Rundholzlager, das als Reserve für den Fall dient, dass bei der Anlieferung der Hackschnitzel Probleme auftreten. Dann würde dieses Rundholz dann vor Ort zu Hackschnitzel verarbeitet werden.

Die Zahl der Biomassekraftwerke in Deutschland wurde für 2020 zu ca. 400 ermittelt.[199] Die insgesamt installierte Leistung betrug 1 660 $MW_{el.}$, nach etwa 1 240 $MW_{el.}$ im Jahr 2010. Ihre Zahl steigt somit merklich.

Neuerdings wird auch die Möglichkeit geprüft, kleinere biomassebetriebene KWK-Anlagen einzusetzen, deren elektrische Energieerzeugung über thermoelektrische Generatoren (TEG) läuft.[200] TEG sind robust, haben keine beweglichen Teile und sind modular an verschiedene Ofentemperaturen anpassbar. Ihre Verwendung in größeren Feuerungsanlagen zur energieautarken Eigenstromversorgung erscheint nach den Ergebnissen eines beim Fraunhofer-Institut für Physikalische Messtechnik (IPM) entwickelten sogenannten Technikdemonstrators sinnvoll.

7.10.4 Schwerpunkt Rückgewinnung von Phosphor

Eines der Anliegen das Deutschen Ressourceneffizienzprogramms (ProgRe), verabschiedet 2012 und jetzt in der 3. Auflage, ist die technische Rückgewinnung von Phosphor aus Abwasser, Klärschlamm und Klärschlammaschen. Phosphor wird als wesentlicher Bestandteil für den in der Landwirtschaft benötigten Dünger benötigt.

Deutschland hat selbst keine Phosphaterz-Vorkommen und muss rd. 131 000 t Mineraldünger pro Jahr aus Chile und anderen Ländern importieren. Hier hilft das Biorecycling, das auf jährlich 1,7 Mio. t Klärschlamm-Trockenmasse zurückgreifen kann. Dafür gibt eine Reihe bewährter Verfahren, z. B. die hydrothermale Karbonisierung von abgepresstem Klärschlamm zu Kohleschlamm in einem Reaktor im Batch-Betrieb (200 bis 220 °C, 23 bis 25 bar) mit anschließendem saurem Waschen (Laugung mit saurer Schwefelsäure) und Membranabtrennung des Phosphats. Damit können „... theoretisch rund 50 000 Tonnen Phosphor gewonnen und so circa zehn Prozent des aktuellen Bedarfs gedeckt werden“[201].

In vier Jahren ist die Phosphor-Rückgewinnung für alle kommunalen Kläranlagen verpflichtend, wenn Klärschlamm mit mindestens 2 % Phosphor anfällt. Kläranlagen, die 100 000 oder mehr Menschen dienen, müssen ab 2029 damit beginnen, kleinere ab 2032. Zunächst und bis zu diesen Enddaten dürfen diese Anlagen Klärschlamm noch in der Landwirtschaft direkt verwenden, i. e. auf die Felder ausbringen. Mini-Anlagen dürfen das auch noch nach 2032. Die Verfahren selbst sind nicht vorgeschrieben. Hier ist noch

---

199 Studie der trend:research GmbH (Hg): „Biomasseheizkraftwerke in Deutschland bis 2020“, 2. Aufl. 2020.

200 Z. BWK, Aus Wärme Strom machen, Heft 11-12, 2023, S. 49 – 51.

201 Zitiert aus Deutsches Phosphor-Portal.

manches im Fluss, von der direkten Entnahme aus dem Abwasser über die Verwendung des Klärschlamms bis zur Nutzung der Asche aus Verbrennungsanlagen.

Zwei Anlagen haben das Pilotstadium schon verlassen: Eine Anlage des Wasserversorgers Hamburg Wasser und des Entsorgers Remondis wird 20 000 t Klärschlammasche zu 7 000 t Phosphorsäure aufbereiten. Zusätzlich soll Gips für Verwendung am Bau hergestellt werden. Der Düngerhersteller Seraplant in Haldensleben nutzt ebenfalls die Klärschlammasche, indem geplante 35 000 t Asche in eine Suspension überführt und anschließend sprühgranuliert werden. Es entsteht ein direkt verwendbarer phosphathaltiger Mehrnährstoffdünger.

Die Wahl des Verfahrens ist der jeweiligen Kommune überlassen, jedoch war bis 2023 zumindest ein Konzept vorzulegen. Die Ergebnisse von RePhoR (Regionales Phosphor-Recycling), einer öffentlich geförderten Maßnahme, können hier als Maßstab gelten. Das Projekt richtet sich auf Verfahren, die die Gegebenheiten der Abwasserreinigung und Klärschlammverwertung vor Ort berücksichtigen.[202]

Phosphor-Recycling und den Einsatz organischer Dünger führt den Wertstoff Phosphor wieder in den Kreislauf zurück und verringert so den Importbedarf an Phosphaten. Die erzeugten Produkte müssen jedoch wirtschaftlich zugewinnen sein. Gegenwärtig übersteigen die Kosten der Rückgewinnung noch die Erlöse. Hier sollte die Bundesregierung wirtschaftliche Anreize zur Erreichung der Marktreife setzen.

7.10.5 Qualitätssicherung

Ein besonderes Kapitel ist die Qualitätssicherung der Abfälle einerseits und die Nutzung der in ihnen enthaltenen Fremdstoffe andererseits. Zunehmend gelangen mit den Fehlwürfen Fremdstoffe in die Kompost- und Vergärungsanlagen und die weiterführenden Prozesse. Das führt zu Qualitätseinbußen in Fertigkompost und andrem Endmaterial. Der Fremdstoffanteil im Bioaufkommen ist für manche Prozesse inzwischen durch Verordnungen eingeschränkt. So schreibt die RAL-G2-251 für Frisch- und Fertigkompost aktuell eine maximale Flächensumme der ausgelesenen Fremdstoffe von 25 cm^2/l Frischsubstanz als noch erlaubt vor, die sich noch weiter reduzieren wird. Die Düngemittelverordnung ist den gleichen Weg gegangen. Hält ein Betrieb die Vorgaben nicht ein, ist die gesamte Charge von der Weiterverendung ausgeschlossen.

Es gibt inzwischen Techniken, die hellen wie auch die schwarzen Störstoffe im Abfall zu erkennen und diese präzise abzutrennen. Dies schaffen sensorgestützte Systeme, die z. B. standardmäßig Kunststoffe wie PE, PP, PS ausfiltern. Röntgengeräte können Minerale, Keramik, Glas sowie restliche Metalle erfassen und auszusortieren. Maßgeblich ist hier die Materialdichte, mittels derer man die Störstoffe hoher Dichte aus dem leichten organischen Material herausfiltern kann.

Mit den gleichen Anlagen können auch andere Materialfraktionen wie Holzschnitzel oder Rindenmulch nachgereinigt und dort Störstoffe abgetrennt werden.

202 Fakten nach B. Schlupeck, Wir leben viermal über unsere Verhältnisse, in: Die Welt, Veröffentlicht am 27.04.2021, und Seigwasser, Chr.: Blog Wissenschaftskonferenz, Online Verlag Deutschland, Wunstorf.

7.11 Besondere Abfälle

Es gibt einige Produktbereiche, die nicht eindeutig bestimmten Materialien zugeordnet werden können, weil sie in ihren Stoffen oder Teilen zu komplex aufgebaut sind. Es sind meist ortsfeste oder mobile Anlagen oder Anlagenteile, die hierunter fallen – wie Anlagen der Chemie, der Eisen- und Stahlerzeugung, Einrichtungen der Energieversorgung wie Kraftwerke oder Windenergieanlagen, komplexe Maschinenanlagen, Schiffe, Flugzeuge, Automobile.

Ihnen allen ist gemeinsam, dass bei Außerbetriebsetzung, Verwertung und Weiterverwendung zwei wichtige und meist umfangreiche Verfahrensschritte der eigentlichen Verwertung vorgeschaltet werden müssen:

- die Demontage,
- die Zerlegung.

Hinzu kommen einige Sonderfälle, die speziell den Bereich Infrastruktur betreffen, darunter unsere Atmosphäre und deren nachhaltige Erhaltung, die in einem Exkurs Treibhausgase behandelt wird.

7.11.1 WEA

In Deutschland sind die Windkraftanlagen der ersten Generation am Ende ihrer verordneten Lebenszeit angekommen. Die auf 20 Jahre angelegte Förderung durch garantierte Vergütung für den produzierten Strom läuft für mehr als ein Drittel der deutschen Windräder 2025 aus. Im Land Brandenburg zum Beispiel gab es 2023 einen Bestand von 3 904 Windkraftanlagen, von denen bis zum Jahr 2025 etwa 1 760 aus der Förderung nach dem EEG herausfallen werden. Danach haben die Betreiber dann vier Möglichkeiten: Sie können die Anlage zu Marktbedingungen (die i. A. schlechter sind) weiterbetreiben, sie komplett oder in Teilen durch eine neue, meist auch leistungsfähigere Technik ersetzen (bekannt als „Repowering"), die Anlagen an interessierte Abnehmer (z. B. aus dem Ausland) verkaufen oder die Windräder zurückbauen und recyceln.

Ein Großteil der stillgelegten Anlagen wird wohl abgebaut werden. Doch das Recycling bereitet noch Sorgen. Die Schwierigkeiten liegen insbesondere bei den Rotoren, wie der Bundesverband WindEnergie bestätigt. Für etwa 90 % einer WEA ist die Rückgewinnung recht problemlos: Beton, Stahl und Kupfer aus Mast und Gondel können gut recycelt und in der Bau- und Metallindustrie wiederverwendet werden. Die Rotorblätter sind dagegen ein Problem, da sie aus verschiedenen, mit Glas- oder Carbonfasern verstärkten Kunststoffen gefertigt sind. Das sind Verbundwerkstoffe, die sich schwer recyclen lassen, s. Abb. 7-71.

Abb. 7-71: Innenleben eines Rotorblattes: Die graue Hülle besteht aus glasfaserverstärktem oder karbonfaserverstärktem Kunststoff, der teilweise – in einer Sandwich-Struktur – mit einer Zwischenschicht aus ultraleichtem Balsa-Holz oder Schaum versehen ist. Quelle: Fraunhofer-Institut für Windenergiesysteme IWES

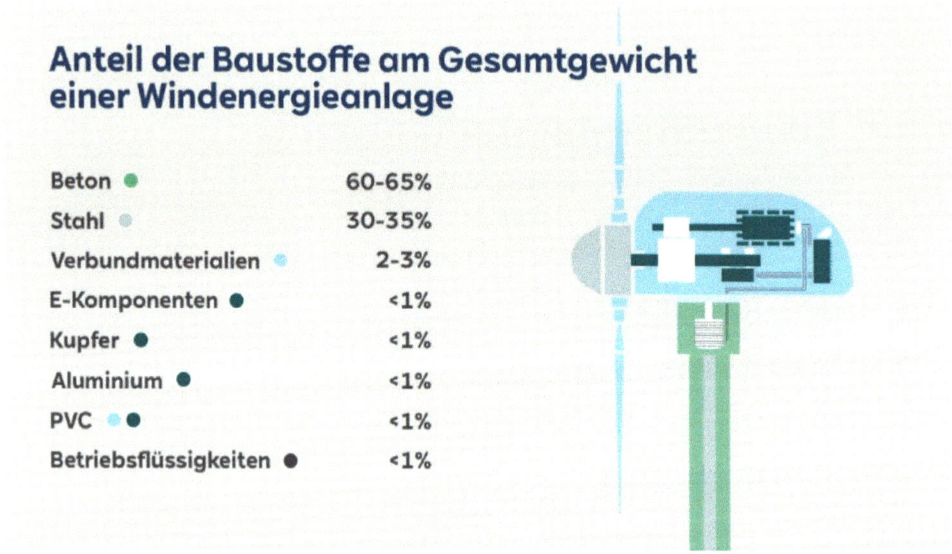

Abb. 7-72: Anteil der Baustoffe am Gesamtgewicht einer Windenergieanlage in Prozent; Datenquelle: Veolia

Die mengenmäßige Zusammensetzung der in einer Windenergieanlage enthaltenen Materialien zeigt Abb. 7-72. Sie macht deutlich, dass Beton und Stahl die Schwerpunkte des Recyclings sein müssen. Hierfür gibt es bekannte und gängige Verfahren, s. Kap. 7.9 und Kap. 7.3.1, auch genügende Kapazitäten. Die Rotorblätter fallen von der Masse her kaum ins Gewicht, machen jedoch die größten Probleme.

Bisher, genauer bis 2023 sind verhältnismäßig wenige Anlagen zurückgebaut worden. Einige dieser Anlagen wurden außerhalb der EU wieder aufgebaut, andere warten noch auf dem Zweitmarkt. Das Problem ist zwar derzeit noch überschaubar, wird sich jedoch zukünftig auch in der Menge stellen: Rund 7 500 Anlagen und damit über 22 000 Rotorblätter werden Schätzungen zufolge künftig jedes Jahr ausrangiert werden müssen.

Abb. 7-73: Abtransport eines ausrangierten Rotorblattes. Quelle: RWE AG, P. Bouman

Für die verwendeten Kunststoffe besteht seit 2005 ein Verbot, sie auf Mülldeponien zu beseitigen. So sind die Möglichkeiten der Entsorgung und vor allem der Verwertung begrenzt. Die glas- oder carbonfaserverstärkten Materialien als Brennstoff bei der Zementherstellung zu verwenden, ist eine Möglichkeit des Downcycling und wird heute schon genutzt, z. B. vom Bremer Unternehmen Neocomp. Die bis zu 80 m langen Flügel werden direkt vor Ort mit einer Diamantsäge in kleine Stücke zerschnitten, die gut in Containern zu Aufbereitungsanlagen transportiert werden können. Ein Transport im Ganzen stellt sich als wenig ökonomisch dar, s. Abb. 7-73. Dort werden die Rotorreste mit Reststoffen aus der Papierindustrie vermengt und weiter zu Schnipseln zerkleinert, die dann von Zementwerken als Ersatz für fossile Brennstoffe verwendet werden. Die in der Verbrennung anfallende Glasfaser liefert Siliziumoxid – das kann dann teilweise den Sand ersetzen, der ohnehin bei der Zementherstellung benötigt wird.[203] Beim Bundesverband WEA (BWE) heißt es: „Durch Nutzung von 1 000 Tonnen Alt-GFK können auf diese Weise bis zu rund 450 Tonnen Kohle, 200 Tonnen Kreide und 200 Tonnen Sand eingespart werden."[204]

Im Fraunhofer-Institut für Holzforschung. (WKI) wurde von P. Meinlschmidt ein Verfahren entwickelt, das in vielen Fabrikaten zur Verstärkung der GFK-Struktur genutzte Balsaholz nach dem Schreddern herauszulösen. In einem 75 m langen Rotorblatt können zehn Kubikmeter Balsaholz stecken. Sein Energieinhalt geht wegen seiner geringen Dichte

203 Z. Energie Tipp, 21, Mai 2019.
204 Zitiert aus Z. Tagesspiegel, Red. Beitrag: Recycling alter Windkraftanlagen, 5. April 2021.

gegen null, aber auch sein Wärmeleitwert. So ist es als Material zur Gebäudedämmung bestens geeignet. „Wir haben verschiedene Produkte zur energetischen Gebäudedämmung im Sinn“, so Meinlschmidt. „So sorgen wir – ganz im Sinne der Energiewende – dafür, dass auch durch das Recycling der Rotorblätter noch mehr Energie gespart werden kann.“[205]

Das Ziel der Branche für die Zukunft ist ein vollständiges Recycling, allgemeiner: Windräder sollen zu 100 % verwertbar sein. Der Weltmarktführer für WEA-Anlagen, Vestas aus Dänemark, hat im Januar 2020 erklärt, ab 2040 „Null-Abfall“-Turbinen herstellen zu können. „Im Februar (2020) hat auch der europäische Branchenverband WindEurope dieses Ziel zu einer wichtigen Aufgabe erklärt. Eine branchenübergreifende Allianz aus WindEurope sowie den europäischen Verbänden der chemischen Industrie Cefic und der Verbundstoffindustrie EUCIA arbeitet daran.“[206]

Das Umweltbundesamt äußerte noch 2020, dass die Bundesrepublik vor einem nicht zu bewältigenden Berg beim Recycling der GFK-/CFK-Komponenten stünde. Vom BWE wurde und wird das nur z. T. bestätigt: Die Zerkleinerungsanlage in Bremen habe eine Jahreskapazität von 120 000 t, was für die Entsorgung der deutschen Anlagen bzw. deren Rotoren vorerst ausreichen würde.

Zu GFK oder CFK scheint es in der Herstellung keine Alternativen zugeben. „Wir haben am Fraunhofer-Institut auch andere Materialien für Windkraftanlagen geprüft, zum Beispiel naturfaserverstärkte Kunststoffe. Aber die Performance reicht nicht aus, die Anforderungen an so ein 80 Meter langes Rotorblatt in puncto Steifigkeit und Festigkeit sind enorm. Ohne Karbonfasern geht das nicht.“[207] Aluminium und Stahl kommen erst recht nicht infrage; sie sind viel zu schwer, wie auch das Fraunhofer-Institut für Windenergiesysteme IWES bestätigt.

Auf eine interessante Lösung, die hier eher als Fußnote angefügt ist, sind Prof. Orawiec und seine Studierenden von der Hochschule Darmstadt gestoßen. Nach dem Motto „Das klassische Recycling ist keine Lösung“ präsentieren sie im Rahmen ihrer Lehrveranstaltung „Neues Leben für Rotorblätter“ neue Ideen zur Wiederverwendung von Rotorblättern. Ihr Grundgedanke ist, die Rotorblätter selbst oder Teile von Ihnen als Baustoff oder Bauelement zu nutzen. Drei Fachbereiche vertreten inzwischen gemeinsam das Rotorblatt-Projekt.

Eines der Projekte, die hieraus entstanden sind, ist in Abb. 7-74 wiedergegeben. Sie zeigt den Entwurf für das Tribünendach des Wormatia-Stadions in Worms. Die Tragkonstruktion des Daches besteht aus 32 m langen Rotorblättern.

Der Grundgedanke wie auch das Projekt selbst sind Beispiele für das schon im Kap.7.9, Baustoffe, erwähnte Nachhaltigkeitsdogma des „Urban Mining“. Auch um Ressourcen zu schonen, geht es hier um die Frage der Wiederverwendung von Baustoffen aus abgerissenen Gebäuden und Anlagen. Dass der Ansatz so neu nicht ist, wurde bereits in Kap. 7.9, Baustoffe, und Kap. 3, Müll und Recyling in der Antike und im Mittelalter, betont. Das gilt bis in die Gegenwart, wie die systematische Verwendung alter Ziegel im Baugewerbe oder alter Bahnschwellen im Landschaftsbau demonstrieren.

---

205 Zitiert aus EU-Recycling 04/2020, Seite 47.

206 Zitat, Quelle RWE AG, 28.04.2020.

207 So berichtet Prof. Büter, Fachbereich Maschinenbau und Kunststofftechnik der Hochschule Darmstadt. Bis 2020 leitete er die Fraunhofer Allianz Leichtbau.

Die weißen Windräder sind zu einem Symbol der Energiewende geworden. Ihr Beitrag zur Energieerzeugung steigt Jahr für Jahr. Inzwischen produzieren die bis zu 200 m hohen Windkraftanlagen knapp 29 % des deutschen Strombedarfs.[208] Doch die saubere Energieerzeugung hat auch einen Haken: Jede Anlage, die einmal errichtet wurde, muss irgendwann wieder abgebaut werden. Die Demontage ist allerdings komplex, und nicht alle Bestandteile lassen sich problemlos recyceln, wie oben beschrieben.

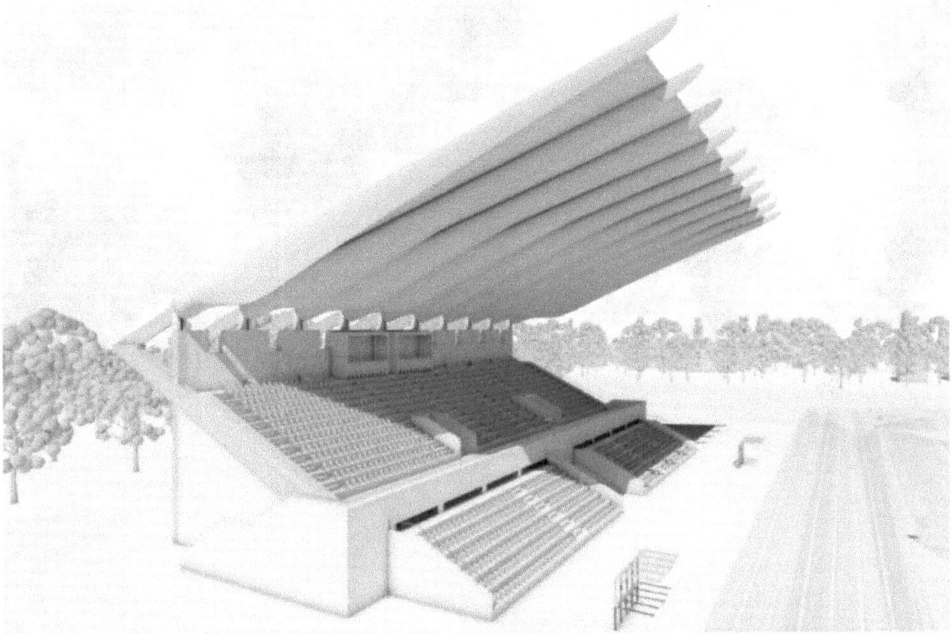

Abb. 7-74: Was hat eine Stadionüberdachung mit einer Windkraftanlage zu tun? Gar nichts. Bis sich ein Architektur-Student und ein angehender Umweltingenieur gemeinsam Gedanken machten. Der Entwurf von Lukas Bressler und Christian Lovric ist vielleicht nicht so realitätsfern, wie man meinen könnte: Das Wormatia-Stadion in Worms ist tatsächlich ein Sanierungsfall ... Bild: Lukas Bressler / Christian Lovric

Eine vielversprechende Lösung für die Zukunft könnte aus Dänemark kommen: Das Unternehmen Continuum Composites Recycling hat ein Verfahren entwickelt, bei dem Rotorblätter zu hochwertigen Verbundplatten verarbeitet werden, die unter anderem für Lärmschutzwände, Fassaden und Küchenarbeitsplatten verwendet werden können. Auch in Deutschland gibt es ähnliche Ansätze. Die Firma Novo-Tech Circular aus Aschersleben in Sachsen-Anhalt hat sich darauf spezialisiert, ausgediente Rotorblätter in nachhaltige Holzwerkstoffe zu verwandeln, die sich etwa für Terrassendielen, Zäune oder Fassaden einsetzen lassen. Um der wachsenden Nachfrage gerecht zu werden, plant das Unternehmen,

208 Nach statista 2024.

seine Kapazitäten in den kommenden Jahren erheblich auszubauen und damit einen Großteil des erwarteten Abfallproblems zu bewältigen.

Eine mögliche Lösung bietet auch Siemens Gamesa. Das Tochterunternehmen von Siemens Energy hat Rotorblätter entwickelt, die dank eines speziellen Harzes im Recyclingprozess in ihre Einzelteile zerlegt und wiederverwendet werden können. Erste Exemplare dieser recycelbaren Flügel sind bereits im Einsatz, und das Unternehmen plant, die Produktion weiter auszubauen. Doch es gibt noch offene Fragen: „Bisher fehlen Erfahrungen zur langfristigen Stabilität solcher Rotorblätter unter Dauerbelastung“, sagt D. Spuziak-Salzenberg vom Institut für Energie und Kreislaufwirtschaft an der Hochschule Bremen. Ob sie sich also dauerhaft bewähren und auf dem Markt durchsetzen werden, bleibt abzuwarten.[209]

7.11.2 Altfahrzeuge

Jedes Jahr werden in Deutschland rd. 3 Mio. Kraftfahrzeuge endgültig abgemeldet, wie das UBA berichtet. Der größte Teil wird danach als Gebrauchtfahrzeuge ins Ausland exportiert, davon etwa zwei Mio. in EU-Länder, etwa 280 000 in Länder außerhalb der EU. Weniger als eine halbe Mio. Autos verbleiben in Deutschland, werden zu sogenannten Altfahrzeugen (s. Abb. 7-75) und kommen zum Verwerter.

Die Zahl der dort angenommenen Altkarossen schwankte stark:

- 557 000 im Jahr 2005
- 1 043 000 im Jahr 2009
- 456 000 im Jahr 2016
- 592 000 im Jahr 2017
- 368 453 im Jahr 2020

Das Durchschnittsgewicht lag bei 810 kg, das gesamte Materialaufkommen damit z. B. im Jahr 2020 bei 298 276 t. Die Restkarossen machen so lediglich einen kleinen Teil des gesamten Metallschrottinputs der Verwertungsanlagen aus (im Jahr 2020 rd. 9,5 %) und sind aus deren Sicht ein „Beifang“.

Die Anzahl der Altfahrzeuge sank von 2018 auf 2019 deutlich; der Trend setzte sich fort, bis 2020 mit 409 903 Altfahrzeugen (davon 406 044 im Inland) der niedrigste Stand seit Beginn der Erfassung im Jahre 2004 erreicht war (- 28 % gegenüber 2018). Der hohe Wert für 2009 blieb eine Ausnahme: Es war das Jahr der staatlichen Abwrackprämie gewesen.

Die Verwertung läuft in Deutschland über zwei Stufen. Zuerst werden die Fahrzeuge in einem der knapp 1 300 zertifizierten Demontagebetriebe „trockengelegt“, d. h. die Betriebsflüssigkeiten wie Motoröl und Kältemittel werden abgelassen. Danach werden schadstoffhaltige Komponenten wie die Batterien und Kabelbäume sowie Wertstoffe wie Reifen, elektronische Bauteile und Katalysatoren ausgebaut. Es verbleiben danach die „entfrachteten“ Restkarossen. Sie werden in anerkannte Schredderanlagen zur weiteren Verwertung verbracht, s. Abb. 7-76.

---

209 Sebastian Strauß, Wohin mit dem Müll aus alten Windkraftanlagen? in: FAZ, 2. Oktober 2024.

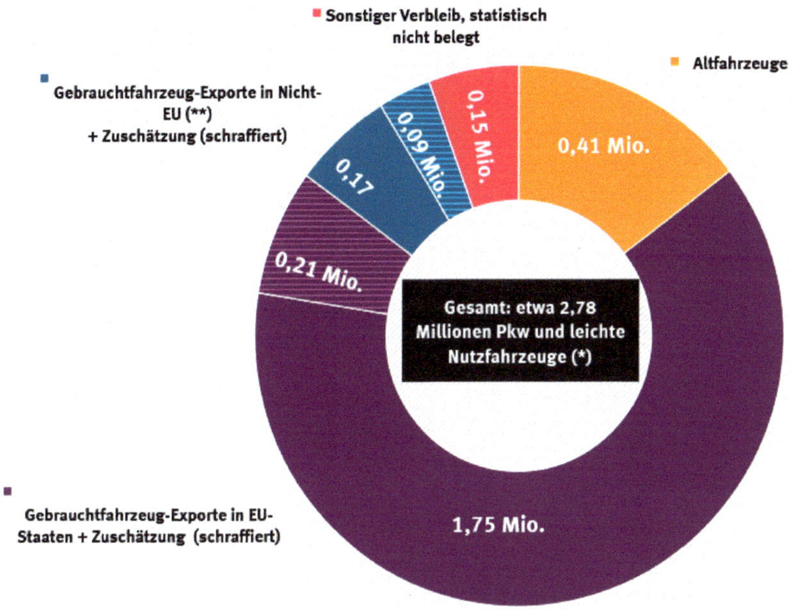

Abb. 7-75: Verbleib der endgültig still gelegten Fahrzeuge in Deutschland 2020; Quelle: UBA, Altfahrzeuge

2017 waren in Deutschland 744 Schredderanlagen und Schrottscheren in Betrieb. Restkarossen wurden und werden nur von wenigen Unternehmen verarbeitet: Zwischen 2004 und 2017 waren es 36 Anlagen, mit der Abwrackprämie stieg die Zahl auf 62 und pendelte sich danach auf knapp 50 Anlagen ein.

Abb. 7-76: Restkarrossen vor dem letzten Schritt, dem Schreddern. Quelle: Öko-Institut

Schredderanlagen oder Scheren für Großgeräte wie in Abb. 7-77 sind nicht überall vorhanden – daraus erklärt sich die relativ geringe Zahl der insgesamt infrage kommenden Betriebe.

Die gesamte Zulieferung an Schredderanlagen besteht in der Regel aus Haushaltsgroßgeräten, leichtem Misch- und Sammelschrott und eben den Altkarossen. Die Dreiteilung, in die sich die Aktkarossen anteilig einfügen, differenziert sich wie folgt:

- rund 65 bis 75 % Fe-Schredderschrott,
- rund 3 – 8 % Schredderschwerfraktion (SSF) mit Altmetallkonzentraten, Leicht- und Schwermetallen und
- etwa 18 bis 25 % Schredderleichtfraktion (SLF).

Abb. 7-77: Eine Schere der etwas anderen Art: Große Metallteile werden mit ihr in handlichere Stücke geschnitten. Quelle: Werkphoto metso

Fe-Schredderschrott hat nach Entfernung von z. B. Kupferbestandteilen und Störstoffen einen Eisenanteil von über 95 %, gut geeignet für die Stahlproduktion. Die Schredderschwerfraktion enthält neben NE-Metallen Chrom-Nickel-Stähle. Sie hat einen Wertstoffgehalt von 40 bis 50 % Metallen und kann sensorbasiert weiter aufbereitet werden. Die durch Windsichtung ausgetragene Schredderleichtfraktion enthält rund 30 % Kunststoffanteil; hinzu kommen unter anderem Gummi, Holz, Glas und Metalle. Sie kann direkt über Deponierung, Müllverbrennung, Pyrolyse oder Mitverbrennung im Zementwerk entsorgt werden. Durch weitere Aufbereitung können aber auch eine metallische und eine mineralische Fraktion aussortiert werden; die hier anfallenden Restmengen gehen in die Pyrolyse oder in das Zementwerk. In den abgefragten Schredderanlagen[210] wurde feine SLF zu jeweils

---

210 Zur genaueren Bestimmung der potenziellen Sekundärstoff-Mengen wurden die Betreiber von 43 Schredderanlagen im Rahmen eines Projekts der Bundesvereinigung Deutscher Stahlrecycling- und Entsorgungsunternehmen (BDSV) befragt.

rund einem Drittel aufbereitet, deponiert und als Bergversatz genutzt. Grobe SLF ging mit ca. 50 % in die Verbrennung; der andere Teil konnte aufbereitet werden oder wurde an EBS-Kraftwerke geliefert).[211] Die ungesiebte SLF wurde zu 45 % aufbereitet und zu 35 % verbrannt.[212]

FE-Schrott und die SSF werden – teilweise nach einer weiteren Aufbereitung – an Metallhütten verkauft. Die Schrotte werden dort in der Schmelze nach Sorten getrennt. Die Bilanz für die Metalle liest sich gut: etwa 97 % der Altauto-Metalle werden recycelt.

Während FE-Schrott und die SSF in der weiteren Verarbeitung im Prinzip keine Probleme bereiten, ist dies bei der Leichtfraktion anders. Die momentan gangbaren Entsorgungswege für SLF haben Engpässe, wie 95 % der befragten Anlagenbetreiber mitteilten: Die Menge der anfallenden SLF hat sich in nur einem Jahr von sechs auf zehn Prozent vermehrt. Aber auch die Entsorgung der Schredderschwerfraktion stößt an Grenzen. Das kann zu Reduzierungen der Inputmengen, Anlagenstillständen und erhöhter Brandgefahr in den Lagern führen. Die Schredderleichtfraktion ist eigentlich ein Sammelsurium aus unter anderem Hartkunststoffen, Elastomeren, Holz, Textilfasern, Glas und Metallen[213]. Das Material kommt hauptsächlich wegen der organischen Bestandteile des Trockenrückstands und auch angesichts der Deponieziele im EU-Kreislaufwirtschaftspaket kaum für die Deponierung infrage.

Die thermische Abfallbehandlung insgesamt verarbeitet in Deutschland im Jahr rd. 24 Mio. t und erreichte im Jahr 2018 eine Auslastung von 96 %. Die Kapazitätsgrenzen für die deutschen Müllverbrennungs-Einrichtungen sind also mehr als erreicht. Insgesamt fehlen auf dem Gebiet der EU rund 43 Mio. t thermischer Behandlungskapazität. Die Entsorgungsengpässe können also aufgrund der insgesamt fehlenden Kapazitäten nicht kompensiert werden; Was helfen könnte, wäre allein der Wegfall der Importe nach Deutschland.

„Die Mitverbrennung und -verarbeitung im Zementwerk – deren Input-Mengen haben in den letzten acht Jahren von 2,91 auf 3,60 Millionen Tonnen etwas zugelegt – wird zwar für einige Stoffe prinzipiell begrüßt, doch ist angesichts des variablen SLF-Materialgemischs deren Einsatz nicht ohne weitere Aufbereitung möglich. Auch sind die Ansprüche der Zementwerks-Betreiber an den Input in den letzten Jahren stetig gestiegen. Versuche mit Pyrolyse in Demonstrationsanlagen haben zwar ergeben, dass sie bei der Schredderleichtfraktion trotz Heizwertschwankungen grundsätzlich praktikabel ist, Temperaturen über 600 ° C ein Anbacken verhindernt, Metalle aus den Prozessresten separierbar sind und das entstehende Gas sich als Brennstoff für Heizungen eignet. Doch haben die Verfahren weder ihre großtechnische Umsetzung noch ihre Wirtschaftlichkeit unter Beweis gestellt.“[214]

211 EBS-Kraftwerke = Ersatzbrennstoffkraftwerke.

212 Informationen in diesem Absatz nach BDSV. Die Darstellungen in BMU, Altfahrzeuge zu diesem Gegenstand erscheinen wenig sachkundig.

213 Mit den Worten von Professorin S. Flamme, Münster, eine in der Wahrnehmung unbeliebte Mischung aus „nicht Fisch und nicht Fleisch“, EU-Recycling 01/2020. Auf diesen Report stützen sich auch die folgenden Absätze.

214 S. Flamme (IWARU/FH Münster). 14. November 2019, BDSV-Jahrestagung, in: (EU-Recycling 01/2020, S. 46. So auch BDSV-Präsident Andreas Schwenter. BDSV-Jahrestagung 2019. in: EU-Recycling 01/2020, Seite 46.

Für die Zukunft nimmt der BDSV an, dass die Schredderleichtfraktion vergleichbar der Schwerfraktion so werthaltig ist, dass verbesserte Sortiertechnik und Sensortechnologie zu effektiverer Nutzung führen wird. Statt Deponierung, Verbrennung und Mitverbrennung bietet sich als Entsorgungspfad die Pyrolyse an, die zugleich die Stoffströme bündeln kann. Für ihre großtechnische Umsetzung stelle sich nicht die Frage, ob sie kommt, sondern wann, so der Verband. Auch wäre darüber nahzudenken, das Material als alternativen Brennstoff für die Rückgewinnung von NE-Metallen zu nutzen. Der Appell an das Plenum der BDSV-Jahrestagung 2020 lautete daher, beim erfolgreichen Recycling von Metallen die Schredderleichtfraktion nicht zu vergessen. „Wenn wir uns um keine andere Verwertung kümmern, bleiben wir auf dem Material sitzen.[215]

In der Summe bietet also diese Fraktion etliche Probleme, die noch auf eine endgültige Lösung warten. Bis dahin wird verbrannt, was irgendwie geht.

7.11.2.1 Gesetzliche Grundlagen

Den rechtlichen Rahmen setzt auf EU-Ebene die Altfahrzeugrichtlinie 2000/53/EG, erlassen am 18. September 2000 vom Europäischen Parlament und dem Rat. Sie regelt die stoffliche Verwertung von Kraftfahrzeugen durch Fahrzeugrecycling innerhalb der Europäischen Union (EU). Seit einer Änderung vom 1. Juli 2003 enthält sie auch Stoffverbote, z. B. für Schwermetalle und sechwertiges Chrom (Cr^6).

Ziel der Richtlinie war es, die Wiederverwendungs- und Verwertungsrate bis zum Jahr 2006 jährlich auf 85 % und bis zum Jahre 2015 auf 95 % des durchschnittlichen Fahrzeuggewichts anzuheben. Die EU-Mitgliedsstaaten mussten sich zudem zur Einrichtung von Rücknahmesysteme für Altfahrzeuge verpflichten.

Das dahinter liegende abfallwirtschaftliche Konzept beruhte auf zwei Säulen:

- Die Entstehung von Abfällen durch Verbesserung der Produktauslegung zu erreichen,
- das Recycling und die Wiederverwendung von Abfällen zu verbessern.

Die deutsche Umsetzung der Richtlinie erfolgte am 1. Juli 2002 durch die Anpassung der schon vorher (seit 1. April 1998) geltenden Altauto-Verordnung (seit 2002 Altfahrzeug-Verordnung). Sie bezieht sich auf die Überlassung, Rücknahme und umweltverträgliche Entsorgung von Altfahrzeugen und gilt für Kraftfahrzeuge der Klasse M1 (Fahrzeuge zur Personenbeförderung mit höchstens acht Sitzplätzen außer dem Fahrersitz) oder N1 (Fahrzeuge zur Güterbeförderung mit einem Höchstgewicht bis zu 3,5 Tonnen) gemäß Anhang II Abschnitt A der Richtlinie 70/156/EWG zur monströs formulierten „Angleichung der Rechtsvorschriften der Mitgliedstaaten über die Betriebserlaubnis für Kraftfahrzeuge und Kraftfahrzeuganhänger sowie dreirädrige Kraftfahrzeuge gemäß der Richtlinie 92/61/EWG unter Ausschluss von dreirädrigen Krafträdern als Altfahrzeug, wenn sie Abfall nach § 3 Abs. 1 des Kreislaufwirtschaftsgesetzes sind".

Altfahrzeuge gelten nach der Verordnung als gefährlicher Abfall im Sinne der Abfallverzeichnis-Verordnung. Besitzer gefährlicher Abfälle sind nach dem Kreislaufwirtschaftsgesetz verpflichtet, sich ihrer zu entledigen. Besitzer von Altfahrzeugen müssen und dürfen

215 Originaltext der VO im Auszug.

diese nur einer anerkannten Annahmestelle, einer anerkannten Rücknahmestelle oder einem anerkannten Demontagebetrieb überlassen. Fahrzeughersteller sind verpflichtet, alle Altfahrzeuge ihrer Marke vom Letzthalter zurückzunehmen. Hierfür können sie Annahmestellen, Rücknahmestellen oder anerkannte Demontagebetriebe bevollmächtigen. Die Altfahrzeugverordnung fordert seit 1. Januar 2015 eine Verwertungsquote (das ist Wiederverwendung + Recycling + Energierückgewinnung) für Altfahrzeuge vom mindestens 95 % sowie eine Recyclingquote (das ist nur der Teil Wiederverwendung + Recycling) von mindestens 85 Gewichtsprozent. Sie fordert auch:

„Zur Förderung der Abfallvermeidung sind

1. die Verwendung gefährlicher Stoffe in Fahrzeugen zu begrenzen und bereits ab der Konzeptentwicklung von Fahrzeugen so weit wie möglich zu reduzieren, insbesondere um ihrer Freisetzung in die Umwelt vorzubeugen, die stoffliche Verwertung zu erleichtern und die Notwendigkeit der Beseitigung gefährlicher Abfälle zu vermeiden,
1. bei der Konstruktion und Produktion von neuen Fahrzeugen der Demontage, Wiederverwendung und Verwertung, insbesondere der stofflichen Verwertung von Altfahrzeugen, ihren Bauteilen und Werkstoffen umfassend Rechnung zu tragen,
2. bei der Herstellung von Fahrzeugen und anderen Produkten verstärkt Recyclingmaterial zu verwenden."

Werkstoffe und Bauteile von Fahrzeugen, die nach dem 1. Juli 2003 in Verkehr gebracht wurden, dürfen kein Blei, Quecksilber, Kadmium oder sechswertiges Chrom enthalten.

Die Umsetzung der Altfahrzeug-Verordnung unterstützt die Gemeinsamen Stelle Altfahrzeuge der Bundesländer (GESA). Sie sammelt u. a. Daten zu anerkannten Annahmestellen, Rücknahmestellen, Demontagebetrieben und Schredderanlagen sowie sonstigen Anlagen und stellt sie der Öffentlichkeit zur Verfügung."[216]

7.11.2.2 Verwertungsquoten

Sichere Quelle für die Verwertungsquoten sind die Jahresberichte des BMU. Die Daten werden auf der Basis der Zahlen des Statistischen Bundesamtes und eigener Berechnungen ermittelt. Das Ergebnis zeigt Abb. 7.78.

Die Abbildung zeigt, dass bis zum Jahr 2018 die gesetzlich von der EU geforderten Verwertungsziele für Altfahrzeuge in Deutschland seit 2006 durchgängig übertroffen wurden. Die geforderte Recyclingquote (inklusive Wiederverwendung von Ersatzteilen) von 85 % wurde mit 86,8 % auch im Jahr 2020 eingehalten, während die Altfahrzeug-Verwertungsquote von 94,0 Gew.-% zum zweiten Mal nach 2019 (93,6 %) das Ziel von 95 % leicht verfehlte. Dies ist begründet im vergleichsweise geringen Restkarossen-Eingang der Schredderanlagen im Vergleich zu den angefallenen Altfahrzeugen und infolge entsprechend geringeren Mengen an verwerteten nichtmetallischen Schredderrückständen.

Die generell hohen Werte haben ihre Ursache im Überwiegen der FE- und Stahlfraktionen, die sich durchweg gut recyceln lassen.

216 Originaltext der VO im Auszug.

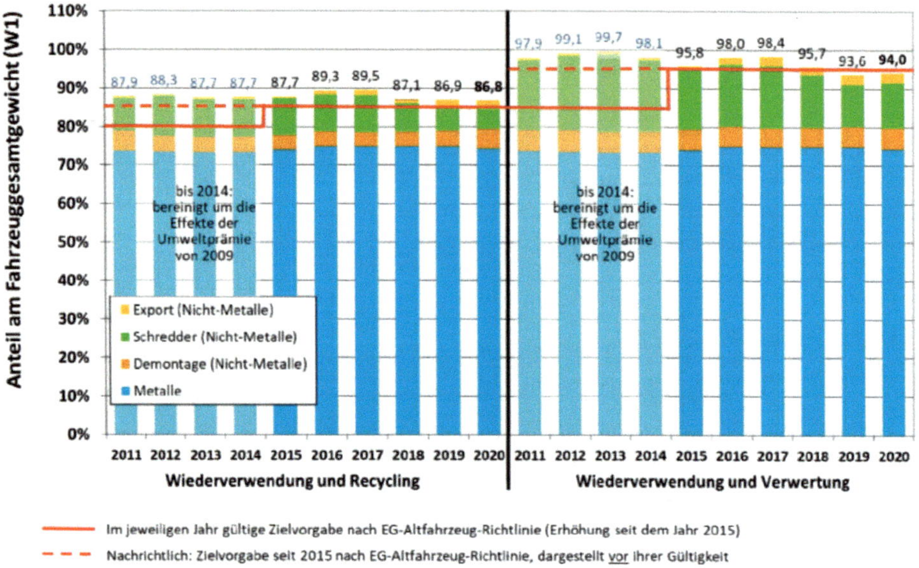

Abb. 7-78: Altfahrzeug-Verwertungsquoten 2011 – 2020, rechts bereinigt um die Effekte der Umweltprämie 2009; die „Wiederverwendung" meint nicht Fahrzeuge, sondern Ersatzteile. Quelle: Jahresbericht über die Altfahrzeug-Verwertungsquoten in D. 2020, UBA und BMUV

Der Blick über die Grenzen zeigt die gute Position Deutschlands: Während die EU-Mitgliedstaaten mit wenigen Ausnahmen im Jahr 2017 die Mindest-Recyclingquote von 85 % berichteten, wurde die Mindest-Verwertungsquote von 95 % nur in 16 der zu diesem Zeitpunkt 28 EU-Mitgliedstaaten erreicht (keine Angabe für 3 Mitgliedstaaten).

7.11.2.3 Gebrauchtwagenexport

Der Export macht den größten Teil der Verwertung stillgelegter Fahrzeuge aus, s. Abb. 7-75. Auch das ist natürlich ein Weg der Entsorgung, nur lädt man das Problem eben den Empfängerländern bzw. den dortigen Käufern auf – was allerdings legal ist und auch legal bleiben wird.

Deutsche Gebrauchtwagen gehen zu einem großen Teil in den Autoexport, wenn sie in Deutschland nicht mehr zulassungsfähig sind. Das bedeutet nicht, dass sie nur noch Schrottwert haben. Häufig ist z. B. nur die fehlende Konformität mit den deutschen Abgasnormen der Grund für die Exportentscheidung der Aufkäufer. Autos etwa nach Polen zu verkaufen, ist für die Gebrauchtwagenhändler attraktiv, weil dort die Grenzwerte für Schadstoffe wie Stichstoffoxide, Kohlenwasserstoffe, Kohlenmonoxid und andere höher als in Deutschland angesetzt sind und die Einhaltung weniger streng geprüft wird.

Ein weiterer Grund ist, dass die Gebrauchtwagenhändler nur ungern die gesetzlich festgeschriebene Gewährleistung für einen Autoverkauf im Inland übernehmen. Gewährleistung bedeutet bei älteren Fahrzeugen ein hohes Risiko. Ein Verkauf ins Ausland erspart den Aufkäufern finanzielle Unsicherheit.

Der Autoexport hat einen Schwerpunkt bei bereits älteren Fahrzeugen mit in der Regel zehn oder mehr Jahren Laufzeit oder mindestens 200 000 km Laufleistung. Für den deutschen Gebrauchtwagenmarkt sind sie nicht mehr marktfähig, denn die Reparaturkosten sind für potenzielle Käufer ein zu hohes Risiko.

In welches Land Händler ein Auto als Export verkaufen, ist primär abhängig von seinem Restwert. Solche Fahrzeuge, mit denen sich noch ein relativ hoher Verkaufspreis erzielen lässt, gelangen meist in einige unsere Nachbarländer – dazu zählen Frankreich, Spanien, Italien oder auch Österreich. So wurden z. B. 2019 aus Deutschland etwa 520 000 Gebrauchtwagen exportiert. Die meisten Fahrzeuge gingen in EU-Nachbarländer, 35 023 allein nach Frankreich. Libyen lag mit 35 011 Autos direkt dahinter. Viele Fahrzeuge nahmen Nigeria und Benin auf, schließlich auch osteuropäische Länder (Ukraine, Polen, Georgien).

Je geringer ihr Wert, desto eher gelangen die Gebrauchten in entferntere Regionen, wie Osteuropa oder auch Afrika.[217]

Käufer in Afrika haben geringere Ansprüche, die Länder selbst machen geringere Vorgaben. Auch spielt eine Rolle, dass es In vielen Ländern Westafrikas in den meisten Landesteilen außerhalb der großen Städte keinen ÖPNV und keine Bahnverbindung gibt. Für längere Strecken, die nicht mehr zu Fuß oder Fahrrad bewältigt werden können, ist das Auto die einzige Alternative. Der geringe Lebensstandard erzwingt es, auch Wagen unterster Qualität zu erwerben und anschließend so lange zu reparieren, bis er auch nach dortigen Verhältnissen Schrott ist. Bei guten Pflegezustand kann er so eine Lebensdauer von 30 Jahren erreichen (und zur Touristenattraktion werden, wie man etwa in Kuba beobachten kann, wenn auch dort aus anderen Gründen). Das Ende seines Lebens ist dann die illegale Deponie oder einfach der Straßenrand.

Einer der Gründe, weshalb der Export in südliche Länder und den schwarzen Kontinent so floriert, sind die dort gegebenen klimatischen Bedingungen mit Abwesenheit von Feuchtigkeit bei hohen Temperaturen. Die Fahrzeuge kennen also kaum Korrosion, was den Pflegeaufwand in Grenzen hält und die Reparaturkosten auf die bewegten Teile beschränkt.

Besonders begehrt sind in Afrika Wagen der Marken Daihatsu, Toyota und Nissan. Aber auch Opel, Mercedes und VW genießen einen guten Ruf. Gerade in Westafrika sind gut gepflegte Autos aus Deutschland sehr beliebt. Hinsichtlich der Ausstattung legen die Käufer besonders Wert auf eine gute Motorisierung. Gefragt sind verständlicherweise auch Fahrzeuge, die eine Klimaanlage vorweisen oder hierfür vorbreitet sind. Sie wird dann oft nachgerüstet.

Letztlich hat sich Afrika mit seinem Gebrauchtwagenimport ein großes Problem geschaffen, das mit dem Titel einer ARD-Veröffentlichung „Gebrauchtwagen: Europas Schrott auf Afrikas Straßen"[218] treffend gekennzeichnet ist. Immer mehr ausrangierte Autos aus Industriestaaten werden in afrikanische Länder weiterverkauft. Nach einer neuen Studie des UN-Umweltprogramm wurden jährlich weltweit knapp 5 Millionen Gebrauchtwagen exportiert, von denen über 75 % in arme Länder gingen. Für die Käufer zählt vor allem, dass die Wagen erschwinglich sind.

217 Bussgeldkatalog.org, letzte Aktualisierung am: 10. Dezember 2022.

218 Zitiert aus Jana Genth, ARD-Studio Johannesburg und Antje Diekhans, ARD-Studio Nairobi, Afrika als Europas Schrottplatz. 24. Mai.2022.

Dort werden sie im Niedrigpreissektor zur Gefahr- für den Verkehr und für Klima und Umwelt, warnen inzwischen die UN. Das Problem: Diese Billigautos sind oft in einem katastrophalen Zustand. Ausgemustert und teils sogar ausgeschlachtet in Europa, Japan oder den USA werden sie Richtung Afrika verschifft. Abb. 7 79 illustriert das Ergebnis am Beispiel.

Abb. 7-79: Taxis in den Slums von Kibera am Rand von Nairobi. Quelle: ZUMAPRESS.com

„Entwicklungsländer vor allem in Afrika dienen als Schrottplatz für Autos, die von den reichen Ländern nicht mehr als sicher oder sauber genug angesehen werden ... Das widerspricht allen Regeln der Fairness. Und es ist ein Grund, sich um die Gesundheit der Menschen und um die Umwelt zu sorgen."[219]

Die Sicherheit auf den Straßen ist das eine. Das andere sind die schädlichen Abgase, die von den alten Autos ausgestoßen werden. Das Umweltprogramm der Vereinten Nationen UNEP schlägt Alarm. Denn die Zahl der Fahrzeuge wird in den nächsten Jahren noch zunehmen, sagt UNEP-Direktorin I. Andersen: „Die globale Fahrzeugflotte wird sich bis zum Jahr 2050 voraussichtlich verdoppeln. 90 Prozent dieses Wachstums wird wahrscheinlich in Ländern verzeichnet, die ein geringes Pro-Kopf-Einkommen haben. Dort werden vor allem importierte Gebrauchtwagen gekauft."[220]

Die Vereinten Nationen versuchen, Mindeststandards für den Import von Gebrauchtautos aufzustellen. Es gehe dabei nicht darum, den Handel völlig zu unterbinden, sagt I. Andersen : „Wir verlangen kein komplettes Verbot. Aber der Gebrauchtwagenmarkt sollte genauso reguliert sein, wie er es in Europa ist."[221]

Einige afrikanische Länder haben reagiert und Richtlinien erlassen. Ghana beispielsweise hat jüngst den Import von beschädigten Autos oder solchen, die älter als zehn Jahre sind,

219 UNEP-Direktorin Inger Andersen.
220 Ebenda.
221 Ebenda.

untersagt. In der Elfenbeinküste und in Mauritius gelten ähnliche Regelungen schon seit einigen Jahren. Der Studie des UN-Umweltprogramms zufolge sind die Importgeschäfte dort jedoch nicht zurückgegangen, was nicht weiter wundert: Es fehlen die Kontrollen, wie ganz allgemein die Verwaltung in den meisten afrikanischen Ländern wenig effektiv und nur in den großen Städten präsent ist.

7.11.2.4 Komponentenverwertung

Fraunhofer-Forscher habe im Projekt „Ekoda“[222] eine Alternative entwickelt, die auf die Wiederverwendung von automobilen Komponenten hinausgeht. In einem aufwendigen Testverfahren werden zunächst alle Komponenten untersucht. Aus den Daten erstellt eine vom FraunhoferInstitut für Werkzeugmaschinen und Umformtechnik (IWU) entwickelte Bewertungssoftware ein detailliertes Profil des Zustands der Komponenten, analysiert dieses und gibt Empfehlungen für die Weiterverwendung.

Eine erst drei oder vier Jahre alte intakte Batterie könnte z. B. in einem Gebrauchtwagen gleichen Typs eingesetzt werden. Ist der Akku schon älter, wäre eine Verwendung in einer kleineren, z. B. landwirtschaftlichen Maschine denkbar. Sind mehrere Zellen defekt, könnte die Batterie im stationären Einsatz, etwa als Stromspeicher für eine Photovoltaik-Anlage im Eigenheim, noch gute Dienste leisten. Das Batteriesystem muss also nicht entsorgt werden. Es bekommt ein auf seine Leistungsfähigkeit zugeschnittenes zweites Leben.

Nach demselben Prinzip lassen sich auch andere Autoteile prüfen und einer sekundären Verwendung zuführen. „Entscheidend ist dabei eine sorgfältige, standardisierte und automatisierte Demontage der Einzelteile, die frühzeitig auf die mögliche Weiterverwendung der Komponenten zielt“, betont U. Frieß, Abteilungsleiter Karosseriebau, Montage und Demontage am IWU.[223] Das gesamte Verfahren wird zum Teil des Lebenszyklus des Fahrzeugs, s. Abb. 7-80.

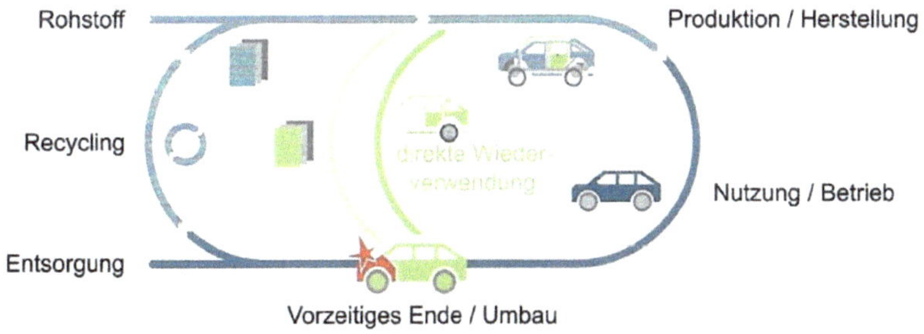

Abb. 7-80: Das Kreislaufkonzept nach „Ekoda“, Quelle: Fraunhofer IWU

222 Ekoda = **E**ffiziente und wirtschaftliche **k**reislauf**o**rientierte **D**emontage und **A**ufbereitung.

223 Zitiert aus BWK-Redaktion, Ein zweites Leben für Fahrzeug-Komponenten, Z BWK, Bd. 75, 2023, S. 32 f.

Die KI-Algorithmen enthaltende Software bildet einen der Schwerpunkte des Projekts Ekoda.

Frieß formuliert das Ziel des Vorhabens: „Wir wollen das klassische Recycling ablösen und betrachten jede Komponente eines Automobils als wertvolle Ressource – und zwar ganz unabhängig von ihrem aktuellen Einsatz in einem Auto. Darauf basierend arbeiten wir an einem Konzept, bei dem die einzelne Komponente auf ihre Eignung für die Weiter- oder Wiederverwendung in verschiedenen passenden Szenarien geprüft wird." Da die Forscher des IWU auch an Verfahren zur automatisierten Demontage der Einzelteile arbeiten, entsteht ein kreislauforientiertes Nutzungskonzept für alle Komponenten. Da weniger Produkte neu hergestellt werden müssen, sinken die Kosten und entsprechend auch die CO_2-Emissionen. Ein vorschnelles Verschrotten von noch mehr oder weniger funktionsfähigen Autos oder der ökologisch wenig sinnvolle Export von defekten Gebrauchtwagen in Länder des globalen Südens werden damit überflüssig oder zumindest reduziert.

Neben der Analyse von Batteriespeichersystemen stehen auch Karosserie und Antriebsstrang im Fokus. Bei Teilen des Antriebsstrangs wie Wellen oder Zahnrädern aus Stahl oder Metall kann ein Re-Manufacturing sinnvoll sein. Stahlwellen können z. B. können durch einen erneuten Formgebungsprozess an neue mobile Anwendungen angepasst werden. „Ein Zahnrad aus dem defekten Getriebe eines Autos könnte ein zweites Leben in einem refurbished Elektroroller erhalten, um nur ein Beispiel zu nennen", erklärt Frieß.

Die Fraunhofer-Forscher und ihre Partner wollen bei der Entwicklung und Ausgestaltung des Bewertungssystems noch weitergehen und Lieferketten, Reparaturwerkstätten und Verwerter in den Blick nehmen. Deren Bedarfe oder Anfragen nach Ersatzteilen könnten zukünftig in den Datenvorrat des Bewertungssystems einfließen. Das System erkennt dann beispielsweise, dass eine Werkstatt in der Region genau dieses oder jenes Bauteil für die Generalüberholung eines defekten Traktors gebrauchen kann, das am Lager oder in der Prüfung ist. Die Automobil- und Zuliefererbranche könnte so zu neuen Geschäftszweigen finden.

7.11.3 Schiffe

Hunderte ausgedienter und außer Betrieb gesetzter Seeschiffe werden pro Jahr verschrottet. Meist geschieht das in Abwrackeinrichtungen und Recyclingwerften in Südasien. Das geschieht oft ohne große Technik an den Stränden, auf die die Schiffe im sogenannten „Bleaching" mit hoher Fahrt aufgefahren werden. Sie werden dort händisch zerlegt, meist ohne die Standards des Umwelt- und Arbeitsschutzes zu beachten. Ein konkretes Beispiel ist Alang im westindischen Bundesstaat Gujarat. Auf mehr als hundert Werften zerlegen dort Wanderarbeiter ausrangierte Kähne aus aller Welt - unter oft fragwürdigen Arbeits- und Umweltbedingungen, Kinderarbeit nicht ausgeschlossen. Abb. 7-81 versucht das einzufangen.

Abb. 7-81: Direkt vor dem Tor einer indischen Werft leben die Arbeiter in Wellblechhütten. Quelle: NDR/ARD

Zwar gibt es dort seit Jahren Werften, die in Arbeitsschutzmaßnahmen und Umweltschutz investiert haben. Doch es gibt eben auch viele andere, die illegal arbeiten. Denn je „schmutziger" und damit billiger das Recycling und je schlechter die Arbeitsbedingungen für die zehntausenden Arbeiter sind, die oft in selbstgebauten Blechhütten neben den Werften hausen, desto mehr bleibt für die indischen Werftbesitzer übrig.[224]

Das Problem ist bekannt. Um es unter Kontrolle zu bekommen, sucht die Internationale Seeschifffahrtsorganisation IMO den Weg über internationale Abkommen, zu denen der Beitritt allerdings freiwillig ist. So entstand das „Übereinkommen von Hong Kong", das schon 2009 von der IMO formuliert wurde.

Gegenstand der Konvention sind Vorschriften zum umweltschonenden und sicheren Abwracken von Seeschiffen, die sich an Reedereien, Bauwerften, Hersteller, Zulieferer und die Recyclingwerften selbst richten. Das Übereinkommen sollte für alle neuen Seeschiffe mit einer Bruttoraumzahl (BRZ) von 500 oder mehr gelten und auch die bereits fahrenden Schiffe einschließen. Es enthält zwei Kernbestandteile, die zukünftig zu beachten sind:

- Ein Gefahrstoffinventar des jeweiligen Schiffes (Inventory of Hazardous Materials). Hier müssen alle Gefahrstoffe schiffsspezifisch mit Angabe des Standorts und der angenäherten Menge erfasst sein.
- Die Zertifizierung der Recyclingwerften (Authorization of Recycling Facilities). Seeschiffe dürfen nur auf zertifizierten Werften verschrottet werden, die alle Umwelt- und Sicherheitsauflagen des Hongkong-Übereinkommens einhalten.

224 NDR und SZ, 24.05.2022.

Das Hongkong-Übereinkommen wird zwei Jahre, nachdem es von mindestens 15 Staaten ratifiziert ist, die insgesamt mehr als 40 % der Welthandelstonnage und nicht weniger als 3 % Recyclingkapazität[225] repräsentieren, in Kraft treten.

Umgerechnet auf absolute Werte bedeutet dies nach den Weltschifffahrtsdaten von 2012:

- 15 Staaten,
- die mindestens eine Tonnage von 432,5 Mio. Gross Tonnes (GT)[226] und Recyclingkapazitäten von 12,97 Mio. GT abdecken.

Die Umsetzung zieht sich. Deutschland hat die Konvention 2019 ratifiziert, aber insgesamt reichen die Beitritte noch nicht aus, um das Abkommen in Kraft zu setzen. Bis zum 14. Februar 2023 hatten erst 19 Länder die Konvention ratifiziert, sie repräsentieren zwar rund 13,94 Mio. GT Recyclingkapazitäten, jedoch nur ca. 29 % der Welthandelstonnage, was nicht reicht. Dass Indien, Bangladesch und China bisher nicht ratifiziert haben und damit das Inkrafttreten blockieren, überrascht (leider) nicht.

Inzwischen setzt eine EU-Verordnung einige Regelungen aus der Konvention bereits um. Die Verordnung EU 1257/2013 (EU-Schiffsrecycling-Verordnung) bezieht sich auf das Recycling von Schiffen unter der Flagge von EU-Mitgliedstaaten und enthält Sicherheits- und Umweltvorgaben. Ziel ist das sichere und umweltgerechte Recycling von Schiffen der Union und speziell die Förderung des weltweiten Inkrafttretens der Hongkong-Konvention. Kleine Schiffe mit weniger als 500 BRZ bleiben in der Verordnung ausgenommen.

Sie enthält unter anderem folgende Vorgaben:

- „Die Schiffe dürfen nur auf zugelassenen Recyclingwerften der EU-Liste der Schiffsrecyclingwerften abgewrackt werden. Die in ihrem Hoheitsgebiet zuständigen Behörden lassen ansässige Abwrackeinrichtungen zu, die die Anforderungen für das Schiffsrecycling erfüllen. Diese Zulassung kann den jeweiligen Einrichtungen für die Dauer von höchstens fünf Jahren erteilt und muss entsprechend erneuert werden (Artikel 14).
- Die Schiffe müssen ein schiffsspezifisches Gefahrstoffinventar (Inventory of Hazardous Materials/IHM) mitführen, in dem mindestens die in Anhang II genannten Gefahrstoffe an Bord (in Struktur und Ausrüstung) sowie ihr Standort und die ungefähren Mengen angegeben sind.
- Für Schiffe aus dem Bestand (also bereits fahrende Schiffe) ist das Gefahrstoffinventar und die Inventarbescheinigung ab dem 31.12.2020 vorgeschrieben.
- Die Gefahrstoffinventare und Inventarbescheinigungen werden vom jeweilige Flaggenstaat genehmigt.
- Die Schiffe, die zum Recycling verbracht werden sollen, müssen eine Recyclingfähigkeitsbescheinigung vorweisen.“[227]

---

225 wie z. B. Asbest, PCB, ozon-abbauende Gase und TBT-haltige Außenhautanstriche s
Gemessen an dem Durchsatz der letzten zehn Jahre bezogen auf die 40 % der Welthandelstonnage.

226 GT entspricht der Bruttoraumzahl BRZ.

227 Zitiert aus Deustche Flagge, Behördenübergreifende Website mit Informationen für Handelsschifffahrt und Seeleute, 03/2019.

Nach der EU-Verordnung benennt jeder Mitgliedstaat eine Kontaktstelle, die zu dem Thema informiert und beratend tätig ist. Für Deutschland wird diese Funktion vom Bundesamt für Seeschifffahrt und Hydrographie (BSH) wahrgenommen.

Die EU Schiffsrecycling Verordnung ist am 30. Dezember 2013 in Kraft getreten und war innerhalb eines Jahres umzusetzen. Sie hat zumindest bewirkt, dass im türkischen Aliağa von den dort ansässigen 22 Abwrackbetrieben acht laut EU-Verordnung Nr. 1257/2013 anerkannte Demontageplätze für europäische Schiffe geworden sind (Stand: November 2020). Als Fußnote sei ergänzt, dass die Mitgliedstaaten die EU-Verordnung bis zum 31. Dezember 2018 in nationales Recht überführen mussten, was u. a. Deutschland versäumte. Deutschland musste deshalb ein Vertragsverletzungsverfahren über sich ergehen lassen, das im Juni 2019 eröffnet wurde.[228]

Für Europa sind die Abwrackwerften in Aliağa gern genutzte Ziele. Auch die deutsche Marine lässt dort ihre ausgemusterten Fregatten zerlegen und verwerten. Die Betriebe stellen für die türkischen Stahlwerke in der Region Izmir eine wichtige Beschaffungsquelle dar. Die Türkei zählt auch zu den Hauptabnehmern von ausgesonderten Bohrplattformen. Ab Sommer 2020 zählten die Abwrackwerften zu den Gewinnern der COVID-19 Pandemie. Kreuzfahrtschiffe und Material der Offshore-Förderung wurden angesichts der schlechten Wirtschaftslage vermehrt zur Verschrottung gegeben, s. Abb. 7-82. Allein 16 Kreuzfahrtschiffe mit einer Vermessung von insgesamt 766 500 BRZ wurden im Zeitraum 2020-2022 in den Abwrackwerften von Aliağa verschrottet.[229]

Inzwischen gibt es behördliche Maßnahmen wegen Verstößen gegen die EU-Verordnung. Erstmals gehen Staatsanwaltschaften gegen eine deutsche Reederei vor, die ein Schrottschiff illegal in Südasien entsorgt haben soll. NDR und SZ berichteten, dass auch gegen die Präsidentin des Reederverbandes Ermittlungen laufen.[230] Der konkrete Gegenstand ist der Verbleib des Container-Feeders „Westerhamm", s. Abb. 7-83.[231]

Wenn Schiffe deutscher Reeder nicht in EU-Gewässern unterwegs sind, verstößt eine Verschrottung gegen kein europäisches Gesetz. Und wenn in europäischen Häfen alte Schiffe ankern, können diese an außereuropäische Reeder verkauft und später von diesen im Ausland verschrottet werden – auch das ist legal. Im Fall der „Westerhamm" soll aber die letzte Reise mit dem einzigen Ziel Verschrottung von Deutschland aus veranlasst und organisiert worden sein, was die Strafverfolger auf den Plan rief. Als das Schiff in Bremerhaven ablegte, war nach Ansicht der Staatsanwaltschaft Kiel schon klar, dass es

228 BUNDESVERBAND SEKUNDÄRROHSTOFFE UND ENTSORGUNG: Schiffsrecycling, Vertragsverletzungsverfahren gegen Deutschland eröffnet, 07. Juni 2019.

229 Die Bruttoregistertonne (BRT) ist ein veraltetes Raummaß, das zur Bestimmung des Rauminhalts von Handelsschiffen verwendet wurde. Eine Bruttoregistertonne entspricht ungefähr 2,83 Kubikmetern. Obwohl das Wort „Tonne" darin enthalten ist, darf die Bruttoregistertonne nicht mit Massenangaben wie der Ladefähigkeit gleichgesetzt werden. Die Bruttoregistertonne wird seit dem 18. Juli 1994 nicht mehr als gültige internationale Volumeneinheit verwendet. Stattdessen werden heute die Bruttoraumzahl (BRZ) und die Nettoraumzahl (NRZ) berechnet, welche dimensionslose Zahlen darstellen. Die Bruttoraumzahl wird unter anderem zur Berechnung von Gebühren für Hafen, Kanal, Schleuse und Lotsen verwendet.

230 Blöcher, M., Busch, L. und Hornung, P., Ermittlungen gegen Reeder-Schrottschiffe in Südasien, NDR und SZ, 24.05.2022.

231 Ein Feederschiff (englisch feeder vessel oder feeder ship) ist ein Zulieferer und Verteiler für große Seeschiffe, speziell für Container- oder Autotransporter.

wenige Wochen später in Südasien verschrottet werden sollte. Schrottschiffe aber sind dem Gesetz nach gefährlicher Abfall – und der darf nicht einfach aus der Europäischen Union exportiert werden.

Wie der Fall „Westerhamm" ausging, war bei Drucklegung nicht bekannt. Der Fall wird jedoch unabhängig von seinem Ausgang weite Auswirkungen haben. In den Jahren 2016/2017 beispielsweise endeten fast 150 Schiffe deutscher Reeder an den Stränden Südasiens. Welches Ausmaß die deutschen Schrottexporte allein nach Alang hatten, zeigt ein Satellitenbild vom März 2017. Darauf sieht man neben der bereits zur Hälfte zerlegten „Westerhamm" weitere 97 Schrottschiffe. Ein Viertel davon war zuvor in deutscher Hand – und zumindest bei einigen davon gehen Ermittler der Frage nach, ob sie illegal dorthin kamen.

Abb. 7-82: Aliağa Abwrack"werft" – die Boudicca (2021), ein Kreuzfahrtschiff der Reederei Fred. Olsen Cruise Lines, in der Zerlegung. Quelle: Fed Olsen Cruise Lines

Abb. 7-83: Das mittlerweile in Indien zerlegte Container-Feederschiff „Westerhamm" mit Heimathafen Rendsburg im Jahr 2012. Bildquelle: M.R. Thom

Die Frage, ob ein Schiffsrecycling in Deutschland möglich wäre, ist in Diskussion. Die Studie des Leibniz-Zentrums für Marine Tropenforschung in Bremen hat ermittelt, dass sich die weltweite Schrottmenge aus Schiffstahl bis 2033 vervierfachen wird. Bisher gibt es jin Deutschland jedoch nur das Start-up LEVIATHAN, das Schiffsrecycling betreibt. Das liegt einerseits an den Preisangeboten: „Für eine t Schiffsgewicht bekommt man in Südasien 450 bis 500 €, in Europa dagegen nur 100 bis 150 €", andererseits an regulatorischen Hürden und den Lücken im Bundesimmissionsschutzgesetz, das den Begriff Recycling nicht kennt.[232]

7.11.4 Industrieanlagen

Wie immer im vorliegenden Text, sind zunächst die Begriffe zu klären. Die Demontage dient dem weitgehend zerstörungsfreien Rückbau von Anlagen und Bauwerken. Dabei wird die Anlage bzw. das Bauwerk zunächst in bewegbare Teile zergliedert. Die Teile werden von der Abbruchbaustelle abtransportiert und anschließend an anderem Ort oder für andere Zwecke wiederverwendet. Oder sie werden insgesamt oder anteilig entsorgt. Abriss, Abbruch oder Rückbau bezeichnen bzw. bedeuten dagegen das komplette oder teilweise Zerstören und die nachfolgende vollständige Entsorgung von Anlagen und Bauwerken aller Art.

Eine Industriedemontage kann die verschiedensten Gründe haben. Modernisierung und Ersatz, Verlagerung der Produktion in ein anderes Land oder an einen anderen Ort und Aufgabe eines Produktionszweiges sind wohl die häufigsten Gründe. Es kann natürlich auch die Schließung oder der Verkauf einer Firma sein, die zu Demontagen führt.

Am Anfang stehen dabei immer die Fragen:

- Weiterverwendung in toto?
- Weiterverwendung in Teilen?
- Verschrottung?[233]

Eine spezielle Bedeutung erhielt die Industriedemontage nach dem 2. Weltkrieg. Der Begriff Demontage meinte seinerzeit den Abbau und Abtransport von Produktionsmitteln (z. B. Industrieanlagen) oder anderen ortsgebundenen Anlagen (z. B. Eisenbahnoberbau- oder Fahrleitungsmaterial) durch die Kriegsparteien im besetzten Gebiet Deutschlands.

Sie galten einerseits als Entschädigung für die im Krieg erlittenen Verluste und sollten andererseits zur geplanten Deindustrialisierung Deutschlands beitragen.[234] Da die demontierten Anlagen an anderer Stelle, z. B. in Russland, wieder aufgebaut und in Betrieb genommen wurden, ist dies ein Beispiel für „Wiederverwendung in toto".

Ein weiteres, hier allerdings ziviles Beispiel dieser Art von Demontage ist die Stilllegung und der Verkauf des Stahlwerks Westfalenhütte in Dortmund durch den neuen Eigner Thyssenkrupp im Jahre 2001. Bis zu 1 000 Mitarbeiter des chinesischen Stahlunternehmens Shagang waren in Deutschland über mehrere Monate als Demontagespezialisten zu Gast. Sie zerlegten das ganze Stahlwerk inklusive Hochöfen, Walzwerk und Sinteranlage und

232 Zitiert aus Heumer, W, Die letzte Fahrt, in: vdi nachrichten vom 17. November 2023.

233 In Anlehnung an: Abbau und Verkauf von Industrieanlagen, Industrie-Journal, 20. Februar 2021.

234 Die Demontagen liefen nach etwa 2 Jahren praktisch aus – der Marshallplan kehrte in den Westzonen die Stoßrichtung der alliierten Wirtschaftspolitik wieder um.

produzierten dabei Millionen Einzelteile, die anschließend, 9 000 Kilometer entfernt, im chinesischen Zhangjiagang wieder zusammengesetzt wurden. Für die insgesamt 250 000 Tonnen Stahl werden das am Ende über 6 000 LKW-Fahrten gewesen sein, die für den Weitertransport per Schiff durchzuführen waren.[235]

Eine Wiederverwendung in Teilen erfahren größere Objekte häufig dadurch, dass zwar der komplette Maschinenpark vollständig ausgeräumt und verschrottet wird, die wertvollen Gebäude jedoch saniert und neuer Verwendung zugeführt werden. Oft sind es Start-ups, die hier einziehen, häufig ist auch die Verwendung als Veranstaltungsgebäude unter den Rubrum Industriekultur, s. das Beispiel in Abb. 7-84, wo noch Teile der alten Technik sichtbar sind.

Abb. 7-84: Kulturfabrik Kesselhaus Trossingen – Eventlocation; Quelle: eventlokale.com, Optimize AG, Zürich

Häufig werden ganze Ensembles in musealer Verwendung erhalten. Ein bekanntes Beispiel ist hier die Zeche Zollverein in Essen, die inzwischen den Status eines Weltkulturerbes hat, s. Abb. 7-85. Gelegentlich finden sich auch Industriedenkmale mit vollständig erhaltener Inneneinrichtung, wie z. B. das Textilmuseum Tuchfabrik Müller im rheinischen Euskirchen-Kuchenheim, das heute ein Museumsstandort des Rheinischen Landschaftsverbandes ist. Das Museum besteht aus einer vollständig erhaltenen Fabrik für Volltuche. Der Maschinenpark aus dem frühen 20. Jahrhundert kann zur Veranschaulichung für die Besucher in Teilen noch in Betrieb gesetzt werden.

235 DW-radio / Wiso (Hg): Eger, B., Eine Westfalenhütte für China, 2001.

Abb. 7-85: Zeche Zollverein in Essen, Weltkulturerbe seit 2001; Quelle: Stadt Essen

Die Mode, alte Industriebauten zu Museen umzufunktionieren und das Ganze als Industriekultur zu feiern, ist inzwischen im Strukturwandel z. B. des Ruhrgebiets zur verbreiteten Praxis geworden, die den Geist der Vergangenheit atmet und gelegentlich sogar die Neuansiedlung von Gewerbe verhindert. Das Ruhrgebiet ist so leider insgesamt auf dem Weg zu einem Museum.

Für den Übergang zur Verschrottung gibt es eine Lösung, die eigentlich ein Zwischenschritt ist: Nichts tun, die Anlage stilllegen und sich selbst überlassen, was auf Verrottung und natürliche Verwitterung hinausläuft. Das ist grundsätzlich auch in Deutschland möglich. Ist man Eigentümer eines Hauses, das man weder bewohnen noch vermieten oder anderweitig nutzen will, so kann man das tun. Niemand hat das Recht, den Eigentümer dazu zu zwingen, das Eigentum zu nutzen bzw. zur Nutzung zur Verfügung stellen.[236] Recht ist allerdings dann zu beachten, wenn es um die Rechte von Nachbarn oder der Allgemeinheit geht und z. B. eine Gefährdungssituation entsteht.

Eine sehr typische und weltweit bekannte Ansammlung solcher sich selbst überlassener Objekte ist der Rust Belt („Rostgürtel") im Nordosten der USA. Der Begriff stammt vom Ende der 1970er Jahre und wurde in den USA an populär.

- Der Rust Belt meint die geographische Region vom Bundesstaat New York bis zum Mittleren Westen, die einst industrieller Schwerpunkt der USA war.
- Die Region erhielt den Namen Rust Belt in den späten 1970er Jahren, nachdem ein starker wirtschaftlicher Rückgang zu verlassenen Fabriken geführt hatte. Die ungenutzten Hallen und Fertigungsstätten rosteten dann schlicht vor sich hin, da sich ihrer niemand annahm – daher „Rust Belt".

236 Seit einiger Zeit wird in Deutschland vor dem Hintergrund der innerstädtischen Wohnungsnot diskutiert, ob eine Kommune einen Eigentümer zwingen kann, ein brach liegendes Grundstück zu bebauen. Eine selche Pflicht könnte in das neue Gesetz zur Mobilisierung von Bauland (Baulandmobilisierungsgesetz) aufgenommen werden.

- Die Region war einst als Manufacturing Belt der USA zwischen 1830 und 1880 entstanden und ist weit in die 1970er Jahre hinein mit den dort angesiedelten Kohlekraftwerken, der Stahlproduktion sowie Werken der Automobil-, Autoteile- und Waffenindustrie ein großer Arbeitgeber gewesen.

Abb. 7-86: Verlassene Fertigungshallen dämmern vor sich hin; Quelle: USA-Info.net

Die meisten Untersuchungen deuten darauf hin, dass die Produktion in den späten 1970er Jahren ins Stocken geriet. Mächtige Gewerkschaften in der Automobil- und Stahlindustrie sorgten dafür, dass der Arbeitswettbewerb auf ein Minimum beschränkt blieb. Infolgedessen hatten viele der etablierten Unternehmen nur sehr wenige Anreize für Innovationen oder Produktivitätssteigerungen. Dies hatte Rückwirkungen auf die Region: Die Vereinigten Staaten entdeckten den Überseehandel zu Lasten der heimischen Produktion und verlagerten die Produktion in den Süden, z. T. auch ins Ausland. Heute sieht es im Rust Belt so aus, wie es Abb. 7-86 beispielhaft illustriert.

Die dritte und radikalste Variante, die Verschrottung, erfolgt in den Schritten: Abbau, Zerlegen, Sortieren nach Materialien und Zuführung in die materialbezogenen Verwertungswege, die in den Kap. 7.1 bis 7.10 beschrieben wurden.

7.11.5 Infrastruktur

Zur Infrastruktur zählen alle der öffentlichen wie privaten Versorgung dienenden Einrichtungen, z. B. Kraftwerke, Strom-, Gas- und Datennetze, Wasserver- und -entsorgung, Einrichtungen des Schienenverkehrs, Straßen, MVAn etc. Einiges aus diesem Themenkreis wurde bereits abgehandelt, z. B. die Wasserentsorgung in Kap. 6.1, das Recycling im Straßenbau, s. Kap. 7.9, Baustoffe.

Auch der Versorgung dienende Einrichtungen müssen erneuert, um- oder abgebaut werden. Was gegenwärtig besonders aktuell ist: Die Investitionen in die öffentliche Infrastruktur sind über viele Jahre vernachlässigt worden – die „Schwarze Null" der Haushalte war zum Fetisch geworden.

7.11.5.1 Kohlekraftwerke

In der Umsetzung des Klimaschutzprogramms der Bundesregierung ist die Stilllegung von Stein- und Braunkohlekraftwerken ein wesentlicher Bestandteil. Stilllegungen sind im Regelfall Sache des Betreibers, der hierfür auch die Kosten aufbringen muss, für die er in den Jahresbilanzen Rücklagen zu bilden hat. Die Stilllegung von Kraftwerken ist jedoch gesetzlich erzwungen[237], sodass hier Ansprüche der Betreiber gegen die Bundesrepublik Deutschland entstehen. Betreiber erhalten z. B. für einen vorzeitigen Ausstieg einen sognannten Steinkohlezuschlag, der auf dem Wege öffentlicher Ausschreibungen ermittelt wird. Abb. 7-87 zeigt die Empfänger einer solchen Ausschreibungsrunde.

7.11.5.2 Kernkraftwerke

Die ersten Kernkraftwerke in Deutschland wurden gebaut, ohne an eine spätere Stilllegung zu denken. Die ersten Erfahrungen zum Rückbau sammelte man mit dem AKW Niederaichbach in Bayern, das 1973 in Betrieb ging und wegen technischer Probleme schon 1974 wieder stillgelegt werden musste. Hier lernte man die Aufwändigkeit des Prozesses kennen, der dann insgesamt 20 Jahre in Anspruch nahm.

Lubmin, einst größtes Kernkraftwerk der DDR, wurde das zweite große Lehrstück. Es war 2016 und damit 16 Jahre nach der Stilllegung 1990 und dem Rückbaubeginn 1995 das größte kerntechnische Bauprojekt in Deutschland. In den nächsten Jahren steht nun nach dem endgültigen Aus der Kernkraftwerke am 15. April 2023 der Rückbau aller westdeutschen Atomkraftwerke an, soweit sie nicht schon zurückgebaut sind – und das waren im Jahr 2023 nur drei.[238]

Für den Rückbau selbst sind zunächst einige Schritte nötig, ehe das hoch radioaktive Material in die Zwischenlagerung und später die Endlagerung verbracht werden kann. Wenn ein Kernkraftwerk heruntergefahren worden ist, werden zunächst die nicht radioaktiven Kühltürme gesprengt und als Bauschutt beseitigt. Dann erst beginnt die eigentliche Arbeit. Erst werden die Brennelemente entfernt, in ein Nasslagerbecken umgesetzt und dort gekühlt. Wegen der Nachzerfallswärme beansprucht das Kühlen einige Zeit. Dann werden die erkalteten Brennelemente für zwei bis drei Jahre im Trockenbecken gelagert.

237 Durch das Gesetz zum Kohleausstieg.

238 Mitteilung des Bundesumweltmnisteriums vom 14. April 2023.

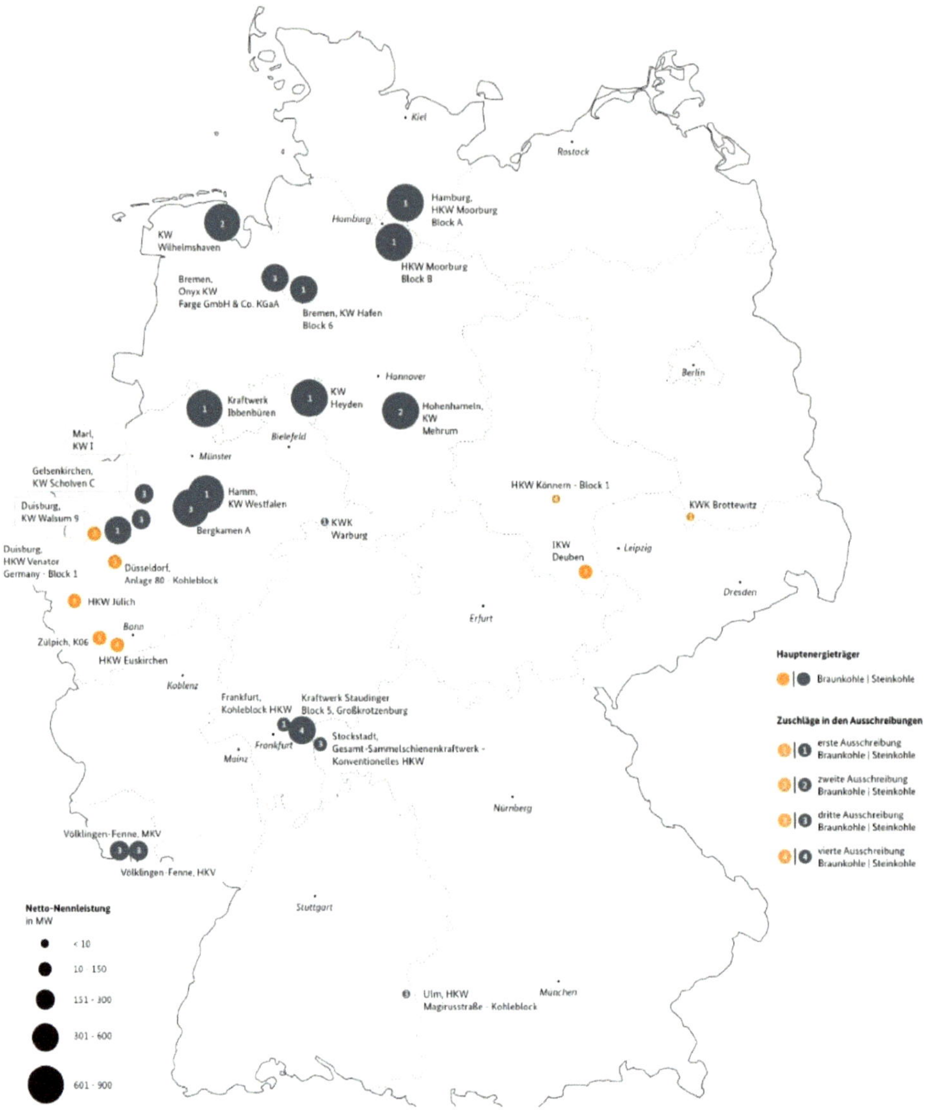

Abb. 7-87: Sogenannte „Bezuschlagte Anlagen" der Ausschreibungen zur Reduzierung der Kohleverstromung, Stand 12/2021; Quelle: Bundesnetzagentur

Die weiteren Rückbauschritte richten sich nach dem Bautyp. Bei den Druckwasserreaktoren, deren Rückbauschritte Abb. 7-88 im Zusammenhang zeigt, werden als erstes die Elemente des Primärkreises zur Dekontamination mit Säure freigespült. Der Rückbau des Primärkreises mit Reaktordruckbehälter und Dampferzeuger ist am aufwändigsten. Die äußere Schale besteht aus Stahl von etwa 15 cm Dicke, der als erstes zerschnitten werden muss. Aus Gründen der Sicherheit wird dies von einem fernbedienbare Manipulator-System übernommen. Als nächstes wird der der Dampferzeuger zerlegt. Die zerschnittenen

Teile werden in MOSAIK®-Behälter aus Gusseisen mit Kugelgraphit verbracht, die als Sonderentwicklung für Transport und Lagerung von Kernbauteilen konstruiert wurden.[239] Der äußere sogenannte Biologische Schild besteht aus Stahlbeton, dessen Stahl ebenfalls kontaminiert sein kann, sodass er die gleiche Behandlung erfährt. Der Großteil der Tragstruktur des Kernkraftwerks, die ebenfalls aus Beton besteht, kann allerdings durch Abfräsen der Oberflächen dekontaminiert werden.

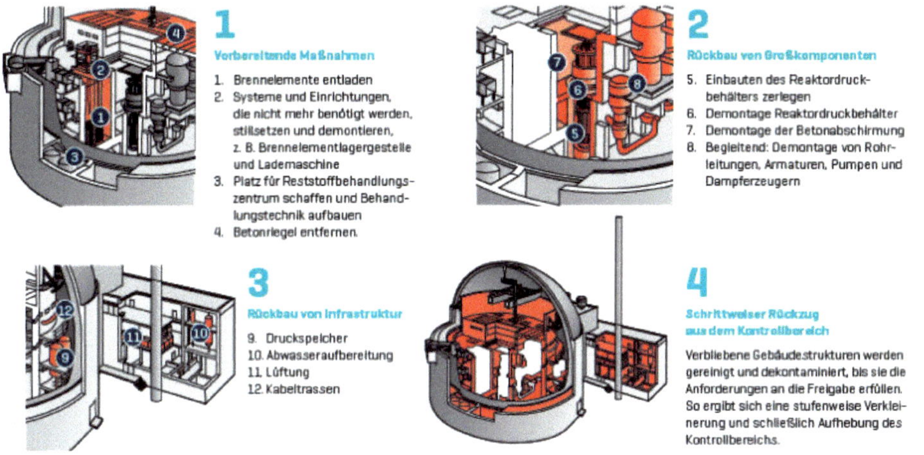

Abb. 7-88: Rückbauschritte Druckwasserreaktor, Beispiel AKW Unterweser; Quelle: PreußenElektra, Jahrebericht 2019

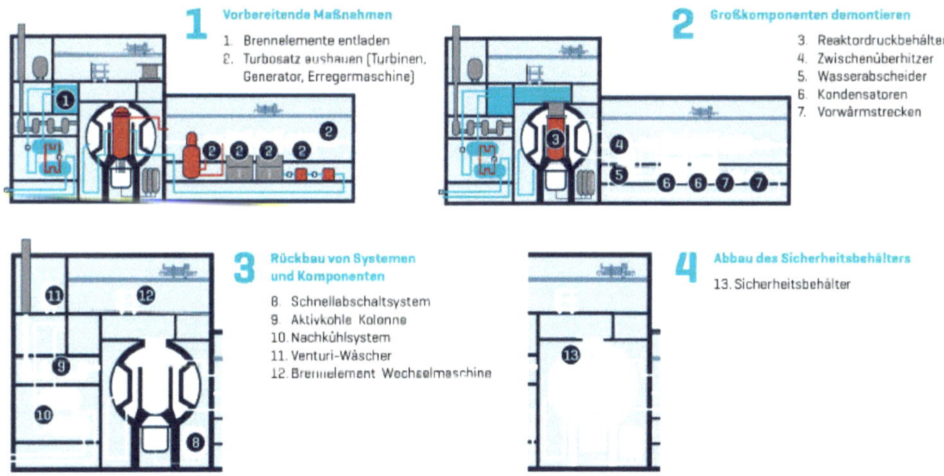

Abb. 7-89: Rückbauschritte Siedewasserreaktor, Beispiel AKW Isar 1; Quelle: PreußenElektra; Jahresbericht 2019

239 MOSAIK ist eine geschützte Bauform, entwickelt von der GNS Gesellschaft für Nuklear-Service mbH, Essen.

Konstruktionsbedingt sehen die Arbeitsschritte bei einem Siedewasserreaktor etwas anders aus, s. Abb. 7-89.

Für die Arbeiten werden am Markt nicht verfügbare Spezialwerkzeuge benötigt, die oft eine Neuentwicklung nötig machten. So entstand eine große Fräse, mit der Beton und Stahl gemeinsam abgeschliffen werden können, aus einer Kooperation mit dem Tunnelbauer Herrenknecht. Bisher waren das getrennte Arbeitsgänge für Beton und Stahl, die zudem oft händischer Arbeit bedurften, was sich bei einer Dekontaminierung von bis zu 150 000 Quadratmetern als sehr aufwändig darstellte.

Als eines von nur wenigen Unternehmen weltweit spezialisiert, entwickelte die Firma Wälischmiller in Markdorf / Bodensee fernbediente Greifarme, die Manipulatoren. Da radioaktive Strahlung das Öl zersetzt, müssen die Greifarme ohne die übliche Ölhydraulik arbeiten. Im Ergebnis kann die Bedienung jetzt aus bis zu 150 m Entfernung erfolgen. Viele Arbeiten während des Rückbaus lassen sich nur mit Abstand durchfuhren, sodass Fernsteuerung eine wichtige Hilfe, wenn nicht sogar Voraussetzung ist. Strahlung ist beim Rückbau immer ein Risiko, auch wenn die Brennelemente entfernt sind. Generell nimmt die Strahlung mit der Nähe zum Reaktorraum zu.[240]

Die radioaktiv kontaminierten Abfälle werden zwischengelagert. Die Zwischenlager befinden sich meist direkt an den Standorten der AKW. Für schwach- und mittelradioaktive Abfälle wurde bereits eine dauerhafte Endlösung gefunden. Hierfür gibt es als Endlager das ehemalige Eisenerzbergwerk „Schacht Konrad" bei Salzgitter. Das Oberverwaltungsgericht Lüneburg hat im März 2006 die Klagen hiergegen abgewiesen, die von Kommunen und Anwohnern auf den Weg gebracht worden waren und eine Revision zum Bundesverwaltungsgericht nicht zugelassen. Damit ist das Urteil rechtskräftig, sodass im Jahr 2010 mit dem Umbau des Schachtes Konrad begonnen werden konnte.

Der hoch radioaktive Anteil wird in ein sogenanntes Endlager überführt, besser: soll überführt werden. Denn die Risiken und Kosten einer sicheren Endlagerung der abgebrannten Kernbrennstoffe und des hoch radioaktiven Abfalls sind noch nicht endgültig abschätzbar Die Suche nach einem sicheren Endlager in Deutschland ist noch nicht abgeschlossen und Gegenstand eines langwierigen politischen Gezerres – kein Bundesland will es auf seinem Boden haben. Ziel für die Standortfindung war ursprünglich das Jahr 2031 gewesen, für die Eröffnung selbst das Jahr 2050. Inzwischen hält es die Bundesgesellschaft für Endlagerung (BGE) jedoch für möglich, dass die Standortfestlegung (nicht der Baubeginn!) für das Endlager erst nach 2046 (!) erfolgen kann.

Als temporäre Lösung dienen die Zwischenlager, nachdem Transporte zur Wiederaufbereitung im Ausland auf deutschem Gebiet nicht mehr stattfinden dürfen. Solche Zwischenlager existieren mittlerweile bei den meisten AKW-Standorten.

Bestrahlte Kernbrennstoffe aus Atomkraftwerken und Forschungsreaktoren, aber auch hochradioaktive Abfälle aus der Wiederaufarbeitung lagern so in Deutschland in den insgesamt 16 Zwischenlagern. Die Aufbewahrung der hochradioaktiven Abfälle erfolgt als Schutz von Mensch und Umgebung in den bekannten CASTOREN, die zugleich Transport- und Lagerbehälter sind. Sie stehen in eigens dafür konzipierten Stahlbeton-Lagerhallen. Eine Dauerlösung ist das naturgemäß nicht – schließlich handelt es sich

240 Info Seefeldt, H., M. Sc., VDI-Gesellschaft Energie und Umwelt.

um eine temporäre Zwischenlösung bis zur Einlagerung in einem noch unbekannte Endlager. Fast alle deutschen Zwischenlager werden seit 2020 von einer privat organisierten Gesellschaft betrieben, der BGZ Gesellschaft für Zwischenlagerung mbH mit Sitz in Essen. Es gibt drei Ausnahmen: das Zwischenlager Nord bei Lubmin mit dem Betreiber EWN Entsorgungswerk für Nuklearanlagen GmbH, das Zwischenlager Brunsbüttel mit dem Betreiber Kernkraftwerk Brunsbüttel GmbH & Co. oHG und das Zwischenlager Jülich mit dem Betreiber Jülicher Entsorgungsgesellschaft für Nuklearanlagen mbH. Im Letzteren sind auch die Brennelemente aus dem nur kurzzeitig betriebenen THTR in Hamm gelagert.[241] Sein Inneres zeigt Abb. 7-90.

Zwischenlager sind auf 40 Jahre genehmigt. Die Genehmigung für das älteste unter ihnen, Gorleben, läuft 2034 aus. Angesichts der Dauer der Verfahren – die Betreiber rechnen mit 8 Jahren (!) – muss bald entschieden werden, wie es dann weitergeht. Da keine technischen Risiken bekannt sind, ist eine Verlängerung der Genehmigungen wahrscheinlich.[242]

Abb. 7-90: Behälterlager für Kernbrennstoffe in Jülich; Quelle: Wirtschaft NRW

Der gesamte Komplex der verbrauchten Kernbrennstoffe ist international ein Problem. Aber vielleicht gibt es hier künftig eine Lösung. An der Universität Liverpool wurde das Projekt iMAGINE ins Leben gerufen, das sein Gründer B. Merk so formuliert: „Wir lösen alte Brennstäbe in einem Salz auf und geben die Masse in den (Flüssigsalz)Reaktor, wo sie erneut gespalten wird, dabei entsteht wiederum Wärme." Wäre die Technik in 15 Jahren

241 Bundesamt für Sicherheit der nuklearen Entsorgung.
242 vdi nachrichten, Nr. 9, 2024, Fokus Zwischenlagerung.

ausgereift, müsste nur noch ein kleiner Bruchteil des angefallenen atomaren Restmaterials endgelagert werden.[243]

Die Bilanz des Rückbaus wird am Ende so aussehen:

- Ca. 97 % der Rückbaumassen werden in den Wertstoffkreislauf rückgeführt,
- Ca. 1 % der Rückbaumassen werden freigemessen und entsorgt,
- Ca. 2 % der Rückbaumassen sind schwach- und mittelradioaktiver Abfall.

Die Brennstäbe als hoch radioaktiver Abfall sind in dieser Aufstellung allerdings nicht berücksichtigt.[244]

7.12 Sondermüll

Gefährliche Abfälle, synonym auch Sonderabfall, sind Abfallstoffe mit standardisiertem Gefährlichkeitspotential, die speziell eine Gefahr für die Gesundheit oder die Umwelt darstellen. Konkret wird das in der europaweiten Abfallverzeichnis-Verordnung (AVV, jetzt EAV) definiert, in der über 400 Abfallarten aufgeführt sind, die als Sondermüll entsorgt werden müssen.

Typische Sonderabfälle sind:

- „Altfarben, Altlacke,
- Lösungsmittel,
- Pflanzen- und Holzschutzmittel,
- Chemikalien und Reagenzien,
- Reinigungsmittel,
- Säuren und Laugen,
- Fotochemikalien,
- Altöle, Heizöle, Emulsionen,
- Spraydosen, PU-Schaumdosen,
- Harze und Klebemittel, auch deren reaktive Einzelkomponenten,
- Batterien, Akkus (Autobatterien, Ni-Cd-Akkus etc.),
- Quecksilber (Thermometer, Kippschalter etc.),
- Leuchtstofflampen (auch Sammelsysteme für Großmengen)."[245]

Ersichtlich gehören auch Batterien und Akkumulatoren zu diesem Katalog. Wegen der zahlreichen Besonderheiten und ihres ökonomischen Stellenwertes wurde ihnen oben bereits ein separates Kapitel gewidmet, s. Kap. 7.7.

Sondermüll ist mit gefährlichen Eigenschaften verbunden – einer oder mehreren. Dazu zählen z. B.: Brennbarkeit, Explosionsneigung, Belastung mit Krankheitskeimen, Gefahr für Luft oder Böden. Aufgrund dieser umweltschädigenden Eigenschaften darf Sondermüll keinesfalls im normalen Hausmüll entsorgt werden.

---

243 Zitiert aus Merk, B. / Scheller, P., Die beschwiegene Zukunftsenergie, Z. Junge Freiheit Nr. 16 vom 14. April 2023.

244 Nach PreußenElektra, Jahresbericht 2019.

245 Zitiert aus Startseite Kremer GmbH, Köthen. https://www.containerdienst-kremer.de/

Abb. 7-91: Schadstoffhaltige Produkte erkennt man an Gefahrsymbolen: Alte Kennzeichnung (oben) und neue Kennzeichnung (unten). Quelle: GFA

Für Sondermüll gelten besondere Transportvorgaben mit spezieller Kennzeichnung wie einem Totenkopf oder einem toten Baum, s. Abb. 7-91. Ist zum Beispiel bei Verpackungsmüll eins der orangenen Warnsymbole zu erkennen, so ist die Einordnung als Sondermüll zwingend. Empfohlen wird, Ware und Verpackung genau zu inspizieren, die oft Hinweise für die korrekte Entsorgung abgeben. Vorgeschrieben sind die Angaben:

- Beschriftung „Sonderabfälle“ bzw. „Déchets spéciaux“ oder „Rifiuti speciali“,
- Abfallcode oder Bezeichnung der Abfälle nach dem Abfallverzeichnis,
- Nummer des Begleitscheins.

Für die Sortierung gelten wegen der Unterschiedlichkeit der Stoffarten keine allgemeingültigen Regeln. In jedem Fall müssen Sonderabfälle nach Stoffarten getrennt und in geeigneten Behältern gesammelt und fachgerecht entsorgt werden. Behälter aller Größen und für alle Stoffe werden üblicherweise von den Entsorgern zur Verfügung gestellt.

Für die Lagerung dagegen gibt es spezifische Vorgaben. Sonderabfall muss verschlossen und für Kinder unzugänglich gelagert werden. Die Behälter müssen dicht und nicht für Lebens-, Futter- oder Heilmittel bestimmt sein, da hier Verwechslungsgefahr besteht. Unterschiedliche Giftabfälle dürfen nie gemischt werden, denn sie könnten miteinander reagieren und es könnte zu Explosionen oder zur Freisetzung von Giftstoffen kommen. Ein Mischen kann die sichere Entsorgung der Abfälle erschweren, deshalb müssen bestimmte Stoffe strikt voneinander getrennt bleiben, zum Beispiel:

- Säuren,
- Laugen,
- Brennbare Lösemittel,
- chlorierte Lösemittel,
- Photofixier- und Entwicklungsbäder (so sie noch in Gebrauch sind).

Sonderabfall baut sich nur sehr langsam ab. Deshalb ist die Entsorgung aufwändig und teuer. Der Giftabfall wird entweder in Sonderabfallverbrennungsanlagen verbrannt (s.

Abb. 6-26) oder auf Sonderabfalldeponien endgelagert. Die Verbrennung erfolgt bei deutlich höheren Temperaturen als bei normalem Abfall. Sondermülldeponien sind speziell abgedichtet, um den Übertritt von Schadstoffen in Boden oder Luft zu vermeiden. Trotzdem kann man nie ganz vollständig vermeiden, dass solche Schadstoffe in die Umwelt gelangen. Für besonders langlebige oder wasserlösliche Stoffe ist eine unterirdische Lagerung notwendig. Das ist z. B. im stillgelegten Schacht Herfa-Neurode in Osthessen realisiert, wo hochgiftige Industrieabfälle mit insgesamt rund 2,7 Mio. t. aus Europa und den USA gelagert sind. Darunter befinden sich in Fässern Arsen, Erde mit Quecksilberbelastung, Aluminium-Filterstäube etc.

Einzelne Sonderabfälle (wie etwa Öle) können aufbereitet und wiederverwendet werden. Leuchtstoffröhren z. B. enthalten neben Metallen seltene Erden und weitere Stoffe, die recycelt werden können. Man kann eine Trennung in eine magnetisierbare Fraktion, eine Nichteisenmetallfraktion, eine Glas- und eine Kunststofffraktion erreichen. Dafür sind jedoch verschiedene aufeinanderfolgende Vorgänge nötig. Am Ende erreicht man hohe Wiedergewinnungsraten bei gleichzeitig hohem Reinheitsgrad, allerdings mit erheblichem Aufwand.[246]

Rechtlich unterlieg Sondermüll internationaler und nationaler Gesetzgebung. Neben der schon zitierten Abfallrahmenrichtlinie der EU, dem Kreislaufwirtschaftsgesetz (KrWG) und der Abfallverzeichnis-Verordnung sind die wichtigsten:

- Basel-Übereinkommen: Ein internationales Abkommen, das 1989 abgeschlossen wurde, um grenzüberschreitende Transporte gefährlicher Abfälle zu regulieren und den umweltgerechten Umgang mit solchen Abfällen zu fördern.
- Die: Nachweisverordnung: Sie ergänzt das KrWG und regelt u. a. den Nachweis der ordnungsgemäßen Entsorgung und die Registrierungspflichten für die mitwirkenden Personen. Die Verordnung enthält dazu Definitionen für die Einstufung von Abfällen als gefährlich oder nicht gefährlich, was für die Entscheidung, ob ein konkreter Abfall als Sondermüll zu behandeln ist, nicht unwichtig ist.

7.13 Abfallhandel

Der in Kap. 7.11.3 angesprochene Fall „Westerhamm“ leitet über zu einem viel größeren und komplexeren Thema, dem Abfallhandel schlechthin. Wichtig ist zunächst, die Hintergründe zu verstehen. Sie sind letztlich ökonomischer Natur, die sich am besten so zusammenfassen lassen:

- Abfall ist ein sekundärer Rohstoff, was schon 1980 in der DDR erkannt war und zur Gründung des Kombinats SERO geführt hatte.[247]
- Abfall ist eine Ware, die national, international und grenzüberschreitend gehandelt wird, und zwar sowohl legal als auch illegal. Die Aufkäufer zahlen an deutsche Firmen, weil sie an der Gewinnung der enthaltenen Rohstoffe interessiert sind.

246 IFE-Aufbereitungstechnik, Waidhofen an der Ybbs, Österreich.
247 Verordnung zur umfassenden Nutzung von Sekundärrohstoffen (1980).

- Die Abfallwirtschaft ist ein weltweites Geschäft und erbringt nach Schätzungen eines Branchenreports in Deutschland einen Umsatz von mehr als 40 Mia. € jährlich.
- Entsorgungsleistungen im Ausland sind günstiger als im deutschen Inland.

WKIA **ANNAHMEKONDITIONEN**
Stand **01.02.2023**

	INDUSTRIEBALLEN über 350kg mit Draht umreift		**KLEINE BALLEN** unter 350kg mit Band oder Draht umreift		
	ab **20 Tonnen**	ab **10 Tonnen**	ab **10 Tonnen**	ab **5 Tonnen**	ab **2 Tonnen**
Rohstoffart **Papiersorten**	WKIA **VERGÜTUNG**				
Wellpappe II W52 - 4.03	+ 52,63 € je t	+ 40,63 € je t	+ 30,63 € je t	+ 20,63 € je t	+ 20,63 € je t
Kaufhausaltpapier B19 - 1.04	+ 42,95 € je t	+ 32,95 € je t	+ 22,95 € je t	+ 12,95 € je t	+ 12,95 € je t
Rohstoffart **Foliensorten**	WKIA **VERGÜTUNG**				
LDPE-Folie 98/02	+ 300,00 € je t	+ 250,00 € je t	+ 220,00 € je t	+ 180,00 € je t	+ 180,00 € je t
LDPE-Folie 95/05	+ 220,00 € je t	+ 180,00 € je t	+ 150,00 € je t	+ 130,00 € je t	+ 130,00 € je t
LDPE-Folie 90/10	+ 180,00 € je t	+140,00 € je t	+ 120,00 € je t	+ 100,00 € je t	+ 100,00 € je t
LDPE-Folie 80/20	+ 100,00 € je t	+ 80,00 € je t	+ 60,00 € je t	+50,00 € je t	+50,00 € je t
LDPE-Folie bunt	+ 60,00 € je t	+ 40,00 € je t	+ 20,00 € je t	+ 10,00 € je t	+ 10,00 € je t

KOSTENLOSE ABHOLUNG DEUTSCHLANDWEIT AB 5 TONNEN!

Abb. 7-92: Aufkaufpreise für Papier und Folien, Stand Febr. 2023; Quelle: wirkaufenihrenabfall.de, Pforzheim

Welche Preise für Abfälle gezahlt werden, lässt sich so zusammenfassen:[248]

- Für in Haushalten gesammeltes, gemischtes Altpapier erhält man 70 bis 90 €/t, für unbedruckte Papierabfälle, beispielsweise aus einer Druckerei, dagegen erheblich mehr. Für sortiertes Altglas kann man 80 bis 90 €/t erlösen.
- Bei Kunststoffen gibt es sehr unterschiedliche „Fraktionen" mit stark differierenden Preisen. Für eine Tonne sortenreine PE-Folie aus Produktionsabfällen bekommt man zwischen 10 €/t für farbige und bis zu 255 €/t für transparente Folien.
- Bei Altholz ist nur das unbehandelte Material verkaufbar, z, B. als Hackschnitzel mit etwa 20 bis 30 €/t. Bei behandeltem oder kontaminiertem Holz kehrt sich der Weg des Geldes um: hier muss man für die Entsorgung zahlen, sogar bis zu 65 €/t.
- Stahlschrott wiederum bringt mit mehr als 200 €/t dagegen gutes Geld, deutlich weniger, aber immer noch mehr als 100 €/t, werden für Geräte wie alte Kühlschränke, Fernsehe oder Bildschirme erlöst.
- Restmüll, der üblicherweise in die Verbrennung geht, ist nicht verkaufbar; nach Branchenexperten verlangen die Entsorger für eine Tonne Hausmüll bei starken

248 Preise aus UWID Europäischer Wirtschaftsdienst GmbH, 2024.

regionalen Unterschieden etwa 100 bis 150 €. Das ist meist im Ausland billiger zu haben, sodass auch hier Exporte in Frage kommen.

Zwei Beispiele aus dem deutschen Markt demonstrieren weitere Einzelheiten. Das erste, Abb. 7-93, bezieht sich auf Altpapier und Alt-Folien, die frei gehandelt werden. Das anbietende Unternehmen hat sich auf Ballenanlieferung spezialisiert, für die es den Verkäufern eine Ballenpresse zur Verfügung stellt.

Das zweite Beispiel (Abb. 7-93) bezieht sich auf Schrotte, die ja schon lange ein klassisches Handelsgut sind und zunehmend nachgefragt sind. Eine Begründung ist, dass der Anteil des Stahlschrotteinsatzes bei der Stahlproduktion sich seit Anfang der 1990er Jahre auf aktuell rund 44 % erhöht hat.

SCHROTTART	EURO/KG
Mischschrott	0,23 €
Aluminium	0,96 €
Blei	1,33 €
Edelstahl	1,62 €
Hartmetall	10,00 €
Kupferschrott	6,10 €
Messingg	3,79 €
Zinn	8,31 €
Zink	1,35 €

Abb. 7-93: Schrottpreise nach Schrottarten, Stand 2023, Preise in €/kg; Quelle: schrottpreise-info.de

Abb. 7-94 schließlich gibt einen Einblick in die Entwicklung des Schrottpeises bei Eisen & Stahl. Schrottpreise sind stark marktabhängig und spiegeln Angebot und Nachfrage.

Ein wichtiger Einflussfaktor auf Schrottpreise ist vor allem die Art des Schrotts. Unterschieden wird z. B. in Zinnschrott und Elektromotoren – in beiden Kategorien gelten andere Preise. Ein wichtiges Kriterium für die Schrottpreise von ist die Qualität. In der gleichen Kategorie bringt ein gut erhaltenes Stück bessere Preise als ein Gut minderer Beschaffenheit. Stark verschmutzte Teile müssen Preisabschläge hinnehmen. Auch das Mischungsverhältnis wirkt auf den erzielbaren Preis. Je reiner, umso mehr wird gezahlt. Auch die Menge entscheidet über die Preise. Wer größere Mengen anbietet, setzt einen hohen Schrottpreis durch. Für Kleinmengen wir schlecht gezahlt.

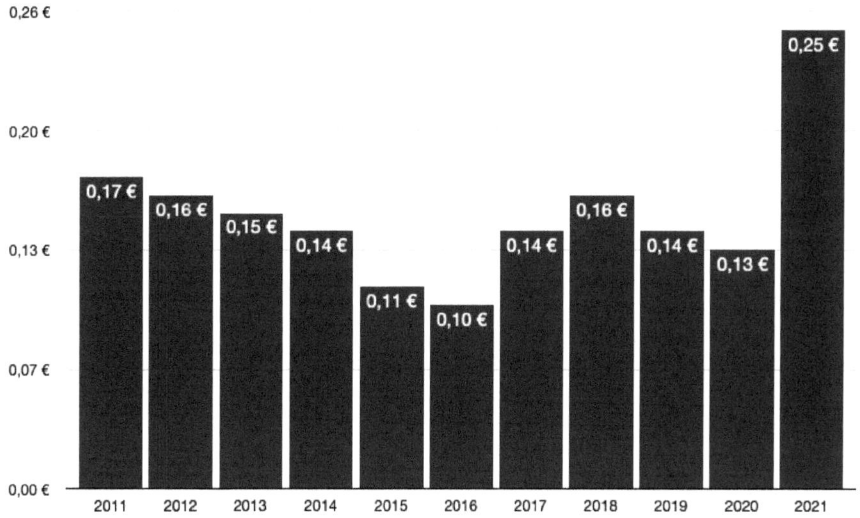

Abb. 7-94: Durchschnittlicher Preis für Eisen & Stahl (Mischschrott); Quelle: schrottpreise-info.

Da Schrott zweifellos einen Wert darstellt, hat sich neben dem professionellen gewerblichen Verkauf auch eine Grauzone entwickelte, in der z. B. kleine Straßensammler tätig sind. Auch der Diebstahl von besonders wertvollen Metallen spielt hier eine Rolle, wenn auch entgegen medialer Aufmerksamkeit nur eine mengenmäßig kleine.

Der Antrieb für den Export ist also schlicht die Ökonomie, was sowohl von den Behörden wie von der Wissenschaft klar formuliert wird: „Müll ist Geld und hat eine extrem hohe Gewinnspanne," wie Polizei-Pressesprecherin Silke Manthey erklärte.[249] Und das Wuppertal-Institut stellt lapidar fest: „Unternehmen in Asien sind bereit, mehr für unsere Abfälle zu bezahlen als ihre inländische Konkurrenz. Die Transportkosten sind vergleichsweise niedrig, dazu sind die Umweltstandards in Ländern wie Malaysia auch deutlich anders als bei uns – von daher rechnet es sich leider einfach."[250]

249 Zitiert aus Süddeutsche Zeitung im Zusammenhang mit dem sogenannten Containern, 19.05.2012.

250 Henning Wilts, Abfallexperte am Wuppertal Institut für Klima, Umwelt und Energie, in: Warum wird Plastikmüll exportiert? Stuttgarter Nachrichten vom 08. Mai 2019.

8 Klimagase

Klimagase, also die schädlichen Bestandteile der Atmosphäre, werden hier (in ihren nicht natürlichen Zuwächsen) als anthropogen erzeugt Abfälle definiert. Sie entstammen industriellen Prozessen, der Kohle-, Gas- und Ölverstromung, dem Verkehr, dem Agrarsektor und der privaten wie industriellen Wärmeerzeugung als ungewollte bzw. unvermeidbare Nebenprodukte und gehören so in den in Kap. 2 genannten Begriffsrahmen. Dass das in der Literatur bisher eher unüblich ist, ändert nichts am logischen Zwang.

Die sogenannten Klimagase haben, wie vielfach nachgewesen, über den Treibhauseffekt der Atmosphäre einen nachhaltigen Einfluss auf das Erdklima – daher auch die Bezeichnung Treibhausgase (THG). Im Ergebnis heizt sich die Erdoberfläche weiter auf, wenn der Anteil der THG ansteigt. Dass dies der Fall ist, wird hier als gegeben unterstellt. Die uns möglicherweise bevorstehende Klimakatastrophe ist längst zum öffentlichen Gegenstand geworden und muss hier nicht in Breite erneut dargestellt und diskutiert werden.[251]

Hier nur so viel: Das Kyoto-Protokoll weist als Treibhausgase Kohlendioxid (CO_2) mit 87,1 Gew %, Methan (CH_4) mit 6,5 Gew % und Lachgas (N_2O) mit 4,6. Gew % aus. Hinzu kommen fluorierte Treibhausgase (F-Gase) wie wasserstoffhaltige Fluorkohlenwasserstoffe (HFKW), perfluorierte Kohlenwasserstoffe (FKW), und Schwefelhexafluorid (SF_6) mit insgesamt weniger al 5 Gew %.[252]

Die Beiträge verschiedener Treibhausgase zum Klimawandel sind nicht aus den Gewichtsprozenten abzulesen, sondern folgen individuellen Wirkungsgraden, den sogenannten GWP (Global Warming Potentials), die zusätzlich zum Schädigungsindex auch noch den unterschiedlichen Verbleib der Gase in der Atmosphäre berücksichtigt. Die GWP sind auf Kohlendioxid normiert und geben die Klimawirkung innerhalb eines festgelegten Zeithorizonts (20, 100, 500 Jahre) an, so dass alle Emissionen in so genannten Kohlendioxid-Äquivalenten vorliegen, die dann den Zeithorizont als Parameter enthalten,

Meist wird für Vergleiche ein Zeitraum von 100 Jahren gewählt, Dann ergibt sich:

Kohlendioxid	1
Methan	25
Lachgas (N_2O)	298

Wie leicht nachzurechnen, überteigt die Wirksamkeit von Methan die von CO_2 deutlich. Dennoch konzentrieren sich alle Bemühungen i. d. R. auf den CO_2-Gehalt der Atmosphäre und dessen Reduzierung, was kaum nachvollziehbar ist.

Zu den Maßnahmen, CO_2 vom weiteren Anstieg der Konzentration abzuhalten, gehört zuvörderst der Verzicht auf weitere Emissionen oder doch deren deutliche Verringerung. Die sogenannte Netto-Null soll weltweit im Jahr 2050 erreicht sein. Das Problem ist groß, allein wegen der großen Menge der Emissionen, s. Abb. 8-1 und der nicht erreichten Minderungsziele. Experten sehen vielmehr aktuell eine schnellere Anreicherung von Kohlendioxid in der Erdatmosphäre als je zuvor. Die Konzentration klimaschädlicher

251 S. auch Erbslöh, F. D.: Der Weg zur Energiewende, Tübingen 2022.

252 Jährliche Freisetzung, Werte nach UBA, Art. Treibhausgase.

Treibhausgase in der Erdatmosphäre hat im vergangenen Jahr einen neuen Rekordstand erreicht. „Ein weiteres Jahr, ein weiterer Rekord. Dies sollte die Alarmglocken bei den Entscheidungsträgern schrillen lassen", erklärte WMO-Chefin C. Saulo mit Blick auf die bevorstehende nächste Weltklimakonferenz.[253] Und Klimaforscher M. Latif ergänzt: Die Welt hoffe noch, die Klimaziele von Paris zu erreichen. Er sehe darin eine eklatante Realitätsverweigerung. Die Lage sei schon viel schlimmer.

Deutschlands Weg zur Klimaneutralität ist im Klimaschutzgesetz vorgezeichnet, das sich auf die Minderung der CO_2-Emissionen bezieht. Nach dem Beschluss des Bundesverfassungsgerichts vom 29. April 2021 und mit Blick auf das europäische Klimaziel für das Jahr 2030 hat die Bundesregierung am 124. Juni 2021 das bisher schon bestehende Klimaschutzgesetz durch eine Novelle geändert, die dann am 31. August 2021 wirksam wurde.

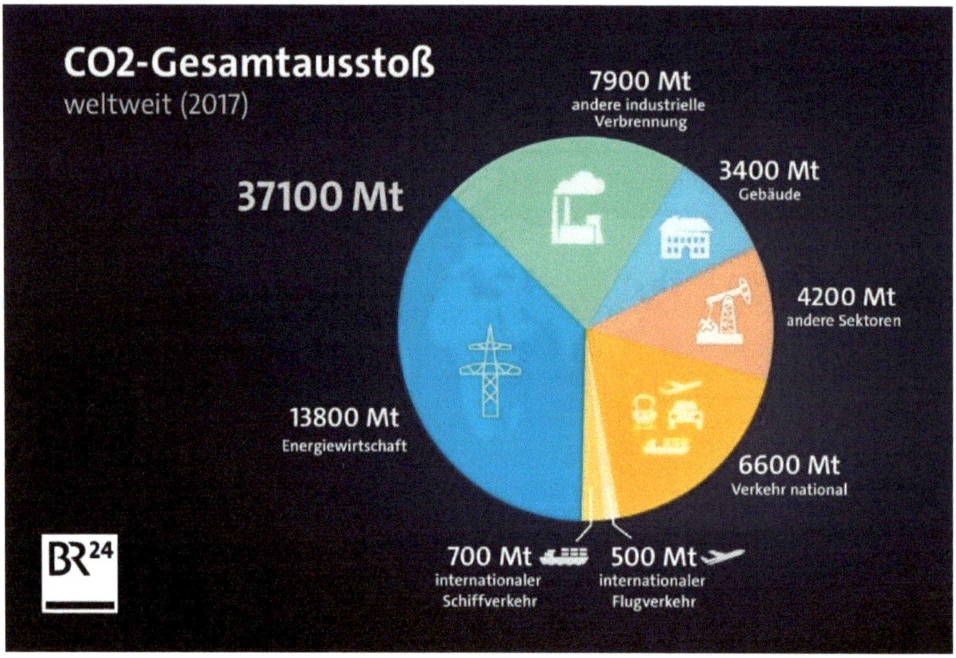

Abb. 8-1: Welt-Gesamtausstoß CO_2 im Jahr 2017, in Megatonnen. Quelle: IPC-Sachstandsbericht

Mit dem geänderten Klimaschutzgesetz werden die Zielvorgaben für weniger CO_2-Emissionen angehoben. Das Minderungsziel für 2030 steigt auf insgesamt 65 % gegenüber dem Jahr 1990, mit unterschiedlichen Quoten für die Sektoren Energiewirtschaft, Industrie, Verkehr, Gebäudebereich und Landwirtschaft.[254] Für das Jahr 2040 gilt ein Minderungsziel von mindestens 88 %. Bis zum Jahr 2045 soll Deutschland Treibhausgasneutralität erreichen:

---

253 Pressebericht in Der Spiegel vom 28. Oktober 2024.

254 Die Verbindlichkeit der Quoten wurde im April 2024 geschleift; aktuell verbindlich ist jedoch nach wie vor das nationale Gesamtziel.

Es muss dann also ein Gleichgewicht zwischen Treibhausgas-Emissionen und deren Abbau herrschen. Deutschland geht damit über die Vorgaben der EU deutlich hinaus.

Nach dem Jahr 2050 strebt die Bundesregierung negative Emissionen an. Dann soll Deutschland mehr Treibhausgase in natürlichen Senken einbinden, als es ausstößt.

Die Klimaziele werden kontinuierlich per Monitoring überprüft. Der Expertenrat für Klimafragen legt ab dem Jahr 2022 alle zwei Jahre ein Gutachten vor über die bisher erreichten Ziele, Maßnahmen und Trends. Werden die Budgets nicht eingehalten, steuert die Bundesregierung umgehend nach.[255]

Unter den Maßnahmen zur Erreichung der Ziele ragt wegen des Umfangs, der Folgewirkungen und des Verfahrensweges der Themenkreis der Stilllegung der Kohlekraftwerke heraus. Deren Stromlieferungen werden zunehmend durch grünen Strom aus Windenergieanlagen und Photovoltaik ersetzt.

Zu den weiteren Maßnahmen gehören

- die Bepreisung von CO_2-Emissionen (CO_2-Zertifikate),
- der Umstieg auf Elektroantriebe (BEV, FC-BEV) oder synthetische Kraftstoffe oder Wasserstoff-Verbrenner im Straßenverkehr,
- die Umstellung von Bahn, Schifffahrt und Luftfahrt auf CO_2-emissionsfreie Antriebe,
- der Ausbau von Wärmenetzen auf der Basis von Wasserstoff,
- die Wasserstoff-Direktversorgung von Gebäuden, Stahl- und Zementproduzenten und chemischer Industrie,
- eine allgemeine Effizienzsteigerung über alle Sektoren.

Die Stilllegung von Kernkraftwerken gehört nicht dazu, ist sogar kontraproduktiv. Sie hat ihre Ursache im schon lange zurückliegenden Ausstiegsbeschluss der deutschen Vorgängerregierung, der einer anderen Motivation folgte. Andere Länder können das nicht nachvollziehen, gehen sogar den umgekehrten Weg des Neubaus von Kernreaktoren. Um den Strombedarf ihrer Rechenzentren zu sichern, investieren inzwischen auch Unternehmen wie Google und Microsoft in neue SMR.[256]

Insgesamt handelt es sich um ein größtmögliches Experiment, das allein dem Ziel der Vermeidung weiterer CO_2-Emissionen dient.

- Die Investition erreicht für Deutschland die Größe von 10 Billionen €.[257] Das entspricht dem 20-fachen des jährlichen Bundeshaushaltes[258], was erhebliche Zweifel an ihrer Umsetzung nahelegt, auch wenn sie von Vielen zu tragen wäre. Denn letztlich zahlt die Kosten der Transformation immer der Verbraucher, gleich ob es um höhere Netzentgelte, höhere Baukosten und Mieten, höhere Preise für Produkte und Dienstleistungen oder Förderhilfen der öffentlichen Hand geht.[259] Da hilft der Hinweis wenig, dass

255 Text angelehnt an Bundesregierung, Klimaschutzgesetz: Generationenvertrag für das Klima, Presse- und Informationsamt der Bundesregierung 2024.

256 SMR = **S**mall-and-**M**edium-**R**eactors, s. auch: Google will Atomstrom einkaufen, in: FAZ vom 15.10.2024.

257 J. Löhr, Die 10-Billionen-Euro-Frage, FAZ vom 27. April 2024.

258 Der Bundeshaushalt 2024 hat ein Volumen von 476,81 Milliarden Euro.

259 So A. Wambach, Präsident des Zentrums für Europäische Wirtschaftsforschung (ZEW) in Mannheim.

sich das langfristig gesamtwirtschaftlich rechnet, wie es die Unternehmensberatung McKinsey mit dem Stichwort „Netto-Null-Kosten" prognostiziert.

- Und es stellt die Transformation infrage, wenn sich die Bürger gegen vielleicht ungeschickte, aber im Kern notwendige Veränderungen wehren, wie beim neuen Gebäudeenergiegesetz geschehen. Dass sich inzwischen 70 % der Bevölkerung gegen staatliche Vorgaben für die Energieeffizienz am Bau aussprechen, stimmt zumindest nachdenklich.[260]

Es wäre, die Umsetzung vorausgesetzt, insgesamt die bei weitem teuerste Müllbeseitigung der deutschen Geschichte. Dabei markiert die Zahl nur eine Untergrenze. Denn mit den oben beschriebenen Maßnahmen wäre nur die weitere Zufuhr von CO_2 gestoppt. Das bereits von in der Atmosphäre aufgenommene Gas wird weiter seine Klimawirkung entfalten – bis es natürlich abgebaut ist oder extrahiert wird.

Zusätzlich in die Erdatmosphäre anthropogen emittiertes Kohlendioxid wird durch die natürlichen physikalischen und biogeochemischen Prozesse im Erdsystem leider nur sehr langsam abgebaut. Die Halbwertszeit liegt bei mehreren 100 Jahren. Der 5. IPCC-Bericht schreibt dazu, dass erst nach 1 000 Jahren um die 70 % des anthropogenen CO_2 aus der Atmosphäre wieder verschwunden wären. Treibhausgas direkt aus der Luft zu holen, ist eine weitere Option, den CO_2-Gehalt der Atmosphäre zu verringern. Es gibt hierfür mit Filtern ausgestattete Pilotanlagen. Die Verfahren funktionieren, sind jedoch angesichts der notwendigen Skalierung ein wirtschaftlich kaum umsetzbarer Ansatz.[261] In speziellen Fällen lohnt sich jedoch die direkte Entnahme: Porsche hat im Süden Chiles eine Anlage zur Herstellung von synthetischem Kraftstoff installiert. Sie bezieht das benötigte CO_2 aus einer Turbinenanlage, die große Mengen Luft ansaugt und auf ein absorbierendes Festkörpermaterial leitet, wo sich das CO_2 fängt und für eine Weiterverwendung durch Erhitzung wieder ausgetrieben werden kann. Die Einbettung der CO_2-Abscheidung in den gesamten Herstellungsprozess führt letztlich zu geringeren Kosten für das Endprodukt Syncfuel.[262]

Zu den Maßnahmen gehört auch der Umgang mit den Klimagasen, soweit solche für die Wirtschaft unverzichtbar bleiben. Dies ist z. B. in der Zementindustrie der Fall, bei der die CO_2-Erzeugung prozessinhärent ist. Der Verbleib solcher Emissionen lässt sich über Abtrennung und Speicherung (CCS) gut regeln. CCS-Speicher existieren jedoch in Deutschland bisher nur als Demo-Anlagen. Ihr Neubau wird vermutlich in einem gesonderten Gesetz geregelt. Die hier anfallenden Investitionen sind in der oben aufgemachten Kostenschätzung der Energiewende noch nicht berücksichtigt. Diskutiert wird in diesem Zusammenhang auch der Export von CO_2 in aufnahmefähige und -willige Länder, was eine durchaus realistische Perspektive ist, wie das Beispielen Norwegen zeigt.

Ziel der geologischen CO_2-Speicherung ist, dass CO_2 unmittelbar am Entstehungsort, also z. B. an den großen Punktquellen wie Kraftwerken, Stahl- oder Zementwerken,

---

260 FAZ; Nachhall der Wärmepumpe, 26. April 2024.

261 Die bisher größte installierte Anlage auf Island kann bei Vollausbau bis zu 36.000 t CO_2 jährlich absaugen. Um die deutschen CO_2-Emissionen zu kompensieren, wäre die Errichtung von 20.000 dieser Riesenfilter notwendig.

262 FAZ, Beilage Technik und Motor, 7. Mai 2024.

abzutrennen und in den Untergrund zu verpressen, um es dauerhaft von der Atmosphäre zu isolieren. Am Pilotstandort Ketzin, etwa 40 km westlich von Berlin, wurde im Rahmen eines nationalen Projektes von 2004 bis 2017 das wissenschaftliche Verständnis der geologischen Speicherung von CO_2 untersucht, s. Abb. 8-2.

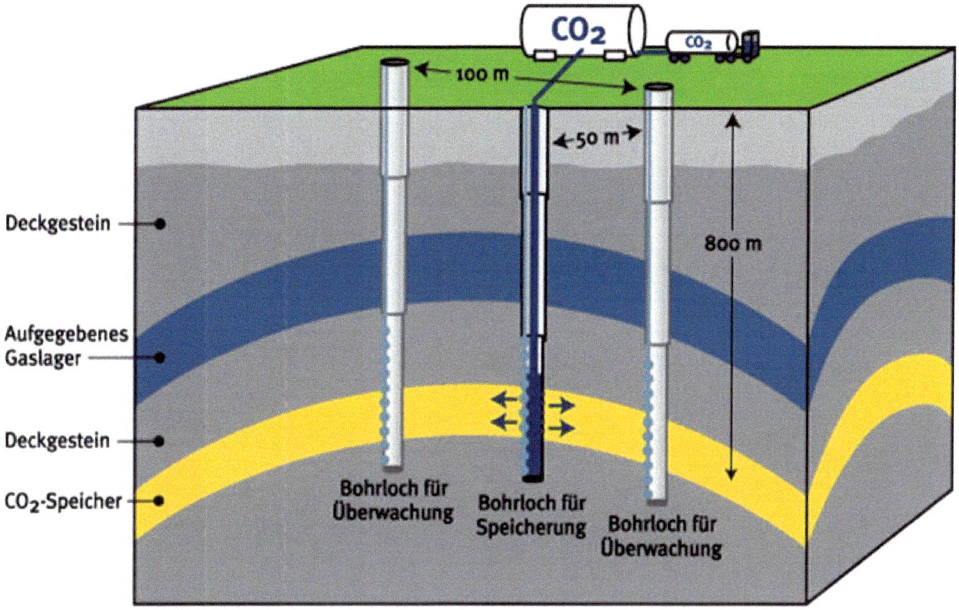

Abb. 8-2: CO2-Speicher Ketzin; Quelle/Foto: Dirk Günther/Welt der Physik

CCS war lange Jahre in Deutschland aus Umweltschutzgründen nicht erlaubt. Die gesetzlichen Regelungen für die CO_2-Speicherung auf Land bzw. im Boden wurden im Kohlendioxid-Speicherungsgesetz (KSpG) verankert, das nur Forschungsprojekte erlaubte. Um die Klimaziele zu erreichen, soll nach neuem Stand CCS jedoch auch in Deutschland möglich werden, nachdem es andernorts, z. B. in Norwegen, längst praktiziert wird. Zumindest in der Nordsee soll CO_2 unterirdisch gespeichert werden können. Es geht dabei vorrangig darum, Emissionen aus Branchen abzufangen, die nach aktuellem Stand nur schwer oder gar nicht klimaneutral werden könnten, wie das Wirtschaftsministerium es formulierte.[263] Ein neues Projekt in Rotterdam greift das konkret auf und soll die Speicherung von CO_2 unter der Nordsee in alten, ausgeförderten Gasfeldern ermöglichen und hierfür ab 2026 jährlich 2,5 Mio. t CO_2 einsammeln, das von den Rotterdamer Terminals über eine unterseeische Pipeline von 20 km Länge angeliefert wird.[264]

Während für das CO_2 mit fortschreitender Vermeidung und Langzeitspeicherung seit Längerem Ziele und Verfahrenswege existieren, fand die anthropogene Methan-Emission

263 ZDFheute vom 24. Februar 2024.

264 Baubeginn des Projektes PORTHUS (**P**ort **o**f **R**otterdam **T**ransport **H**ub and **O**ffshore **S**torage) war Anfang Oktober 2024, vdi nachrichten vom 4. Oktober 2024.

deutlich weniger Aufmerksamkeit. Erst 2021 wurde in der Klimakonferenz in Glasgow der Global Methane Pledge verkündet, mit dem sich die unterzeichnenden Staaten zur Reduktion der globalen Methanemissionen um 30 % bis 2030 verpflichteten. Es dauerte dann zwei weitere Jahre, bis sich das Europäische Parlament und die EU-Staaten auf neue Regeln zur Eindämmung der Methanemissionen im EU-Energiesektor und bei Energieimporten einigen konnten.[265] Dabei zeigen Berechnungen, dass Anstrengungen zur Eindämmung der Methanemissionen mithilfe vorhandener Technologien und Daten die Erderwärmung um 30 % verlangsamen können, wenn sie schnell genug und in ausreichend großem Umfang erfolgen.

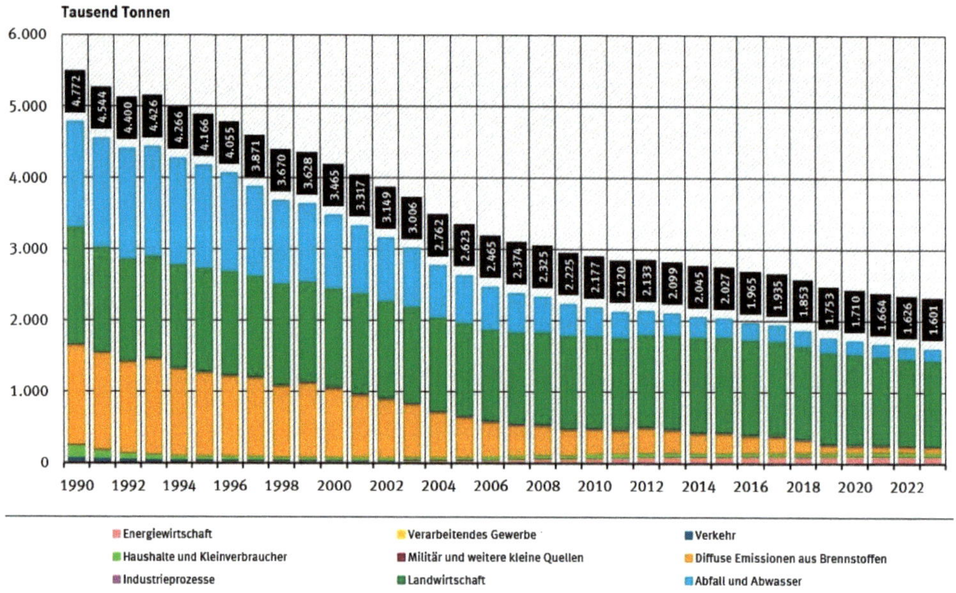

Abb. 8-3: Methan-Emissionen nach Kategorien in Deutschland; Quelle: UBA

Es ist vor allem der sinkenden heimischen Kohleförderung und den Maßnahmen zur Reduzierung der Emissionen aus der Abfallablagerung zu danken, dass die Methan-Emissionen in Deutschland von 1990 bis 2023 um 3,2 Millionen Tonnen (Mio. t) auf 1,6 Mio. t zurückgingen. Das entspricht einer Minderung von 66 %, s. Abb. 8-3. Praktisch unverändert geblieben ist der Beitrag der Landwirtschaft, ursächlich verbunden mit der Haltung von Rindern.

Verschwiegen werden sollte nicht, dass neuerdings in einer Studie des Britischen Thinktanks Ember an einigen Zahlen der deutschen Methanberichterstattung Kritik geübt wird. Sie bezieht sich insbesondere auf die Emissionen der Braunkohleförderung und sieht ein Missverhältnis zwischen dem Beitrag von 1 %, den Deutschland für die EU nennt,

265 EU-Vertretung in Deutschland, Pressemitteilung, 15. November 2023.

und dem Förderanteil von 44 %.[266] Eine mögliche Klärung des Widerspruchs muss hier offenbleiben.

Tierhaltung ist die einzige in Deutschland verbliebene Methanquelle von nennenswertem Umfang. Daran etwas zu verändern, ist nach einem Gutachten von McKinsey durchaus möglich: Durch technischen Fortschritt, so die Studie, könnten die Emissionen an Methan aus der Tierhaltung bis 2050 um rund 30 % gegenüber 2017 gesenkt werden. Drei Möglichkeiten gibt es:

- Die Nutzung von Zusatzstoffen im Futter von Rindern wie Seetang oder Propionsäurevorstufen kann den Ausstoß von Methan deutlich senken.
- Durch Züchtung auf niedrigen Ausstoß von Methan könnten die Emissionen des Gases um bis zu 20 % sinken.
- Der Ausstoß von Methan könne ebenfalls gesenkt werden, in dem Rinder auf eine fettreichere Ernährung umgestellt würden. Trockenmasse in der Rinderration enthält laut der Studie durchschnittlich 1,5 – 3 % Fett. Dieser Anteil könne deutlich gesteigert werden. Jeder Prozentpunkt mehr Fett würde die Methanemissionen pro Rind um 4 % senken.[267]
- Die Steigerung der individuellen Milchproduktion der Kühe würde bewirken, dass die Zahl der Rinder reduziert werden kann, ohne Einbußen für den Menschen fürchten zu müssen.

Dem Autor sind allerdings keine Initiativen der Landwirtschaft bekannt, die in diese Richtungen gehen. Auch die oben zitierte Initiative der EU spart den Agrarsektor aus. Etwas beruhigend für die weitere Zukunft ist, dass die Halbwertszeit für den Verbleib des Methans in der Atmosphäre deutlich geringer ist als die von CO_2. Eventuell zu ergreifende Maßnahmen wirken also kurzfristig.

266 vdi nachrichten, Technik und Wirtschaft, , 19. April 2924,

267 McKinsey & Company, Curbing methane emissions: How five industries can counter a major climate threat, September 2021.

9 Alternativen / neue Wege zur Beherrschung der Abfall- und Recyclingprobleme der Zukunft

Die erste Strategie heißt Suffizienz – im extremen Fall durch drastische Verhaltensänderungen in der Lebensweise, weniger durchgreifend durch sparsamen Verbrauch, schließlich auch durch Achtsamkeit im heute allgemein propagierten Sinn als „Suffizienz light". Die zweite Strategie muss Veränderung in den Produkten und in ihrer Herstellung umfassen, eine dritte schließlich bedeutete neue oder verbesserte Wege der Entsorgung bzw. des Recyclings. Aktuelle und sich erst andeutende Entwicklungen in diesen Feldern aufzuzeigen und zu bewerten, ist Aufgabe dieses abschließenden Kapitels.

In einer am Machbaren orientierten Auswahl ergeben sich insbesondere die Problemfelder

- Verhalten im Alltag,
- Textilien / Textilwirtschaft, vor allem Fast Fashion,
- Verpackungen,
- Kunststoffe, besonders die schlecht recyclebaren,
- Baustoffe,
- Batterien, insbesondere Lithium-Ionen-Akkumulatoren,
- Abfallhandel,
- Reparaturen.

9.1 Verhalten im Alltag

Abfallvermeidung ist in jeder Lebenssituation möglich: Im Haushalt durch die Familie, im Büro oder Betrieb durch Vorgesetzte oder Leitbilder, in der Schule oder der Universität durch die Verwaltungen, auf Reisen durch Veranstalter und die Reisenden selbst. Wir haben es selbst in der Hand. Als oberste Maxime gilt: Abfall vermeiden statt verursachen. Hierzu gibt es zahlreiche Handreichungen für Verhaltensweisen, von denen viele eher selbsterklärend, plausibel und im Grunde auch bekannt sein sollten, aber hier in Erinnerung gerufen werden – z. B.:[268]

- „Produkte mit wenig Umverpackung kaufen: weniger ist mehr.
  Die umweltfreundlichste Verpackung ist die nicht vorhandene Verpackung. Kaufen Sie lose und unverpackt!
- Einwegverpackungen vermeiden: Mehrweg ist besser.
  Getränke und Milchprodukte sind meistens auch in Mehrwegverpackungen erhältlich. Vermeiden Sie Einwegverpackungen und setzen Sie auf Mehrweg. Glas oder Metall als Verpackungsmaterial ist in vielen Fällen eine haltbarere, nachhaltigere und gesündere Alternative zu Plastik.

268 Aufstellung unter Verwendung von Laura Wagener, Abfallvermeidung: die 20 besten Tipps gegen zu viel Müll, co2online gGmbH.

- Plastikbeutel vermeiden.
  Nutzen Sie Körbe, Stoffbeutel, Einkaufsnetze als praktische und wiederverwendbare Alternativen zu Plastiktüten.
- Die richtige Packungsgröße wählen.
  Leider werben viele Lieferanten mit kostengünstigen XXL-Verpackungen. Überlegen Sie gut, welche Packungsgröße Sie wirklich benötigen.
- Nachfüllpackungen statt Einwegverpackungen nutzen.
  Greifen Sie zu Nachfüllverpackungen. Vor allem Sanitär- und Hygieneartikel, aber auch Büroartikel wie Druckertinte werden als Nachfüllvariante in Drogerien, im Fachhandel und im Internet angeboten.
- Mehrfachverpackungen kritisch sehen und vermeiden.
  Das Abfallaufkommen wird durch überflüssige Umverpackungen und Portionspackungen unnötig erhöht. Suchen Sie Alterativen!
- Die gute alte Brotbox statt Alufolie nutzen.
  Verzichten Sie auf Pausenstullen in Alufolie oder Plastiktütchen. In Schule, Büro und auf Reisen sind Brotboxen nicht nur praktisch, sondern auch noch umweltfreundlich.
- Verbrauch von Druckerpapier reduzieren und wenn nötig, Recyclingpapier nutzen.
  Mit Computernutzung, E-Mail-Versand und Internet steigt seit Jahren der Papierverbrauch. Reduzieren Sie Ihren oft unnötigen Papierverbrauch und verwenden Sie Recyclingpapier. Achten Sie dabei auf das Umweltsiegel Blauer Engel.
- Gebrauchtes wiederverwenden.
  In jeder Stadt gibt es Antiquariate, Secondhand-Läden und Flohmärkte. Dort können Sie Dinge, die Sie nicht mehr brauchen, anbieten und auch anderes finden, was man selbst brauchen kann. Für alte Bücher, CDs oder Filme bietet sich der Verkauf über das Internet an: momox.de und rebuy.de sind bekannte Portale. Verschenken geht über die lokalen Anzeigeblätter oder über eBay-Kleinanzeigen.
- Reparieren statt Wegwerfen.
  „Reparieren lohnt sich nicht!“ Widersprechen Sie, wenn Sie das hören. Im Internet finden Sie viele Betriebe, die reparieren wollen, zum Beispiel auf deutschland-repariert.de. Lokal und regional finden Sie Repair Cafés, die meist sogar kostenlos oder gegen eine Spende arbeiten. Auf der Website repaircafe.org sind mehr als 200 Repair Cafés in Deutschland gelistet.[269]
- Borgen, Leihen oder Mieten geht auch. .
  Viele Dinge benötigt man nur ein einziges Mal, da lohnt sich keine Anschaffung. Bibliotheken bieten beispielsweise Bücher, CDs und DVDs an, die man gegen eine geringe Gebühr ausleihen kann. Größere Gegenstände wie Heimwerkermaschinen können Sie in den meisten Baumärkten und bei den Herstellern mieten.

---

269 Oft sind heute Geräte, vor allem elektrische und elektronische, nicht oder nur schlecht zugänglich, ggf. gar nicht zu öffnen. Hier hilft dauerhaft nur ein Umdenken der Konstrukteure und Hersteller. Der Apell ist nicht neu: Zu Studienzeiten des Autors prangte an der Stirnwand des Zeichensaals der TH Hannover das Motto: „Wenn Sie konstruieren, denken Sie daran, dass sich die Teile auch wieder sauber ausbauen lassen.“

- Dinge spenden, tauschen, teilen.
  Nicht alles, was in Ihrem Haushalt oder Betrieb überflüssig ist, ist gleichzeitig auch Müll. Spenden Sie diese Dinge an gemeinnützige Organisationen. Ausleihen und Tauschen spart Abfall. Auf Utopia.de finden Sie wichtige Tauschbörsen.
- Vermeiden Sie Essensabfälle.
  58 000 Tonnen Bioabfälle produzieren allein die Berliner Haushalte jedes Jahr. Mit dem guten alten Einkaufszettel planen Sie besser. Das geht auch mit dem Handy.
- Bioabfälle zu Dünger machen.
  Bioabfälle können statt über die Biotonne über den heimischen Kompost entsorgt und dort zu Humus verarbeitet werden: Perfekter Dünger für Balkonpflanzen und Garten!
- Leitungswasser ersetzt Mineralwasser.
  Wer Leitungswasser trinkt und auf Wasserflaschen ganz verzichtet, trägt viel zur Müllvermeidung bei. Stellen Sie Ihr Sodawasser selbst her, indem Sie Wassersprudler und CO_2-Kartuschen verwenden.
- Trinken Sie Leitungswasser.
  Der Tipp mag überraschend klingen, aber: Studien zeigen, dass Leitungswasser – weil es in Klärwerken gereinigt wird – weniger Mikroplastik-Teilchen enthält als andere Getränke, selbst Wasser aus Flaschen. Hier stammt das Wasser meist aus Quellen und wird danach nicht noch einmal speziell von Mikroplastik gereinigt.
- Reklame vermeiden: Werben Sie für „Keine Werbung".
  Ein Aufkleber auf dem Briefkasten mit der Bitte, keine Reklame einzuwerfen, sorgt dafür, dass der Verbrauch allgemein, auch der Papierverbrauch, sinkt. Die meisten Prospekte landen ohnehin im Papierkorb. Die Hoffnung: Je mehr Menschen mitmachen, desto weniger papiergestützte Werbung wird gedruckt.
- Kein Einweg-Geschirr.
  Servieren Sie Ihren Gästen auch im Garten die Speisen und Getränke auf echtem Geschirr und vermeiden Sie Einweg-Lösungen aus Pappe und Plastik. Abwasch ist deutlich günstiger als Einweggeschirr zu kaufen.
- Keine Mischstoffe verwenden / kaufen.
  Vermeiden Sie Waren oder Verpackungen, die aus verschiedenen Stoffen bestehen. Derzeit können nur sortenreine Stoffe recycelt werden. Mischstoffe landen hingegen in der Müllverbrennung.
- Ältere Produkte länger nutzen, verkaufen oder verschenken.
  Besonders in der Konsumelektronik gibt es jährlich neue Modelle (Fernseher, Kameras, Tablets, Mobiltelefone etc.). Der Gebrauchsvorteil ist meist nur gering – der Rest ist Mode. Überlegen Sie, ältere Modelle weiter zu nutzen, ihre Lebensdauer übersteigt die tatsächliche Nutzungsdauer von derzeit 1, 5 Jahren bei Weitem. Ausgemusterte Modelle kann man verkaufen, spenden oder verschenken, statt sie zu entsorgen. Spezielle Marken wie Fairphone dagegen setzen auf Wiederverwendbarkeit und Recycling, indem einzelne Module ersetzt und repariert werden können.
- Akkus statt Batterien verwenden und leere Batterien im Laden zurückgeben.
  Pro Jahr wird nur ein Drittel der verkauften Batterien wieder zurückgegeben. Der Rest wird, trotz Verbotes, über den Hausmüll entsorgt. Daher sollten Sie am besten Akkus oder Geräte mit Stromanschluss benutzen.

- Meiden Sie Fast Fashion.
  Mode darf sein, aber muss es Fast Fashion sein? Der kurzfristige Einmal- Gebrauch, der hohe Anteil von Mischgeweben und die Nichteignung für Second Hand machen Fast Fashion zur Müllquelle ersten Ranges und zu einem extremen Beispiel des Downcycling."[270]
- Wie können Sie Mikroplastik im Alltag vermeiden?
  Mikroplastik entsteht zum einen absichtlich als Teil bestimmter Produkte, teils aber auch als Abfallprodukt. Dabei stammt dieser Abfall sowohl aus industriellen Herstellungs- und Transportprozessen wie auch aus dem privaten Konsum. Auf ersteres müsste die Politik durch entsprechende Vorschriften Einfluss nehmen, bei letzterem können Sie selbst ein waches Auge haben, wenn Sie wollen. Hier sind die einfachsten Arten, Mikroplastik im Alltag zu zu vermeiden, die Unterschiede sind immens:
  - In Leitungswasser ist die Konzentration von Mini-Kunststoffteilchen so gering, dass sie kaum messbar ist. Würden Sie Ihren gesamten Trinkwasserbedarf darüber decken, nähmen Sie pro Jahr geschätzte 4 000 Mikroplastik-Teilchen auf. Mit abgefülltem Wasser kämen Sie auf rund 90.000 Teilchen, also mehr als zwanzigmal so viel. Eine Untersuchung des Veterinäruntersuchungsamtes Münsterland-Emscher-Lippe zeigte, dass die Teilchen meist durch die Plastikflaschen ins Wasser gelangen.
  - Fahren Sie weniger (oder gar nicht) mit dem Auto.
    Eine der größten Quellen von Mikroplastik ist der Abrieb von Reifen auf Straßen und dort wiederum am häufigsten von Autos. Das Umweltbundesamt schätzt, dass dadurch bis zu einem Drittel des gesamten Mikroplastiks in Deutschland entsteht. Auf den Transport von Waren per Lkw haben Sie dabei natürlich keinen Einfluss. Und wer auf sein Auto angewiesen ist, um etwa zur Arbeit zu kommen oder auf dem Land überhaupt am sozialen Leben teilhaben zu können, der muss sich deswegen auch nicht einschränken. Wer bestimmte Strecken vermeiden kann, vor allem in Großstädten, und Mikroplastik vermeiden möchte, der findet hier aber einen guten Ansatzpunkt.
  - Benutzen Sie weniger Plastik.
    Wer weniger Plastik benutzt, der kommt auch mit weniger Mikroplastik in Kontakt. Möglichkeiten dafür gibt es viele: Kleidung mit wenig bis gar keinen Kunststofffasern, Schneidebrettchen aus Holz statt Plastik, keine Plastikboxen fürs Essen oder andere Utensilien. Gerade in der Küche bestehen viele Hilfsmittel aus Plastik, für die es genauso gute Alternativen aus Holz, Glas oder Metall gibt. Und wenn Sie doch Plastik in der Küche benutzen, dann sollten Sie es zumindest nicht in der Mikrowelle erhitzen. Das gilt auch für Hauben aus Kunststoff.
  - Spülen Sie Plastik-Utensilien von Hand.
    Heißes Wasser ist eine der häufigsten Ursachen, durch die sich Mikroplastik-Teilchen aus größeren Kunststoffprodukten lösen. Deswegen oben auch die Warnung vor Plastik in der Mikrowelle. Ähnlich verhält es sich, wenn Sie Dinge aus Plastik in die Spülmaschine geben. Wer auf Nummer Sicher gehen will, wäscht solche Teile lieber per Hand. Ab einer bestimmten Menge an zu spülenden Utensilien

270 Zitiert aus Wagenerm, L. (Freie Redakteurin), in: CO2online gGmbH, vereinfacht und ergänzt vom Autor.

müssen Sie sich dann entscheiden, ob Ihnen das den höheren Wasserverbrauch und die Mehrarbeit wert ist.

- Filtern Sie Mikroplastik aus Ihrer Waschmaschine.
  Heißes Wasser in Kombination mit dem Herumwirbeln der Wäsche in der Trommel löst zahlreiche Mikroplastik-Teilchen aus Ihrer Kleidung. Hersteller von Waschmaschinen haben das Problem erkannt und bieten mittlerweile zwei Lösungen dafür an. Moderne Geräte besitzen mittlerweile oft ein „Mikroplastik-Programm". Dabei wird die Trommel weniger gedreht und verschiedene andere Tricks sorgen dafür, dass die Wäsche sanfter fällt, so dass es weniger Abrieb geben kann. Ein solches Programm reduziert die Entstehung von Mikroplastik immerhin im besten Fall um die Hälfte. Allerdings lassen sich damit auch nicht alle Flecken entfernen, es eignet sich also nicht für jede Wäsche.
- Anders sieht das bei externen Mikroplastik-Filtern aus. Die müssen Sie bei den meisten Herstellern noch dazu kaufen. Die Preisspanne liegt bei 30 bis 150 Euro je nach Ausführung des Filters. Er hält bis zu 97 Prozent aller Mikroplastik-Teilchen aus dem Abwasser der Waschmaschine zurück. Damit gelangen sie zwar nicht ins Abwasser, sind aber immer noch entstanden. Selbst, wenn Sie diese also in den Hausmüll werfen, sind sie immer noch da und können in die Umwelt gelangen.
- Kaufen Sie sich einen Luftreiniger.
  In Asien sind Luftreiniger in vielen Haushalten normal, gerade in smog-geplagten Großstädten. In Deutschland haben sie sich bisher kaum durchgesetzt. Ehrlicherweise sind sie oft auch nicht nötig. Wenn Sie aber etwa an einer vielbefahrenen Straße wohnen oder aber auch den letzten Rest an Mikroplastik in Ihrer Wohnung eliminieren wollen, dann sind die Geräte eine gute Wahl.Luftreiniger filtern die Luft in Ihren Räumen von jeglichen Schadstoffen, nicht nur von Mikroplastik, und kühlen die Wohnung im Sommer auch ein wenig ab. Gängige Luftreiniger für daheim mit einem HEPA-Filter erfassen alle Teile bis zu 0,3 Mikrometern Größe. Das umfasst auch die meisten Mikroplastik-Teilchen, die kleinsten werden Ihnen damit aber noch entwischen."[271]

Die Liste ist lang und hat in den meisten Fällen sicherlich auch Potenzial. Dies kann jedoch nur wirksam werden, wenn die Vorschläge auch die Adressaten erreichen und dort auf Resonanz stoßen. Hier kämen infrage:

- Aufnahme in den Lernkatalog der allgemeinbildenden Schulen.
- Weckung des Problembewusstseins durch bundes- oder landesweite Aktionstage.
- Anzeigenkampagne des BMU.
- Initiierung von Projekten, ggf. als Wettbewerb mit Preisgeldern.[272]
- Einbeziehung der Verbände.[273]
- Veröffentlichung von Erfolgsgeschichten in den Medien.
- Regelmäßige Berichterstattung.

---

271 Christoph Sackmann, Der Leitungswasser-Trick schützt vor Deutschlands großem Mikroplastik-Dilemma, in: FOCUS-online, 2. 10. 2024.

272 Muster: „Unser Dorf soll schöner werden".

273 BUND, Umwelthilfe, NABU, WWF, Robin Wood etc.

Das Thema muss es schaffen, ähnlich wie Klimakrise zu einem die Öffentlichkeit bewegenden Problem zu werden. Gesucht wird auch eine neue Greta – wenn auch nicht gerade für das etwas schmutzige Thema Müll, aber vielleicht für das Recycling.

9.2 Textilien, insbesondere Fast Fashion

Mit Blick auf die große Mitverantwortung der Textil- und Bekleidungsindustrie am Vorantreiben der Klimawende brachten die Vereinten Nationen 2018 die United Nations Fashion Industry Charter for Climate Change auf den Weg, um der Modeindustrie einen verbindlichen Rahmen zu bieten, sich nachhaltiger aufzustellen. In diesem Charter geht es primär um die Reduzierung des CO_2-Ausstoßes der gesamten Modeindustrie, nicht aber um die Verwendung von nachhaltigen Materialien, Ausschluss von Giften, Ressourcenschonung, Recycling oder gerechtere Produktionsbedingungen. Hier wäre eine Ausweitung wünschenswert, ist aber auf UN-Ebene z. Z. nicht in Sicht.

Es bedarf Änderungen in den Wertschöpfungsketten der gesamten Textil- und Bekleidungsindustrie, um die von der UN geforderten Klimaziele erreichen zu können und nachhaltiger zu produzieren. Da Fast Fashion, deren Geschäftspraktiken auf Billigpreise, kurze Produktlebenszyklen und hohe Produktionszahlen ausgerichtet sind, heute den Bekleidungsmarkt dominiert, obliegt ihr auch eine größere Verantwortung, Veränderungen voranzutreiben. Hier müsste die Fast Fashion Industrie als Beispiel vorangehen, um den gesamten textilen Sektor nachhaltiger werden zu lassen.

9.2.1 Veränderungen in der Wertschöpfungskette

Entlang der textilen Kette gibt es verschiedene ökologische und soziale Probleme, die es für eine *zu*kunftsfähige Textil- und Bekleidungsindustrie zu lösen gilt.

Bei der Produktion von Fasern geht es zunächst um die Baumwolle, die ca. 25 % des Fasermarktes ausmacht, s. Kap. 7.2, Textilien. Baumwolle ist nachwachsender Rohstoff und biologisch abbaubar. Dass Naturfasern prinzipiell nachhaltiger als synthetische Fasern sind, ist nicht nur in Fachkreisen bekannt. Bekannt ist allerdings auch, dass die klassische Produktion von Baumwolle und ihre Verarbeitung erhebliche Auswirkungen auf die Umwelt und die an ihrer Produktion beteiligten Menschen hat. Die Bemühungen, den Anbau nachhaltiger zu gestalten, haben inzwischen zu fünf Standards geführt, die aus Sicht des WWF als nachhaltig bezeichnet werden können: Organic Cotton bzw. Bio-Baumwolle, Fairtrade Cotton, Cotton made in Africa und Better Cotton aus dem konventionellen Baumwollanbau.

Abgesehen davon, dass der Anteil an nachhaltig produzierter Baumwolle im Jahr 2020 nur bei 30 % lag, ändert dies nichts am Produkt selbst: Baumwolle bleibt Baumwolle. Allerdings ändert sich eines: der Preis für Rohbaumwolle in der Qualität „preferred cotton" steigt, was entscheidend ist, denn das den Markt erreichende Endprodukt kann nun nicht mehr billig sein, erst recht, wenn auch die nachfolgenden Produktionsstufen einer Zertifizierung unterliegen.

Auch für Polyester, das nach Abb. 7-14 mit 52 % die Textilproduktion dominiert, gibt es einen vergleichbaren ersten Lösungsansatz für eine ressourcenschonendere Herstellung, das Recycling-Polyester (rePET). Der Marktanteil von recyceltem Polyester liegt mittlerweile bei knapp 15 % (14,7 % im Jahr 2020). Durch den sehr niedrigen Preis von fossil basiertem Polyester ist der Anteil von recyceltem Polyester in den letzten Jahren nur langsam gestiegen. Um den Anstieg zu beschleunigen, wurde die neue „2025 Recycle Polyester Challenge" von Textile Exchange und der UN Fashion Industry Charter for Climate Action ins Leben gerufen. Diese verpflichtet Marken und Zulieferer, die sich daran beteiligen, den Anteil an recyceltem Polyester bis 2025 auf 45 % zu erhöhen. Z. Z. wird Recyclingpolyester hauptsächlich aus gebrauchten Plastikflaschen gewonnen. Aufgrund des zunehmenden Wettbewerbs um recycelte Plastikflaschen aus der Nachfrage der Verpackungs- und Kunststoffindustrie steigen damit die Preise für nachhaltig gewonnene Polyesterfasern weiter.

Die Entwicklung zum höherpreisigen Produkt, das ein breiteres Spektrum von Gebrauchsalternativen, Wiederverwendung, Upcycling, Recycling möglich machen würde, geht also aus der Sicht der an Entsorgung und Recycling Interessierten in die richtige Richtung. Dies ist allerdings nicht die Sicht der Hersteller und auch nicht der Verbraucher: Das gesamte Geschäfts- und Gebrauchsmodell von Fast Fashion gerät ins Wanken. Ohne eine Mitwirkung der Politik und der Verbraucher und wird eine Reform nicht möglich sein. Was den Verbraucher betrifft, so könnte mehr bessere Information helfen. Eine Möglichkeit wäre, die Produkte mit ihrem ökologischen Fußabdruck zu verbinden und dabei auf den sogenannten Higg-Index zurückzugreifen. Möglicherweise hilft der allgemein erkennbare Trend zu mehr Achtsamkeit hier mit.

9.2.2 Higg-Index

Während die Nachfrage nach umweltfreundlicher, nachhaltiger Mode steigt, stehen die Modeunternehmen vor der schwierigen Aufgabe ihre Ökobilanz glaubhaft zu messen. Die Sustainable Apparel Coalition (SAC), ein Bündnis aus Nichtregierungsorganisationen (NGOn) und Unternehmen, u. a. Inditex, H&M, C&A, Asos, versucht dieses Problem anzugehen. Deshalb hat die SAC im Jahr 2011 den sogenannten Higg-Index definiert und zu Anwendung empfohlen. „Der Name Higg soll von der Suche nach dem Higgs-Teilchen aus der Teilchenphysik inspiriert sein, mit dem das Verständnis von unserem Universum und der Wissenschaft grundlegend verändert wurde. Entsprechend geht es beim Higg-Index um die Suche nach dem Teil innerhalb der Wertschöpfungskette, welches die Nachhaltigkeit verändert."[274]

Der Higg-Index ist ein Tool zur Messung von Nachhaltigkeit und speziell für die Bekleidungs- und Schuhindustrie erschaffen. Er dient der Bewertung von Unternehmen, Marken und Produkten. Die Bewertung erfolgt während des gesamten Produktlebenszyklus, beginnend mit der Wahl der Materialien bis zur Entsorgung. Das web-basierte Optimierungstool entwickelt sich ständig weiter. Bei seiner Einführung 2012 bestand es aus nur einem einzigen Modul und ist mittlerweile auf fünf Module herangewachsen, die die soziale und ökologische Bilanz der Wertschöpfungskette und die Umweltauswirkungen von Produkten in den Bereichen Wasserverbrauch, CO_2-Emissionen und Arbeitsbedingungen bewerten:

---

274 Zitiert aus Henkel, R., Nachhaltigkeit, Ispo.com, 18.11.2020.

- Der Higg Materials Sustainability Index (Higg MSI) ermöglicht es die Umweltauswirkungen von Millionen verschiedener Herstellungsmöglichkeiten zu bewerten und zu verstehen, also den Produktionszyklus von der Rohstoffauswahl bis zur Entsorgung.
- Für die Higg-Produktinstrumente gibt es eine Einschränkung: Die zu bewertenden Informationen müssen durch einen LCA-Rahmen (Life Cycle Assessment) messbar sein, um aufgenommen zu werden. Die Freisetzung von Mikrofasern (einschließlich Mikroplastik) kann derzeit nicht durch eine Ökobilanz quantifiziert werden und ist daher nicht im Higg Materials Sustainability Index und im Produktmodul enthalten.
- Der Higg Facility Environmental Module (FEM) dient der Bewertung von Anlagen in Bezug auf Energie, CO_2-Emissionen, Wasserverbrauch, Abwässer, Abfallmanagement und Chemikalien.
- Der Higg Facility Social and Labour Module (FSLM) fokussiert sich auf Arbeitszeiten, Löhne, Sozialleistungen, Gesundheit, Sicherheit und die Stärkung von Gemeinden.
- Der Higg Brand and Retail Module (BRM) bewertet Managementsysteme, Produkte, Lieferketten, Verpackungen, Einzelhandelsgeschäfte, Büros, Transport und Vertriebszentren eines Unternehmens.

Die Aufbereitung für den Verbraucher müsste so sein, dass die Ware von integrierten, nicht ablösbaren Etiketten oder Chips begleitet wird, die den individuellen Index in eine leicht verständliche Wort-, Farb- oder Zahlenskala überführen.

Viele in der Branche und auch außerhalb wünschen sich, dass dieser Standard verbindlich für die ganze Bekleidungs- und Schuhindustrie eingeführt werden würde. Es wäre ein großer Schritt vorwärts. Und es hätte ein Ende mit dem leider verbreiteten „Greenwashing".

9.2.3 Der französische Weg

Frankreichs Staatssekretärin für Ökologie, B. Couillard, bezog sich auf das Beispiel der Altkanzlerin Merkel, die ohne ständigen Kleiderwechsel auskam. Ihrer Einstellung sollte auch das modebewusste Frankreich folgen.[275] Das Heimatland der Haute Couture sollte sich zu einem neuen Trend bekehren und Anreize für gebrauchte Kleider und getragenes Schuhwerk schaffen. Es sollte von Oktober 2023 an einen Reparaturbonus mit Beträgen zwischen sechs und 25 Euro geben.

700 000 Tonnen Kleidung jährlich gehen in Frankreich in den Müll und werden zu zwei Dritteln nicht weiter verwertet. In Deutschland ist es ähnlich, hier liegen die Zahlen mit einer Million Tonnen Kleidung noch höher. Ultra-FastFashion etwa der chinesischen Marke Shein ist zum letzten Trend geworden. Das System funktioniert nur durch Nachverfolgung der Markttrends und des Verhaltens der Nutzerinnen. Ultra-Fast-Fashion nutzt KI und verwendet Erkennungsalgorithmen, die in den sozialen Medien Modeposts life auffinden, auswerten und dadurch Trends gewinnen.[276]

Nach dem Willen von Frankreichs Staatssekretärin soll die Textilindustrie mit ihrer Unterstützung den Weg zu einer stärkeren Kreislaufwirtschaft finden. Das Volumen des

275 Wiegel, M.: Flicken statt wegwerfen, FAZ 19. Juli 2023.
276 Belzig, J.: Ultrafastfashion, in: Neues Deutschland (ND), 22, September 2023.

textilen Marktes ist mit 3,3 Mia. Kleidungsstücken, Schuhen und Haushaltswäsche jährlich beachtlich und nimmt weiter zu (im Jahr 2022 wieder 500 000 mehr als 2021).

Die unabhängige Organisation Re-Fashion soll jetzt im Regierungsauftrag ein Secondhand- und Recyclingsystem für textile Reststoffe in Frankreich etablieren. Für die Hilfen an die Verbraucher erhält sie einen Etat von 154 Mio. Euro. Ein neuer Schuhabsatz etwa wird von Oktober 2023 an mit sieben Euro, das Innenfutter einer Jacke mit 25 Euro subventioniert. Organisiert werden die Hilfen als Nachlässe, die die Nähateliers und Schuhmacher direkt von der Reparaturrechnung abziehen. Die gewährten Nachlässe holen sie sich durch Einreichung der Rechnungen von Re-Fashion zurück.

Bei dieser Gelegenheit sei erwähnt, dass das französische Gesetz zu Abfallbekämpfung und Kreislaufwirtschaft strenger formuliert ist als das deutsche Pendent. In ihm steht z. B. ein generelles Vernichtungsverbot für unverkaufte Konsumgüter. Seit 2022 besteht so ein Vernichtungsverbot für unverkaufte Textilien, die nach der EPR-Richtlinie für erweiterte Produzentenverantwortung gespendet oder recycelt werden müssen.

Außerdem besteht eine Nachverfolgungspflicht. Textilartikel müssen in Frankreich gekennzeichnet werden. So ist das Produktionsland zu kennzeichnen, ebenso das Material zu spezifizieren. Als Vorbild galt das französische Haushaltsgeräte-Gesetz, das sogar die Angabe eines Reparaturfähigkeitsindexes auf dem Produkt fordert, aus dem der Kunde direkt beim Kauf Informationen zur Reparaturfähigkeit erhält. Auch hier gibt es ein Zuschusssystem.

Es bleibt offen, wie weit sich die neu geschaffene Bonus-Regelung durchsetzt. Sie tut zwar das Richtige und setzt beim Kunden an. Andererseits ist Fast Fashion vom Marketing- und Produktansatz her nicht auf Mehrfachgebrauch und Reparatur ausgelegt. Wie sich der Widerspruch auflösen wird, muss abgewartet werden.

9.2.4 Europäische Initiative

Zunehmend drängt sich die EU in unseren Alltag. Bei der Mode mag das zunächst befremdlich erscheinen, aber für Fast Fashion als deren extremer Ausrichtung liegt das schon deshalb nahe, weil ihre Auswirkungen massiv die Umwelt und deren Schutz treffen – und das ist ein europäisches, ja sogar ein weltweites Problem mit Handlungsbedarf von einiger Tragweite, bis hin zum kämpferischen Slogan „Weniger Fast Fashion in der EU".[277]

Der Tod von mehr als 1 000 Näherinnen von Billigfashion für den europäischen Modemarkt, der sich vor zehn Jahren beim Einsturz des Rana-Plaza-Gebäudes in Bangladesch ereignete, ist ein trauriges Beispiel dafür, wie es in der Textilproduktion zugehen kann. Anfang Juni 2023 hat nun das Europäische Parlament das Thema „Lebenszyklus von Textilerzeugnissen" auf seine Agenda gesetzt. Berichterstatterin war D. Burghardt, die zugleich eine politische Initiative für eine „EU-Strategie für nachhaltige und kreislauffähige Textilien" formulierte.

Der Bericht wartet mit einer erdrückenden Faktenlage auf, die den europäischen Gesetzgeber zum Handeln und alle EU-Bürger zu tiefgreifenden Verhaltensänderungen auffordert.

277 Friedrich, Th. A.: Weniger Fast Fashion in der EU, in: vdi nachrichten, 20. Juli 2023.

Die globale Textilproduktion hatte sich bereits von 2000 bis 2015 verdoppelt, so die EU-Kommission. Die Nutzungsdauer von Kleidung in der westlichen Welt aber habe sich um 36 % verkürzt, in vielen Fällen aktuell bis zum Einmalgebrauch. Weltweit werden rund 92 Mio. t Textilien pro Jahr entsorgt, der Großteil davon auf Deponien. Innerhalb der EU gehen immerhin noch 5,8 Mio. t Textilien in die Entsorgung. Dabei sind Textilien, die gezielt in Containern gesammelt werden, noch nicht einmal mitgerechnet.

Textilabfälle zählen Inzwischen in Europa inzwischen zu den größten Fraktionen der Siedlungsabfälle. Und nirgendwo in der Welt existieren bisher Zielvorgaben für ein Recycling von Textilien. Weniger als 1 % aller Stoffe und Gewebe weltweit wird nach Gebrauch zur Produktion neuer Textilien genutzt, heißt es im Bericht von Burghardt.

Zumindest für den EU-Binnenmarkt wollen Parlament und Kommission das nun ändern und Umweltvorgaben für die Einfuhr von Textilien vor allem aus dem asiatischen Raum festlegen, wo über 70 % der weltweiten Textilproduktion stattfindet. Die EU will Standards für Reparaturfähigkeit und Wiederverwendung von Rohstoffen aufstellen, ebenso für den Anbau von Baumwolle, wo der Wasserverbrauch immens ist.

„Zu viel, zu billig, zu intransparent“, brachte M. Rabe, Leiterin des Forschungsinstituts für Textil und Bekleidung an der Hochschule Niederrhein, bei einer von der deutschen Bundesstiftung Umwelt (DBU) initiierten Podiumsdiskussion in Brüssel die Malaise der Modeindustrie auf den Punkt. Die Statistiken liefern Zahlen über Billionen von Mikrofasern, die in den Ozeanen schwimmen, und Fakten zur Praxis der Modebranche, mehr Kollektionen als Jahreszeiten auf den Markt zu bringen.

Die Textilindustrie gilt weltweit als einer der größten Klimasünder; sie liegt mit ihrer Treibhausgasproduktion über der Summe von Schifffahrt und Flugverkehr. Deshalb richtete D. Burghardt einen Appell an Politiker und Konsumenten gleichermaßen: „Als EU müssen wir eine Vorbildrolle einnehmen und dafür sorgen, dass die Textilien, die bei uns in den Läden verkauft werden, einen hohen Umwelt- und Menschenrechtsstandard garantieren.“[278] Die Verantwortung für nachhaltigen Einkauf könne nicht nur bei den Verbrauchern liegen. Das bestehende lineare Modell müsse zu einem kreislauffähigen und menschenwürdigen Modell umgewandelt werden, das nicht auf Massenproduktion ausgerichtet sei. „Ich fordere eine europäische Gesetzgebung, die verhindert, dass unverkaufte Kleider nicht einfach geschreddert werden oder auf der Mülldeponie landen, nur weil sie nicht mehr dem aktuellen Modetrend folgen oder das Lager voll ist. Eine Gesetzgebung wird nötig, die menschenunwürdige Arbeitsplätze verbietet, auch hier in Europa“, so Burghardt.

Die EU-Abgeordneten forderten in einem mit großer Mehrheit gefassten Entschließungsbericht die Kommission und die Länder auf, konkrete Maßnahmen zu ergreifen, um der umweltschädlichen Fast Fashion Kultur Einhalt zu gebieten. Einer ihrer Forderungen ist ein gesetzliches Vernichtungsverbot für unverkaufte Textilwaren analog zum französischen Recht; auch fordern sie Verbindlichkeit für Sammlung, Wiederverwendung und Recycling von Textilien.

278 D. Burkhardt, Ausschuss für Umweltfragen, öffentliche Gesundheit und Lebensmittelsicherheit, in: Bericht über eine EU-Strategie für nachhaltige und kreislauffähige Textilien, 2022/2171(INI vom 9. Mai.2023.

Ebenso sollen klare Regeln für die Kennzeichnung von Textilien als „ökologisch“, „Bio“ oder „Umwelt“ konkretisiert werden, um irreführenden „Greenwashings“ ein Ende zu setzen. Ein weiteres Hauptanliegen der Parlamentsinitiative zielt darauf ab, die Freisetzung von Mikroplastik in die Umwelt durch ungeregelte Deponierung kunststoffhaltiger Textilien zu minimieren.

Mit der EU-Strategie für nachhaltige und kreislauffähige Textilien und der Forderung zur Einführung verbindlicher Ökodesign-Anforderungen hatte die EU-Kommission bereits vorweg klare Pflöcke eingeschlagen. Im März 2022 legte die Kommission hierfür einen Text vor, der als ihre Antwort auf wenigstens einige der ökologischen und sozialen Herausforderungen der Branche darstellen sollte.[279] „Allerdings wurde die Machtasymmetrie zwischen Marken und Einzelhändlern weiterhin nicht angesprochen, wobei viele Marken in der EU und viele Einzelhändler in Niedriglohnländern außerhalb der EU angesiedelt sind. Den Zulieferern mangelt es oft an ausreichender Verhandlungsmacht, oder sie können sich aus anderen Gründen nicht gegen unlautere Handelspraktiken wehren oder tun es nicht. Diese Praktiken wirken sich schädlich auf die Arbeitnehmerrechte aus und können zu erzwungenen Überstunden, geringen Löhnen und befristeten Verträgen führen.“[280]

Die Entschließung des Parlaments vom 1. Juni 2023 begrüßte die Vorlage der Kommission, forderte jedoch Verbesserungen und Verschärfungen. Nach den Vorstellungen des Parlaments soll z. B. die gezielte Produktgestaltung eine längere Lebensdauer von Textilerzeugnissen erlauben und damit negative Auswirkungen auf Klima und Umwelt abwenden. Auch sollen die Hersteller für die Qualität und Haltbarkeit der Kleidung sorgen, damit Textilien nicht länger wegen Mängeln wie unzureichender Farbbeständigkeit, Reißfestigkeit oder schlechter Qualität von Reißverschlüssen und Nähten vorzeitig entsorgt werden. Dazu sollen kreislauffähige Geschäftsmodelle wie Wiederverwendung, Vermietung, Reparatur und Rücknahme von Gebrauchtwaren durch den Einzelhandel initiiert und so die Kosten für die EU-Bürger gesenkt (?) werden.

Einen entscheidenden Aspekt der Umweltbilanz stellt nach wie vor die Materialzusammensetzung der Textilien dar. Ihr Recycling hängt von den verwendeten Fasern und Chemikalien ab. U. a. deshalb finden bisher weltweit weniger als 1 % der Textilabfälle den Weg in de Herstellung neuer Textilien. Nach den in der EU verwendeten Zahlen werden etwa 20 % der gesammelten gebrauchten Textilien dem Downcycling zugeführt, also etwa der Herstellung von industriellen Reinigungstüchern oder von Dämmmaterialien. Die große Masse der Millionen Tonnen potenzieller Recyclingstoffe geht einfach verloren und verbleibt häufig im Illegalen.

Der Weg zu einer verbindlichen europäischen Regelung ist damit angestoßen, jedoch noch lange nicht vollendet. Die Umsetzung kann sich über Jahre hinziehen. Bei allem guten Willen der Politiker verbleiben zusätzlich technische Probleme. So müssen neue Sortiersysteme oder Rcyclinganlagen und -Technologien für die anfallenden unsortierbaren Mischungen erst noch entwickelt werden. Derzeit werden Fasern verschiedener Qualitäten auch häufig miteinander gemischt verarbeitet (z. B. Polyester mit Baumwolle in

279 „EU-Strategie für nachhaltige und kreislauffähige Textilien“ vom 30.3.2022.

280 zitiert aus Schriftliche Anfrage an die Kommission vom 22.4.2022, mit kritischen Anmerkungen, im Ausschnitt.

sogenannten Mischgeweben), was das Recycling erschwert. Technologien zur Aufspaltung der Textilien nach Faserart sind bisher kaum verfügbar. Speziell führt die in Textilien zur Verbesserung der Elastizität oft beigemischte Kunstfaser Elasthan[281] zu Problemen im Recyclingprozess.

In Deutschland haben erste global agierende Unternehmen ihre Sensibilität für das Thema entdeckt. So hat die deutsche Telekom für die Entsorgung von Mitarbeiterkleidung seit 2021 an allen Standorten ein smartes Containersystem etabliert, das den textilen Verwertungsprozess von der Kontrolle des Füllstandes der Container über díe Wiederverwendung bis zum Recycling steuert. Das zur Hamburger Otto-Gruppe zählende intensionale Fashion-Unternehmen bonprix setzt in ihren Kollektionen mit der Einführung der ersten „Circular Collection“ neue Maßstäbe bei Recyclingfähigkeit und biologisch abbaubaren Materialien. „Kleidung als Wert-Stoff ... ist ein aktuelles Thema in der Branche und wichtiger Baustein unserer Nachhaltigkeitsstrategie“, erklärte Bon Prix-Geschäftsführerin C. Klar.

9.3 Nachhaltige Verpackung

Für die optimale nachhaltige, Plastikmüll vermeidende Produktverpackung lassen sich nach Ph. Sommer Prioritäten formulieren. Sommer leitet folgende Reihenfolge ab, an der sich Hersteller und Kunden orientieren könnten. Die oberste Maßnahme ist dabei die umweltfreundlichste, die unterste die schädlichste. Verpackungsmaterialien aus Holz und Papier sind in der Aufzählung nicht enthalten, sie lassen sich jedoch zwischen Mehrweg- und Einweglösungen einordnen.

1. „Keine Verpackung
2. Mehrweg-Behälter – egal ob aus Glas, Metall oder Plastik
3. Einweg-Plastikverpackungen aus Rezyklaten
4. Einweg-Plastikverpackungen aus Neumaterial oder Bioplastik
5. Einweg-Verpackungen aus Aluminium oder Glas“[282]

Verpackung muss also nicht notwendig plastikfrei sein, sie muss sich nur gut recyceln lassen. Plastikfreie Verpackungen vermeiden allerdings jedes Risiko. Die grundsätzlich verwendbaren, z. T. auch schon gebräuchlichen Alternativen unterscheiden sich individuell je nach Anwendung bzw. Produkt:[283]

Als „besonders schlimmen Fall“ sieht Sommer die „unnötigen zusätzlichen Umverpackungen, etwa aus Papier“. Nachfüllbehälter und -packs, die ähnlich empfehlenswert sind wie Mehrwegbehälter, stuft er dagegen als besonders sinnvoll ein, s. auch die Empfehlungen in Kap. 9.1, Verhalten im Alltag.

---

281 Elasthan ist eine synthetische Faser, die hauptsächlich aus Polyurethan besteht.

282 Zitiert nach Philipp Sommer, stellvertretender Bereichsleiter Kreislaufwirtschaft der Deutschen Umwelthilfe e. V. (DUH), in: Nachhaltige Verpackungen für Kosmetik, Lebensmittel & Versand, Utopia, 24. August 2019.

283 Nach Utopia GmbH, Nachhaltige Verpackungen für Kosmetik, Lebensmittel & Versand, a. a. O. Utopia ist Gesellschafter der Green Lifestyle Group und Umweltbank AG.

9.3.1 Nachhaltige Verpackungen für Kosmetik

Holz wächst nach und ist damit ein beliebter nachhaltiger Rohstoff. Das finnische Start-up Sulapac verarbeitet FSC-zertifizierte Holzspäne und erzeugt mit einem schadstofffreien Bindemittel biologisch abbaubare Verpackungen, die mit ihrer edlen Anmutung für Kosmetik- und Luxusprodukte geeignet sind. Das Material ist luftundurchlässig, wasser- und ölabweisend und kann von klassischen Kunststoffherstellern mit ihren Maschinen verarbeitet werden. Ein Problem gibt es allerdings noch: Die Haltbarkeit des Materials ist derzeit auf 12 Monate begrenzt, es baut sich danach biologisch ab. Das Unternehmen arbeitet daran, die Haltbarkeit auf 30 Monate zu verbessern.

Abb. 9-1: Nachfüllbare Kosmetik von Baims; Quelle Werkphoto Baims

Die französische Marke Zao Make-up verwendet Verpackungen aus Bambus und legt Wert darauf, dass alle ihrer Produkte nur einmal erworben und dann wieder nachgefüllt werden können. Ein ähnliches Konzept bietet das deutsch-brasilianische Beauty-Label Baims, s. Abb. 9-1. Auch der Naturkosmetikhersteller Jolu aus Mecklenburg-Vorpommern, der seine Produkte als handgefertigt bezeichnet, nutzt als Verpackung Blechdosen, die nachfüllgeeignet sind.

Eine Alternative nutzt der Schweizer Kosmetikhersteller Farfalla, der Im Rahmen seines „bring it back"-Programms die geleerten PE/PP- und PET-Verpackungen zurücknimmt und anschließend recycelt.

9.3.2 Nachhaltige Verpackungen für Lebensmittel und andere Waren

Bei Lebensmitteln reagieren Verbraucher inzwischen sensibel, wenn es um Plastikverpackungen geht. Es gibt einige nachhaltige Alternativen und viel Forschung.

9.3.2.1 Folien und Verpackungen aus Holzfasern

Zu diesen Innovationen gehören beispielsweise nachhaltige(re) Folien der Superseven GmbH aus Wentorf, die sich mit der Marke Repac auf Folienverpackungen aus Holz für den B2B-Bereich spezialisiert hat. Die biologisch kreislauffähigen Folien enthalten 90 % Zellulose, 5 % Wasser, 4 % Glycerin und 1 % Bindemittel, wobei die nicht billige Zellulose die Repac -Lösung deutlich teurer als konventionelle Plastikverpackungen werden lässt.

Auch Grünkunft aus Wasserburg am Inn benutzt das unbeschichtete Folienmaterial aus PEC- und FSC-zertifizierten Abfällen der Holzverarbeitung. Es kann als Verpackung für Nudeln, Nüsse und Müsli verwendet werden. Die leeren, bioveganen Folienbeutel lassen sich mit dem Altpapier entsorgen oder kompostieren.

Die NatureFlex-Folie aus Japan ersetzt die Alufolie durch zertifizierte Holzfaser, die einen guten Produktschutz bietet und im Garten entsorgt werden, wo sie nach 42 Tagen zu Kompost wird. In Deutschland wird diese Folie z. B. vom Bio-Schoko-Hersteller EcoFinia eingesetzt. Eine kompostierbare Zellophanfolie schützt auch die Bio-Schokolade der dm-Eigenmarke.

Weiter wird in Bio-Supermärkten zurzeit der alternative Einsatz von Bienenwachstüchern erprobt. Sie eignen sich als Ersatz für das bislang noch an Frischetheken verwendete kunststoffbeschichtete Papier, sind plastikfrei und eine natürliche Verpackungsalternative, die zudem Lebensmittel lange frisch hält und wiederverwendbar ist.

9.3.2.2 Wasserlösliche und essbare Beutel und Folien

Das indonesische Unternehmen Evoware fertigt dünne Folien auf Algenbasis, die in Indonesien leicht verfügbar sind. Die so entstehende Verpackung ist nach Angaben des Herstellers geruchs- und geschmacksneutral und löst sich in heißem Wasser auf. Das Material eignet sich für die Verpackung von Lebensmitteln (Sandwiches oder Pulver wie Kaffee, Tee, Gewürze). Noch werden die Folien größtenteils von Hand hergestellt. Das fertige Material, das zwei Jahre haltbar ist, braucht keine Konservierungsstoffe. Für den Anbau von Algen in der Form von Seetang sind weder Dünger noch viel Platz nötig.

Das US-Unternehmen Monosol hat sich auf wasserlösliche Lebensmittelverpackungen spezialisiert hat. Seine transparenten Folienbeutel, die sich in Flüssigkeiten auflösen, sind geruchs- und geschmacksneutral und können z. B. für Instanttees und -kaffees, Kakao, Bratensoßen oder Pasta verwendet werden.

Abb. 9-2: Die Ooho-Kugel; Quelle: futurix

Vergleichbare Materialien werden gegenwärtig für Spülmaschinentabs verwendet, die sich im Spülvorgang selbsttätig auflösen, wie z. B. die der dm-Marke Denk Mit.

Das britische Start-up Skipping Rock Labs hat einen Marktzugang über die Kugelform gefunden, s. Abb. 9-2. Die transparenten und unmittelbar verzehrgeeigneten Ooho-Kugeln sind auffällig, um nicht zu sagen: modisch und dienen z. B. dazu, Sportler mit Flüssigkeit zu versorgen, ohne Reste zu hinterlassen. Man kann sie aber auch mit Cocktails, Saucen und Gewürzen befüllen. Angeboten werden sie vom Hersteller für 20 ml, 55 ml und 150 ml.

Die Idee für das Produkt „Ooho" kommt aus der Molekularküche: Durch eine chemische Reaktion wird Flüssigkeit in einer Kugel eingeschlossen. Die Kugelhülle ist algenbasiert und enthält weitere Pflanzenbestandteile und Kalziumchlorid. Das macht die Kugeln essbar, allerdings auch nicht besonders lagerfähig: Die Hülle baut sich in einer natürlichen Umgebung in ca. sechs Wochen ab.

9.3.2.3 Einweggeschirr und Lebensmittel-Verpackungen aus Pflanzen

Plastik obsolet machen will auch Leaf Republic aus Taufkirchen, Bayern. Sie verwenden für ihr Einweggeschirr Palmblätter aus Asien und Südamerika. Die mehrschichtigen, grün belassenen Naturblätter werden unter Hitze bis zu 90 °C mit Wasserdampf zusammengepresst und in geeignete Form gebracht. Nach Gebrauch bauen sie sich in 28 Tagen biologisch ab.

Abb. 9-3: Verpackungen von Bio-Lutions; Foto; © Bio-Lutions

In Asien werden Blätter schon seit Jahrhunderten als Teller verwendet. Das diente dem Start-up Leaf Republic als Vorbild.

Bei Bio-Lutions in Hamburg wird weniger exotisch das als Rohstoff verwendet, was die Landwirtschaft der Region hergibt. Das patentierte chemikalien- und zusatzfreie Upcycling-Verfahren ist in den Rohstoffen nicht besonders wählerisch und so praktisch überall auf der Welt anwendbar. Das auf diese Weise hergestellte Einweggeschirr ist wasser- und ölresistent und kann entweder CO_2-neutral verbrannt oder vollständig kompostiert werden (Abb. 9-3).

Die Produktion ist kostengünstig – die erste Anlage in Indien steht bereits. In den nächsten Jahren sollen weltweit 40 weitere Fabrikationsstätten entstehen, was als Perspektive auf den Ersatz von mehr als einer Milliarde Plastikprodukte hinauslaufen würde.

Abb. 9-4: Verpackung aus der Areka-Palme; Foto © arekapack

Auch das Berliner Start-up Arekapak verwendet Naturprodukte, hier aus dem Laub der Arekapalme, um Verpackungen herzustellen. s. Abb. 9-4. „Wir arbeiten mit einem Abfallprodukt der indischen Landwirtschaft, das ansonsten einfach verrotten würde", verraten die Gründerinnen. Die Idee kam ihnen während ihres Auslandssemesters in Indien, wo sie Palmenblätter als die traditionelle Verpackung des Landes kennenlernten. Die Blätter der Arekapalme sind Abfall der Betelnussernte: sie werden eingeweicht, dann sonnengetrocknet und schließlich in die gewünschte Form gepresst. Die so entstehenden Verpackungen sind stabil, wasserabweisend und innerhalb von 60 Tagen vollständig kompostierbar. Auch sind sie sowohl bis 200 °C hitze- als auch kältebeständig und so für Mitnehm-Produkte ebenso wie für Tiefkühlkost geeignet (siehe Bild oben). Die Verarbeitung des Rohstoffs geschieht vor Ort, was zusätzlich der lokalen Bevölkerung hilft.

Die Handelsfirmen Bionatic aus Bremen und Bio Futura aus Rotterdam bieten eine breitere Auswahl. Beide haben Einweggeschirr und Verpackungen aus verschiedenen Materialien und Rohstoffen im Angebot und richten sich damit sowohl an Gastronomie und Handel wie auch an den Endverbraucher.

Bei Bionatic wählt man in den Rohstoffen zwischen klimaneutralen Polymilchsäuren (PLA), Zuckerrohr und Palmblatt, bei Bio Futura zusätzlich noch zwischen pflanzlicher Stärke, Bambus und Holz. Bionatic führt die B2B-Marke Greenbox und ist damit zu den führenden Großhändlern von nachhaltigen Verpackungen aufgestiegen.

9.3.2.4 Nachhaltige Getränke-Verpackungen

Von der österreichischen Firma Naku (für NAtürlicher KUnststoff) stammt eine kompostierbare, auch als Mehrwegflasche verwendbare Bioplastik-Flasche. Ihr Biokunststoff (PLA) besteht aus Milchsäure, auch der Verschluss ist bio. Das Produkt ist allerdings bislang für kohlensäurehaltige Getränke nur bedingt verwendbar.

Das norwegische Unternehmen Elopak bietet „Natural Brown Board"-Kartons an, eine klimaneutrale Alternative für Getränkekartons. Sie können z. B. für Milch und Säfte genutzt werden. Als Rohmaterials dienen FSC-Holzfasern, sogar der im Kern Polyethylen enthaltende Drehverschluss hat Holzanteile.

2017 wurde von Danone, Nestlé Waters und dem biobasierten Materialentwicklungsunternehmen Origin Materials ein Forschungskonsortium mit Namen Die NaturALL Bottle

Alliance gegründet, dessen Gegenstand die beschleunigte Entwicklung innovativer Verpackungslösungen aus 100 % nachhaltigen und erneuerbaren Ressourcen sein sollte. Was daraus wurde, ist etwas fragwürdig – es existieren bisher nur einige Pressemitteilungen.

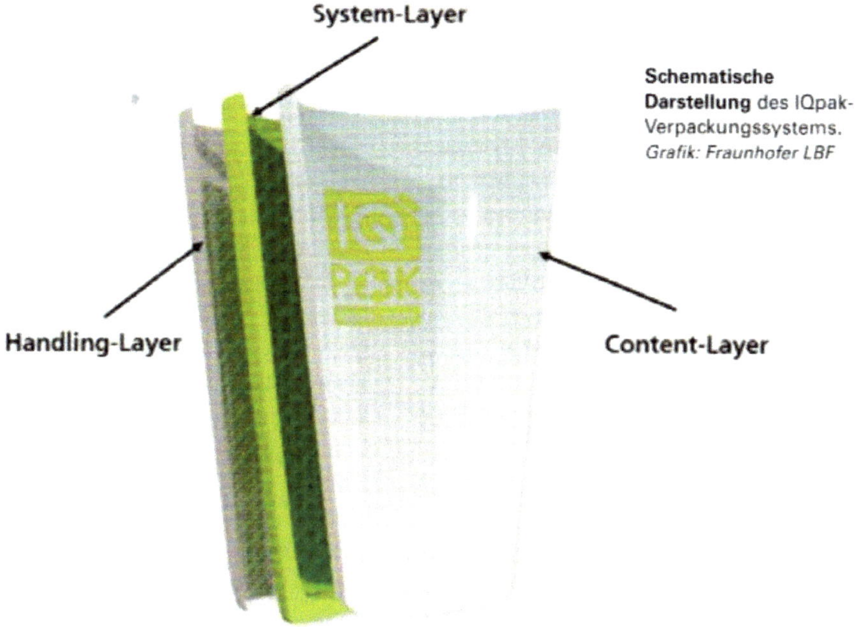

Abb. 9-5: Aufbau des Dreifachsystems IQpak: Quelle: Fraunhofer LBF

Ganz neu ist IQpak, eine Dreischichtverpackung aus Polypropylen, die die Vorteile von Mehrweg und eigenem Stoffkreislauf miteinander verbindet. Hauptelement ist der System-Layer, der Stabilität verleiht. Außen liegt der Handling-Layer, mit dem der Kunde in Kontakt kommt und der die Produktinformation enthält. Innen liegt mit dem Content-Layer eine dünne Folie auf, die das Füllgut hygienisch umschließt, s. Abb. 9-5. Nur diese Folie wird bei der Entsorgung entfernt und dem Kunststoffrecycling zugeführt, die beiden äußeren sind für den Mehrweg konzipiert. Für eine neue Befüllung wird dann nur die innere Folie ausgetauscht. IQpak hat das Potential, einen Großteil gängiger Verpackungen abzulösen und eignet sich für Getränke, Molkereiprodukte, den To-Go-Bereich etc..

9.3.2.5 Nachhaltige Verpackungen für Lieferdienste

Lieferdienste für (frisches) Essen wie Deliveroo u. a. verwenden bislang Styropor, Kunststoff, Aluminium und beschichtete Pappe als (Um-)Verpackung. Auch sie sind auf der Suche nach Alternativen.[284]

284 Deliveroo ist inzwischen in Deutschland nicht mehr aktiv.

Ecobox aus Luxemburg geht den einfachen Weg, indem sie auf ein Mehrweg-Pfandsystem für die Essenslieferung setzt. Die Behälter bestehen aus dem thermoplastischen Kunststoff PBT. Ausrangierte Ecoboxen werden recycelt und dienen so als Rohstoff für die Neuproduktion der Boxen.

Ähnliche Systeme gibt es auch anderswo, beispielsweise Revox von Recircle aus der Schweiz, s. Abb. 9-6.

Abb. 9-6: Das Markenzeichen von Rebox; Quelle: recircle.ch

9.3.2.6 Nachhaltige Kartons & Versand-Verpackungen

Standardmaterialien für den Versand sind Pappe und Wellpappe. In Deutschland produzierte Pappe ist in der Regel recycelt und erfüllt damit die Nachhaltigkeitskriterien. Auch ihre Entsorgung ist standardisiert und in Kap. 7.6, Papier/Kartonagen, beschrieben. Dass mit Ihrer Herstellung erheblicher Wasser- und Stromverbrauch verbunden ist, bleibt ein Nachteil.

Es gibt jedoch Alternativen. Zum Beispiel stellt Creapaper aus Hennef bei Bonn ein Papier und auch Kartonagen aus getrocknetem Heu her. Den Wasserverbrauch gibt der Hersteller mit nur zwei Litern pro Tonne Heu an. Gras, das kaum Lignin enthält, ist leichter zu verarbeiten als Holz, aus dem Holzzellstoff mit hohem Wasserverbrauch extrahiert werden muss.

Abb. 9-7: Die Landbox mit einer Isolierverpackung aus Stroh; Quelle: Landpack

Papacks aus Köln hat sich auf die Entwicklung von nachhaltigen Verpackungslösungen aus Faserguss spezialisiert und wirbt mit dem Slogan „Packaging by Nature“. Faserguss ist ein sehr umweltfreundlicher Werkstoff, der aus Altpapier, nachwachsenden Faserstoffen wie Heu, Stroh, Hanf oder ähnlichem Zellstoffmaterial hergestellt wird. Das Material Faserguss kann wiederverwertet werden und ist im Altpapier recycelbar. Das Beispiel Eierkartons zeigt, dass Faserguss schon länger im Alltag angekommen ist.

Auch das Unternehmen Landpack aus Puchheim bei München hat ihren Schwerpunkt in der Entwicklung, Herstellung und Vermarktung von umweltfreundlichen Verpackungen und konzentriert sich insbesondere auf den Bedarf der Lebensmittel-Versender. Als erstes Unternehmen verarbeitet Landpack Strohfasern aus der Region. Die patentierte Landbox der Abb. 9-7 ist kompostierbar, stoßdämpfend und feuchtigkeitsregulierend. Alternativ existiert eine Variante aus Hanf.

De-Pack aus dem Schwarzwald hat seit einiger Zeit sogenannte Reinpapier-Verpackungen am Markt, die durch Papierspritzguss entstehen. Die Rohmaterialen sind Industriestärke (70 %). FSC-zertifizierten Papierfasern (12 %) und Wasser, die zu einer spritzfähigen Masse zusammengerührt werden. Die weitere Verarbeitung entspricht den von den Kunststoffen her bekannten Spritzgussverfahren.

Das US-Startup Ecovative Design lässt seine Verpackungen in einer Pilotanlage wachsen, die letztlich ein Bioreaktor ist. Das Ausgangsmaterial ist ein mit landwirtschaftlichen Abfallprodukten wie Maisblättern vermischtes Pilzgeflecht (Myzellium), dessen Fasern sich miteinander verbinden und in gut einer Woche zu einer schaumartigen, aber stabilen Masse zusammenwachsen (EcoCradle). Aus dem Pilzschaum entstehen kompostierbare Flaschenverpackungen, Salatschalen, Kühlboxen und Isolationsmaterialien.

Der Onlineshop Memolife bietet die aus Recycling-Kunststoff bestehende memo Box an, die in drei Größen verfügbar ist und im Mehrweg arbeitet. Den Kunden der Firmen, die die memo Box nutzen, gehen die bestellten Waren ohne Aufpreis in stabilen grünen Kisten zu. Die kostenfreie Rückgabe erfolgt unkompliziert über einen Paketshop. Das System hat überzeugt und Preise gewonnen, u. a. den Blauen Engel.

9.4 Alternative Kunststoffe, alternatives Kunststoffrecycling

Biobasierte Kunststoffe scheinen eine attraktive Lösung des Kunststoffproblems zu sein. Es sind Kunststoffe, die auf Basis nachwachsender Rohstoffe erzeugt werden.[285] Ihre Grundstoffe sind z. B.

- Stärke und Stärkeblende,
- Cellulose,
- Polymilchsäure (PLA),
- Polyhydroxyalkanoate, insbesondere Polyhydroxybuttersäure (PHB).

285 Anders als biologisch abbaubare Kunststoffe, bei denen biogene Herkunft und biologische Abbaubarkeit nicht zwangsläufig miteinander einhergehen, zeichnen sich bio-basierte Kunststoffe durch ihre Herkunft aus nachwachsenden Ressourcen aus.

Biobasierte Kunststoffe waren die ersten industriell hergestellt Kunststoffe. Im Jahr 1869 wurde die erste Fabrik zur Herstellung von Celluloid eröffnet, einem thermoplastischen Kunststoff auf der Basis von Zellulose. Celluloid wurde für Filme, Brillenfassungen, Spielzeug und andere Anwendungen eingesetzt. Galalith wurde 1897 erfunden und ähnelt tierischem Horn. Es wurde für Knöpfe, Anstecknadeln, Gehäuse und anderes verwendet.

Ihre Wiederentdeckung ist vor dem Hintergrund zu sehen, die Abhängigkeit von fossilen Rohstoffen zu verringern und zu nachhaltigerer Wirtschaft beizutragen. Insgesamt bieten biobasierte Kunststoffe eine Alternative zu herkömmlichen Kunststoffen und tragen zur Reduzierung der Umweltauswirkungen bei, s. auch das vorstehende Kapitel 8.3, Nachhaltige Verpackung.

Biokunststoffe scheinen viele Vorteile zu haben, aber sie sind nicht das perfekte umweltfreundliche Produkt, auf das man hoffen könnte. Zum einen sind sie teurer als petrochemische Kunststoffe und kosten zwischen 20 und 100 % mehr. Zum anderen weist der ökologische Fußabdruck biobasierter Kunststoffe ein höheres Versauerungs- und Eutrophierungspotential sowie einen höheren Flächenbedarf für die Rohstoffproduktion aus und steht damit in Konkurrenz mit anderen Flächennutzungen wie Lebensmittelproduktion, Naturschutz und energetischer Biomassenutzung. Die Nutzung von Reststoffen ist in der Regel ökologisch besser, da keine zusätzliche Flächennutzung erforderlich ist.

Und schließlich ist auch das Recycling rohstoffabhängig problematisch. Biokunststoff ist meist nicht zur Kompostierung geeignet und damit das Recycling auf die bekannten Wege angewiesen. UBA kommt u. a. deshalb zu dem Schluss, dass sich die Umweltauswirkungen nicht wesentlich verbessern, wenn die Rohstoffe bio- statt fossilbasiert sind.[286]

Die Bilanz des Enzymatischen Recycling ist deutlich positiver. Bei dieser Art des Recyclings zersetzen Enzyme, die als bakterieller Katalysator wirken, den Kunststoff in seine Bestandteile. So wird etwa PET in die beiden Bausteine Terephthalsäure und Ethylenglykol zerlegt. Mit dem Enzym PHL7, das Forscher der Universität Leipzig um Chr. Sonnendeker entdeckt haben, baut sich PET-Verpackung in weniger als einem Tag ab. Dies gelang in wässriger Lösung bei Temperaturen unter 70 °C – ein deutlicher Vorteil gegenüber den energieaufwendigen chemischen Recyclingverfahren.

Enzymatisches Recycling steht vor der industriellen Anwendung. Das französische Biochemieunternehmen Carbios ist im enzymatischen Recycling aktiv und arbeitet mit Solvayin Belgien zusammen, um PET/PVDC-Barrierefolien recyceln zu können. Carbios plant mit dem Kunststoffkonzern Indorama Ventures aus Thailand den Bau einer enzymatischen PET-Bio-Recycling-Anlage in Frankreich.

9.5 Plastik-Zertifikate, Verhandlungslösungen

Für die Emission von Klimagasen hat sich die Einführung von Zertifikaten bewährt. Es läge nahe, dies Modell auch auf Plastik anzuwenden. Orientierungsgröße wäre hierbei das in Verkehr gebrachte Volumen, vom der recycelte oder auch der eingesammelte Anteil abzuziehen wäre.

286 UBA, Art. Biobasierte und biologisch abbaubare Kunststoffe.

Dass Plastik-Zertifikate funktionieren, beweist das Beispiel der NGO TonToTon mit Sitz in Kambodscha und Vietnam.[287] Ton ToTon hat sich darauf spezialisiert, Menschen und Communities zu bewegen, den Plastikmüll auch dort einzusammeln, wo es keine öffentliche Entsorgung gibt. Sie kauft privaten Sammlern den Müll ab und recycelt in eigenen Anlagen, was zu recyceln ist. Den nichtrecycelbaren Rest verkauft sie an Zementwerke zur Verrennung. Den größeren Teil der Einnahmen erbringen jedoch die Zertifikate, die Unternehmen für eine bestimmte Menge eingesammelten Mülls bei TonToTon kaufen, um ihren eigenen Plastik-Fußabdruck zu verbessern. Zu den Käufern gehören Unternehmen wie der E-Bike-Hersteller Nilox, die Kreuzfahrtgesellschaft Celebrity Cruises und Zertifizierungsagenturen.

Die privaten Sammler erhalten zwar nur kleine Beträge, die für eine ganztägige Sammlungstätigkeit 12 $ erreichen –aber das ist in Kambodscha immerhin fast so viel wie der Tagelohn eines Bauarbeiters. Die Einnahmen helfen vor allem Frauen mit Kindern, die die Müllsammlung neben der häuslichen Arbeit betreiben können. Nicht nur von daher gilt das Modell von TonToTon bisher als Erfolg.

Einen ähnlichen, aber produktorientierten Ansatz verfolgt die Wildplastiik GmbH aus Hamburg, die von Deutschland aus operiert, aber weltweit über örtliche Partner wilden Plastik einsammeln lässt, im wesentlichen LDPE, HDPE und Polypropylen von Einkaufstüten, Frischhalte- und Luftpolsterfolien. Das eingefahrene Sammelgut wird bei europäischen Partnern recycelt. Aus dem Granulat entstehen Müllbeutel, Versandtaschen und Verpackungen, für die es inzwischen namhafte Abnehmer gibt.[288]

Es sind dies Beispiele im Kleinen, und es sind wieder End-of-the-Pipe-Lösungen. Ohne internationale Vereinbarungen für die am Beginn der Kette stehende Herstellung wird es nicht gelingen, die Plastikflut einzudämmen. Die vierte Runde der UN-Verhandlungen gegen Plastikverschmutzung (INC-4), Ottawa April 2024, endete mit einigen wenigen Fortschnritten am Text eines angestrebten Abkommens und mit dem Beschluss, während der Zwischenzeit bis zur letzten Verhandlungsrunde im November 2024 in offiziellen Arbeitsgruppen („intesessional work") weiter an zentralen Fragen zu arbeiten.

F. Titze, Senior Policy Advisor des WWF Deutschland, fasste hierzu zusammen: „In Ottawa wurden zwar Fortschritte am Abkommenstext erzielt, aber die zentrale Frage, ob es verbindliche oder freiwillige Regeln geben soll, ist weiter offen. Es gibt noch viele umstrittene und teils hochpolitische Schlüsselthemen, bei denen die Staaten sich dringend weiter annähern müssen. ... Auch unter dem immensen Zeitdruck darf nicht in Vergessenheit geraten: Für die Wirksamkeit ist entscheidend, dass ein Plastik-Abkommen weltweit verbindlich geltende Regeln vorgibt, die nicht nur auf Entsorgungsfragen abzielen, sondern auch die Herstellung- und Nutzungsphasen von Kunststoffprodukten umfassen. Für problematische Plastikprodukte mit hohem Risiko die Umwelt zu verschmutzen und Risikochemikalien sind globale Verbote erforderlich. Vor den Verhandelnden liegt noch viel Arbeit und wenig Zeit dafür. ..."

Ob es je dazu kommen wird, ist offen. Es sind vor allem die Ölkonzerne und die großen Hersteller, die sich verweigern. Es war daher ein wichtiges Signal der Entschlossenheit, dass

287 Sieg, K., Nicht nur die Rosinen picken, in: vdi nachrichten vom 8. März 2024.
288 S. Wolking; Die Vision einer schönen Welt, in: vdi nachrichten, 14. Juni 2024.

die deutsche Bundesumweltministerin in Ottawa verkündete, dass Deutschland gemeinsam mit Ghana, Ecuador und Kanada zusätzlich eine Ministerkonferenz zu Plastik initiieren will, um den Verhandlungen weiteren politischen Schub zu geben.[289]

9.6 Auf dem schwierigen Weg zur Lösung: Ex- und Import von Plastik

In Kap 7.1.3, Abfallhandel, wurde die gegenwärtige Situation geschildert. Sie ist unbefriedigend, zweifellos. Zwar ist die Menge der Müllexporte aus Deutschland seit Jahren rückläufig, wie die Abb. 9-8 und die Abb. 9-9 zeigen. Jedoch ist sie immer noch hoch, und realiter wohl deutlich größer, da beide Abbildungen nur die behördlich erfassten Mengen anzeigen (und Abb. 9-8 sich auf die genehmigungspflichtigen Exporte beschränkt).

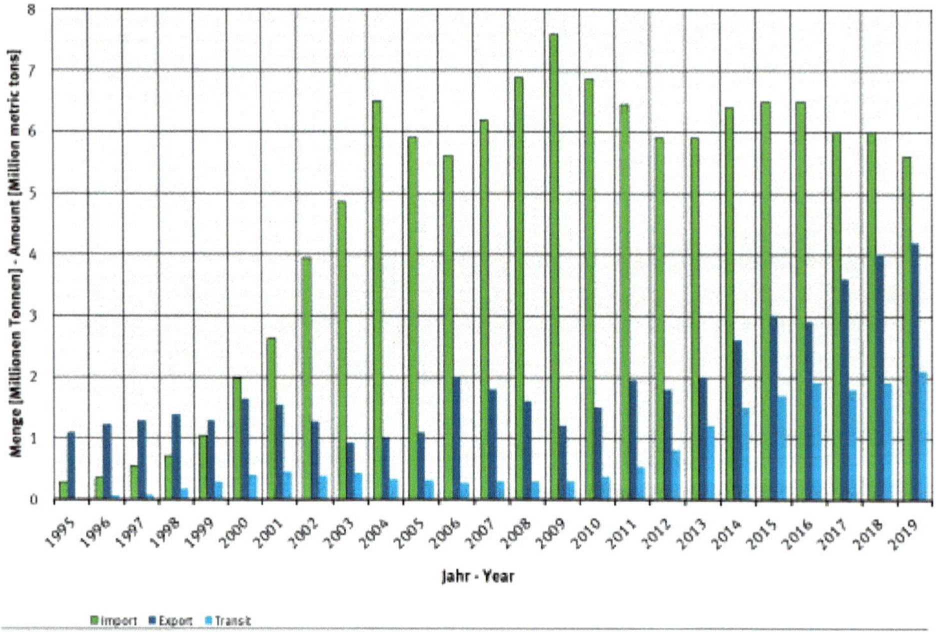

Abb. 9-8: Zeitreihe der grenzüberschreitenden Verbringung notifizierbarer Abfälle; Import rot, Export schwarz, Transit blau; Quelle: BMU

Es ist auch nicht so, dass es hier massiven Regelungsbedarf gäbe. Am 20. Juli 1995 ist Deutschland dem sog. „Basler Übereinkommen“ beigetreten, dem heute inzwischen über 180 Staaten angehören. Grenzüberschreitende Abfallverbringungen benötigen seither die Zustimmung des Ausfuhrlandes, sämtlicher Transitländer sowie des Einfuhrlandes.

289 WWF, Pressestatement zum Ende der vierten Verhandlungsrunde, 30. April 2024.

Insbesondere sollen hierdurch Staaten geschützt werden, die nicht über die notwendigen technischen Voraussetzungen für den Umgang mit gefährlichen Abfällen verfügen.

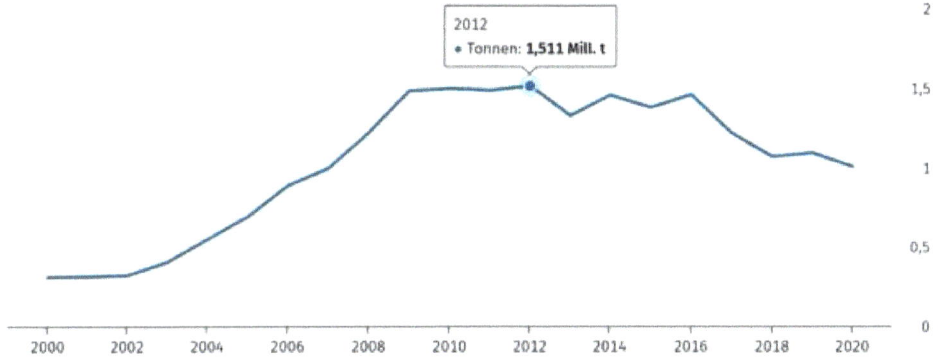

Abb. 9-9: Export von Kunststoffabfällen (Abfälle, Schnitzel, Bruch) aus Deutschland in Mio. t, Quelle: Destatis

Auf der 14. Vertragsstaatenkonferenz des Basler Übereinkommens 2020 wurde beschlossen, dass Kontrolle und Überwachung speziell bei der grenzüberschreitenden Verbringung von Kunststoffabfällen verbessert werden sollen, unter anderem, um illegalen Abfalltransporten begegnen. Hierzu bedurfte es einer Konkretisierung, welche Kunststoffexporte frei gehandelt werden dürfen (inhaltlch auf der sogenannten „Grünen Liste geführt) und für welche eine Notifizierung durch ein Genehmigungsverfahren erforderlich ist.

Der Beschluss der 14. Vertragsstaatenkonferenz wurde zum 1. Januar 2021 in der Verordnung (EG) Nr. 1013 für Deutschland umgesetzt. Im Rahmen der Umsetzung wurde die Einordnung der Kunsstoffabfälle durch Hinzufügung zweier neuer Klassen präzisiert, sodass inzwischen 6 zur Verfügung stehen, für die jeweils folgemde Zielländer und Auflagen gelten:

- EU48. Verbringung innerhalb der EU, Notifizierung,
- EU3011, grüngelistet: Verbringung innerhalb der EU, frei,
- Y48: Verbringung in oder aus Drittstaaten, Notifizierung,
- B3011, grün gelistet: für Verbringung in oder aus Drittstaaten, frei,
- AC300: Verbringung gefährlicher Kunststoffabfalle innerhalb der EU und für die Verbringung in oder aus OECD Staaten, Notifizierung,
- A3210: Verbringung gefährlicher Kunststoffabfälle in oder aus Nicht-OECD-Staaten, Notifizierung.

Lediglich die Stoffe unter B3011 und EU3011 dürfen seitdem als grün gelistete Abfälle ohne Notifizierung ex- und importiert werden; alle anderen Kunststoffeinträge unterliegen der Notifizierungspflicht.

Kunststoffabfäle können verrunreinigt sein, was nicht beliebig sein kann und soll. Deshalb wurde die Entscheidung „Notifizierung Ja /Nein“ unter den Vorbehalt der Einhaltung von Grenzwerten gestellt. Die früher unbestimmten Rechtsbegriffe „nahezu frei von

Verunreinigungen und anderen Arten von Abfällen“ und „nahezu ausschließlich“ wurden im Hinblick auf die qualitativen Ansprüche an die Kunststoffabfälle durch Zahlwerte konkretisiert, s. Abb. 9-10.

Es ist auch nicht so, dass Verstöße nicht geahndet würden. Bei der Verfolgung der Abfallverbringung gab es im Jahr 2021 z. B. 99 Verfahren. Jedoch gingen die verhängten Geldstrafen bzw. Geldbußen selten in den vierstelligen Bereich und machten in der Summe lediglich 67 050 € aus.

Die seit 2021 geltenden neuen Vorschriften für den Handel mit Plastikmüll haben so ihre (meist bürokratischen) Probleme und sie stehen oft nur auf dem Papier. „Papiertiger gegen Plastikmüll“, und sie seien schwammig und geeignete Kontrollen fehlten, heißt es gelegentlich.[290]

	Verbringung innerhalb der EU	**Ausfuhr in / Einfuhr aus OECD-Staat außerhalb der EU**	**Ausfuhr in / Einfuhr aus Nicht-OECD-Staat**
Einträge laut grüner Liste	**EU3011 und „Gemisch aus EU3011“**	**B3011 und „Geschmisch aus PE, PP und PET**	**B3011 und „Gemisch aus PE, PP und PET**
Grenzwert	6%	2%	2%
Verbringung möglich	Ja	Ja	Ja
notifizierungsbedürftig	Nein	Nein	Unter Umständen*
Nachweispflicht zum Recycling im Zielland	Nein	Nein	Ja
Kunststoffabfälle in Anhang IV der VVA	**EU48**	**Y48**	**Y48**
Verbringung möglich	Ja	Ja	Nein (Verbot)
notifizierungsbedürftig	Ja	Ja	-
Gefährliche Abfälle	**AC300**	**AC300**	**AC3210**
Verbringung möglich	Ja	Ja	Nein (Verbot)
notifizierungsbedürftig	Ja	Ja	-

*Verfahren Gemäß Verordnung (EG) Nr. 1418/2007 (Verbot, Notifizierung oder grüne Liste)

Abb. 9-10: Übersicht der Eintrge von Kunsstoffabfällen nach VVA, ALL bzw. Baseler Abkommen. Quelle: BMU

Wie die neuen Regeln umgesetzt werden sollen, ist unklar. P. Kurth, Präsident des Entsorgerverbandes BDE, beichtete von „großer Unruhe“ bei den Unternehmen. So erlaubt das in Deutschland geltende Duale System Deutschland für Abfall aus Kunststoff-Folien, z. B. Plastiktüten, 8 % Störstoffe, und für Abfälle aus Joghurtbechern bis zu 6 % Störstoffe. Sie gelten dann als „sortenrein“. Die EU-weiten Leitlinien sehen jedoch Höchstgrenzen für Störstoffe von nur 2 % vor, s. Abb. 9-10. Viele Experten halten das für technisch derzeit nicht machbar. Die Kunststoff- und Recyclingverbände in der EU haben deshalb schon

290 Holthausen, H., in: taz, e vom 12. 1. 2021.

die Fama in de Presse gebracht, der Handel mit Plastik-Recyclingmaterial könne ganz absterben. Branchenexperten sehen das zwar als Problem für die Abfallsortierer. Sie sehen aber andererseits auch, dass die neue Verordnung Anreize setzt, endlich in Europa eigene Kapazitäten für das Kunststoffrecycling zu schaffen.

Ob es dazu kommt, ist fraglich. Es sind die hohen Energiekosten und das Lohnniveau, die den Aufbau bestimmter Verwertungsstrukturen behindern, und es gibt auch die Besorgnis, dass ein Verzicht auf Kunststoffexporte z. B. nach Malaysia letztlich nur bewirken würde, dass in Deutschland dann mehr Kunststoff verbrannt und weniger stofflich recycelt wird.

Für M. Jedekhauser, bei Nabu zuständig für Kreislaufwirtschaft, sind die jetzt geltenden Sonderregeln für den EU-Raum problematisch. Die Schließung des chinesischen Marktes habe die Exporte nach Osteuropa und zur Türkei umgelenkt, und dort fehlten echte Recycling-Kapazitäten. Vielmehr häuften sich Berichte über illegale Müllkippen dort, weshalb Jedekhauser fordert, die jetzt noch legalen Exporte in diese Länder weiter einzuschränken.

Viele Experten halten nicht die Vorschriften selbst, sondern ihre Umsetzung für problematisch. Der Aufwand für die Genehmigungsverfahren sei zu groß, sodass Unternehmen sie bei fehlenden Kontrollen umgehen. Bereits im Sommer 2020 hatte die internationale Polizeiorganisation Interpol einen Bericht zu Plastikmüll veröffentlicht und gewarnt, illegale Exporte hätten in den vergangenen Jahren stark zugenommen und gefährdeten vor allem in Südostasien[291] Umwelt und Gesundheit. Zuständig für die Überwachung sind in Deutschland das Bundesamt für Güterverkehr, der Zoll und Genehmigungsbehörden der Länder, die mit bestehendem Personal auskommen müssen und offenbar überfordert sind.

Trotz verschärfter Regeln hat Deutschland auch im Jahr 2021 Kunststoffabfälle in Länder wie Holland oder die Türkei exportiert. Oder von München nach Malaysia – deutscher Plastikmüll ist an vielen Orten der Welt anzutreffen, und dass trotz neuer verschärfter „Reiseeinschränkungen“. Aus ihnen folgt, dass unsortierte oder verschmutzte, kaum recycelbare Plastikgemische vom internationalen Handel ausgeschlossen sind, wie oben schon festgestellt. Ein Ende der Exporte ist damit aber nicht erreicht. Zwar wurden 2021 laut Bundesverband der Deutschen Entsorgungs-, Wasser- und Rohstoffwirtschaft (BDE) „nur“ rund 697 000 t exportiert, was ein Minus von 32 % bedeutete. Ob dies auf die geänderte Gesetzeslage zurückzuführen ist, ist jedoch fraglich. Der Rückgang könne wenigstens teilweise auch durch vermehrte Importrestriktionen asiatischer Länder und durch die Corona-bedingte Unterbrechung der Lieferketten verursacht worden sein, wie der BDE kommentiert hat.

Die neuen Exporteinschränkungen haben jedoch schon dazu geführt, dass Müll nach Deutschland zurückgeführt werden musste. Welcher Müll illegal wohin exportiert wird und welche Abfälle zurückgeholt wurden, hat eine bundesweite Erhebung[292] für den Zeitraum 2015 bis 2020 erstmals klären können. Dafür wurden die Daten der sogenannten Rückholersuchen verwendet, die von ausländischen Behörden bei den zuständigen deutschen Ämtern gestellt wurden, nachdem deutscher Abfall nachweisbar illegal ins Ausland gelangt war. Das Ergebnis für die norddeutschen Bundesländer zeigt Abb. 9-11.

---

291 Vor allem in Vietnam, Indonesien, Malaysia, und Thailand; FAZ: Opfer der Abfallschmuggels, 18. April 2024.

292 durch NDR/Panorama 3.

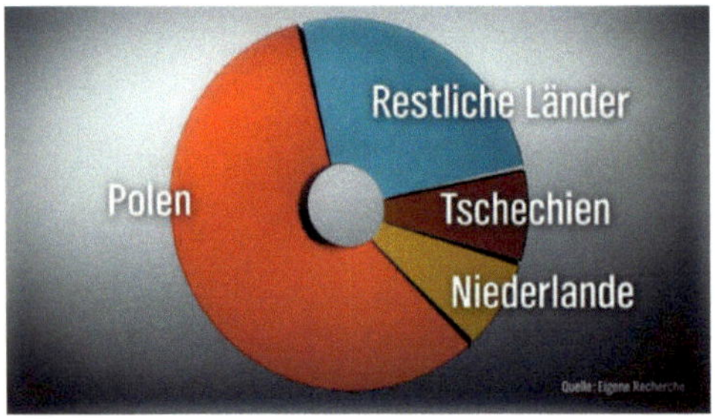

Abb. 9-11: Rückholersuchen aus dem Ausland an die zuständigen Behörden in Norddeutschland inklusive Bremen (Zeitraum 2015 -2020): Polen: 58 % Niederlande: 8 % Tschechien 8 % + Rest (u. a. Slowakei, Wales, Rumänien); Quelle: Panorama/NDR

Polen ist stark betroffen, wie auch die Abbildung zeigt. Das Land gehört mit Insgesamt 88 300 t (2021) zu den Hauptimportländern für deutschen Plastikmüll. Nun droht Polen Deutschland mit einer Klage vor dem Europäischen Gerichtshof (EuGH), wonach rund 35 Tt Plastikabfall aus Deutschland nach Angaben der polnischen Regierung illegal entsorgt wurden. Das deutsche Umweltministerium hat sich geweigert, deutschen Abfall zurückzunehmen, worauf Polen erklärte, seit Jahren Beweise zu präsentieren, in Berlin aber kein Gehör zu finden. Der Streit dauert an.

In diesem Streit wird immer wieder das westpolnische Dorf Sarbia erwähnt. Dort sollen 8 000 t Plastikmüll aus Deutschland illegal lagern. Die Bewohner beklagen, dass der Abfall das Grundwasser zu verschmutzen drohe. Wegen der original deutschen Etiketten und der Identifikationsnummern auf den Müllballen fällt der Nachweis der Herkunft aus Deutschland nicht schwer. Dennoch ist die Suche nach den Schuldigen schwierig. Ausländische Firmen bieten den deutschen Unternehmen niedrige Preise und entsorgen den Müll öfter illegal. Auch in Sarbia soll eine polnische Firma mitgewirkt haben.

Mitten im polnischen Wahlkampf beschwerte sich die Regierung in Warschau erneut und drohte, bei der EU-Kommission Beschwerde gegen Deutschland wegen angeblich illegaler Müllausfuhren aus Deutschland einzulegen. Wieder wurden die erwähnten etwa 35 000 t illegaler Abfälle aus Deutschland genannt, die Deutschland zurückzunehmen hätte.[293]

Gegen solche illegalen Exporte wollte Bundesumweltministerin St. Lemke tätig werden, wie sie in einem Interview betonte. Der Vollzug des Verbots solle zukünftig verbessert werden. Darüber hinaus wollte sich Lemke für ein „weitgehendes (generelles) Exportverbot für Kunststoffabfälle" in der EU einsetzen.[294]

Das gleiche Ziel verfolgt auch das Europäische Parlament, das Anfang 2023 einen Bericht zu den Exporten gefährlicher Abfälle verabschiedet und deutliche Verschärfungen verlangt hat, darunter einen Exportstop für Plastikabfälle innerhalb der nächsten vier Jahre. Auch der Europäische Rechnungshof hat sich 2023 eingeschaltet und insbesondere den illegalen

293 Der Spiegel, Kurzmeldungen, 26. Juli 2023.
294 D. Roth, Ab nach Malaysia – wo deutscher Plastikmüll landet, in: National Geographic, 12. Januar 2022.

Handel mit deutlichen Worten kritisiert, mit dem nach seiner Rechnung jährlich 1,5 bis 1,8 Mrd. € verdient würden.[295]

Am Ende steht trotz aller Absichtserklärungen bisher eine bittere Bilanz: Es haben sich Praktiken etabliert, den jeweils günstigsten Weg der Entsorgung finden. Das sind häufig illegale Wege. Sie aufzudecken, wäre Aufgabe der Behörden, die aber offensichtlich mit dieser Aufgabe überfordert sind oder sich sogar fürs Wegschauen bezahlen lassen. Man könnte von mafiösen Strukturen sprechen, die sich hier herausgebildet haben. Auch die Mafia selbst verdient durch illegale Geschäfte im Agrarsektor. Vor allem der Müll, und speziell der giftigste, wirft seit Jahrzehnten hohe Gewinne für das organisierte Verbrechen ab.[296] Die Camorra soll in einem als „Feuerland" verschrienen Gebiet bei Caserta nahe Neapel Millionen Tonnen oft giftiger Industrieabfälle verbrannt haben. Von Arsen und Asbest ist die Rede, von Schwermetallen und Lösungsmitteln. In Norditalien sind Experten auf der Suche nach vergrabenen und später zubetoniertem Giftmüll.

Was könnte helfen? Ein vollständiges Verbot aller nationalen Exporte wird gelegentlich diskutiert, also auch der Produkte und Stoffe der „Grünen Liste." Das widerspricht leider einer grenzfreien EU und jeder marktwirtschaftlichen Vorstellung von Wirtschaft. Hinzu kommt, dass die deutsche Recyclingbranche für die dann anfallenden Mengen nicht gerüstet ist. Im Bereich des Möglichen liegen strengere und systematische, nicht auf Stichproben beschränkte Kontrollen; und vor allem: deutlich höhere Strafen und Bußgelder.

9.7 Baustoffe

Auch bei den Baustoffen zeigen sich zukunftsweisende Entwicklungen. An erster Stelle stehen die natürlichen Baustoffe, die sich im Sinn von craddle-to-craddle zurückführen lassen.

9.7.1 Holz - natürlicher Baustoff für ökologisches Bauen

Holz ist ein exzellentes Beispiel: Man kann es nach der Verwendung als Baustoff wiederverwenden, zur CO_2 neutralen Wämeerzeugung nutzen oder (am Ende) gar kompostieren. Das ist echtes Recycling (bzw. Downcycling nach Mehrfachgebrauch).[297]

Um dies sicherzustellen, darf allerdings Holz nicht mit den üblichen Holzschutzmitteln und Pestiziden behandelt worden sein und auch kein Verbundwerkstoff sein. Es sollte (und kann) regionaler Herkunft sein, um den integralen ökologischen Fußabdruck klein zu halten. Holz wird seit Jahrtausenden als Baustoff verwendet, zeichnet sich im Gegensatz zu Stahl oder Beton durch eine gewisse Leichtigkeit aus und ist dennoch sehr belastbar, schnell montiert und weist hervorragende Wärmedämmeigenschaften auf. Holz erzeugt zudem ein angenehmes Raumklima und vermittelt im privaten Bereich wohltuende Behaglichkeit.

---

295 Th. A. Friedrich, Grenzen dicht für illegale Mülltransporte, in: vdi+, Technik & Wirtschaft, 10. Februar 2023.

296 Berichtet wird von jährlich 9,5 Mia. Euro Gewinnen durch kriminelle Machenschaften, FAZ: Opfer der Abfallschmuggels, 18. April 2024.

297 [271]VELUX Deutschland GmbH (Hg), Velux-Magazin.

Abb. 9-12: Holzhaus DARLA, 180 qm; Quelle: pineca.de

Holzhäuser gibt es heute von der Stange bei vielen Herstellern. Länger schon sind Holzhäuser als Eigenheime üblich, s. Abb. 9-12; sie sind deutlich preiswerter, da sie i. A. in Fertigbauweise entstehen.

In Bad Endorf / Chiemgau wurde eine außergewöhnliche (und etwas gewöhnungsbedürftige) Holzhaus-Siedlung in ökologischer Passivhaus-Bauweise errichtet, s. Abb. 9-13. Auftraggeber war eine Personengruppe, die eine „aktive Nachbarschaft" pflegen will und zugleich eine individuelle Lösung für das eigene Haus haben wollte. In jedem Fall ist das Projekt eine begrüßenswerte Alternative zur typischen uniformen Einfamilienhaussiedlung.

Abb. 9-13: Holzbau Siedung in Bad Endorf, Teilansicht; Quelle: Z. Greenhome, Verlag BT

Holzhaussiedlungen sind heute nicht mehr so selten. Die größte zusammenhängende Holzbausiedlung Deutschlands hat München-Oberföhring mit 566 Wohnungen in Holz oder Holzhybridbauweise. Auch hier gibt es unterschiedliche Gebäudetypen, einige Häuser erreichen 7 Stockwerke. Das ca. 30 Hektar große Gelände der ehemaligen Prinz-Eugen-Kaserne wurde in einer gemeinsamen Initiative von Baugemeinschaften, Genossenschaften, städtischen und freien Bauträgern erschlossen und bebaut.

In Hamburg ist gerade das höchste Holzhaus Deutschlands entstanden, s. Abb. 9-14.[298] Es ist Teil der Neubesiedlung in der Hamburger Hafencity. 65 m hoch ist dieses Holzhaus mit 19 Stockwerken und dem englischen Namen „Roots“. Die Grundsteinlegung war im September 2021. Nicht alles am Gebäude ist Holz. „Alle Holzgebäude, die heutzutage gebaut werden, fangen im Untergeschoss mit Beton an“, erklärt B. Pielmeier, der Projektleiter beim Bau des Holzhochhauses. Bis ins zweite Stockwerk ist das Hochhaus in der Hafencity mit Beton gebaut, auch die Treppenhaus-Kerne kommen nicht ohne Beton aus. Erst im Sommer 2022 kam das Holz zum Einsatz, als es an das dritte Obergeschoss und die weiteren Stockwerke ging.

Bei einem Gebäude-Ensemble auf Holz zu setzen, macht das Projekt teurer. Der Holzbau wird etwa 12 % teurer als ein vergleichbares Gebäude aus Beton. Das liegt aber nicht – wie man vielleicht denken könnte – an den Kosten für das Baumaterial Holz. Vielmehr sind es zusätzliche Vorschriften, die den Investoren zu schaffen machen. „Es gibt noch sehr wenig Erfahrung mit dem Holzbau in Deutschland“, sagt F. von Köppen. „Seitens der Berufsfeuerwehren und der Behörden gibt es deshalb zusätzliche Forderungen, die wir erfüllen müssen, um mangels Erfahrungen auf Nummer sicher zu gehen“. So mussten beispielsweise beim „Roots“ statt einer – wie es üblich ist – gleich zwei Sprinkler-Anlagen eingebaut werden. Das treibt die Kosten die Höhe.

Abb. 9-14: So sollte das Hochhaus „Roots“ in der Hamburger Hafencity am Ende aussehen. Quelle: Marc-Oliver Rehrmann und Klaas-Wilhelm Brandenburg, NDR

Auch in Frankfurt entsteht ein vergleichbares Projekt, ein 31 Meter hohes Gebäude, s. Abb. 9-15. Es besteht vom ersten Obergeschoss an zur Hälfte aus Fichte.

Es muss nicht gleich das ganze Gebäude sein. Auch Komponenten leisten ihren Beitrag. Holz kann u. a. im Dachstuhl, in der Fassadenverkleidung, im Fußboden, in Türen sowie in der Treppe ins Dachgeschoss verbaut werden. Abb. 9-16 zeigt die Verwendung von Holzschindeln im Dach.

298 Marc-Oliver Rehrmann und Klaas-Wilhelm Brandenburg, NDR, 2022.

Abb. 9-15: Hybrid-Hochhaus in Frankfurt mit versteckter Innovation: Von außen sieht man dem Gebäude an der Europaallee seine besondere Konstruktionsweise nicht an; Quelle: Lucas Bäuml

Sogenanntes zirkuläres Bauen hat sich zum neuen Schlagwort der Baubranche entwickelt. Es stützt sich zu großen Teilen auf nachwachsende Rohstoffe. Holz steht dabei im Zentrum der Entwicklung, wie die Holzbaustrategie des Hamburger Senats von 2020 beweist.[299]

Abb. 9-16: Auch das Dach nutzt Holzschindeln und präsentiert dabei eine besondere Optik. Quelle: Velux

Alternativ zum Holz kann auch Stroh verwendet werden, oft in Kombination mit Holz, wie im Beispiel der ersten Strohballenhaus-Siedlung der Schweiz im zürcherischen Nänikon. Dort galt es zuerst, die Strohbauform zu definieren. Einfamilien- oder Reihenhäuser hatten die beauftragten Architekten schon in lasttragender Bauweise realisiert. Bei dieser Konstruktionsart übernehmen gepresste Strohballen nicht nur die wärmedämmende Funk-

299 Fromm, L., Zirkuläres Bauen erhält Aufwind, in: vdi nachrichten, 14. Juli 2023.

tion, sondern auch die statische: Das Gewicht des Daches wird über sie abgeleitet. Der Wandaufbau gleicht einem Einsteinmauerwerk, bei dem jedoch gepresste Strohballen die Backsteine ersetzen. Um die baurechtlichen Vorgaben in kurzer Zeit leichter zu erfüllen, fiel im vorliegenden Fall die Wahl auf einen Holzbau mit Stroh als natürlicher Wärmedämmung, s. Abb. 9-17.

Die tragende Struktur bilden dabei vorgefertigte Holzmodule, die mit Strohballen gefüllt sind. Tatsächlich ist das günstige Stroh aufgrund der geringen Wärmeleitfähigkeit ein idealer Dämmstoff: Sein Lambda-Wert liegt mit 0,045 bis 0,06 W/mK nur unwesentlich höher als derjenige weitaus teurerer Steinwolle (0,040 W/mK). Das atmungsaktive Stroh trägt zudem zum guten Wohnraumklima bei. Im Vergleich zu konventionellen Baustoffen, die teils in sehr aufwendigen Verfahren produziert werden, steckt in Strohballen aber auch viel weniger graue Energie, also die Energie, die für Herstellung, Transport, Lagerung, Verkauf und Entsorgung eines Produkts benötigt wird. Der entsprechende Energieaufwand ist bei lokal produzierten Strohballen sehr niedrig. Und schließlich: Stroh fällt beim Getreideanbau sowieso an. Indem es als Baustoff genutzt wird, kommt ein landwirtschaftliches Nebenprodukt zu einer sinnvollen Verwendung.[300]

Abb. 9-17: Monteure arbeiten am Dorf im Dorf: Mitten in der Zürcher Landgemeinde entsteht aus den vorgefertigten Holzmodulen, die mit Strohballen gefüllt sind, eine kompakte nachhaltige Siedlung. Quelle: Baublatt, Docu Media Schweiz GmbH (zvg)

300 Aus: G. Diezl, Strohballenhaus-Siedlung in Nänikon; in: Baublatt, 20. April 2020

9.7.2 Neue Wege beim Beton

„Wenn wir mit Holz bauen, können wir den Rucksack der Treibhausgas-Emissionen um die Hälfte reduzieren – mehr aber auch nicht“, machen die Experten für nachhaltiges Bauen deutlich. Denn auch bei größeren Holzbauten wird noch viel Beton und anderes klimaschädliche Material verwendet.

Beton ist einer der größten Treiber des Klimawandels. Beim Brennen des Kalksteins werden unvermeidlich große Mengen an CO_2 freigesetzt, mit der Folge, dass fast 8 % der weltweiten Treibhausgas-Emissionen auf die Zement-Herstellung zurückgehen.

Es gibt aber auch eine gute Nachricht: Auch in der Beton-Industrie tut sich etwas in Sachen Klimaschutz. „Schon heute ist es möglich, bei der Beton-Herstellung die CO_2-Emissionen um 30 Prozent zu senken“, sagt Chr. Lemaitre[301]. Am besten ist es aber aus der Sicht der Experten, Beton in möglichst großem Umfang einzusparen. Indem man zum Beispiel bestehende Gebäude in Innenstädten nicht abreißt und durch Neubauten ersetzt, sondern sie modernisiert und gegebenenfalls aufstockt. Davon muss man allerdings die Investoren erst überzeugen, die sich gerne mit Neubauten des gerade letzten Stils schmücken wollen.

Bei Neubauten wird es möglich sein, im großen Stil Beton einzusparen. So entsteht in den kommenden Jahren – in unmittelbarer Nachbarschaft zum Holzhochhaus „Roots“ in der Hamburger Hafencity ein besonders nachhaltiges Wohngebäude. Weltweit zum ersten Mal kommt dort Gradientenbeton zum Einsatz. „Das ist so eine Art Luftschokolade“, sagt der zuständige Architekt. Ziel ist, den Material-Einsatz bei Beton-Bauteilen deutlich zu senken. Die Einweihung des Unikats soll im Jahr 2025 erfolgen.

Der Begriff Gradientenbeton leitet sich vom Verb „gradieren“ ab. Das heißt so viel wie „gradweise abstufen“, auch „in Grade einteilen“ und bezieht sich auf die innere Struktur des Betons. Während zum Beispiel Decken und Wände aus Normalbeton durchgängig homogen aufgebaut sind, verändert sich beim Gradientenbeton die Zusammensetzung des Materials im Bauteilinneren. Bereiche mit fester und dichter Struktur gehen dann fließend in deutlich leichtere, porösere Zonen über.[302]

Diese stufenlose Änderung der Porosität hat Vorteile. Man kann die Materialeigenschaften im selben Bauteil an die Belastung anpassen. In Zonen besonders hoher Traglast kann man sich für eine dichte Struktur entscheiden, in anderen Bereichen dagegen hohe Porosität wählen, damit auch das Gewicht reduzieren und die Dämmung erhöhen, s. Abb. 9-18. Weniger Beton pro Einheit bedeutet zugleich auch die Verringerung des Aufwandes für das am Ende der Lebensdauer anstehende Beton-Recycling.

301 Christine Lemaitre ist die Geschäftsführerin der deutschen Gesellschaft für nachhaltiges Bauen.

302 Fraunhofer Institut für Bauphysik, Leitfaden Leichtbau.

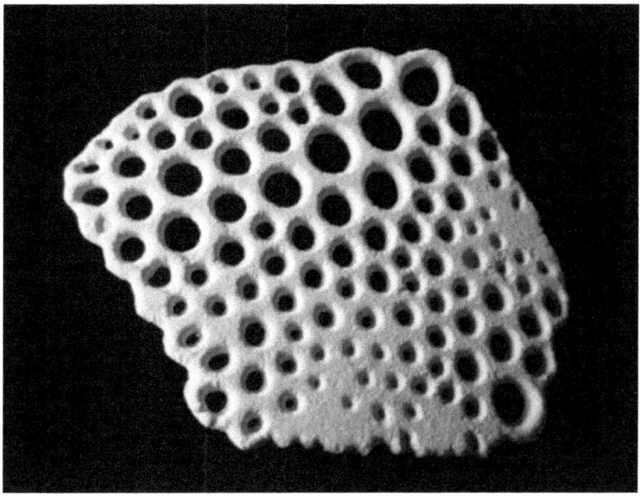

Abb. 9-18: Materialaufbau beim Gradientenbeton: Quelle: 2020 Studio Werner Sobek GmbH

Es gibt noch weitere Initiativen, den Einsatz von Beton zu ökologisieren. Zement wird klassischerweise in großen Drehrohr-Öfen bei Temperaturen um 1450 °C gebrannt. Der Ersatz fossiler Brennstoffe durch zum Beispiel „grünen Wasserstoff" ist eine solche Möglichkeit, die CO_2-Bilanz zu verbessern. Wohlgemerkt: Verbessern. Denn die CO_2-Freisetzung aus der Spaltungsreaktion des Kalksteins ist prozessinhärent und nicht vermeidbar. Und CO_2-neutraler aus Öko-Strom hergestellter Wasserstoff ist nicht nur teuer, sondern bis auf Weiteres in großen Mengen nicht verfügbar.

Auch der Einsatz von Rohstoffen, die bei der Verarbeitung mit niedrigeren Temperaturen auskommen, ist eine Möglichkeit der Verbesserung. Wissenschaftler des Schweizer Forschungszentrums Empa halten Zement aus Calciumsulfoaluminat (CSA) für einen vielversprechenden Kandidaten.[303] Der CSA-Zement kommt mit einer 200 Grad niedrigeren Brenntemperatur aus. Schon das führt zu einem reduzierten Ausstoß an Kohlendioxid. Eine noch größere Auswirkung hat aber, dass der Anteil von Kalkstein in CSA-Zement geringer ist. Beides zusammen bewirkt, dass die Herstellung einer Tonne CSA-Zement im Vergleich rund 200 kg CO_2 einspart.

Möglicherweise lässt sich Zement aber auch ganz anders und ohne das Brennen von Calciumkarbonat herstellen. Forscher des Massachusetts Institute of Technology (MIT) wollen den Kalkstein über Elektrolyse in Calciumhydroxid umwandeln und dann diese Form des Rohstoffs als Ausgangspunkt der Zementherstellung zu wählen. „Grüner Strom" würde dann die gesamte Produktion CO_2-neutral machen.

Die erwähnten Schweizer Forscher haben noch eine weitere Idee. Sie schlagen eine neue Zementart vor, die sogar eine negative Kohlendioxid-Bilanz hat. Ihr „Öko-Zement" nutzt als Rohstoff das vor allem im Mineral Olivin enthaltene Magnesiumsilikat. Bei der Produktion benötigt Magnesiumsilikat mehr Kohlendioxid als beim Brennen wieder

303 Lossau. N.: So soll Beton zum Klimaschützer werden, Z. Die Welt 2022.

freigesetzt wird. Voraussetzung ist allerdings eine ausreichende Verfügbarkeit des Rohstoffs Olivin. Wirtschaftlich gewinnen lässt es sich nur dort, wo es vom Vulkanismus aus dem Erdmantel an die Oberfläche getragen wurde.

Eine andere, recht neue Möglichkeit besteht darin, den Beton auf seine Hauptaufgabe der tragenden Struktur zu konzentrieren und damit die verwendete Menge an Beton deutlich zu reduzieren.

Erst die Wand und dann das Betontragwerk als verlorene Schalung herzustellen, ist in der Tat ein Weg, das Hauptmaterial der Wand frei und möglichst ökologisch zu wählen. Das geht dann auch mehrgeschossig und z. B. mit Hanf oder Blähglas als Wandmaterial, wie es der Entdecker des „Hanfbetons", der Warburger Kohlschein, gezeigt hat und in seiner seit 2020 gegründeten Kohlschein Modulbau GmbH unter Mitwirkung von J. Otto, Professor für Baubetriebsweisen an der TU Dresden, umsetzt. Das erste Gebäude seiner zum Patent eingereichten Machart wurde Ende 2023 errichtet.[304]

Nachzutragen ist noch eine ungewöhnliche Idee: Nach dem Verzehr des Inneren wandern Austernschalen in der Regel in den Müll, speziell in Frankreich in großen Mengen. Der Designerin M. Srisurayotin stößt diese Ansammlung von Abfall auf, weshalb sie eine Wiederverwendung der Muscheln als Hauptbestandteil von nachhaltigem Beton entworfen und erfolgreich getestet hat.[305]

9.7.3 Kreislaufwirtschaft bei Baustoffen und Design

Das mehrfach preisbedachte Münchner Startup HOPFON entwickelt kreislauffähige und klimaneutrale Baumaterialien aus Abfällen der Landwirtschaft. Die Bauindustrie steht nach Darstellung der Gründer für 40 % des weltweiten CO_2-Ausstoßes, 50 % des globalen Ressourcenverbrauchs und 40 % des globalen Abfallaufkommens. Zugleich werden nur etwa 20 % der jährlichen Hopfenernte für die Bierproduktion verwendet, während der große Rest als Abfall entsorgt wird. Um den ökologischen Fußabdruck dieser beiden Branchen zu reduzieren, wurde HOPFON gegründet, deren Geschäftsidee es ist, biobasierte Baustoffe aus Fasern der Hopfenpflanze zu gewinnen. Den Materialkreislauf gibt Abb. 9-19 wieder.

Für das Jahr 2024 sind erste Umsätze mit Pilotkunden und daraufhin der Markteintritt mit Akustikpaneelen im Bereich Schalldämmung geplant. In fünf Jahren möchten soll ein skalierbares Geschäftsmodell etabliert sein, das aus einer Mehrzahl landwirtschaftliche Abfälle (also nicht nur aus Hopfenabfall) neue Baumaterialien im Sinne eines Upcyclings herstellt und vertreibt, greifbare Mehrwerte für Menschen und Umwelt erzielt und nachweislich dabei hilft, über die Grenzen Deutschlands hinaus CO_2-Emissionen zu reduzieren.[306]

Kreislaufwirtschaft in größeren, nicht nur auf spezielle Baustoffe bezogenen Ansätzen findet sich auch in der Bau- und Städtearchitektur. Die intelligente Klimaarchitektur ist

---

304 Kohlschein ist für die Architektur ein Quereinsteiger und im Hauptberuf Bierbrauer, der das bekannte Warburg in der 10. Generation gemeinsam mit seinem Cousin produziert, wie die vdi nachrichten berichten, s. Jordanova-Duda, M., Bauwerke aus Hanf und Beton, in: vdi nachrichten, 9. Februar 2024.

305 ntv, 26. Oktober2024.

306 mint Magazin, Bauen statt Brauen, in: Mint, Februar 2023.

hier ein Beispiel, wie sie die Freo-Gruppe zusammen mit der ETH Zürich entwickelt hat. Sie ist ein minimalistisches Konzept, bei dem emissionsverursachende Komponenten wie Heizung, Lüftung, Kühlung weggelassen und durch hohe thermische Massen, natürliche Materialien und intelligente Regelungstechnik ersetzt werden. Der hohe Anteil natürlicher Baustoffe und die sparsame Verwendung klassischer Technik führen zu besseren Ergebnissen beim Recycling und erheblich geringeren Kosten bei Investition und Betrieb.[307]

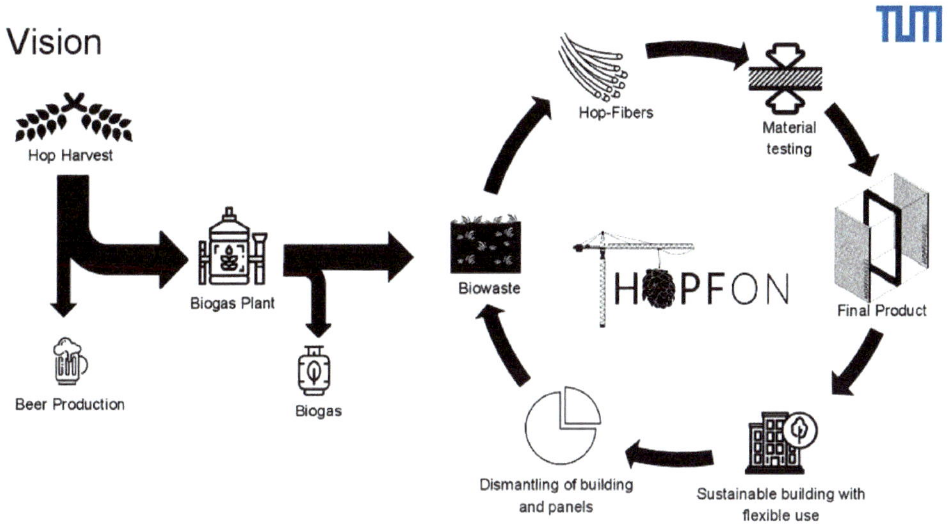

Abb. 9-19: Baumaterialien aus landwirtschaftlichem Abfall bei Hopfon; Quelle TUM 15. Juli 2022

9.7.4 Kritische Stimmen

Zu den neueren Ergebnissen gehört auch, dass sich zu Beginn des Jahres 2024 für den Bausektor Kritik an überzogenen Erwartungen an das Recycling eingestellt hat. „Die Diskussion um Recycling von Baustoffen sorgt uns, weil die Möglichkeiten des Recyclings in der Öffentlichkeit stark überschätzt werden" ist der Tenor.[308] Es geht einerseits um die Mengen: Allein in Bayern werden jährlich 150 Mio. t Rohstoffe benötigt, an Bauschutt stünden jedoch nur 15 Mio. t zur Verfügung. Und von diesen 15 Mio. müssten noch etwa 40 % aus technischen und Umweltschutzgründen aussortiert werden.

Hinzu kommen weitere Aspekte: Die Akzeptanz für die Errichtung von Recyclinganlagen sei nur selten vorhanden, die Aufbereitung sei aufwändig und einschließlich der zu berücksichtigenden Transportwege kaum nachhaltig und insgesamt preislich nicht konkurrenzfähig im Vergleich zu den Primärrohstoffen. Die Transportkosten sind offenbar ein besonders kritisches Element. Sie sind häufig höher als die Kosten der Gewinnung

307 H. Leser und V. Göswein, Klimaarchitektur senkt die Kosten, in: FAZ vom 2. Februar 2024.
308 G. Fetzer, Präsident des Bayerischen Industrieverbandes Baustoffe, Steine und Erden, in: Bauschutt wird zum Preistreiber; Z. FAZ vom 24. Januar 2024.

und Aufbereitung und wiegen wegen der größeren Entfernungen zu Orten des Recyclings besonders schwer. Bei Baustofftransporten gibt es nach dem Verband einen kritischen Radius von 50 km, bei dessen Überschreitung die Transportkosten die Kosten für die Rohstoffe übersteigen.

Vor dem Hintergrund der allgemein gestiegenen Baukosten kann sich Recycling also als ein weiterer Preistreiber erweisen. Ein Schluss legt jedenfalls nahe: Recycling muss vor Ort erfolgen. Dass dies möglich ist, kann man bei der Reparatur von Autobahnen live beobachten.

Zu den kritischen Einstellungen gehört auch die Skepsis der öffentlichen Hand. Sie schließt in ihren Aufträgen, etwa im Straßenbau, die Verwendung von Recyclingmaterial häufig aus, z. B. mit der Begründung nicht ausreichender Erfahrungswerte. Bei einer neuen Straße, die 50 Jahre halten muss, kann man das zwar nachvollziehen, jedoch entsprechen solche Einwendungen nicht dem erreichten Stand der Technik, sondern reflektieren eher nur die Ängste, Neuland zu betreten.[309]

9.8 Pflanzenkohle

Biomasse kann über Pyrolyseanlagen zu Pflanzenkohle und Pyrolyseöl umgewandelt und sequestriert werden. In der Pyrolyse wird organisches Material (Rest- oder Abfallstoffe aus der Forst- und Landwirtschaft, Holzverarbeitung, Nahrungsmittelherstellung) unter Luftabschluss bei mindestens 400 Grad Celsius behandelt. Es entstehen Pyrolysegase und die besagte Pflanzenkohle in der Form tiefschwarzer, leichter und poröser Krümel, s. Abb. 9-20.

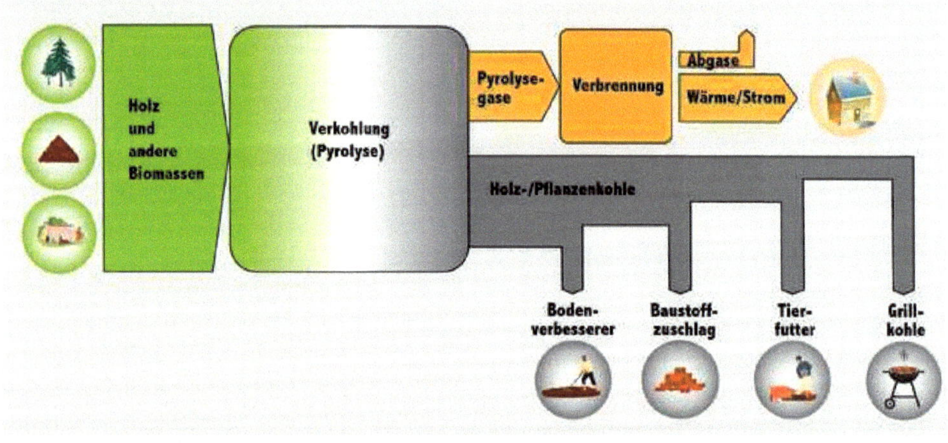

Abb. 9-20: Verfahren zur Herstellung von Pflanzenkohle, Prinzip; Quelle: Grafik PyroChar-Schlussbericht

309 Jansen, J., Bauschutt für den Straßenbau, in: Z FAZ vom 17. August 2023.

Knapp die Hälfte des im Material gespeicherten CO_2 wird bei der Pyrolyse wieder frei, die andere Hälfte verbleibt gespeichert in der Pflanzenkohle. Insgesamt ist der Prozess also eine CO_2-Senke, s. Abb. 9-21.

Pflanzenkohle kann in der Landwirtschaft zu verschiedenen Zwecken eingesetzt werden (Zusatz in Dünger, Futter, Einstreu oder Kompost). Pflanzenkohle ist jedoch selbst kein Dünger, sondern vor allem ein Trägermittel für Nährstoffe sowie ein Habitat für Mikroorganismen. Beides muss extern zugeführt werden, bevor die Kohle in den Boden eingebracht wird. Pflanzenkohle ist sehr stabil und bleibt im Boden mehrere hundert Jahre lang erhalten. Ein Teil des Kohlenstoffs wird damit längerfristig dem Kreislauf entzogen. Das Verfahren ist empfindlich und bedarf zur sicheren Vermeidung von Schadstoffen der Zertifizierung (Europäisches Pflanzenkohle Zertifikat).

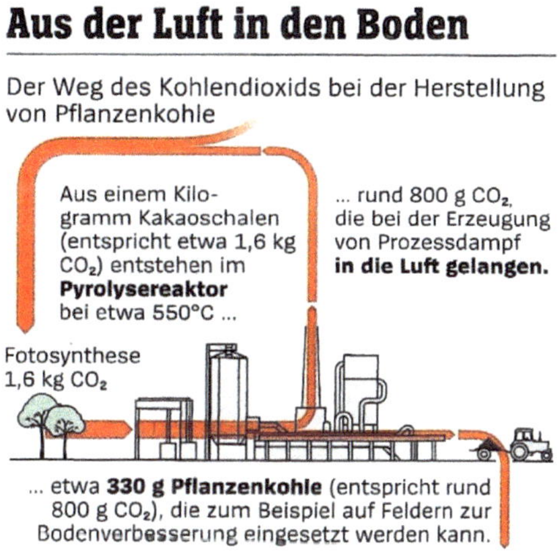

Abb. 9-21: CO_2-Bilanz bei der Herstellung von Pflanzenkohle; Quelle IWB, Circular Carbon

Pflanzenkohle ist auch in de Bauwirtschaft verwendbar. Man kann sie z. B. bei der Betonherstellung dem Zement beimischen. Forscher der Schweizer EMPA haben einen Zement entwickelt, der 20 % Pflanzenkohlepellets enthält und zementgleiche Eigenschaften hat.[310]

Nach schwierigem Anlauf – die Grundzüge des Verfahrens sind schon länger bekannt – wurden 2020 27 Produktionsstätten in acht Ländern zertifiziert. Für 2021 lagen Zertifizierungsanträge für über 60 Betriebe mit einer Produktion von über 40 000 t/a Pflanzenkohle vor. Die Branche professionalisiert sich und hat mit dem EBI (European Biochar Industry) einen eigenen Industrieverband und auch nationale Fachverbände (Deutschland, Österreich, Schweiz) gegründet, die Industrie, Wissenschaft, Naturschutz und Interessengruppen miteinander verbinden. Gleichzeitig werden die gesetzlichen Rahmenbedingungen schrittweise klarer.

310 Z. Der Spiegel, Krümel fürs Klima, 20. Januar 2024.

9.9 Vom Abfall zum 3D-Druck

Produktionsrückstände fallen in Industrie und Landwirtschaft täglich in großen Mengen an. Substanzen sind etwa Spreustroh, Erodierschlämme, Papierstäube, Holzmehl, Obstkerne, Muschelkalk oder auch Shrimps-Schalen. Bisher werden sie häufig deponiert oder „energetisch verwertet" – also verbrannt. Deutlich nachhaltigere Lösungen suchen Forscher aus Sachsen. Ihr Ziel ist, die Reststoffe einsammeln, aufbereiten und mit verschiedenen 3D-Druck-Verfahren in neue Produkte umwandeln.[311]

Das Projekt heißt SAMSax (Sustainable Additive Manufacturing in Saxony). Involviert sind die TU Chemnitz, die TU Dresden sowie die TU Bergakademie Freiberg. Das Land stellte für das Projekt insgesamt 1 Mio. € zur Verfügung.

SAMSax soll im Wesentlichen aus drei Elementen bestehen. Element 1 ist eine kostenfreie Wissensmanagementplattform. Es soll sich eine Community bilden, in der sich sächsische Unternehmen untereinander und mit den Forschungspartnern vernetzen.

Element 2 ist eine Datenbank. Unternehmen werden hier dabei unterstützt, ihre Reststoffe zu qualifizieren und zu quantifizieren. Dazu ist auf der Webseite von SAMSax (Samsax.de) ein schnell und einfach auszufüllendes Formular hinterlegt.

Element 3 ist in Freiberg schon als Reallabor in Betrieb. Es werden hier sowohl Materialien als auch Maschinenkonzepte getestet und erste Produkte hergestellt. Die Forscher haben beispielsweise aus Spreustroh und Miscanthusgras individuell angepasste Verpackungen gedruckt und dabei ermittelt, dass das leichte Material bessere Dämm- und Dämpfungseigenschaften als Styropor besitzt und dass sich benutzte Teile problemlos schreddern und wiederverwerten lassen. Weitere Produkte, die hergestellt wurden, sind Architekturmodelle, Theaterkulissen, Akustikabsorber etc. Der Fantasie sind offenbar keine Grenzen gesetzt.

Denkbar ist sogar die Herstellung von langlebigen Produkten. Dazu werden die Bauteile nach dem Druckprozess mit speziellen Harzen infiltriert. Es können perspektivisch sogar Guss- oder Laminierformen entstehen.

In Form gebracht werden die unterschiedlichen Reststoffe vor allem mit der Binder-Jetting-Technologie. Dabei wird das Grundmaterial zunächst fein gemahlen, sodass sich Partikelgrößen ≤ 300 µm ergeben. Das Pulver wird in dünnen Schichten im Bauraum verteilt. Anschließend wird von oben ein Bindemittel mit Druckdüsen gezielt dort aufgebracht, wo festes Material entstehen soll. Schicht für Schicht entsteht so das Bauteil. Ein Vorteil der Technologie ist eine gute Auflösung (also eine hohe Detailgenauigkeit). Außerdem ist sie skalierbar: Die Zahl der Druckköpfe lässt sich relativ leicht erweitern, der Durchsatz kann also schnell erhöht werden. Der Volumenanteil des Bindemittels im fertigen Bauteil liegt bei lediglich 10 % bis 15 %. Anwendbar sind alternativ die Pasten-Extrusion oder das FFF Verfahren (Fused Filament Fabrication), das den Baustoff über einen aufschmelzenden Materialdraht zuführt. Die Hardware der Freiberger ist weitgehend handelsüblich und wird ggf. dem Zweck angepasst.

Die verwendete Software muss dem besonderen Einsatzzweck genügen, was für die Konstruktion der Teile mithilfe klassischer CAD-Programme gut gelingt, beim sogenannten

311 St. Asche, 3D-Drucker verwandeln Abfall in Bauteile, in: vdi nachrichten, 10. Februar 1923.

Slicing, also der digitalen Darstellung der einzelnen Druckschichten, jedoch die individuelle Abstimmung auf das jeweilige Material erfordert.

Oberstes Ziel der Forscher ist es, eine möglichst nachhaltige Produktion aufzubauen. Deshalb werden auch nur lokal anfallende Reststoffe genutzt. Prof. Zeidler von der Bergakademie Freiberg meint dazu: „Es macht keinen Sinn, Shrimps-Schalen um die halbe Welt zu transportieren, um daraus in Sachsen vermeintlich umweltfreundliche Produkte herzustellen." Bei allen eingesetzten Materialien müsse abgewogen werden, ob die Verwertung im 3D-Drucker ökologisch und ökonomisch sinnvoll sei. „Vielleicht ist manchmal eine Nutzung in Biogasanlagen eher angeraten. Aber die additive Fertigung bietet ein enormes Potenzial, das wir ausschöpfen möchten."[312]

9.10 Recyclingfortschritte bei Lithium-Ionen-Batterien

Am 10. Juli 2023 hat der Europäische Rat die neue EU-Batterieverordnung angenommen, mit der die Nachhaltigkeitsvorschriften für Batterien und Altbatterien aller Art, also auch für Lithium-Ionen-Batterien, verschärft werden. Die neuen Vorschriften zielen darauf ab, eine Kreislaufwirtschaft für den Batteriesektor zu schaffen und die europäische Versorgungskette mit Batterien als Schlüsseltechnologie für die Energiewende zu sichern.[313] Mit der neuen Verordnung über Batterien und Altbatterien wird die Batterierichtlinie aus dem Jahr 2006 abgelöst.

Einige zentrale Elemente der neuen Batterieverordnung sind

- Eine verpflichtende Erklärung und Kennzeichnung zum CO_2-Fußabdruck für Traktionsbatterien[314], Batterien für leichte Verkehrsmittel wie elektrische Roller und Fahrräder und wiederaufladbare Industriebatterien mit einer Kapazität von mehr als 2 kWh;
- Ein digitaler Batteriepass für Traktionsbatterien, Batterien für leichte Verkehrsmittel und Industriebatterien mit einer Kapazität von mehr als 2 kWh. Damit werden erstmals zentrale Produktinformationen entlang des Lebenszyklus digital an einer Stelle gebündelt und verfügbar gemacht. Die Vorschriften für die Kennzeichnung sollen ab 2026 und für den QR-Code ab 2027 gelten.
  Ein Konsortium aus Vertretern der Industrie, der Technik und der Wissenschaft hat im März 2024 für den Batteriepass einen Leitfaden und einen Demonstrator erstellt, um das Vorhaben handhabbar zu machen.[315]
- Unkomplizierte Austauschbarkeit: Gerätebatterien müssen so gestaltet sein, dass die Verbraucher sie selbst leicht entfernen und ersetzen können. Bis 2027 haben die Wirtschaftsakteuren Zeit, die Gestaltung ihrer Produkte an diese Anforderung anzupassen. Batterien für leichte Verkehrsmittel wie E-Räder und E-Roller müssen von einem unabhängigen Fachmann ausgetauscht werden können. Zusätzlich gilt eine Pflicht, Batterien als Ersatzteil für mindestens fünf Jahre, nachdem die letzte Version eines Produkts auf den Markt gekommen, zur Verfügung zu stellen.

---

312 Zitiert aus ebenda.
313 DAS EUROPÄISCHE PARLAMENT – DER RAT, PE-CONS 2/23.
314 Traktionsbatterien sind dem Vortrieb dienende Batterien für Elektrofahrzeuge.
315 vdi nachrichten Nr. 7, 2024, So klappt's mit dem Batteriepass.

- Mindestanforderungen an die Haltbarkeit und Leistung von Industriebatterien, Batterien in leichten Verkehrsmitteln (LV-Batterien, zum Beispiel in E-Bikes) sowie Allzweck-Gerätebatterien
- Strenge Vorschriften für die Sorgfaltspflicht der Wirtschaftsakteure bzgl. der Herkunft der Rohstoffe für alle Wirtschaftsbeteiligten (Ausnahmeregelung für KMU)
- Strengere Zielvorgaben für die Sammlung von Abfällen: für Gerätebatterien – 45 % bis 2023, 63 % bis 2027 und 73 % bis 2030; für Batterien für leichte Verkehrsmittel 51 % bis 2028 und 61 % bis 2031;
- Mindestmengen an zurückgewonnenen Materialien aus Altbatterien: Lithium – 50 % bis 2027 und 80 % bis 2031; Kobalt, Kupfer, Blei und Nickel – 90 % bis 2027 und 95 % bis 2031;
- Ab 2031 eine Mindestmenge an recyceltem Blei, Kobalt, Lithium und Nickel bei der Neuproduktion von Batterien für Elektrofahrzeuge und Industriebatterien – acht Jahre nach Inkrafttreten der Verordnung: 16 % für Kobalt, 85 % für Blei, 6 % für Lithium und 6 % für Nickel; 13 Jahre nach Inkrafttreten: 26 % für Kobalt, 85 % für Blei, 12 % für Lithium und 15 % für Nickel.

Artikel 8 der neuen Verordnung befasst sich mit dem Rezyklatgehalt. Sie legt drei Stufen fest:

- Ab dem 18. August 2028 sollen Hersteller den Industrie-, Traktions- oder Starterbatterien, die Kobalt, Blei, Nickel oder Lithium enthalten, technische Unterlagen zu jedem Batteriemodell und -charge pro Erzeugerbetrieb beilegen mit Angaben zur enthaltenen Menge an diesen rückgewonnenen Stoffen (Artikel 8 Absatz 1). Ab dem 18. August 2033 gelten diese Angaben für LV-Batterien, die Kobalt, Blei, Lithium oder Nickel in den aktiven Materialien enthalten (Artikel 8 Absatz 1). Für Format, Berechnungsmethode und Überprüfung erlässt die Kommission bis zum 18. August 2026 einen Durchführungsrechtsakt (Artikel 8 Absatz 1).
- Ab dem 18. August 2031 müssen für die oben genannten Batterien und darin enthaltenen Stoffe Unterlagen (Anhang VIII) beigelegt werden, die zeigen, dass die aktiven Materialien bestimmte Mindestanteile rückgewonnener Stoffe enthalten (Artikel 8 Absatz 2):
  16 % Kobalt,
  85 % Blei,
  6 % Lithium,
  6 % Nickel.
- Ab dem 18. August 2036 müssen für die oben genannten Batterien und darin enthaltenen Stoffe Unterlagen gemäß Anhang VIII beigefügt werden, die zeigen, dass die aktiven Materialien erhöhte Mindestanteile rückgewonnener Stoffe enthalten (Artikel 8 Absatz 3):
  26 % Kobalt,
  85 % Blei,
  12 % Lithium,
  15 % Nickel.

Damit ist, wenn auch für die Zukunft, das Recycling und konkret die Wiederverwendung für Lithium-Ionen-Batterien aller Art geregelt und zur Pflicht gemacht. Es fällt auf, dass Prozentsätze für Lithium sehr niedrig angesetzt sind. Möglicherweise ist das auf die Arbeit von Interessengruppen zurückzuführen. Anderseits sind die Schwierigkeiten der Rückgewinnung bekannt, sodass die niedrigen Auflagen auch die (technische) Realität spiegeln.

Wiedergewinnung von Lithium wurde bereits in Kap. 7.7.2.5, Lithium-Ionen-Akkumulatoren, behandelt, mit dem Ergebnis, dass hier zufriedenstellende Lösungen ausstehen. Der Weg bis zur sogenannten Schwarzen Masse scheint klar, dann jedoch scheiden sich die Geister: Die Schwarze Masse kann entweder in pyro-metallurgischen (mit anschließenden hydro-metallurgischen Reinigungs- und Trennschritten) oder hydro-metallurgischen Verfahren aufgearbeitet werden.

Pyro-metallurgische Verfahren sind energieaufwändig, führen auch zu höheren Materialverlusten. Sie haben jedoch den Vorteil der Rezyklatgewinnung für den unmittelbaren kommerziellen Gebrauch. Hydro-metallurgische Prozesse ergeben qualitativ hochwertige Materialien, die direkt in neuen Batterien verwendbar und damit effizienter sind. Sie erfordern jedoch mehr Reagenzien und auch mehr Durchgänge und sind allgemein komplexer.

Für den zweiten Weg hat sich z. B. BASF mit ihren Investitionen in Schwarzheide entschieden. Die Anlage sollte Anfang 2024 nach einem eigenen, weiter entwickelten Verfahren in Betrieb gehen. Mit den derzeit gängigen Verfahren liegt Lithium am Ende als Lithiumcarbonat vor. Die Batterien von heute brauchen aber Lithiumhydroxid in ihrer Herstellung. Es ist natürlich möglich, aus dem Carbonat das Hydroxid herzustellen, jedoch erfordert dies weitere Schritte und auch zusätzliche Reagenzien. Außerdem fallen bei der Herstellung des Lithiumcarbonats unerwünschte Nebenprodukte an. Genau das verhindert der neue BASF-Prozess, bei dem das Lithiumhydroxid direkt anfällt und der so Abfälle wie auch zusätzliche Schritte vermeidet, um das Carbonat in das Hydroxid zu überführen. So wird der Energieverbrauch gesenkt und den CO_2-Fußabdruck gegenüber den bisherigen Verfahren verringert.

Ähnlich geht das Entsorgungsunternehmen Fortum in Finnland vor, hierzulande bekannt als Energiekonzern und ehemaliger Eigentümer von Uniper. Die neue Anlage in Harjavalta ist darauf ausgelegt, jährlich 30 000 Tonnen Schwarzer Masse zu verarbeiten, also den Wertstoffgehalt in den Akkus von mehr als 100 000 Elektroautos. Die Anlage, eingeweiht im Frühjahr 2023, ist Europas größte Recyclinganlage für Batteriematerialien. Was sich im Inneren der Edelstahlkessel und Rohrleitungen abspielt, unterscheidet sich grundlegend von Anlagen, die auf dem Einschmelzen der Zellen basierten. Das hydro-metallurgische Verfahren von Fortum arbeitet mit Temperaturen von 65 bis 90 Grad. In den Reaktoren holen Lösungsmittel unter definierten Druck- und Temperaturverhältnissen die Wertstoffe aus der Schwarzen Masse. Es kommen unter anderem Wasserstoffperoxid und Schwefelsäure zum Einsatz, außerdem einige Zusatzstoffe, die geheim bleiben. Alles fließt, kontinuierlich überwacht, in geschlossenen Kreisläufen. Für Nickel und Kobalt funktioniert der Prozess bereits so gut, dass der rückgewonnene Stoff in neuen Akkus eingesetzt werden kann. Für Lithium gilt das noch nicht – im aktuellen Jahr, also 2024 oder spätestens 2025, soll es so weit sein.

Während Mercedes in Kuppenheim, Volkswagen in Salzgitter und BASF in Schwarzheide derzeit noch Pilotanlagen aufbauen bzw. in Betrieb nehmen, die ebenfalls auf hydrometallurgischen Verfahren basieren, scheinen die Finnen einen Schritt voraus zu sein. Sie haben allerdings auch zwei Vorteile, die schwer nach Deutschland zu übertragen sind: reichlich Platz und billigen Strom.[316]

Die Lithium-Rückgewinnung ist bislang kostenintensiv und spielt in der Industrie noch keine Rolle, weil die metallurgischen Methoden größtenteils energieintensiv sind oder /und schädliche Nebenprodukte erzeugen. Im Gegensatz dazu bieten mechano-chemische Verfahren, die mechanische Prozesse zur Induzierung chemischer Reaktionen einsetzen, eine höhere Effizienz bei geringerem Ressourcenaufwand und erhöhter Nachhaltigkeit, im Grundsatz wenigstens.

Wissenschaftler vom Institut für Angewandte Materialien – Energiespeichersysteme (IAM-ESS) des Karlsruher Instituts für Technologie (KIT) haben laut ihrer Publikation im Fachmagazin Communications Chemistry nun ein solches Verfahren in Kooperation mit Forschern vom Helmholtz-Institut Ulm für Elektrochemische Energiespeicherung (HIU) und EnBW Energie Baden-Württemberg AG entwickelt.[317]

Das Verfahren läuft auf eine Kombination mechanischer Prozesse und chemischer Reaktionen hinaus. Reduktionsmittel ist Aluminium, für das die Kathode der Altakkus als Lieferant dient, sodass es nicht extern zugeführt werden muss. Der Recyclingprozess startet mit dem Zerkleinern der Akkus in einer Kugelmühle. Hierbei entsteht ein enger Kontakt zwischen den Lithiumverbindungen der Batterie und dem in der Kathode enthaltenen Aluminium, das als Reduktionsmittel wirkt. Es kommt zur Reaktion des Aluminiums mit gängigen Lithiumverbindungen der Akku-Kathode, einschließlich Lithium-Cobaltoxid ($LiCoO_2$), Lithium-Manganoxid ($LiMn_2O_4$), Lithium-Eisenphosphoroxid ($LiFePO_4$) und Lithiumoxid mit Kobalt, Mangan und Nickel ($Li(CoNiMn)O_2$), kurz NMC. Nach etwa drei Stunden Mahlzeit ergibt sich ein Gemisch aus metallischen Komponenten, Lithiumoxid und Aluminiumoxid. Magnetische Metalle wie Eisen oder Kobalt lassen sich leicht entfernen. Anschließend wird die Mischung in Wasser verbracht, dort gelöst, danach gefiltert und schließlich durch Verdampfen rekristallisiert. Hierbei entstehen das gewünschte Rohstoffprodukt Lithiumcarbonat und ein Lithium-Aluminium-Hydroxyhydrat (LACHH). In einem finalen Reinigungsschritt wird das auskristallisierte Pulver auf etwa 350 Grad erhitzt. Damit reagiert das LACHH zu Lithiumcarbonat und Aluminiumcarbonat. Beim erneuten Lösen in Wasser bleibt das Aluminiumcarbonat fest; es löst sich lediglich das Lithiumcarbonat, während das Aluminiumcarbonat abfiltriert werden kann.

Das Verfahren hat einige Vorteile. Die mechano-chemische Reaktion läuft bei Umgebungstemperatur und -druck ab. Die Entwickler, die das Verfahren in Nature Communications Chemistry veröffentlicht haben, beschreiben es als energieeffizienter im Vergleich zu anderen Recyclingverfahren. Zudem werden keine schädlichen Chemikalien eingesetzt. Das Recyclingverfahren erreicht bei Lithium eine Rückgewinnungsquote von bis zu 70 %, ganz ohne den Einsatz korrosiver Chemikalien, hoher Temperaturen oder einer

316 J. Winterhagen, Wiedergeburt im Norden, FAZ 16. Juli 2023

317 R. Klatt, Neues Recyclingverfahren gewinnt Lithium aus alten Akkus, in: Forschung und Wissen, 21. April 2023

vorhergehenden Trennung der Materialien. KIT bestätigt, dass das kostengünstige, energieeffiziente und umweltverträgliche Verfahren für die Rückgewinnung von Lithium aus Kathodenmaterialien unterschiedlicher chemischer Zusammensetzung geeignet ist und sich damit für das Recycling vieler marktüblicher Lithium-Ionen-Batterien anbietet.[318]

Es kann erwartet werden, dass sich ein solches „Direktes Recycling“ künftig neben Pyrometallurgie und Hydrometallurgie als dritter Verfahrensweg etabliert, wie es die Darstellung des KIT in Abb. 9-22 schon vorwegnimmt.

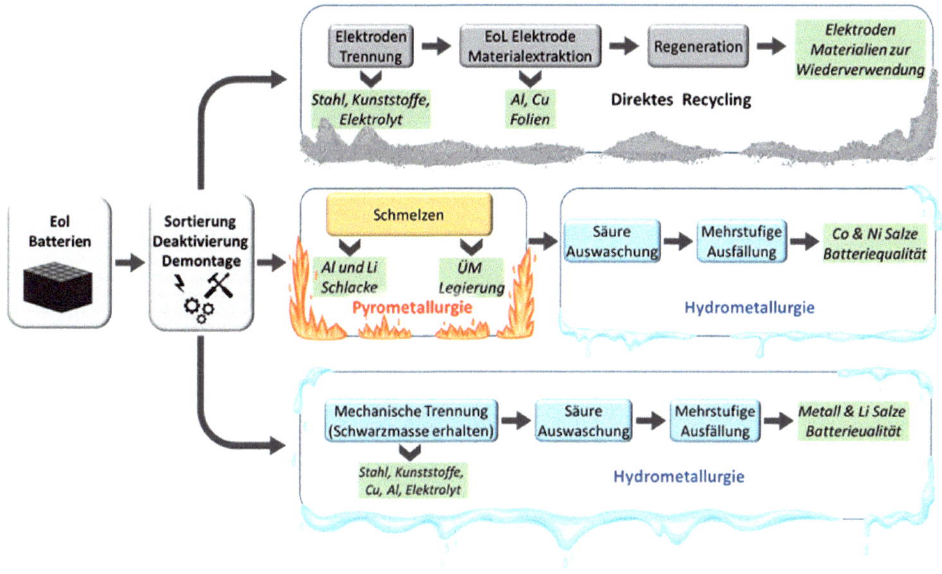

Abb. 9-22: Lithium-Recycling im aktuellen Überblick 2024; Quelle: KIT und vdi nachrichten Nr. 6, 2024

Obwohl Li-Ionen-Batterien keine Edelmetalle enthalten, sind die eingesetzten Materialien recht wertvoll. Es sind die großen Mengen an Metallen wie Kupfer, Nickel, Kobalt, Aluminium und das Lithium, die das Batterierecycling bereits aufgrund ihre Metallwerte wirtschaftlich und lukrativ machen. 1 t nickelhaltiges Gestein aus einer Nickelmine enthält nur rund 20 kg Nickel. In der Batterie eines Mittelklassewagens mit einem Gewicht von 500 kg sind jedoch 60 kg Nickel verbaut – eine sechsfache Anreicherung dieses Metalls im Vergleich zur Mine. Bei Lithium liegt dieser Faktor noch viel höher: 6 kg Lithium in einer Batterie ersparen beim erfolgreichen Recycling das Aufarbeiten mehrerer tausend cbm an lithiumhaltiger Salzlösung.

Für einen Sonderweg hat sich das Zentrum für Sonnenenergie- und Wasserstoff-Forschung (ZSW) schon 2022 entschieden. Im Projekt „RecycleMat“ hat das ZSW einen Recyclingprozess entwickelt, durch den Aktivmaterialien aus gebrauchten Lithium-Ionen-Batterien wiederaufbereitet und direkt in neuen Batterien eingesetzt werden können. Die

318 O. Dolotko, KIT, in: Recycling: 70 % des Lithiums zurückgewonnen, in: vdi nachrichten, 6. April 2023.

Batterieelektroden werden mechanisch getrennt, gereinigt und über eine Wärmebehandlung zu neuwertigen Pulvern aufbereitet.

„Das neue Recyclingverfahren ermöglicht es, ausrangierte Batteriekathoden aus den heute gängigen Lithium-Nickel-Mangan-Kobalt-Oxiden und einer Anode aus Grafit zu reaktivieren und dann direkt in neuen Zellen einzusetzen“, erklärte M. Manchini. Anders als üblich würden die Aktivmaterialien bei dem neuen Prozess als solche erhalten und nach Wiederherstellung der ursprünglichen Funktionalität direkt in neuen Batterien wiederverwendet werden.[319]

Im Rahmen des Projekts mussten besonders für das Recycling des Grafits aus der Anode der Batterie neue Ansätze und Verfahren entwickelt werden, da Grafit heute meist einfach verbrannt wird. ZSW entwickelte eine komplexe Temperaturbehandlung, die sowohl die Oberfläche der Partikel von Verunreinigungen befreit als auch die kristalline Materialstruktur wiederherstellt. Das so nachbehandelte Grafitpulver verfügt über 95 % des Energieinhalts des Ausgangsmaterials und kann direkt wieder in neue Batterien verbaut werden.

Die Materialien mit dem höchsten Wertanteil in der Batterie sind die Materialmassen in der Kathode, die sich aus teuren Metallen wie Nickel, Mangan, Kobalt (NMC) und Lithium zusammensetzen. Aktuelle Recyclingprozesse konzentrieren sich deshalb auf diese Kathodenmaterialien, indem diese im Verlauf des Prozesses komplett in Säure aufgelöst werden und dann Schritt für Schritt wieder in Batterierohstoffe umgewandelt werden. Diese Recyclingverfahren verbrauchen jedoch viel Energie und erfordern idealerweise die Nähe zu einem Chemiestandort. Das ZSW-Verfahren für das Recycling von Kathodenmaterialien entspricht dagegen im Wesentlichen dem des Graphits und vermeidet somit eben diese energieintensiven chemischen Schritte. Nach nur zwei einfachen Prozessschritten können die Kathodenmaterialien direkt wieder in neuen Batterien eingesetzt werden und zeigen ebenfalls deutlich mehr als 90 % ihrer ursprünglichen Kapazität.[320]

Auch im Umfeld der RWTH gibt es Fortschritte. Das dort angesiedelte Start-up cylib plant für 2025 eine neue Batterie-Recycling-Fabrik in Aachen. Es hat weitere 8 Mio. Euro eingesammelt und damit die Seed-Finanzierungsrunde von Oktober auf 11,6 Mio. Euro erweitert. Cylib recycelt Traktionsbatterien, die zum Beispiel in E-Autos verwendet werden und gewinnt fast alle Rohstoffe zurück, was ihnen eine Recycling-Effizienz von 90 % ermöglicht.

Der Prozess von cylib wurde in langjähriger Forschung an der RWTH Aachen entwickelt und ist inzwischen zum Patent angemeldet. „Statt auf eine Vielzahl umweltschädlicher und gesundheitsgefährdender Chemikalien setzen wir in der Lithium- und Graphit-Rückgewinnung überwiegend auf Wasser“, erklärt CEO und Mitgründerin L. Schwich. „Unsere Technologie gewinnt alle Rohstoffe zurück, darunter auch monetär nicht so werthaltige und trotzdem kritische, die in anderen Verfahren einfach entsorgt werden.“ Zu den Kunden bzw. Partnern von cylib gehören E-Autohersteller, die Batterien liefern, sowie Batteriehersteller und Rohstoffverarbeiter, die die aufgearbeiteten Rohstoffe kaufen.[321]

---

319 Zitiert aus BWK NR. 11-12, 2022, S. 23.

320 Aus Pressenotiz des ZSW vom 5. September 2022.

321 Cylip (Hg), Press release on the opening of the battery recycling pilot plant, published on January 31, 2024.

Die zuletzt erwähnten Neuentwicklungen (KIT, ZSW, cylib) demonstrieren, dass die Szene des Li-Batterie-Recycling in lebhafter Bewegung ist und wirtschaftlich umsetzbare Lösungen erwartet werden können.

9.10.1 Batterien aus Ersatzstoffen, gar ohne Lithium?

Der weltweite Markt für Batterien wächst rasant. Entsprechend wächst der Bedarf an Materialien für die Elektroden der Lithium-Ionen-Akkus, wie Lithium, Nickel, Kobalt und Graphit. Um einen Rohstoffengpass abzuwenden und die Ökobilanz der Batterieherstellung zu verbessern, suchen Wissenschaftler nach günstigem und leicht verfügbarem Ersatz für diese Stoffe. Mehrere Forschergruppen versuchen z. B., in den Anoden das Biopolymer Lignin einzusetzen, das bei der Papierherstellung anfällt und insofern ein Abfallprodukt ist.[322]

Seit den 1990er Jahren nutzen Batteriehersteller Graphit als Anodenmaterial. Rund 75 kg Graphit stecken im Schnitt in einer einzigen Batterie eines E-Autos, rund 900 000 t jährlich wird die Industrie voraussichtlich im Jahr 2025 benötigen. Sein Nachteil ist dessen ökologischer Fußabdruck. Natürlicher Graphit kommt in metamorphischem Gestein vor, muss also gefördert und weiterverarbeitet werden. Synthetischer Graphit entsteht durch die thermische Behandlung von kalziniertem Petrolkoks und Steinkohlenteer bei über 2 800 °C. Derzeit beherrscht China den Graphitmarkt, das bei der Herstellung vor allem die Verstromung von Kohle nutzt. Daher kommt die britische Unternehmensberatung Minviro zu dem Schluss, dass der $C0_2$-Fußabdruck von chinesischem Graphit deutlich höher ausfällt als bislang angenommen. So erscheint vielen Batterieentwicklern Lignin als geeigneter Ersatz.

Lignin macht bis zu 35 % der Masse von Laubholz aus. Es ist Bestandteil der pflanzlichen Zellwand, hält die Zellulosefasern zusammen und sichert ihnen die Steifigkeit. Neben aromatischen Bindungen enthält Lignin viele weitere Kohlenstoff-Einfach- und Doppelbindungen. Bei der Gewinnung von Zellulose in der Papierherstellung fällt es als Bioabfall an und wird meist verbrannt.

Beim finnischen Forstunternehmen Stora Enso, einer der weltweit größten Papierhersteller, fallen rund 50 000 t Lignin pro Jahr an. Seine Ingenieure haben erreicht, die als braune, spröde Masse vorliegende Substanz chemisch in Hartkohlenstoffpulver zu verwandeln und daraus dünne Kohlenstofffolien herzustellen. Diese bilden das Ausgangsmaterial für Batterie-Anoden. In einer Pilotanlage hat Stora Enso die Technik weiterentwickelt, um solche Anoden industriell zu produzieren. Ganz neu war das nicht – schon 10 Jahre früher hatten Forscher des Oak Ridge National Laboratory / Tennessee bereits das Potential von Anoden aus ligninbasiertem Kohlenstoff erkannt. Damit ausgestattete Lithium-Ionen-Batterien erreichten vergleichbare Energiedichten wie Lithiumakkus mit den üblichen Graphitelektroden. Die Prototypen hielte 70 Ladezyklen problemlos aus. Im Jahr 2017 stellten Wissenschaftler des Royal Institute of Technology in Stockholm Elektroden aus Abfällen der Zellstoffherstellung her. Dafür wurde das Lignin zunächst unter Vakuum wärmebehandelt und anschließend bei 1 000 bis 1 700 °C verkohlt. Dabei erwies sich die

322 S. Benetti, Astreine Batterien, in: Z FAZ, Beilage Natur und Wissenschaft, 22. Februar 2023.

spezifische Kapazität der Anode als umgekehrt proportional zur Temperatur – beim unteren Wert von 1 000 °C betrug sie 0,335 Ah/g und war fast so hoch wie bei herkömmlichen Graphitanoden.

Doch das Potential des Biopolymers ist mit seinem Einsatz als Anodenmaterial noch nicht erschöpft. Eine italienische Forschergruppe präsentierte 2022 eine Kalium-Ionen-Batterie mit einem robusten Feststoffelektrolyten auf Basis einer Lignin-Membran, die wegen hoher Entflammbarkeit und begrenzter Zyklenzahl für die industrielle Umsetzung noch nicht geeignet ist.

Lignin ist nicht der einzige Kandidat für organische Batterien. Es kommen auch andere organische Polymere infrage. Seit 2014 entwickelt das Unternehmen CMB!u aus dem unterfränkischen Alzenau günstige organische Batterien für stationäre Anwendungen. Seine Organic-SolidFlow-Batterien speichern elektrische Energie in flüssigen Elektrolyten statt mit festen Elektroden. Die Elektrolyte werden in externen Tanks gespeichert und während des Lade- und Entladevorgangs in einem konstanten Fluss durch die Batteriestacks gepumpt.

Organic-SolidFlow-Batterien verfolgen einen neuartigen Ansatz: Anstelle von Metallionen werden Elektrolyte aus Kohlenstoffverbindungen genutzt. Die Energiedichte liegt mit bis zu 200 Wh/kg nach Unternehmensangaben 10 % über Lithium-Eisenphosphat-Modellen, bei um 1ß – 20 % niedrigeren Kosten. CMBlu Energy geht davon aus, dass sein recyclebares und auf umweltfreundlichen Materialien beruhendes Batteriesystem die Energie zwei- bis dreimal länger pro Zyklus speichern und wieder einspeisen kann als herkömmliche Lithium-Ionen-Technologie, die in der Regel auf eine Speicherdauer von ein bis vier Stunden ausgelegt ist. Und: Seine Batterien sind bereits in der Produktion, s. Abb. 9-23.

2022 hat eine australisch-chinesische Forschergruppe eine leistungsfähige Stromquelle vorgestellt, die fast keine Metalle enthielt. Als Anoden- und Kathodenmaterialien dienten konjugiertes Carboxylat und ein radikalisiertes Nitroxidpolymer.

Abb. 9-23: In einer Pilotanlage am Steinkohle-Kraftwerk Staudinger testen Uniper und CMBlu Organic Solid-Flow-Batterien. Quelle: CMBlu Energy AG

Der chinesische Hersteller JAC produziert seit Dezember 2023 die ersten Elektroautos mit Natrium-Ionen-Akku in Serie.[323] Die neue Technologie könnte einen Sprung für die Elektromobilität hergeben: Die Batterien sind günstiger, sicherer und weniger brennbar als Lithium-Ionen-Akkus.

Natrium-Ionen-Batterien funktionieren ähnlich wie Lithium-Ionen-Batterien, wobei Natrium aufgrund ähnlicher Eigenschaften anstelle von Lithium verwendet wird. Ein großer Vorteil dieser Technologie ist, dass das benötigte Material in Form von Natriumchlorid (Kochsalz) oder Natriumcarbonat (Soda) nahezu unbegrenzt und kostengünstig verfügbar ist. Dies macht Natrium zu einem leicht zugänglichen und potenziell skalierbaren Ausgangsrohstoff für Energiespeichersysteme aller Art. Die neue Akkutechnologie bietet zudem nicht nur eine höhere Lebensdauer, sondern auch die Möglichkeit, brandunempfindlichere Batterien zu entwickeln. Die verwendeten Materialien sind weniger reaktionsfreudig als Lithium und arbeiten bei höheren Temperaturen weiter stabil: Das Risiko eines thermischen „Durchgehens" (einer Art Kettenreaktion, die zu Feuer oder Explosionen führen kann) ist geringer, demensprechend sinkt auch die Brandgefahr von Elektroautos.

Ein Nachteil der Natrium-Ionen-Technologie ist allerdings ihre im Vergleich zu Lithium-Ionen-Batterien geringere Speicherkapazität. Derzeit liegt die Energiedichte von Natrium-Ionen-Batterien zwischen 140 und 160 Wh/kg, während die besten Lithium-Ionen-Akkus bis zu 260 Wh/kg erreichen. Dies bedeutet, dass Natrium-Ionen-Batterien weniger Energie speichern können als vergleichbare Lithium-Ionen-Akkus oder größer und schwerer sein müssen, um die gleiche Kapazität zu erreichen. Daher liegt der Fokus der Forschung momentan vor allem darauf, die Energiedichte zu erhöhen.

Die Technik wurden in China von JAC, das zu 50 % im Besitz der Volkswagen Group ist, zur Praxisreife gebracht. Der JAC Yiwei EV ist das weltweit erste in Serie gefertigte Elektroauto, das standardmäßig mit einem Natrium-Ionen-Akku ausgestattet ist.

Die Entwicklung von Batterietechnologie ist entscheidend für das Wachstum der Elektroauto-Branche. Institutionen wie die Fraunhofer-Gesellschaft treiben dieses Feld voran und konzentrieren sich auf Akkus der nächsten Generation. Während heute Lithium-Ionen-Modelle den Markt dominieren, arbeitet Fraunhofer an Feststoffbatterien, die bessere Leistung und höhere Sicherheit versprechen.[324]

Fraunhofer hat ein Verfahren zur Trockenproduktion von Feststoffbatterien entwickelt, das gegenüber herkömmlichen Methoden einen großen Fortschritt darstellt. Dieser Prozess ist effizienter und umweltfreundlicher. Die Organisation plane nun, diese Innovation in die industrielle Produktion zu überführen und Europa damit als Vorreiter bei Batterien der nächsten Generation zu positionieren. Das erklärte H. Hanselka, Chef der Fraunhofer-Gesellschaft, im Interview mit dem Handelsblatt.

Deutschland habe die erste Welle der Lithium-Ionen-Batterieproduktion verpasst, aber Hanselka sieht in Feststoffbatterien eine neue Chance. Durch die Zusammenarbeit mit Herstellern und Automobilunternehmen stelle Fraunhofer sicher, dass die Forschung in

323 EnBW Magazin, Natrium-Ionen-Akku: Was macht die Technologie so interessant? 27. Februar 2024.
324 Philipp Rall, Lithium-Ionen war gestern: Mit diesen Batterien will Fraunhofer die Elektroautos erobern, Handelsblatt Oktober 2024.

praktische Anwendungen umgesetzt werde. Diese Partnerschaften helfen, neue Technologien schneller auf den Markt zu bringen.

Auch Europas größter Autobauer Volkswagen meldet Erfolge bei der Batterieentwicklung. Dort entsteht im VW-Labor in Salzgitter zusammen mit dem US-Partner QuantumScale die Feststoffzellenbatterie, die im Februar 2024 den Langzeittest bestanden hat. „Die Zelle hat mehr als 1 000 Ladezyklen absolviert, was einer Gesamtreichweite von rund 500 000 Kilometern entspricht." Die Feststoffzelle gilt in der Branche als nächster großer Schritt in der Batterieentwicklung. Anders als in den bisher in E-Autos eingesetzten Lithium-Ionen-Akkus kommt im Innern kein flüssiger Elektrolyt zum Einsatz. Die Hersteller erhoffen sich davon mehr Reichweite, schnelleres Laden und weniger Verschleiß. Für Volkswagen könnte die Feststoffzelle ein Durchbruch am bisher schwierigen E-Markt bedeuten.

Der Bedarf an Batterien geht weit über den Einsatz in Elektroautos hinaus. Sie sind auch unerlässlich für die Speicherung von Energie aus erneuerbaren Quellen. Die Fraunhofer-Gesellschaft arbeitet daher an Lösungen, die fortschrittliche Batterietechnologien in größere Energiesysteme integrieren, um die Umstellung auf erneuerbare Energien breit zu unterstützen.

9.11 Verbrauchte Solarzellen

Noch ist es nicht so weit, aber die Zukunft ist absehbar: Photovoltaikmodule haben in Deutschland eine Nutzungsdauer von rd. 20 Jahren, meist begründet in der begrenzten Dauer der Förderung. Der schon vorhandene Bestand und der erwartete massive Ausbau werden reichlich „Solarmüll" hinterlassen, was Abb. 9-24 illustriert. Sie unterscheidet zwischen regulärem und vorzeitigem Austausch, wobei letzterer in der Erwartung höherer Effizienz vorgenommen wird.

Die erwarteten Probleme liegen bei Solaranlegen etwas anders als bei den WEA, deren Abbau und Weiterverwendung schon als regulär gelten kann und so bereits in Kap.7.11.1 , WEA, behandelt werden konnte: Kommerziell umsetzbare Konzepte für das Recycling von Solarmodulen gibt es bislang praktisch nicht.[325]

Solarmodule gelten in Deutschland und anderen europäischen Ländern als Elektrogeräte, die nach der Richtlinie „Waste of Electrical and Electronic Equipment (WEE)" zu behandeln sind. Die Vorgaben sind vergleichsweuise leicht zu erfüllen: Demontage, Entfernung der Kabel, Abtrennung der Aliminium-Rahmen, Aussortieren des Glases – das ist es schon, denn allein das Kupfer der Kabel, das Glas und da Aluminium der Rahmen ergeben 85 % des Gewichtes und erfüllen damit die gesetzliche Quote. Der mengenmäßig viel kleinere Rest, der auch das eigentliche Zellmaterial umfasst, landet nach gegenwärtigem Stand auf der Deponie oder wird der Sonderabfall-Verbrennung zugeführt.

325 Z. Bild der Wissenschaft 4, 2024, S. 91.

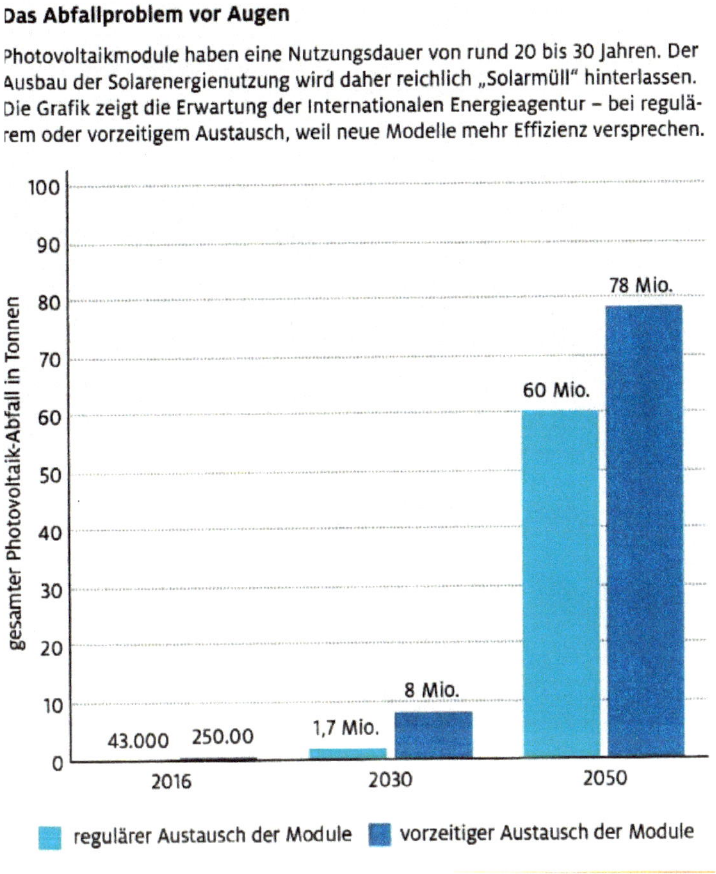

Abb. 9-24: Erwartung des Anfallmengen gebrauchter Solarmodule; Quelle: IEA

Der nächste Schritt, das Silizium aus dem Verbund zu lösen, ist bisher nur im Labor gelöst, hier in Deutschland in Zusammenarbeit von ISE in Freiburg und IMWS in Halle[326]. Dazu werden die Zellen bis auf 0,5 – 2 mm Größe geschreddert. Glas und Silizium werden elektrostatisch getrennt, Kunststoffe durch Dichtesortierung entfernt. In einer nasschemischen Aetzung werden die Beschichtungen entfernt und auch das Silber aus den Kontakten (in dem sich fast 50 % des Materialwertes konzentrieren) zurückgewonnen, bis nur noch das solare Silizium verbleibt.

Aus diesem recycelten Silizium wird wieder ein Kristall gezogen, aus dem anschließend konventionell ein neuer Wafer entsteht, sodass sich der Kreislauf schließt. Ein vollständiger Modul mi 60 Zellen, hergestellt auf diesem Wege, erbrachte einen Zellwirkungsgrad von 19,7 %, kaum schwächer als ein Neuprodukt.[327]

326 Fraunhofer Institut für solare Energiesysteme (ISE) und Fraunhofer Institut für Mikrostruktur von Werkstoffen und Systemen (IMMS).

327 ebenda, S. 88.

Einen anderen Weg geht das Unternehmen Flaxes in Dresden. Dort wird ein kompletter Altmodul in einer Kammer mit kurzen elektrischen Entladungen in der Form von Blitzen aufgeheizt, sodass sich das Material bei mehreren 100 °C auflöst, die Kunststoffe verschmoren und die Folienreste abplatzen. Danach liegen Glas, Folien und Silizium getrennt vor und können weiterverarbeitet werden.

Beide Verfahren sind so noch nicht für eine industrielle Anwendung geeignet. Genau so gilt dies für andere, .z. T. ähnlich Ansätze in Japan, Magdeburg oder Frankfurt / Oder (First Solar) sowie in USA und China. Diese Überführung verbleibt als Aufgabe der Zukunft.

9.12 CO_2 Pipeline nach Norwegen

Die in Kap. 71.51, Exkurs Klimagase, angesprochene Verbringung von CO_2 in den Meeresuntergrund beginnt, Gestalt anzunehmen. Die deutsche Regierung will eine Langfriststrategie zum Umgang mit den etwa 5 % unvermeidbaren Restemissionen. Am Ende könnten es auch mehr werden.

Gegenwärtig arbeitet der norwegische Gasversorger Equinor im Projekt „Northern Lights“ zusammen mit Shell und Total Energies an einer Wertschöpfungskette, die im ersten Schritt den Schiffstransport von CO_2 von Deutschland nach Norwegen vorsieht, wo Eqinor westlich von Bergen, 2 500 Meter unter dem Meer, eine große Lagerstätte einrichten wird. Die Technik selbst ist kein Problem – sie wird in Norwegen schon seit 10 Jahren unfallfrei genutzt.

Mit Blick auf die Wirtschaftlichkeit ist die ausschließliche Schiffslösung allerdings kein Weg in die Zukunft: „Der Umstieg beim Transport vom Schiff auf eine Pipeline kann die Kosten um 50 % reduzieren.“[328] Die Zukunftslösung wird ein Pipelinenetz auf dem Festland, eine Pipelineanbindung durch die Nordsee und Schiffstransport für kleinere, nicht angebundene Standorte sein.

Wilhelmshaven ist der wahrscheinliche südliche Ausgangspunkt für eine CO_2-Pipeline, es gibt jedoch auch andere Bewerber wie etwa Antwerpen. In jedem Fall ist es eine große Investition, die mehrere Mia. € erfordern wird. Läuft alles nach Plan, könnte die Pipeline im Jahr 2030 in Betrieb gehen.

9.13 Recht auf Reparatur

Produkte sollen haltbarer und dafür reparierbar werden. Ressourcen zu schonen und die Menge des Mülls zu reduzieren, gilt als anzustreben. Hierfür gibt es einen Vorschlag der EU-Kommission für eine Kreislaufwirtschaft und mehr Nachhaltigkeit, über dessen Ausgestaltung die EU-Mitgliedstaaten verhandeln müssen.[329] Die EU-Kommission strebt an, dass nur nachhaltige Produkte angeboten werden. „Es ist höchste Zeit, dass wir das Modell der Wegwerfgesellschaft ad acta legen, das für unseren Planeten, unsere Gesundheit und

328 I. Rummelhoff, Equinor, nach FAZ vom 29. April 2024.
329 EU-Info Deutschland, 22.03.2023.

unsere Wirtschaft so schädlich ist", erläuterte F. Timmermanns, Vizepräsident der EU-Kommission, schon am 30. März 2022 in Brüssel.

Smartphones, die neu gekauft werden müssen, weil der Akku nicht austauschbar ist oder Kleidungsstücke, die nur einen Waschgang vertragen – dieser Zustand soll geändert werden. Die Kommission schlägt Leitlinien vor, nach denen eine echte Kreislaufwirtschaft ablaufen sollte.

Der digitaler Produktpass ist ein zentrales Element der neuen Vorschläge. Der Verbraucher soll hieraus erfahren, wie das Produkt produziert wurde, ob es reparabel ist und ob man es wiederverwerten kann. Akkus von Mobilphones sollen zum Beispiel leicht entnehmbar und ersetzbar sein, wie es früher einmal möglich war. Es wird unterstellt, dass die Nutzungsdauer sich durch Reparatur steigern lässt. Dass der Verbraucher mit der längeren Haltbarkeit der Produkte zudem CO_2-Emissionen und Geld spart, liegt auf der Hand. Er soll auch nicht mehr durch unpräzise und nicht überprüfbare Produktangaben wie „grün" und „umweltfreundlich" in die Irre geführt werden - solche Begriffe sollen nicht mehr erlaubt sein.

Das Recht auf Reparatur reiht sich in frühere Maßnahmen des Verbraucherschutzes ein. Schon die Einführung des neuen EU-Energielabels im Jahr 2021 hatte strengere Anforderungen an die Reparierbarkeit von Elektrogeräten beinhaltet. Hersteller sind seither verpflichtet, Ersatzteile zu lagern. Beispiel Spülmaschine: Teile wie Sprüharme, Dichtungen oder Besteckkörbe müssen über einen Zeitraum von 10 Jahren verfügbar sein. Auch müssen die Produkte so konstruiert sein, dass sie mit herkömmlichen Werkzeugen zugänglich sind und zerstörungsfrei auseinandergenommen und wieder zusammengesetzt werden können. Die Servicemitarbeiter der Werkstätten teilen unisono mit, dass diese Vorgaben (mangels Kontrollen) nur unbefriedigend umgesetzt worden seien.

Hier gibt es neuerdings Initiativen aus der Forschung. Im Projekt REASSERT bemüht sich das IPA (Forschungsinstitut für Produktionstechnik und Automatisierung) in Stuttgart gemeinsam mit Industriepartnern wie Schaeffler AG, innovative Ansätze für die Reparatur, Aufarbeitung und erneute Verwendung von Elektromotoren (in E-Fahrzeugen) zu finden.[330]

Der Angang zur Reparatur setzt voraus, dass Reparaturen nicht zu lange dauern und nicht unbezahlbar sind. Ist dies nicht der Fall, fällt leicht die Entscheidung für einen Neukauf. Hier hat die Rechtsprechung nach dem Gewährleistungsrecht festgelegt, was zumutbar ist und was nicht. So ist abhängig vom Fall eine Reparaturdauer von einer Woche bis zu vier Wochen anerkannt und zumutbar. Das ist jedoch keineswegs die Realität, oft aufgrund des Fachkräftemangels. Nicht immer liegt das an den Reparaturbetrieben, oft sind die benötigten Ersatzteile von den Herstellern nur verzögert, überteuert und manchmal auch gar nicht (mehr) zu erhalten (was zu umständlichen und unnötig aufwändigen Ersatzlösungen zwingt). Das neue Recht soll deshalb auch Pflichten für die Hersteller enthalten.

330 ciu (red. Kürzel), Hersteller planen Produkte für Kreislaufwirtschaft, in: vdi nachrichten, 12. Januar 2024.

Abb. 9-25: Reparieren statt wegwerfen: Viele Menschen wollen nachhaltiger leben und nutzen kostenfreie Repair Cafés; Quelle: dpa-Zentralbild

Ziel der Kommission ist, dem Erwerber das Recht auf Reparatur über die Gewährleistungszeit hinaus einzuräumen. Ob dies kostenfrei sein wird, ist fraglich und wird noch zu diskutieren sein. Es läge nahe, hierbei das französische Beispiel als Muster heranzuziehen, dessen verbraucherfreundliche Ausgestaltung in Kap. 8.2.3, Der französische Weg, beschrieben wurde. Altruistische Reparateure wie das Repair-Café in Abb. 9-25 wird es wohl auch künftig nur im Einzelfall geben.

Die EU-Kommission will im ersten Anlauf neben den Geräten auch Textilien und Produkte wie Möbel, Matratzen, Zement und Aluminium einbeziehen. Später sollen alle anderen Produkte ebenso nachhaltig hergestellt, wiederverwertbar und reparaturfähig sein.

Die Vorschläge der EU-Kommission werden derzeit noch verhandelt, was keine leichte Aufgabe ist – treffen doch die bekannt gewordenen Inhalte die Breite der Wirtschaft. Danach stehen mit Europäischem Parlament und Europäischem Rat zwei weitere maßgeblich mitwirkende Stationen an. Es wird also noch dauern mit einem einklagbaren Recht auf Reparatur, nach Einschätzung des Verfassers vielleicht zwei Jahre. Dass das neue Recht beim Verbraucher hoch willkommen ist, kann nicht bezweifelt werden. Inzwischen gibt es einen Trend zum Alten, „das Alte wird wiederverwendet und sieht plötzlich neu aus“, schreibt die Presse mit Bezug auf die Berliner Modeszene.[331] Ein wachsender Teil der (Damen-)Oberbekleidung wird auf dem Secondhandmarkt erworben – 10,1 % im Jahr 2022 nach 5,2 % in 2014.[332]

Für Teilbereiche hat das neue Batteriegesetz von Juli 2023, das in Kap. 9.10: Recyclingfortschritte bei Lithium-Ionen-Batterien, schon besprochen wurde, bereits wichtige

331 A. Kaiser, Im Trend liegt das Alte, in: FAZ, vom 8. Februar 2024.
332 J. Bellan, Alte Kleider machen Leute, in: FAZ vom 11. April 2023.

Weichenstellungen vorweggenommen Den Verbraucher interessiert dabei besonders, was mit den vielen Smartphones geschieht, die regelmäßig nach Defekten oder verbrauchtem Akkus neu gekauft werden (müssen) Die neue Verordnung sieht z. B. vor, dass EU-weit ab 2024 Batterien in Smartphones, E-Bikes und anderen elektronischen Artikeln durchgehend austauschbar sein müssen, der Austausch auch vom Besitzer selbst vorgenommen werden kann und Altakkus zu recyceln sind.[333]

Es gibt erfreulicherweise Unternehmen, die reagieren. So hat Microsoft für seine beliebten Surface-PC seit der 9. Generation von 2023 ein Reparaturset mit Ersatzteilen im Angebot, das dem Nutzer die Möglichkeit gibt, Eingriffe wie den Austausch des Akkus oder des Speicherchips s selbst vorzunehmen.

9.13.1 Update in der Automobilindustrie

Es gibt andererseits viele Sektoren, in denen Ansätze bisher grundsätzlich fehlen, aus welchen Gründen auch immer, und die vom neuen Recht auch bisher auch nicht erfasst werden. Ein solches Beispiel ist der Automobilbau. Dass die durchschnittliche Nutzungsdauer für ein Pkw in Deutschland nur 11,3 Jahre beträgt, müsste in der Tat nicht so bleiben. Jedes Jahr mehr könnte den km-bezogenen Aufwand für das Recycling verringern und den Jahres-Export von Altfahrzeugen reduzieren.

Dieser Frage ist Ende des Jahres 2023 ein Diskussionsforum der Z. vdi nachrichten nachgegangen. Danach kann sich G. Schuh, der Mitte des Jahres 2023 sein neues in diese Richtung weisendes Fahrzeugkonzept eVolution mit einer dazu passenden Upgrade-Fabrik vorgestellt hatte, eine massive Erweiterung der Fahrzeugnutzungsdauer auf z. B. 30, 40 oder sogar 50 Jahre vorstellen. Aus seiner Sicht ist die Industrie bisher durch ihre Modellpolitik auf eine möglichst schnelle Entwertung hinausgegangen. Dafür habe es früher mit Rostanfälligkeit und Verschleiß im Verbrenner-Antriebsstrang gute Gründe gegeben, die jetzt im modernen Karosseriebau und durch die Einführung des E-Antriebs entfielen. Voraussetzung für die vorgeschlagene Evolution sei ein begleitendes Updating auf einer langfristig stabilen Plattform.[334]

Die Diskussionsteilnehmer waren im Hinblick auf die Machbarkeit, die strengen Regulierungen und die internationale Akzeptanz uneins und eher skeptisch. Auch sei die derzeitige Veränderungsgeschwindigkeit für eine längerfristig vorzuhaltende Plattform zu hoch. Die fehlende digitale Homologationsakte sei ein weiteres, jedoch nach Schuh überwindbares Hindernis.

---

333 Kommentiert u. a, von J. Arnold und K. Gelinsky, Die schwierige Rettung von Rohstoffen -die Bürger sollen alte Smartphones zum Recycling bringen, in: Z FAZ, 28. November 2023.

334 M. Ciupek, Update im Automobilbau, in: vdi nachrichten vom 29. Dezember 2023.

Abb. 9-26: Eines der Fahrzeuge der e.VOLUTION GmbH, das Meta Utility Vehicle), ein komfortables PKW-Raumwunder für bis zu 7 Personen, das innen medial perfekt ausgestattet ist und flexibel umkonfiguriert werden kann – von digitalen Multiscreen-Arbeitsplätzen bin hin zu faszinierenden Metaverse-Applikationen für die Passagiere. Der Einstieg in das Fahrzeug ist bequem stehend möglich. Rollstuhlfahrende haben einen barrierefreien Zugang. Quelle: e.Volution GmbH

Die Diskussion ist jedenfalls angestoßen. Die weitere Entwicklung muss abgewartet werden. Der Umstand, dass Schuh für seine eVULUTION Fahrzeuge vom Kleinwagenkonzept abgerückt ist und jetzt in die SUV-Nähe kommt, und dass das von ihm vorgeschlagene Mietmodell das Interesse der Flottenbetreiber gefunden hat, lässt hoffen. Sein Shuttle META der Abb. 9-26 jedenfalls hat eine einzigartige Architektur und Modularität, bestehend aus einem Aluminiumprofil-Spaceframe und hochwertigen Thermoplast-Exterieur-Teilen, die es für die Kreislaufwirtschaft befähigen.

9.14 Clickwaste et alii

Anfang 2021 wurde in Wuppertal die Initiative Circular Valley gegründet, die dort ein „Weltzentrum der Kreislaufwirtschaft" etablieren will. Das zieht Start-ups aus vielen Branchen und Ländern an und vernetzt sie mit Konzernen und Mittelständlern. Rund 70 Unternehmen wie Bayer, Evonik, Knipex und Vorwerk sowie weitere 30 Partner aus Wissenschaft und Gesellschaft engagieren sich dort in dem gemeinsamen Ziel, Stoffkreisläufe zu schließen. Die Gründer verbringen mehrere Monate im ehemaligen Saugroboter-Testzentrum des Hausgeräteherstellers Vorwerk, lernen die Basics der Unternehmensführung und entwickeln ihre Geschäftsideen mithilfe der beteiligten Forschungsinstitute weiter.

Eines dieser Start-ups ist Clickwaste aus Wuppertal, dessen Geschäftsmodell auf dem Ansatz fußt, den Müll über eine Plattform im Internet zu versteigern, statt ihn selbst oder über einen mühsam gesuchten Partner zu entsorgen / zu verwerten – also ein „eBay für gewerbliche Abfälle" schaffen will.

Müllerzeuger stellen auf der Plattform ein, was sie zu bieten haben. Wer umgekehrt sekundären Rohstoff sucht, bekommt von Clickwaste eine Push-Nachricht: Das Material X ist im Umkreis von Y Kilometern verfügbar. Interessierte geben dann ihr Gebot ab. Bei nur zu entsorgenden Stoffen geht es bei der Auktion um möglichst niedrige Kosten. Bei verwertbaren Stoffen geht es dagegen darum, einen möglichst hohen Preis zu erzielen. Der Müllerzeuger entscheidet, wer den Zuschlag bekommt.

Auf die Frage, wer den Müll ersteigert, hat Clickwaste eine überzeugende Antwort: „Diejenigen, die ihn brauchen": sagen D. Vujnovic und A. Birkel, Gründer der Auktionsplattform. „Müll ist eigentlich eine Ressource." Die Inflation zwinge die Betriebe, Kosten zu senken und Abfälle zu Geld zu machen. Das sei auch ökologisch die bessere Lösung. Kurze Wege und standardisierte Kennzeichnung sowie bindende Preise sorgen für Transparenz im Markt.[335]

Auch andere Start-ups bei Curricular Valley wollen durch Plattformlösungen Müllverursacher und -verwerter zusammenbringen. Das Jungunternehmen Cyrkl aus Tschechien, spezialisiert auf Industrieabfälle und Nebenprodukte, hat nach eigenen Angaben über 1 800 registrierte Nutzer in ganz Europa. Skoda, Siemens, Saint-Gobain und BASF zählen zu den Kunden. Die Betreiber sagen: „Wir können für sämtliche Materialströme die jährlichen Entsorgungskosten um 10 % bis 45 % senken. Passende Partner werden auf Basis der Abfall-Codes und mithilfe lernender Algorithmen automatisch vernetzt."[336]

Die Plattform MikaCycle aus Frankreich ist auf Kunststoffabfall spezialisiert. Fast 350 Firmen kauften und verkauften Plastik durch die Vermittlung des Start-ups, so Gründerin N. A. El Abbassi. Das Problem sei die Wiedereingliederung recycelten Material in die Lieferketten. Mit einem Blockchain-gestützten Produktpass will das Startup eine lückenlose und fälschungssichere Dokumentation gewährleisten.[337]

9.14.1 Online-Marktplätze im Bauwesen

Online-Marktplätze für zirkuläre Materialströme haben sich im Bauwesen inzwischen bewährt. Hierzu zählen etwa die Handelsplattform für gebrauchte Baustoffe Concular (urspr. Berlin, seit 2020 Stuttgart) oder die Madaster GmbH in Berlin.[338] Auch immer mehr Landkreise richten solche Portale ein. Die noch junge Branche hat Forderungen: Einerseits höhere Auflagen beim Rückbau, damit minderwertige Abrisse seltener werden, und andererseits die Ergänzung von Ausschreibungen für Neubauten durch die Vorgabe, Re-Use-Material zu verwenden.

Damit sich die Bau- und Immobilienwirtschaft stärker mit Re-Using befassen, wären Zertifikate hilfreich, damit die Verfahren mit den Testaten nach DGNB und BREEAM kompatibel werden. Anbieter wie Concular oder Madaster könnten dann mit Ressourcenpässen ihre Kompetenz und die CO_2-Einsparung belegen.

Nötig und hilfreich wären bundesweit regionale Werkstoffzentren, in denen mineralische Werkstoffe aufbereitet und Materialien aus dem Recycling zwischengelagert werden, so die Bauministerin N. Razavi aus Württemberg.

Parallel zu die diesen Entwicklungen wird aktuell die sog. Mantelverordnung mit den DIN-Vorschriften der Baubranche harmonisiert, in der seit August 2023 die Definition und Verwendung recycelter Baustoffe geregelt ist.

335 Zitiert aus: M. Jordarova-Duda, Wie eBay für gewerbliche Abfälle, in: vdi nachrichten, 21. April 2023.
336 Ebenda.
337 Ebenda.
338 L. Fromm, Zweites Leben für das Landratsamt, in: vdi nachrichten, 18. Oktober 2024.

9.15 Grauwasserrecycling

Die Suche nach nachhaltigen Lösungen im Bereich der Wasserversorgung hat in den letzten Jahren an Bedeutung gewonnen. Hintergründe sind eine drohende klimatisch bedingte Ressourcenknappheit und daraus folgend die Steigerung der Wasserpreise, aber auch die zu erwartende Zunahme des Wasserverbrauchs im Gebäudebereich durch Dach-, Fassaden- oder Anlagenbegrünung.

Eine Wasserquelle von Relevanz kann eine Lösung sein oder doch einen Beitrag liefern: das Grauwasserrecycling. Der Ansatz bedeutet, gering verschmutztes Wasser aus Dusche, Badewanne und Handwaschbecken aufzubereiten und für Bedarfe im Wohn- oder Geschäftsbereich wiederzuverwenden, meist für WC-Spülungen, Waschmaschinen und Bewässerung.

Diese Lösung ist nachhaltig und zugleich ökonomisch: Bei vielen Objekten wie Mehrfamilienhäusern (MFH), Hotels ab etwa 100 Gästen oder Sportstätten amortisiert sich ein solches System bei Trink- und Abwasserkosten von 6,00 €/m^3 bereits innerhalb eines Zeitraums von sechs Jahren.

Die Kernanlage des Systems ist ein Bioreaktor. Bevor das Grauwasser in den Bioreaktor gelangt, wird es mehrstufig vorgefiltert. Der sich dort ansammelnde Schmutz wird über eine Rückspüldüse regelmäßig in den Abwasserkanal ausgeleitet. Im Kernstück der Anlage, dem Bioreaktor, findet über eingebrachte Bakterien biologischer Abbau statt. Die Bakterien werden durch einen am Boden der Anlage angebrachten Rohrdiffuser mit Sauerstoff versorgt. Die Bakterien siedeln auf kleinen Füllkörpern mit großer Oberfläche, eine Schlammpumpe entfernt periodisch die entstehenden Sedimente. Im Ausgang des Bioreaktors liegt eine Membranstation, die das Grauwasser für den Klarwasserspeicher filtert. Die Membranporenweite liegt bei 0,02 µm, sodass Partikel, Bakterien und sogar Viren zurückgehalten werden. Die Membranstation wird periodisch durch Rückspülung und große Luftblasen gereinigt. Anlagen mit einem Aufbereitungsvolumen von mehr als 5 400 l täglich haben eine browserfähige Steuerung und sind mit einer automatisch wirkenden chemischen Reinigungstechnik ausgestattet. Für kleinere Anlagen genügt eine dreifache Membranoberfläche, um die erforderlichen Wartungsintervalle zu minimieren. Das Klarwasser durchläuft als letzte Stufe eine UV-Behandlung und wird dann via Druckerhöhung in einem separaten Grauwasser- und Betriebswasserleitungssystem zu den Verbrauchern gepumpt.

Zusätzliche Vorteile von Grauwassersystemen sind, dass sie anders als eine Regenwassernutzung unabhängig von Dachflächen und Niederschlagsbedingungen sind und somit im Laufe eines Jahres keinen starken Schwankungen unterliegen. Zudem laufen Grauwasserertrag und -bedarf zeitlich automatisch synchron: In Urlaubszeiten, in denen weniger Wasser benötigt wird, fällt auch weniger Wasser an. Nachteilig sind die zusätzlichen Leitungen. Deshalb eignen sich in der Regel Neubauten oder Sanierungsprojekte. Hier verursachen die separaten Leitungen vertretbare Zusatzkosten. Grauwassersysteme sind platzsparend, da das Wasser täglich anfällt und direkt wieder verwendet werden kann. Die Notwendigkeit von größeren Speicherkapazitäten entfällt, was einen deutlichen Vorteil zu anderen Systemen darstellt. Auf einem Quadratmeter Fläche kann ein Kubikmeter Wasser für den täglichen Bedarf gespeichert werden – das genügt meist.

Mit einem Grauwasserrecyclingsystem tragen Bauherren sowie Planer nicht nur zur Erreichung der Nachhaltigkeitsziele der Vereinten Nationen bei. Sie können dadurch auch eine höhere Klassifizierung bei der Gebäudezertifizierung erreichen – beispielsweise nach den Vorgaben der Deutschen Gesellschaft für Nachhaltiges Bauen (DGNB), dem aus Großbritannien stammenden Bewertungssystem „Building Research Establishment Environmental Assessment Method“ (Breeam) oder dem Standard „Leadership in Energy and Environmental Design“ (Leed) aus den USA.

Die deutsche Intewa nennt einige durchaus überzeugende Referenzen. In dem „Michelle and Barack Obama Sports Complex“ in Los Angeles werden über ein Aqualoop-GrauwasserKomplettsystem täglich rund 5 400 l Duschwasser aufbereitet und für Toilettenspülungen und das Bewässern der Sportanlagen genutzt. Im Campingplatz Gerhardhof in Österreich wird dort mit einer 5 400-l-Anlage das Grauwasser aus Duschen und Handwaschbecken aufgefangen, gereinigt und für die Toilettenspülung wiederverwendet. Bei 400 bis 500 Gästen können so bis zu 6 000 l Wasser am Tag eingespart werden. In München werden in einem MFH mit 32 Wohneinheiten etwa 3 000 l Grauwasser aus Duschen, Badewannen und Handwaschbecken mit einem Aqualoop-System aufbereitet und für die WC-Spülung und die Grünflächenbewässerung wieder verwendet. Ein groß angelegtes GrauwasserRecycling-System wird Teil des Projektes „The Fig + Pico“ sein, einem im Bau befindlichen 42-stöckigen Hotelturm in der Innenstadt von Los Angeles. Die Anlage fängt das Duschwasser aus allen 727 Gästezimmern auf und wird durchschnittlich 4 800 l pro Tag recyceln.

Grauwassernutzung wird dort besonders interessant, wo der Klimawandel die Verfügbarkeit und die extensive Nutzung von Trinkwasser bereits einschränkt, also z. B. in Spanien. Die katalonische Hauptstadt Barcelona nutzt bereits aufbereitetes Abwasser und deckt damit rund ein Viertel des Bedarfs. Die Weiterentwicklung dieser Technologien soll ein zentraler Bestandteil der Wasserstrategie der Stadt werden. Das Wasser aus Aufbereitungsanlagen soll zunächst zurück in den Flusskreislauf geleitet werden, bevor es anschließend wieder genutzt wird. Das soll nachhaltiger und umweltfreundlicher sein als viele andere Maßnahmen.[339]

Abb. 9-27: Grauwasseranlage in der Pankower Dolomitenstraße, Genossenschaft EWG; Quelle: EWG, Foto Christian Muhrbeck

339 Vickiviaja Reisblog, 2024.

Auch in Deutschland gibt es bereits Grauwasserrecycling, s. als Beispiel aus Berlin die Abb. 9-27. Im Keller der Häuser Dolomitenstraße 47-49 laufen in einem großen Tank Dusch- und Badewasser sowie Abwasser aus Waschmaschinen und Handwaschbecken von 39 Wohnungen zusammen. Das Grauwasser wird gefiltert, geklärt, desinfiziert und fließt schließlich ins Gebäude zurück, wo es für die Toilettenspülung verwendet wird.[340]

Das oben schon erwähnte Aachener Unternehmen lntewa hat die Technik in den letzten zehn Jahren weltweit in mehr als 100 Projekten erfolgreich umgesetzt. Recycling von Grauwasser ist damit erprobt und auf dem Weg zum festen Bestandteil heutiger Haustechnik.[341]

9.16 Vom Reststoff zum Rohstoff

2O22 wurde in München das Start-up Protegg gegründet. Protegg kann heute mit einem patentierten Verfahren Ersatzstoffe aus der Eierschale und der Eierschalenmembran herstellen.[342]

Begonnen hat alles 2018 in einem Projekt während des Studiums. Am Anfang stand ganz grundsätzlich der Gedanke, aus Reststoffen neue Rohstoffe zu gewinnen und so eine neue Wertschöpfungskette zu schaffen.

Die Idee, von Eierschalen als Reststoff auszugehen , war spontan, aber auch getriggert von dem Umstand, dass täglich 1,2 Milliarden Eier weltweit aufgeschlagen werden und dabei 12 000 Tonnen an Reststoff, einem Gemisch aus Eierschalen und Eierschalenmembranen, anfallen.

Als erstes haben die beiden Gründer daher eine Anlage entwickelt, die Eierschalen in zwei Bestandteile aufteilt und in die biogenen Rohstoffe Kalk und Eierschalenmembran upcycelt. Eine solche Anlage wird direkt bei den Verarbeitern platziert. Das Verfahren nimmt den Eiverarbeitern die bestehenden Entsorgungskosten ab und kann dann mit wenig Energie und sehr effizient die Reststoffe In biogene Rohstoffe umwandeln.

Kalk, also Calciumcarbonat, wird breit genutzt – klassisch als Baustoff oder Füllstoff. .Die Membran ist fürs Upcycling ebenfalls spannend. Sie macht 10 % des Gesamtreststoffes aus und bildet die Basis für ein weltweit neuartiges Biomaterial, das zu 1OO Prozent biologisch abbaubar ist. Man kann es als Kunststoffersatz oder als Trägermaterial für Biomoleküle und somit als Biosensor nutzen. Oder auch für biologische Chips, um mittels DNA Daten zu speichern. Die unverarbeitete Membran kann man außerdem als vegetarisches Kollagen für Nahrungsergänzungsmittel verwenden.

Im Jahr 2025 sollen zwei Industrieanlagen in Deutschland in Betrieb gehen. Die Upcycle-Materialien sollen dann in Deutschland auf den Markt kommen. Die Gründer haben den Ehrgeiz, zu zeigen, dass Nachhaltigkeit nicht nur eine politische Luftnummer ist,

340 Berliner Mieter Magazin 4/23.

341 Ringelstein, O., Intewa GmbH, Grauwasser recyceln lohnt sich, Z. Energie und Umwelt, Bd. 01, 2024, S. 35 f.

[3o7]Institut für Weltraumforschung der ÖAW, 11. September 2019

[308] Germerott, I., in: National Geographic, 29. September 2023.

342 ESG-Forum, in: FAZ-Sonderveröffentlichung vom 23. Oktober 2024.

sondern wirklich im Markt ankommt. Für 2026 ist eine internationale Skalierung geplant. Aktuell wird das Anlagenkonzept, das mit Unterstützung der TUM VentureLabs entwickelt wurde, in den industriellen Maßstab in Form einer Containerlösung überführt. Die Anlagen lassen sich damit flexibel und auch weltweit einsetzen. Aus dem Ausland gibt es aktuelle Nachfragen, sogar von Botschaften aus Asien und Südamerika. Gerade in Asien ist die Wahrnehmung des Eis eine ganz andere.

Protegg ist seit einem Jahr mit dem Zulassungsprozess beschäftigt, der bis jetzt noch nicht ganz abgeschlossen ist, und machte dabei die Erfahrung vieler Kollegen in vergleichbarer Situation: In anderen Ländern laufen solche Prozesse deutlich schneller. In Singapur zum Beispiel hätte das Verfahren zwei Wochen gedauert. In Deutschland jedoch hat es die Gründer viel Zeit gekostet, zu verstehen, welche Regelungen das neue Unternehmen beachten und weiche Prozesse es installieren muss, von den DIN-Nomen über nationale und EU-Vorgaben bis hin zur Arbeitszeitregelungen.

9.17 Spacecleaning

Weltraumschrott in erdnahen Orbits ist eine zunehmende Gefahr für die bemannte wie die unbemannte Raumfahrt. Die Trümmerteile von Raketenoberstufen und Satelliten können dazu auch die globale Kommunikation stören. Der erdnahe Weltraum ist zu einer Infrastuktur mutiert, die von Telefon- und Internetverbindungen, Navigationssystemen, TV- und Radiokanälen, Wetter- und Erntebeobachtungen genutzt wird.

Der Astrophysiker D. J. Kessler hat davor gewarnt, dass eine Kettenreaktion von Kollisionen von Satellitenfragmenten im Extremfall sogar dazu führen könnte, dass sich eine für die Raumfahrt unpassierbare Kugelschale aus Schrottteilen um die Erde bilden könnte (sogenanntes Kesslersyndrom).[343]

Wie entsteht der Müll im Weltraum? „Explosionen im Orbit tragen am meisten zum derzeitigen Müllproblem im Weltraum bei. Diese werden durch die übrig gebliebene Energie – also Treibstoff und Batterien – in Raumfahrzeugen und Raketen verursacht. Es gibt zwar schon seit Jahren Maßnahmen, die diese Explosionen verhindern sollen, und doch nimmt die Anzahl der Vorfälle nicht ab. Der Trend zu Entsorgungslösungen nach Missionsende verbessert sich, aber eben nur langsam“, erklärte H. Krag, Leiter des ESA-Programms für Weltraumsicherheit (Space Safety) schon vor einigen Jahren. Inzwischen hat sich jedoch mit der massiven Vermehrung der Objekte die Kollision zwischen diesen zum hauptsächlichen Faktor für die Müllvermehrung entwickelt.

Diese galaktische Müllhalde, die unsere Erde mit großer Geschwindigkeit umkreist, ist schon recht umfangreich. Statista listet für das Jahr 2022 etwa 32 000 Objekte ≥ 10 cm auf. Noch viel höher ist die Anzahl der kleinen Trümmerteile, die sich schwer bis gar nicht tracken lassen: Das Deutsche Luft- und Raumfahrtzentrum (DLR) schätzt, dass sich allein 330 Millionen Teilchen zwischen einem und zehn Millimetern in den Erdumlaufbahnen

343 Benannt ist dieses Szenario nach Donald J. Kessler. Als Astronom hatte er Fragmentationen im Asteroidengürtel untersucht und übertrug dies später als NASA-Mitarbeiter auf die erdnahen Objekte.

befinden – und dort als Microschrott erheblichen Schaden anrichten könnten.[344] Abb. 9-28 zeigt die Müllwolke nach einer Mitteilung der ESA,

Das Problem der Entsorgung wird durchaus gesehen, gilt als notwendig, aber eben auch als aufwändig. Als einfachste Methode bietet sich die Verbringungen in niedrige Umlaufbahnen an, was innerhalb eines überschaubaren Zeitraums Verglühen bzw. Verbrennen bedeutet. Das bedeutet aber Zugriff zu den fraglichen Objekten.

Seit den 2010er Jahren existieren Initiativen, für einen solchen Zugriff spezielle Raumfahrzeuge zu entwickeln, die man Raumschlepper nennen könnte. Es gibt einige Beispiele: Die ESA beauftragte das Schweizer Start-up Clearspace, den Nutzlastadapter eines Raketenstarts von 2013 aus dem Orbit zu eliminieren. Die Mission, Clearspace-1 genannt, wird mit einem Raumfahrzeug erfolgen, das den recht großen Gegenstand mit Fangarmen greifen und in tiefere Bahnen mit höherer Dichte verbringen soll, um ein gemeinsames Verglühen zu erzwingen. Das japanische Raumfahrtunternehmen Astroscale sieht Magnete vor, um die Objekte festzuhalten. Die Probemission ELSA-d, seit 2021 geplant, soll an ein Müllobjekt andocken und wie bei Clearspace-1 mit ihm gemeinsam in niedrigeren Höhen verglühen.

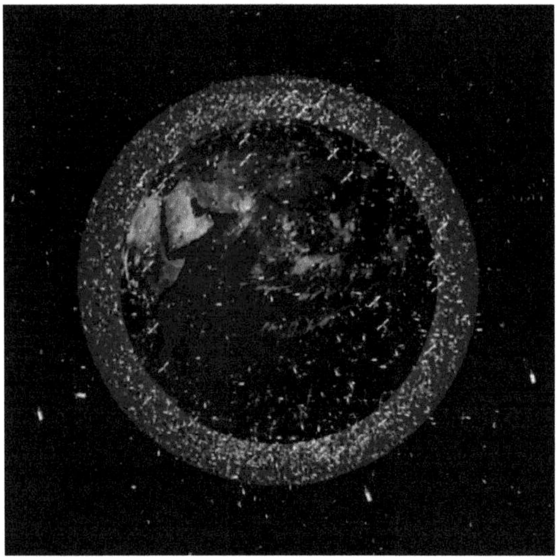

Abb. 9-28: Das Bild zeigt die Verteilung des umherfliegenden Weltraumschrotts. Zur Orientierung: die Abbldung zeigt oben links die arabische Halbinsel. Quelle: ESA

Nach westlichen Beobachtungen verbrachte am 19. Januar 2022 der chinesische Satellit Shijian 21 einen ausgefallenen chinesischen Satelliten aus einem geostationären Orbit in einen sogenannten Friedhofsorbit. Das genaue Verfahren ist allerdings nicht nachvollziehbar, da Mitteilungen aus China fehlen und die Aktion stattfand, als die Satelliten für die westlichen Beobachter vor der Sonne standen. Es wird vermutet und auch befürchtet,

344 I. Germerott, Wer räumt den Weltraum auf? in: National Geographic, 29. September 2023.

dass solche Manöver nicht nur Weltraummüll beseitigen können, sondern auch als Waffe dazu dienen könnten, um unbequeme Satelliten zu „entführen".

Wie lange die Trümmerteile im All bleiben, hängt von ihrer Form und Größe, ihrer Höhe und der Sonnenaktivität ab. Je größer die Sonnenaktivität, desto mehr dehnt sich die Erdatmosphäre aus. So umfasst sie automatisch mehr erdnahe Teile, die dann beim Eindringen in die Erdatmosphäre verglühen.

Neben diesen Ansätzen verdient der Gedanke der Wiedernutzung von Raumfahrtgerät inzwischen vermehrt Beachtung, der im Grunde nichts anderes ist als die Anwendung von Mehrweg auf diesen speziellen Gegenstand. Ein wiederverwendbares Raumfahrtsystem ist z. B. eine Trägerrakete oder ein Raumfahrzeug, die / das nach seinem Einsatz auf der Erde landet und nach einer Wartung oder Wiederaufbereitung ganz oder in Teilen wieder eingesetzt werden kann.

Als erstes wiederverwendbare Raumschiff gilt das Space Shuttle Columbia, das 1981 eine Erdumlaufbahn erreichte, weich landen konnte und für mehrere Starts erneut verwendet wurde. Auch die bei seinem Start als Booster genutzten Feststoffraketen wurde nach dem Erststart anschließend wieder zum Boden rückgeführt und waren damit die ersten wiederverwendbaren Raketen. Das angestrebte Ziel, die Startkosten unter die Verbrauchsmaterial- und Wartungskosten zu senken, wurde hier noch nicht erreicht. Dies gelang jedoch bei den derzeit in Betrieb befindlichen Startraketen Falcon 9 und Falcon Heavy des US-amerikanischen Raumfahrtunternehmens SpaceX des Milliardärs E. Musk und auch dem ebenfalls von SpaceX gebaute Raumschiff Dragon.

Die verwendeten Techniken stellen sich an Beispielen wie folgt dar:

- Vertikaler Start, Abstieg an Fallschirmen und Wasserung: Diese Methode wurde für die Space-Shuttle-Booster verwendet und kommt auch bei der Erststufe der Kleinrakete Electron von Rocket Lab zum Einsatz. Auch die Nutzlastverkleidungshälften der Falcon-Raketen wassern an Fallschirmen. , ebenso die Dragon- und die Orion-Raumkapseln.
- Vertikaler Start, vertikale Landung (VTVL): Dieser Weg wird für die wiederverwendbare Erststufen der Falcon 9 genutzt. Sie ist auch für weitere in Entwicklung befindliche Raketen geplant.
- Vertikaler Start, horizontale Landung (VTHL): Diese Methode wird für Raumgleiter verwendet. Sie kam bei den Space Shuttles zum Einsatz und wird weiter bei der projektierten Boeing X-37 genutzt.
- Atmosphärischer Start, horizontale Landung: Diese Methode wurde bei dem Experimental-Raumflugzeug Space Ship One genutzt. Es wurde von einem Flugzeug abgeworfen, zündete sein Raketentriebwerk und ging von einem horizontalen Gleitflug in einen vertikalen Aufstieg über. Nach einem Kurzaufenthalt im Weltraum landete es weich auf dem Boden.

Die VTVL-Metode wurde in Tests ausführlich vorbereitet. Ein Beispiel zeigt Abb. 9-29.

Bekannt ist allerdings, dass solche Verfahren des Mehrwegs sehr aufwändig und teuer sind und sich nur bei einer großen Zahl von Starts rechnen. Die Zukunft eines müllfreien Weltraums ist daher sehr ungewiss.

Abb. 9-29: Parallele Landung von zwei Falcon-Heavy-Boostern am Cape Canaveral (2018); Quelle: Falcon Heavy Demo Mission, SpaceX

De Weltraum ist nicht rechtsfrei. Schon 1967 wurde von der UN-Vollversammlung der „Vertrag über die Grundsätze zur Regelung der Tätigkeiten von Staaten bei der Erforschung und Nutzung des Weltraums einschließlich des Mondes und anderer Himmelskörper" – kurz: Weltraumvertrag – verabschiedet und von 102 Staaten ratifiziert. Dieser Grundlagenvertrag des Weltraumrechts legt Regeln zur Erforschung und Nutzung des Weltraums fest. So dürfen etwa keine Atom- oder Massenvernichtungswaffen in der Erdumlaufbahn platziert oder auf anderen Himmels-körpern getestet werden. Auch eine nationale Beanspruchung einzelner Himmelskörper und Ressourcen schließt der Vertrag aus – der Zugang steht allen Unterzeichnern frei. Aus dem Grundlagenvertrag und seinen späteren Ergänzungen leitet sich aber auch der Grundsatz ab, dass die Sicherheit der Raumfahrt von allen Nutzern im Rahmen des technisch Machbaren zu gewährleisten ist. Das Instrument für die Entwicklung des Weltraumrechts ist der 1959 eingerichtete ständige Ausschuss der UN für die friedliche Nutzung des Weltraums mit ihrem Rechtsunterausschuss (RUA). „Zu den Themen, die derzeit im Rahmen des RUA diskutiert werden, gehören u.a. die Praxis der Registrierung von Weltraumobjekten durch die Staaten und internationalen Organisationen, die nachhaltige Weltraumnutzung, Weltraummüll sowie Rechtsfragen im Zusammenhang mit dem Weltraumbergbau".[345]

2023 wurde erstmals ein Bußgeld für das Hinterlassen für Weltraummüll bekannt. Am 2. Oktober 2023 verurteilte die US-amerikanische Federal Communications Commission ein Unternehmen, das seine vertraglichen Verpflichtungen zur Beseitigung von Weltraummüll nicht erfüllt hatte. Das Unternehmen Dish Network hatte 2003 den Satelliten EchoStar 7 in einen geostationären Orbit gebracht. Am Ende der Lebensdauer des Satelliten war vorgesehen, dass dieser in seiner Bahnhöhe um 300 Kilometer angehoben werden sollte. Jedoch reichte der verbliebene Treibstoff des Satelliten im Jahr 2022 nur für eine „Verschiebung" von 122 Kilometern. Dem Unternehmen wurde daraufhin eine Geldbuße in Höhe von 150 000 US$ auferlegt. Es war dies die erste verhängte Strafe wegen Hinterlassens von Weltraummüll.

345 Auswärtiges Amt, Weltraumrecht. 3. Mai 2023.

10 Quellen und Literatur

Abbau und Verkauf von Industrieanlagen, Industrie-Journal, 20. Februar 2021.

Abfallwirtschaftsprogramm ’75 der Bundesregierung, Bundestags-Drucksache 7/4826: Auf Grund des Beschlusses des Deutschen Bundestages vom 12. Februar 1976 – Drucksache 7/4699 zugeleitet mit Schreiben des Bundesministers des Innern vom 24. Februar 19761.

Abwasserverordnung (AbwV).

accundu GmbH (Hg), Hetzel, J.: Der Batterieexperte

Altfahrzeug-Verordnung in der Fassung der Bekanntmachung vom 21. Juni 2002 (BGBl. I S. 2214), die zuletzt durch Artikel 1 der Verordnung vom 18. November 2020 (BGBl. I S. 2451) geändert worden ist.

Altholzverordnung vom 15. August 2002 (BGBl. I S. 3302), die zuletzt durch Artikel 120 der Verordnung vom 19. Juni 2020 (BGBl. I S. 1328) geändert worden ist.

American Geoscience Institut.

Anlage 1 zum ElektroG.

Aries, Ph., Duby, G.(Hg), Geschichte des privaten Lebens Bd. 2: Vom Feudalzeitalter zur Renaissance, Rituale der Reinigung, Frankfurt 1990, S. 556 ff.

Arnold, J. und Gelinsky, K., Die schwierige Rettung von Rohstoffen -die Bürger sollen alte Smartphones zum Recycling bringen, in: Z. FAZ, 28. November 2023.

Asche, St., 3D-Drucker verwandeln Abfall in Bauteile, in: vdi nachrichten, 10. Februar 1923.

Balzan, R., Universität St. Gallen. o. Jahr.

Basler Übereinkommen über die Kontrolle der grenzüberschreitenden Verbringung gefährlicher Abfälle und ihrer Entsorgung“ vom 22. März 1989. Das Übereinkommen ist am 5. Mai 1992 in Kraft getreten und wurde 2020 novelliert.

Bauprofessor.de, Onlinedienst der f:data GmbH. Stichwort Abwasserkanal.

Bauprofessor.de; Onlinedienst der f:data GmbH, Stichwort Bau- und Abbruchabfälle.

Bayerisches Landesamt für Umwelt (LfU), Deponieaufbau / Multibarrierensystem.

Bayerisches Landesamt für Umwelt (LfU), Müllverbrennung.

BDSV-Präsident Andreas Schwenter, BDSV-Jahrestagung 2019. in: EU-Recycling 01/2020, Seite 46.

Beechlarz, D.: Kunststoffrecycling, in: Plastikverabeiter, 07. Okt. 2022.

Bellan, J., Alte Kleider machen Leute, in: Z FAZ vom 11. April 2023.

Belzig, J., Ultrafastfashion, in: Neues Deutschland (ND), 22, September 2023.

Benetti, S., Astreine Batterien, in: Z FAZ, Beilage Natur und Wissenschaft, 22. Februar 2023.

Bergheim, M., Jahrestagung 2022 Technikgeschichte im VDI, in: vdi nachrichten, 22. September 2022.

Bericht über eine EU-Strategie für nachhaltige und kreislauffähige Textilien, 2022/2171(INI) vom 9. Mai.2023.

Blöcher, M., Busch, L. und Hornung, P., Ermittlungen gegen Reeder-Schrottschiffe in Südasien, NDR und SZ, 24.05.2022.

BMU Homepage, Stichwort Klärschlamm.

BMU, Stichwort Recyclingpapier ist gut für die Umwelt.

Bonetti, S., Plastiktüten für den Tank, in: Z FAZ, 18. Oktober 2023.

Bredow, W., Der neue Berliner Müllschmelzofen. Z. Die Gartenlaube, 1899.

Brockmann, A.: Die Geschichte des Papiers in Europa, Boesner Kunstportal o. J.

Brumme, D., Die Geschichte des Recyclings I, in Wertstoff-Blog, 26. 4. 2016, 19.5. 2016, Produkt der NTERENA GmbH, Berlin.

Brumme. D., Die Geschichte des Recyclings II, in: Wertstoff Blog, 8. Juni 2016.

Bundesamt Sekundärrohstoffe und Entsorgung: Schiffsrecycling, Vertragsverletzungsverfahren gegen Deutschland eröffnet, 07. Juni 2019.

Bundesvereinigung Deutscher Stahlrecycling- und Entsorgungsunternehmen (BDSV).

Burkhardt, Delara, Ausschuss für Umweltfragen, öffentliche Gesundheit und Lebensmittelsicherheit.

Bussgeldkatalog.org, letzte Aktualisierung am: 10. Dezember 2022.

BWK NR. 11-12, 2022, S. 23.

BWK-Redaktion, Ein zweites Leben für Fahrzeug-Komponenten, Z BWK, Bd. 75, 2023, S. 32 f.

Carlson, R., Silent Spring, 1962.

Chemieschule, Artikel Batterierecycling, NiCd.

Chemieschule, Artikel Batterierecycling und Selbstdarstellung Batrec Industrie AG.

Chemieschule, Artikel Batterierecycling, Metallhydrid.

Chemie-Schule.de, Artikel Müllverbrennung.

ciu (red. Kürzel), Hersteller planen Produkte für Kreislaufwirtschaft, in: vdi nachrichten, 12. Januar 2024.

Ciupek, M., Update im Automobilbau, in: vdi nachrichten vom 29. Dezember 2023.

Cordes, E., Die Cholera in Lübeck: Einige Worte an den Patriotismus und die Behörden; nebst einem Plan der Stadt, enthaltend die Todesfälle in den einzelnen Straßen. Aschenfeldt, Lübeck 1861., ders., Die Cholera in Lübeck. München 1868.

Curter, M., Wie Berlins Müllverbrennung entstand, Edition Luisenstadt, Berlinische Monatsschrift, Heft 2 / 1996.

Cylip (Hg), Press release on the opening of the battery recycling pilot plant, published on January 31, 2024.

Dachverband für Schweizer Recyclingorganisationen (Swiss Recycling).

Das Europäische Parlament – Der Rat: PE-CONS 2/23

Der Spiegel, Krümel fürs Klima, 20. Januar 2024.

Deutsche Flagge, Behördenübergreifende Website mit Informationen für Handelsschifffahrt und Seeleute, 03/2019.

Deutsche Kupferinstitut, Berufsverband e. V., Homepage, Düsseldorf.

Deutsches Phosphor-Portal.

Die Zeit, DSD, 10. September 1993.

Diezl, G., Strohballenhaus-Siedlung in Nänikon; in: Baublatt, 20. April 2020.

Dolotko, O., KIT, in: Recycling: 70 % des Lithiums zurückgewonnen, in. vdi nachrichten, 6. April 2023.

DRS Deutsche Recycling Service GmbH, 2022.

DSL Homepage, http://www.dsl-dresden.de/contact.

ElektroG, Gesetz über das Inverkehrbringen, die Rücknahme und die umweltverträgliche Entsorgung von Elektro- und Elektronikgeräten.

EU-Info Deutschland, 22.03.2023.

EU-Recycling 01/2020.

EU-Recycling 04/2020, Seite 47.

EU-Strategie für nachhaltige und kreislauffähige Textilien vom 30.3.2022.

Fetzer, G., Präsident des Bayerischen Industrieverbandes Baustoffe, Steine und Erden, in: Bauschutt wird zum Preistreiber; Z. FAZ vom 24. Januar 2024 Jansen, J., Bauschutt für den Straßenbau, in: Z FAZ vom 17. August 2023.
Flamme, S. (IWARU/FH Münster) am 14. November 2019 auf der BDSV-Jahrestagung in Münster., in: EU-Recycling 01/2020, Seite 46.
Fraunhofer Institut für Bauphysik, Leitfaden Leichtbau.
Fraunhofer WKI | Peter Meinlschmidt.
Friedrich, Th. A., Grenzen dicht für illegale Mülltransporte, in: vdi+, Technik & Wirtschaft, 10. Februar 2023.
Friedrich, Th. A.: Weniger Fast Fashion in der EU, in: vdi nachrichten, 20. Juli 2023.
Fromm, L., Zirkuläres Bauen erhält Aufwind, in: vdi nachrichten, 14. Juli 2023.
Fünfschilling. S: Glasrecycling bei den Römern, NIKE-Bulletin 6 | 2011.
Gabler Wirtschaftlsexikon, End-of-the-Pipe-Technologien.
Genth, J., ARD-Studio Johannesburg und Diekhans, A., ARD-Studio Nairobi, Afrika als Europas Schrottplatz. 24. Mai 2022.
Germany's Hidden Champions, Saarland, 2023.
Geschichte der Kieler Stadtreinigung, https://www.abki.de/flyer.
Gesetz über das Inverkehrbringen, die Rücknahme und die umweltverträgliche Entsorgung von Batterien und Akkumulatoren (BattG), Ausfertigungsdatum: 25.06.2009.
Gesetz über die Beseitigung von Abfall (Abfallbeseitigungsgesetz, AbfG).
Grünewald, M. und Hartmann; S.: Überlegungen zum Glasrecycling der Antike im Bereich des heutigen Deutschlands, P. Henrich / Ch. Miks / J. Obmann / M. Wieland (Hrsg.). NON SOLUM ... SED ETIAM. Festschrift für Thomas Fischer zum 65. Geburtstag (Rahden/Westf. 2015) S. 153–164, Einleitung.
Grünewald, M. und Hartmann; S.: Überlegungen, Zusammenfassung.
Gubener Wasser- und Abwasserzweckverband, Geschichte der Abwasserentsorgung – von der Fäkalientonne zur europäischen Kläranlage, ohne Autor und Jahr.
Haas, L. Klärschlamm als Düngemittel, Deutschlandfunk 27.02.2020.
Hartard, S., Strukturanalyse des SERO-Systems der DDR im Hinblick auf Effizienz und Eignung unter marktwirtschaftlichen Bedingungen, Gesamthochschule Kassel (Universität), Fachgebiet Abfallwirtschaft und Recycling, 1992.
Hartbrich, I., Lokales Lithium, in: vdi nachrichten 27. Januar 2023.
Henkel, R., Nachhaltigkeit, Ispo.com, 18.11.2020.
hesselmann service GmbH, Das ElektroG in 60 Sekunden, in: www.elelektrogesetze.de,
Heumer, W, Die letzte Fahrt, in: vdi nachrichten vom 17. November 2023.
Holthausen, H., in: taz, e vom 12.1.2021.
Hoyland, R. G. (Hg): Theophilus of Edessa's Chronicle and the Circulation of Historical Knowledge in Late Antiquity and Early Islam (= Translated Texts for Historians. 57). Liverpool 2011, S. 139–140.
https://www.maschinenbau-wissen.de/skript3/werkstofftechnik/aluminium/77-alu-herstellung.
IFE-Aufbereitungstechnik, Waidhofen an der Ybbs, Österreich.
Ikz, onlineportal der Zeitschriften IKZ Haustechnik, Fachplaner, Energie, Praxis.
Interview mit B. Tax, ehemaliger Bauingenieur bei der Münchner Stadtentwässerung.
Jordanova-Duda, M., Bauwerke aus Hanf und Beton, in: vdi nachrichten, 9. Februar 2024.
Jordarova-Duda, M., Wie eBay für gewerbliche Abfälle, in: vdi nachrichten, 21. April 2023.

Juraforum, Lexikon, Stichwort Deponie.
Kaiser, A., Im Trend liegt das Alte, in: Z. FAZ, vom 8. Februar 2024.
Keller, R., Müll – Die gesellschaftliche Konstruktion des Wertvollen, Verlag für Sozialwissenschaften | GWV Fachverlage GmbH, Wiesbaden 2009.
Klatt, R., Neues Recyclingverfahren gewinnt Lithium aus alten Akkus, in: Forschung und Wissen, 21. April 2023
Kloiber, B., Duales System Deutschland – Die Neunziger-Jahre im Monopol, in: Wertstoff-Blog 16. Okt 2015.
Köppen, F. von, CEO Garbe Immobilien-Projekte, in: Hafencity Zeitung, Januar 1, 2024.
Köster. R., Müll – Eine schmutzige Geschichte der Menschheit, C.H. Beck 2023.
Kreislaufwirtschafts- und Abfallgesetz, Gesetz zur Förderung der Kreislaufwirtschaft und Sicherung der umweltverträglichen Beseitigung von Abfällen. Außer Kraft getreten aufgrund Gesetzes vom 24. 02. 2012 (KrWG).
Kremer GmbH, Köthen. https://www.containerdienst-kremer.de/.
Ladstätter, S., Knochen, Steine, Scherben. Abenteuer Archäologie", 2013 .
Leser, H. und Göswein, V., Klimaarchitektur senkt die Kosten, in: FAZ vom 2. Februar 2024.
Lexikon Chemie, LUMITOS AG, Berlin.
Lobbe Entsorgung West GmbH & Co. KG.. Firmenportrait.
Lossau. N., So soll Beton zum Klimaschützer werden, Z. Die Welt 2022.
Magen, B., Steinerne Palimpseste: Zur Wiederverwendung von Statuen durch Ramses II. und seine Nachfolger, 2011, Zusammenfassung.
Merk, B. / Scheller, P., Die beschwiegene Zukunftsenergie, Z. Junge Freiheit Nr. 16 vom 14. April 2023.
Meyers Konversations-Lexikon, Ausgabe 1893, Artikel Abfall.
mint Magazin, Bauen statt Brauen, in: Mint, Februar 2023.
Mitteilung des Bundesumweltministeriums vom 14. April 2023.
Mittelalter-Lexikon, Stichwort Abfallbeseitigung.
Müller A., Baustoffrecycling, Österreichische Wasser- und Abfallwirtschaft, Volume 63, pag. 224–230 (2011
Münchner Stadtchronik, Bemerkenswertes, Kurioses und Alltägliches, 1928.
NABU, Papierrecycling schont Ressourcen (nabu.de)
NDR und SZ, 24.05.2022.
NTV vom 30. November 2022.
NTV, So soll Kunststoff nachhaltig werden, 7. Dezember 2020.
NTV, vom 3. März 2023.
OIP 41 Chicago (Uve Hölscher) nach Margret Pirzer (vormals Worthmann), https://nefershapiland.de/Bauten%20Haremhab%20Allgemein.htm.
ORF zum Thema Olympia, 7. 3. 2012, Judith M. Barringer, im Gespräch mit Günter Hack.
Park, Jinhee, M. A., Von der Müllkippe zur Abfallwirtschaft – Die Entwicklung der Hausmüllentsorgung in Berlin (West) von 1945 bis 1990, Diss. Berlin 2005.
Pause, C. & Sauer, S., Vom Umgang mit römischen Ruinen in Neuss. Mitteilungsblatt der Deutschen Gesellschaft für Archäologie des Mittelalters und der Neuzeit 26, 2014, S. 49.
Pearce, D. W., Turner, R. K., Economics of natural resources and the environment, Baltimore: Johns Hopkins University Press, 1990.
Philipp, S. Wie das Internet Reststoffen eine zweite Chance gibt, in: vdi nachrichten vom 1. Juli 2022.

Pressekonferenz der Initiative Kreislaufwirtschaft Bau 15.02.2023.
Pressemitteilug der für das Batteriegeschäft zuständigen Konzerntochter PowerCo., Mittwoch, 3. Januar 2024.
Pressenotiz des ZSW vom 5. September 2022.
PreußenElektra, Jahresbericht 2019.
PrintPlanet GmbH (Hg): Woher kommt das Glas? Ein Einblick in die Glas-Geschichte, https://www.printplanet.de › wissenswertes.
Protokolle der 14. Versammlung der DvföG., in: V.ö.G. (1889).
Recyclingtechnik Oppermann & Fuss, Quickborn, Produktbeschreibung.
Redaktion, Unsterbliche Batterien, in: vdi nachrichten vom 13. Januar 2023.
Reportage: Altkleider frisch verwebt, vdi nachrichten vom 25. Januar 2024.
Respondek, A. S.: Über die sozialen und Fürsorgetätigkeiten Marianne Webers im Ersten Weltkrieg im Kontext des Nationalen Frauendienstes des Bundes Deutscher Frauenvereine, 2007.
Ringelstein, O., Intewa GmbH, Grauwasser recyceln lohnt sich, Z. Energie und Umwelt, Bd. 01, 2024.
Ristau, O., New York will Biogas aus Apfelkitschen, in: vdi nachrichten vom 22. Oktober 1923.
Roth, D., Ab nach Malaysia – wo deutscher Plastikmüll landet, in: National Geographic, 12. Januar 2022.
Rudolf. M., in: Planungsbüro für Abwassertechnik, Homepage.
RWE AG, 28.04.2020.
Schaal, S., Lithium aus Deutschland kann bis zu 12 Prozent des Bedarfs decken, in: electrive – Leitmedium der Elektromobilität, 6. September 2023.
Schlupeck B., Wir leben viermal über unsere Verhältnisse, in: Die Welt, Veröffentlicht am 27.04.2021.
Seigwasser, Chr., Blog Wissenschaftskonferenz, Online Verlag Deutschland, Wunstorf.
Schriftliche Anfrage an die Kommission vom 22.4.2022, mit kritischen Anmerkungen, im Ausschnitt.
Schröder, P., Hochwertige Kleidung aus alten Klamotten, in: vdi nachrichten, 12. August 2022.
Schroeder, P., Plastikmüll für Hochleistungsasphalt, in: vdi nachrichten vom 4. November 2022.
Schulze, M., Einfache Lösung für bunte Mischungen, in: Kunststoffe im Kreislauf, vdi nachrichten vom 7. Oktober 2022.
Schulzki-Haddouti, Chr., Elektroschrott ergiebiger als Bergwerke, in: vdi nachrichten vom 15 Juli 2022.
Seefeldt, H., M. Sc., VDI-Gesellschaft Energie und Umwelt.
Seewald, B., Schwarzer Tod, DIE WELT, 5. Oktober 2019.
Sesotec GmbH, 28. April 2021.
Sieg, K., Biogas aus dem Keller, in: vdi nachrichten, 10. März 2023.
Sieg, K., Nicht nur die Rosinen picken, in: vdi nachrichten, 8. März 2024.
Sieg, K., Seltene Erden – Wenn Pflanzen strategisch wichtige Elemente aus dem Boden ziehen, in: vdi Nachrichten, Sektor Rohstoffgewinnung, 17. Januar 2023.
Sommer, Philipp, stellvertretender Bereichsleiter Kreislaufwirtschaft der Deutschen Umwelthilfe e. V. (DUH), in: Nachhaltige Verpackungen für Kosmetik, Lebensmittel & Versand, Utopia, 24. August 2019.
Sörries, R., Das römische Grabrecht, 2003.
Staatsarchiv Hamburg.
Statistisches Bundesamt / UBA 2022.
Statusbericht der deutschen Kreislaufwirtschaft 2020, Vorwort.

Stromauskunft Blog, 19. Januar 2023.

Strotmann P., Wen es zum Himmel stinkt, in: WK- Geschichte.

Studie der trend:research GmbH (Hg), Biomasseheizkraftwerke in Deutschland bis 2020, 2. Aufl. 2020.

Stumberger, R., Der Stoff, aus dem ein neuer wird, in: vdi nachrichten vom 21. Oktober 2022.

Süddeutsche Zeitung, im Zusammenhang mit den sogenannten Containern, 19.05.2012.

Touren entdecken, Stichwort Rosenhügel, https://support.komoot.com.

Trieloff, Sab., Warum scheiterte das Dreiteilungssystem zur Mülltrennung in Berlin-Charlottenburg? Masterarbeit, 2017.

Trukal, MieterMagazin (Hg), Sethmann, J., Berlins Müllabfuhr – Vom Gassenmeister zum Recycling, o. Datum und Jahr.

UBA (Hg), Altfahrzeuge.

UBA (Hg), Biobasierte und biologisch abbaubare Kunststoffe.

UBA (Hg), Daten zur Anlagentechnik und zu den Standorten der thermischen Klärschlammentsorgung.

UBA (Hg), Deponierung und Lagerung.

UBA (Hg), Recyclingpapier ist gut für die Umwelt.

Utopia GmbH, Nachhaltige Verpackungen für Kosmetik, Lebensmittel & Versand, a. a. O. Utopia ist Gesellschafter der Green Lifestyle Group und Umweltbank AG.

UWID Europäischer Wirtschaftsdienst GmbH, 2024.

vdi nachrichten, Sektor Rohstoffgewinnung, Artikel Sieg, K.: Seltene Erden – Wenn Pflanzen strategisch wichtige Elemente aus dem Boden ziehen, 17. Jan 2023.

vdi nachrichten vom 27. Januar 2023, Artikel „Große Zweifel am Megafund".

vdi nachrichten vom 27. Januar 2023, Leitartikel „Lithiumlücke bedroht die Verkehrswende".

Velis, C. A., Wilson, D. C., .Cheeseman. Chr. R .: 19th century London dust-yards: A case study in closed-loop resource efficiency, Summary, Z. Waste Management, Accepted 25 October 2008, Available online 1 January 2009.

VELUX Deutschland GmbH (Hg), Velux-Magazin.

Verband der deutschen Lederindustrie (VDL)., ergänzt vom Autor.

Verbraucherzentrale NRW e. V., Müll richtig trennen, https://www.verbraucherzentrale.de/wisen/umwelt-haushalt/abfall/muell-richtig-trennen.

Verordnung vom 11. Dezember 1980 zur umfassenden Nutzung von Sekundärrohstoffen (GBl. 11981 Nr. 2 S. 23), § 9 (Absatz 2).

Wagener, L. (Freie Redakteurin), in: CO2online gGmbH, vereinfacht und ergänzt vom Autor.

Weyl, Th., Bemerkungen über den Stand der Müllbeseitigung, in: Fortschritt der Straßenhygiene, H. 1, S. 25.

Wiegel, M., Flicken statt wegwerfen, Z. FAZ 19. Juli 2023.

Wilts, Henning, Abfallexperte am Wuppertal Institut für Klima, Umwelt und Energie, in: Warum wird Plastikmüll exportiert? Stuttgarter Nachrichten vom 08.05.2019.

Winterhagen, J.: Wiedergeburt im Norden, Z. FAZ 16. Juli 2023.

Wirtschaftsministerin Nicole Hoffmeister-Kraut, Kritische Batterierohstoffe: Lithium wieder aufbereiten, in: Solarserver 19. August 2020.

Wissenschaftsdoku Quarks der ARD.

Z. BWK, Aus Wärme Strom machen, Heft 11-12, 2023, S. 49 – 51.

Z. Der Spiegel, Kurzmeldungen, 26. Juli 2023.

Z. DIE WELT, Die Erfindung der Umweltpolitik, 31. Juli 2019.
Z. Energie Tipp, 21, Mai 2019.
Z. FAZ, Die neuen Wunderbatterien. 5. Februar 2023
Z. Tagessspiegel, Red. Beitrag: Recycling alter Windkraftanlagen, 5. April 2021.
Zeit online, Anlage zur Produktion von Lithium eröffnet, 23. November 2023, urspr. Quelle: dpa Baden-Württemberg.

Abbildungsverzeichnis